JN314481

復刊

河川地形

高山茂美 著

共立出版株式会社

序　文

　河川と人類とのかかわりあいについては，あらためて述べるまでもありません．人類は河川を合目的的に改変してきました．治水・利水技術の進歩が人類の生活に多大な貢献をしてきたことは事実ですが，自然環境の一角を構成する河川を人工的に改変することによって，新たに別の問題を生じた例のあることもまた事実です．局所的に加えた人工的改変に対して，なんらかの反応を示し，その影響が全体に波及するという点で河川は生きものであり，一つの有機的なシステムを構成しています．システムとしての河川を理解するためには，河川を単なる線的成分として扱うよりは，河川の流域を単位として3次元的に扱う必要があります．

　河川の流域は複雑な地形要素の集合体であり，それぞれの流域が独自の自然的性格をもっていることを考えると，このようなシステムに対処して，適切な工事を実施することは不可能に近いとさえ思えてきます．しかし，現代社会，とくに公害論争のさかんなわが国では，完璧に近い理想的工事が要求されています．

　システム論的考察を進めるにあたっては，それぞれの河川流域，工事対象地点の自然的特性を明らかにする必要があります．残念ながら，これまでの地形学はこの点に関して寄与するところが少なかったようです．地形学の分野では，河川の作用によって生じた諸種の地形について詳しい解説がなされてきました．これは，地形発達史的研究が正統派地形学の座を占めてきたことにもよります．今後の発展を期するためには，過去の所産だけでなく，現在や将来の地形変化に目を向けるべきだと思います．

　本書は河川地形のすべてを網羅したわけではなく，従来の地形学書であまりふれていない，河川営力論および河川流域内の水系発達に重

点をおいてかいてみました．2章，3章は水文学的単位としての河川流域をとり扱い，4章は河川営力論，5章は流路形態論を主題としています．6章は，従来の地形輪廻説とは異なった地形進化の考え方を紹介しました．

本書の執筆にあたっては，多くの先学の業績を参考にさせていただきました．それらの論文の著者に，紙上をかりて敬意を表します．引用部分に誤りがあれば，すべて私の責任です．不勉強から，思わぬ誤解をしている個所もあるかもしれません．ご指摘いただければ幸甚です．

原稿の段階で，ご多忙の中を一読していただいた立正大学の石川与吉教授，新井 正助教授，東京教育大学の山本荘毅教授，榧根 勇助教授，専修大学の荒巻 孚教授，またご指導とご助言をいただいた東京教育大学の町田 貞教授，井口正男助教授，筑波大学の市川正巳教授，Guelph 大学の谷津栄寿教授に心から御礼を申し上げます．その他，私の手もとにない文献の入手や閲覧に便宜をはかっていただいた東京大学，京都大学，東京教育大学，中央大学の諸先生方，編集の労をとられた共立出版の野沢伸平氏に感謝の意を表します．

このささやかな小著を古稀を迎えられた恩師，石川与吉教授に，おくればせながら献呈したいと存じます．

1974年4月

著　者

目 次

1. 序説
1. 河川とは ... *1*
2. 河川に関する学問体系 ... *1*
3. 河川営力論の研究系譜 ... *2*

2. 河川の流域
1. 流域と分水界 ... *4*
   - 1-1 流域の定義 ... *4*
   - 1-2 分水界の定義と種類 ... *4*
   - 1-3 分水界の移動 ... *5*
   - 1-4 流域面積 ... *6*
   - 1-5 流域形状 ... *7*
2. 流域内の高度と起伏量 ... *9*
   - 2-1 面積-高度曲線 ... *9*
   - 2-2 流域代表高度 ... *12*
   - 2-3 流域内の起伏量分布 ... *13*
   - 2-4 HRTダイアグラム ... *14*
3. 流域内の傾斜 ... *16*
   - 3-1 傾斜分布と平均傾斜 ... *16*
   - 3-2 斜面方位 ... *19*
   - 3-3 平均的斜面形 ... *20*

3. 水系網の構成
1. 水系 ... *22*
   - 1-1 水系分布 ... *22*
   - 1-2 水系網のヒエラルキー ... *23*
   - 1-3 水系の方向性 ... *27*

2. 水流の諸法則 30
3. 水流の諸法則に対する追試と敷衍 33
    3-1 水流の諸法則の研究 33
    3-2 第1法則と水系発達モデル 34
    3-3 第2法則について 50
    3-4 第3法則（付第5法則）について 59
    3-5 第4法則について 62
4. 水系特性と水文量 64
    4-1 水系特性 64
    4-2 Hack の法則 65
    4-3 水系密度と水系頻度 67
    4-4 流量と水系特性 72

4. 河川の作用

1. 河川の水理 75
    1-1 基本的水理量と水流の分類 75
    1-2 ベルヌイの定理 78
    1-3 開水路の抵抗法則と平均流速公式 79
    1-4 開水路の流れの基礎方程式 84
    1-5 堆積粒子の基本的性質 87
2. 河川の侵食作用 92
    2-1 侵食作用の種類と侵食限界 92
    2-2 限界侵食流速 94
    2-3 限界掃流力 98
    2-4 限界揚力 107
3. 河川の運搬作用（その1） 117
    3-1 運搬作用の種類 117
    3-2 du Boys 型掃流土砂量公式 120

  3-3 Schoklitsch 型掃流土砂量公式   *123*
  3-4 Einstein 型掃流土砂量公式   *123*
  3-5 公式適用上の諸問題   *130*
  3-6 河床粒子の運動機構   *132*
 4. 河川の運搬作用（その2）   *133*
  4-1 浮流運搬   *133*
  4-2 浮流土砂の濃度分布   *134*
  4-3 浮流土砂量公式   *138*
  4-4 総浮流量と侵食可能量図   *146*
  4-5 全流送土砂量   *148*
  4-6 地表面の解体侵食量   *154*
 5. 河川の堆積作用   *156*
  5-1 堆積過程の理論   *157*
  5-2 分級作用   *160*
  5-3 河川堆積物の集合特性   *162*

5. 流路の形態と変動

 1. 流路の水理幾何学   *177*
 2. 流路の縦断形状   *184*
  2-1 平衡河川   *184*
  2-2 静的平衡理論   *189*
  2-3 動的平衡理論   *190*
 3. 河床変動   *193*
  3-1 河床変動の実態   *193*
  3-2 河床変動の理論   *194*
  3-3 ダムの築造にともなう河床変動   *202*
 4. 流路の平面形状   *210*
  4-1 直線流路   *210*

	4-2 網状流路	*211*
	4-3 蛇行流路の形態的特徴	*217*
	4-4 蛇行成因論	*222*
	4-5 蛇行流路のシミュレーション	*231*
5.	河床形態	*239*
	5-1 河床形態の分類	*239*
	5-2 砂漣・砂堆に関する理論	*244*
	5-3 河床形態の形成領域区分	*250*

6. 河川による地形進化

1.	地形進化におけるエントロピー	*254*
	1-1 閉鎖系	*254*
	1-2 開放系	*256*
	1-3 地形進化の熱力学的モデル	*258*
	1-4 河床縦断面の酔歩モデル	*263*
2.	流域斜面の発達に関する理論	*266*
3.	地形進化と人間活動	*270*
	3-1 地形進化の過程が人間活動におよぼす影響	*271*
	3-2 河川の人工的改変にともなう変化	*272*

引用文献　　　　　　　　　　　　　　*277*
索　引　　　　　　　　　　　　　　　*299*

1. 序　説

1. 河川とは

　わが国では，河川そのものを理学的な研究対象とした河川学の著書として，野満隆治[1]の労作があるにすぎないが，河川工学と題した著書はかなりある．当然のことであろうが，その冒頭の一節に「河川とは何か」といった命題を設定していることが多い．それらの著書とその他若干の資料を参考にして，河川に対する定義を最大公約数的にのべると，以下のようなところに落ち着く．

　雨や雪などの形で地表面に落下した水は，重力にしたがって地表面上をつねに低いほうへむかって流れ，究極的には海や湖にそそがれる．この流水の通路となる部分の地面と，その上を流れる水とをあわせて河川という．

　この定義は河川が単なる水の流れではなく，流水と地面とが有機的に関連した集合体である[2]という認識をもとにしている．事実，両者をきりはなして考えたのでは，河川の本質を理解しがたいであろう．河川は，湿潤気候地域においてきわめて普遍的な存在であるが，個々の河川はそれぞれ独自の性格をそなえた特殊な存在である[2]．

2. 河川に関する学問体系

　河川の自然的諸問題を理学的立場から研究する学問は，河川学（potamology）とよばれている[1]．河川を工学的立場から研究する河川工学（river engineering）は河川学の応用分野に属するが，実際には土木工学の一分野として早くから独自の発達をとげてきた．その間の事情については，Lane, E. W.[3]の論文にくわしい．

　前節で定義したように，河川は降水を海や湖に排出するという重要な機能をもっている．排出された水は水面から蒸発して雲を形成し，降水の供給源となる．すなわち，河川は地球的規模で進行する水循環の一部を構成し[4]，その意味では水文学（hydrology）の領域に属する．対象分類をおこなった場合には，湖沼学（limnology），地下水学（geohydrology），氷河学（glaciology），雪氷学（cryology）などとともに河川学は各個陸水学の一翼をになう，地理学の一

分科としての陸水学 (terraquatic science) のうちに含まれる[5]．

ところが，地理学の分野では，高橋純一[6]の著作以外に河川地理学という標題の本はみあたらない．

流水の作用によって生じた地形を研究する学問が，河川地形学 (river または fluvial morphology) である[8,7]．河川は流水と河谷とからなり，両者は時間とともに変化するから，河川の動態を理解するにはそのいずれをも無視できない．

従来，流水に関しては流体力学 (fluid dynamics, hydrodynamics)，水理学 (hydraulics)，測水学 (hydrometry)，河川工学，水文学などの分野で，また河谷については地形学 (geomorphology)，地質学 (geology)，地球物理学 (geophysics) などの分野でとりあつかってきた．河水の供給源としての降水については，気象学 (meteorology) や気候学 (climatology)，さらに水収支 (water balance) の立場から水文学が関与している．河川の水質に関しては，地球化学 (geochemistry) を中心に生物学・農学・医学の分野からの貢献が水質汚濁問題にからんで重視され，治水・利水上の問題解決に社会科学者の参画もめずらしくない．

河川を総合的に理解することは，望ましいことにちがいない．しかし，以上のように諸科学に関連した問題を，情報過剰気味な現代において整理・体系化することは至難のわざであろうし，筆者の任でもない．

筆者は自然地理学を専攻し，河川の水流とそのいれ物としての河谷とのかかわりあいに興味をもってきた．以下で，水流の発生とその発達，河川の営力とそれにともなう地形変化の過程を主題として，河川の動態の一側面を考えてみたい．扇状地[8,9]，三角州[10]，沖積平野[11,12]，河岸段丘[13]などの代表的な河川地形については，それぞれ立派な成書が公刊されているので，ここではあえて屋上屋をかさねるの愚をさけ，従来の地形学書であまり触れていない流域発達のモデルや河川営力論，流路形態と変動などに焦点をあててみることにした．

3. 河川営力論の研究系譜

地形学の分野では，19世紀後半になって Powell, J. W., Davis, W. M., Gilbert, G. K. らにより，河川が地表面を改変する有力な営力であることが明らかにされた．19世紀前半には河谷の成因に関してすら天変地異説 (catastro-

3. 河川営力論の研究系譜

phism）と自然斉一説（uniformitarianism）との対立があったことは周知の事実である．その経緯については，Gregory, H. E. [14] がくわしくのべている．

Davis は進化論的思想に立脚して，地形発達の過程を地形輪廻（geomorphic cycle）説で説明し，以後の地形学の進路に大きな影響をあたえた．彼の華麗な体系化は多くの信奉者を生み，河川のいとなむ作用について，定量的・力学的な研究をおこなう営力論よりは，作用の結果として生じた地形の説明的記載に重点をおく定性的地形学が正統派の座をしめた[15]．

20世紀前半において，Gilbert 流の営力論的研究は Hjulström, F. のひきいるウプサラ学派をのぞいては下火となり，Gilbert の実験成果はこれを高く評価した土木工学者によって継承された[15]．

営力論の復活は第2次大戦後のことで，わが国では定性的地形学の手法に限界を感じとった三野与吉・谷津栄寿らがその先峰であった．米国では Horton, R. E. が口火をきり，Strahler, A. N. が定量的地形学をとなえてコロンビア学派を養成した．フランスでは Tricart, J. が力学的地形学を提唱して一派をなした．以後の営力論的研究は関連科学の成果や手法をとりいれ，しだいに学際的（interdisciplinary）な性格を強めつつある．米国では，Leopold, L. B., Wolman, M. G. & Miller, J. P. [16] が河川営力論に関するそれまでの研究を収録して，河川地形学を体系化した．

2. 河川の流域

1. 流域と分水界

1-1 流域の定義

河川として流れている水は，もとをただせば降水である．地表面に到達した降水のうち，蒸発散（evapotranspiration）によって大気中にもどる水分をのぞいた残りの大部分が河川に流出する．流出（run off）の形式により，降水がそのまま地表面を流下する表面流出，いったん地下に滲透した後にふたたび地表面にあらわれる中間流出，地下水面にまで達して基底流量（basal flow）を維持する地下水流出などにわかれるが，経路の差があるだけで結局は河川によって排水される．

通常，これらの流出水の供給源となった降水の降下範囲を，流域（drainage basin）または集水域（catchment basin）という[17]．流域は，河川の侵食作用によって生じた自然の地形単位で，全体として上流部が高く，下流部になるにつれて低くなり，流路となる部分は周囲より低いから舟底状の形になる（図2-1）．

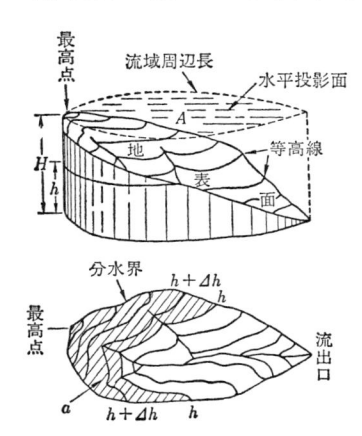

図2-1 流域の立体モデル[32]．
H：流域内の比高，h：任意の高度，A：流域面積，a：高さh以上の水平投影面積．

1-2 分水界の定義と種類

隣接する二つの流域の境界を，分水界または流域界（divide, watershed）という．河川水は地下水にも由来するから，厳密な意味での分水界は，地表面または地形的分水界（topographic divide）と地下水また

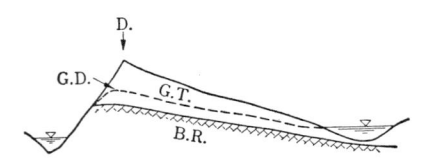

図2-2 地表面分水界と地下水分水界[18]．
D.：地表面分水界，G.D.：地下水分水界，G.T.：地下水面，B.R.：基盤岩石（難透水性地層）．

は水文的分水界（phreatic divide）とを結んだ平面のはずである．

　地下水分水界は，岩石・地質構造・地下水位などによっては地形的分水界とかなり異なる[18]（図2-2）．地下水分水界を正確にきめることは困難だから，通常はこれを地表面分水界に一致すると仮定して流域の境界とする．以後とくにことわらないかぎり，分水界・流域といえば地表面分水界・地表水流域をさし，地下水分水界と地下水流域は前者に一致するものとする．

　分水界には，本流相互の境界をなす主分水界（main divide）と支流相互の境界をなす副分水界（sub-divide）とがある．一般に，山地部では主分水界が山脈の主稜（main ridge）と一致するが，脊梁山脈を横切って流れるような横谷（transverse valley）の部分では両者は一致しない．平地部では分水界の不明確なことがある．

1-3 分水界の移動

　(a) 不均等斜面の法則　　分水界は固定したものではなく，流域内になんらかの地形的変化がおこれば，それに応じて分水界の水平位置・高度も変化する．この現象を最初に報告したのは，Gilbert[19]である．彼はHenry山地で，非対称山形の急斜面側を流れる川がより急激に侵食し，緩斜面上を流れる川のほうへ分水界を押しやりながら流域を拡大するとして，これを不均等斜面の法則（law of unequal slopes）とよんだ．

　(b) 分水界移動の原因　　Thornbury, W. D.[20]は，分水界移動の原因となる地形的事変として，つぎのような場合をあげている．移動が緩慢な場合には，(イ)分水界の両側で降水量が著しく異なり，多い側で侵食が急にすすむ．(ロ)不均等斜面の法則による．移動が急速な場合は，(ⅰ)河川争奪，(ⅱ)火山活動，(ⅲ)地殻運動，(ⅳ)氷河作用，(ⅴ)風成砂丘の堆積，(ⅵ)河川の分流工などが原因となる．

　(c) 移動の過程　　分水界の移動は無限につづくわけではなく，両側の河川の頭部侵食（headward erosion）の強度がつりあったところでやむ．頭部侵食は谷の最上流端，すなわち谷頭（valley head）において風化と重力にもとづく崩壊によって斜面が後退する現象であるから，谷頭侵食ともいう．両側からの谷頭侵食をうけて相互の谷頭が連絡した場合には，谷中分水界（Talwasserscheide）を生ずる．

以上のほかに同一方向に平行に流れる2本の川のうち，いずれか一方の側方侵食 (lateral erosion) が著しいと河間地を削りとり，ついには副分水界が消失して1本の川にあわさる．これを吸収 (absorption) とよび，支流の下流部が本流の側方侵食によって併呑され，消失する場合を除去 (abstraction) という．吸収と除去とをあわせて複合 (integrtaion) という．

Smith, T. R. & Bretherton, F. P.[21] は，3次元モデルによって吸収の過程を理論的に説明した．図2-3は，彼らのモデルからえた分水界の移動の過程をあらわす．谷壁斜面の傾斜 θ は一定で，安定角度に近く，流路の勾配は θ に比べて十分に小さいと仮定する．斜面から Δt 時間に除去された量（図中の縦縞の部分）が流路の両側で等しいとすると，分水界の位置 (z_1, y_1), (z_3, y_3)，谷底の位置 (z_2, y_2), (z_4, y_4) として

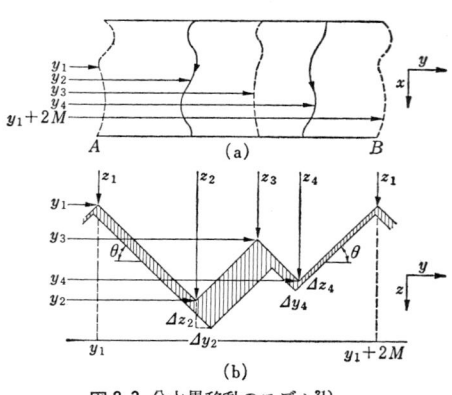

図 2-3 分水界移動のモデル[21].
M は流域の平均の幅.

$$\left(\frac{\partial z_2}{\partial t} - \tan\theta \frac{\partial y_2}{\partial t}\right)(z_2 - z_1) = \left(\frac{\partial z_2}{\partial t} + \tan\theta \frac{\partial y_2}{\partial t}\right)(z_2 - z_3) \qquad (2\cdot1\cdot1)$$

$$\left(\frac{\partial z_4}{\partial t} - \tan\theta \frac{\partial y_4}{\partial t}\right)(z_4 - z_3) = \left(\frac{\partial z_4}{\partial t} + \tan\theta \frac{\partial y_4}{\partial t}\right)(z_4 - z_1) \qquad (2\cdot1\cdot2)$$

によって上記の仮定をあらわせる．Δz_2, Δz_4 は Δt 時間における谷底の低下量を，Δy_2, Δy_4 は側方への移動量をあらわし，それにともない，分水界の座標位置も変化する．

この過程がそのままつづけば，(z_3, y_3) にあった分水界は消失し，(z_4, y_4) にあった流路は (z_2, y_2) の流路に吸収されるという考えかたである．式 $(2\cdot1\cdot1)$ と $(2\cdot1\cdot2)$ は，蛇行流路では成立しがたいであろう．

1-4 流域面積

流域の表面は複雑な曲面の集合体からなるが，これを水平面に投影した面積 A（図2-1）を流域面積 (drainage area) という．地形図は水平面投影だから，任意の地点における流域面積を簡単に測定できる．ふつう，河川の流域といえば河口または本川との合流点における流域をさす．

流域の広狭は，一般にその流域内を流れる本流の長短に比例する．日本およ

1. 流域と分水界　　　　　　　　　　　　　　　　　　　　　　　　　　　7

び世界のおもな河川の流域面積や本流の長さなどを，表 2-1 (a, b) にまとめた．表 2-1 (b) は，Todd, D. K.[22] の資料をメートル単位に換算した値で理科年表[23]と異なる場合もあるが，いずれが正確ともきめがたいので換算値のまま掲載した．一つには大河川に対する調査が不十分なこともあるが，同じ名称の川でも，どの範囲を本川流域としているかで値がちがってくるのである．

　一般論として，本流の長い川は流域面積も大きいが，表 2-1 で両者の順位は必ずしも一致しない．また，表中に併記した流量の平均値をみても，Amazon 川の値は桁違いに大きいが，Nile 川のように乾燥地域を貫流する川は規模の割に流量は少ない．Ganges, Brahmaputra 両河川の流域は多雨地域に属するために流量が多いといったぐあいで，流量が流域面積に比例するとはかぎらないことを示す．

1-5　流域形状

同一気候条件下では，水平面に投影した面積空間は降水をうけとめるから，流域の輪郭が流量の配分にかなり影響することは，すでに Sherman, L. K.[24]

表 2-1 (a)　日本のおもな河川

河川名	長さ(km)	流域面積(km^2)	流量(m^3/sec) 年平均	最大	最小	観測点	形状比(F)
利根川	298	16840	273.8	10692	6.1	栗橋	0.16
石狩川	262	14300	136.8	2156	28.3	伊納	0.21
信濃川	367	12050	397.1	5996	54.4	小千谷	0.09
北上川	247	10200	324.2	3553	39.1	登米	0.18
木曽川	193	9100	281.0	3169	72.0	今渡	0.24
十勝川	178	8400	79.9	4203	10.2	帯広	0.26
淀川	75	8240	313.6	7800	74.0	枚方	1.46
阿賀野川	210	7340	414.5	8930	47.1	馬下	0.17
最上川	232	7040	345.8	2394	24.6	高屋	0.16
天塩川	311	5590	178.0	240	1.7	奥士別	0.06
阿武隈川	225	5400	157.4	4728	14.5	岩沼	0.16
天竜川	250	5090	253.1	8439	6.6	鹿島	0.08
雄物川	130	4640	281.1	3519	31.2	椿川	0.27
米代川	136	4100	92.0	2101	18.8	鷹ノ巣	0.22
江川	206	3870	83.2	4679	7.1	尾関山	0.09
吉野川	194	3650	125.6	14048	0.8	池田	0.10
富士川	128	3570	63.4	5712	0.5	清水端	0.14
那珂川	150	3270	71.5	4101	4.8	野口	0.15
荒川	144	2940	27.6	3625	2.5	寄居	0.14

(b) 世界のおもな河川

河川名	長さ (×10km)	流域面積 (×10³km²)	河口平均流量 (×10³m³/sec)	河口の所在
Amazon	628	5778.3	2122.5	ブラジル
Congo	467	4014.5	396.2	コンゴ
Mississippi	642	3312.6	172.9	米国
Nile	643	2978.5	28.3	エジプト
Yenisei	451	2599.0	173.8	ソビエト
Ob	515	2483.8	124.8	〃
Lena	451	2424.2	154.8	〃
Parana (La Plata)	394	2305.1	148.9	アルゼンチン
揚子江	499	1942.5	217.9	中国
Amur (黒竜江)	467	1844.1	109.8	ソビエト
Mackenzie	406	1805.2	79.2	カナダ
Zambezi	257	1295.0	70.8	モザンビーク
St. Lawrence	306	1269.8	141.5	カナダ
Niger	418	1213.7	60.8	ナイジェリア
Nelson	267	1172.3	22.6	カナダ
Ganges	248	1059.3	186.8	インド
Brahmaputra	270	935.0	198.1	バングラディシュ
Yukon	290	932.4	50.9	カナダ
Indus	274	927.2	55.5	パキスタン
Tocantines	274	926.5	101.9	ブラジル

が指摘している.

流域の形を数値であらわす試みは,Horton[25] が最初である.彼は,流域形状係数 (basin shape factor) S_f を提案した.流域面積を A,流域最大辺長 (basin length) を L_0 とすると,A/L_0 は流域平均幅 (mean basin width) B であり,S_f は

$$S_f = \frac{L_0}{B} = \frac{L_0^2}{A} \qquad (2 \cdot 1 \cdot 3)$$

であらわされる.また,S_f の逆数を形状比 (form ratio) とよび

$$F = \frac{B}{L_0} = \frac{A}{L_0^2} \qquad (2 \cdot 1 \cdot 4)$$

とした.S_f, F の値は,流域が方形ないし円形に近いほど1.0に近づく.一般に $B<L_0$ だから,流域形状を F であらわすと F の値は1.0以下になるはずである.L_0 のかわりに,本川の長さを用いて日本のおもな川の F の値を算出してみると,表2-1(a)のように0.2前後の値が多く,総じて流域の形が細長

い傾向がある．淀川の F が 1.46 と例外的に大きいのは琵琶湖を含むためで，L_0 に対しては $F=0.42$ となる．

Miller, V. C.[26] は，流域の周辺長（basin perimeter）P と同じ長さの円周をもつ円の面積 A_p に対する流域面積 A の比 A/A_p を円状率（circularity ratio）とよび，C_r であらわした．Schumm, S. A.[27] は，流域面積と等面積の円の直径 D と流域最大辺長 L_0 との比 D/L_0 を細長率（elongation ratio）E とした．

このほか，極座標を用いて流域の形を連珠形と比較する方法[28]などもあるが，Morisawa, M. E.[29] が諸種の形状に関する指標を Appalachian 山地で 25 の流域の流出率と比較した結果，円状率 C_r がもっとも高い相関関係を示したという．

2. 流域内の高度と起伏量

2-1 面積-高度曲線

流域の立体モデル（図2-1）を考えるとわかるように，流域内の高度分布は一様ではない．一般に，降水量は海抜 1000〜1500 m までは高度に比例して増大するという経験則がある[30]．しかし，斜面方位や傾斜，降水の原因や気象条件の地域差などが降水量の分布に影響を及ぼすので，海抜高度のみの関数形として一般化することは困難なようである[30]．

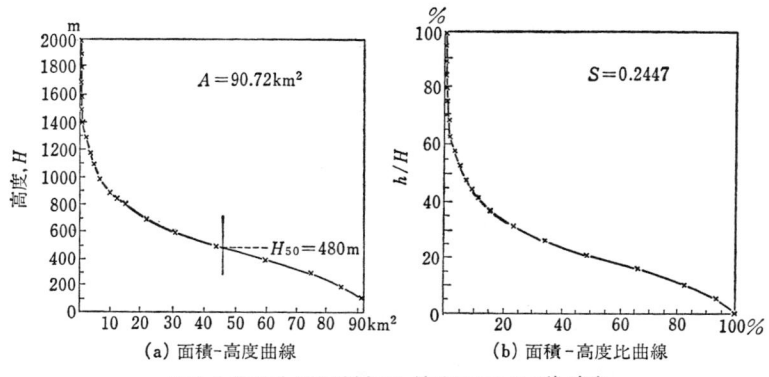

図 2-4 佐梨川（魚野川水系）流域における面積-高度曲線（a）と面積-高度比曲線（b）[35]．

いずれにせよ，流域内の高度分布が一様でないから降水量の分布も不均一で，流域からの流出量も高度分布に左右されることは確かである．流水の位置エネルギーは高度差に比例するから，河川の侵食強度を推定するうえにも流域内の高度分布を知る必要がある．

流域内の高度分布は，ヒプソメトリックまたは面積-高度曲線（hypsometric または area-altitude curve）であらわせる．これは，地形図上で一定の高度間隔ごとの帯状面積を計測し，縦軸に海抜高度，横軸に任意の高度以上（または以下）の帯状面積の累加値（図2-1中の a）をとって，対応する諸点を結んだものである（図2-4（a））．図2-4（b）は，縦軸に流域全体の高度差 H に対する任意の高度 h の比 h/H（図2-1）をとり，横軸に全面積 A に対する任意の高度 h 以上（または以下）の面積 a の比 a/A（図2-1）をとって，両者の関係をあらわしたものである．この図を，面積-高度比曲線または百分率面積-高度曲線（percentage hypsometric curve）という．

この曲線は今村学郎[31]がはじめて用い，Strahler[32] が普及させた．この方法の特徴は，高度や面積の絶対値が異なる流域を比較できることである．Strahlerは，面積-高度比曲線を用いて流域内の地形の発達階程を論じている．流域の立体空間を図2-1のようにモデル化して考えると，山体の体積 V は近似的に

$$V = \sum_{h=0}^{H} a \cdot \Delta h = \int_0^H a\,dh \qquad (2\cdot2\cdot1)$$

である．Δh は等高線間隔，a は高度 h 以上の面積とする．図2-1の破線で囲んだ円筒状の体積 $A \cdot H$ を，原地形の体積と仮定して上式の両辺を $A \cdot H$ でわると

$$\frac{V}{A \cdot H} = \sum_0^1 \left(\frac{a}{A}\right) \Delta\left(\frac{h}{H}\right) \qquad (2\cdot2\cdot2)$$

となる．上式は，面積-高度比曲線と座標軸に囲まれた部分の面積（図2-4（b）の曲線下の部分）の座標軸に囲まれた正方形の面積に対する比をあらわす．Strahlerは，この相対値を比積分（hypsometric integral）とよんだ．$a/A = x$, $h/H = y$ とおき，百分率のかわりに x, y ともに0％を0，100％を1.0とすると，この曲線の比積分値は

$$\frac{V}{A \cdot H} = \int_0^{1.0} x\,dy \qquad (0 < x < 1.0,\ 0 < y < 1.0) \qquad (2\cdot2\cdot3)$$

となる．x と y との関係曲線は，一般に S 字形の曲線となる（図2-5（a））．Strahlerは，曲線の屈曲状態，比積分値を種々にかえられる関数形として次式をあたえた．

2. 流域内の高度と起伏量

$$y = \left[\frac{d_0-x}{x} \cdot \frac{a_0}{d_0-a_0}\right]^z \quad (z \geqq 0) \qquad (2\cdot 2\cdot 4)$$

ここで，a_0，d_0 はそれぞれ定数で d_0 は a_0 よりつねに大きい（図2-5（a））．指数 z の値をかえることによって比積分値もかわり，a_0/d_0 の値によって曲線の転向点の位置がきまるから，式（2・2・4）をモデル関数として図2-5（b）のような種々のモデル曲

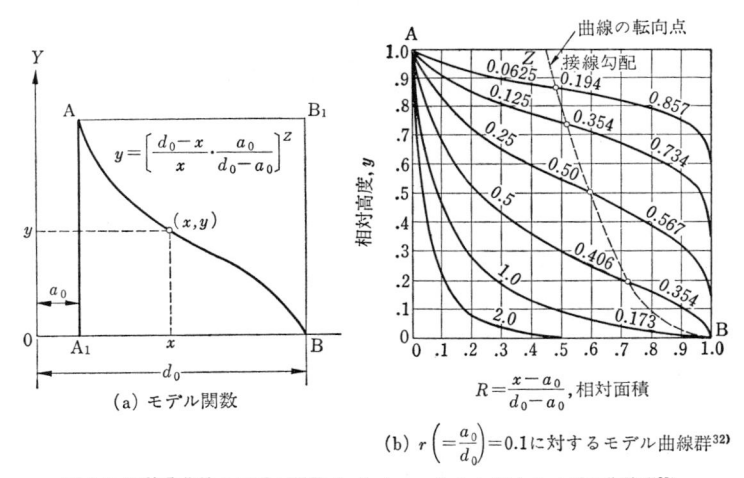

図2-5 比積分曲線のモデル関数（a）と $r=0.1$ に対するモデル曲線群[32]．

線群がえがける．ここで，$x=a_0$ のときに横軸の値が 0，$x=d_0$ のときに 1.0 になることを要するから，これをあらわす指標として $R=(x-a_0)/(d_0-a_0)$ を採用し，式（2・2・4）をかきあらためて

$$y = \left[\frac{r}{1-r}\right]^z \cdot \left[\frac{1}{(1-r)R+r}-1\right]^z \quad \left(r=\frac{a_0}{d_0}\right) \qquad (2\cdot 2\cdot 5)$$

とする．r の値を種々にかえれば，無数のモデル曲線群がえがける．ここでは，一例として $r=0.1$ の場合を図2-5（b）に示す．実際に比積分値を求めるのに，曲線に近似した被積分関数を探しだすのは容易ではないから，曲線下の面積をプラニメーターなどを用いて測定し，全面積に対する比を算出する．

Strahler は種々の流域の計測結果から比積分値 0.6 以上を非平衡（幼年）期，0.6～0.35 を平衡（壮・老年）期，0.35 以下を残丘（準平原）期の地形をあらわすとのべている．市川正巳[33]は渥美半島の山塊の比積分値を求め，これらの値と直線，凹形，凸形の 3 種類の模式的斜面形をもつ山地の比積分値とを比較し，大部分の山塊が凹形斜面か

2-2 流域代表高度

流域全体の高度分布を代表値であらわす場合には，流域中位高度 H_{50} や流域平均高度 H_m を用いる．流域中位高度 H_{50} は，面積-高度曲線上で面積比 $a/A=50\%$ に相当する海抜高度である．流域平均高度 H_m は，山体の体積 V を流域面積 A でわった値であるから，比積分値を I とすると式（2・2・3）から

$$H_m = \frac{V}{A} = H\int_0^{1.0} xdy = H \cdot I \qquad (2\cdot2\cdot6)$$

である．流域内の最低点高度を H_0 とすると

$$H_m = H \cdot I + H_0 \qquad (2\cdot2\cdot7)$$

となる．村野義郎[34]はこの方法を用いて，荒川上流域の平均高度を求めている．その他の（i）等高線面積法，（ii）等高線延長法，（iii）交点法については文献[35]を参照されたい．

ここでは，現在では一般的ではないが，将来はかなり普及する可能性のある数値地図（digital map）について紹介する．

```
220A 215A 215A 219A 240E 258B 267E 272B 284B 276B 275L
226A 227A 227B 225A 224A 226A 240B 248B 266B 282E 301D
233A 242E 242B 237L 227A 230A 232A 248E 267L 290E 316D
254L 255C 261L 253L 245C 233A 233A 259B 277E 303E 329D
267L 265C 272E 261D 261E 258C 259B 271E 279E 281M 307E
285B 283C 280E 271J 267E 257E 274E 297E 265M 285M 265M
311C 298C 306E 286J 270E 278J 300N 287M 287M 287M 287M
329C 317D 332D 312E 294E 304N 287M 287M 287M 287M 287M
350C 343D 358D 336E 320E 312M 267M 267M 287M 287M 287M
375D 369E 357D 364C 346B 333D 310M 310K 290M 290M 290M
401E 380E 383E 390D 372C 358D 332H 314J 313J 316J 290M
420E 394E 409E 416D 396D 370D 344D 324D 336K 328T 315K
```

図 2-6 数値地図の例[36]．

数値地図とは，航空写真に方眼をかけ，精密図化機を用いて，方眼交点の空間座標位置 (X, Y, Z) を求めて作成したものである．つまり，等高線をえがくかわりに，数値で高度を表示した地図のことをいう[36]．図 2-6 はその一例で，国土地理院で定めた基本平面座標系を X-Y 座標にとり，25 m 方眼の交点の標高と土地利用をあらわしたものである[36]．図中の 220 A という記号は，その地点の標高が 22.0 m で土地利用が水田であることを意味する．これらの交点の位置座標から，電算機を利用して平均高度をテープにアウトプットさせることができる．

最近では，等高線表示の地図をアナログ・ディジタル変換機にかけて，数値地図を作成することもおこなわれている[37]．これは，航空写真から直接ディジタル化したものより精度が劣るが，大縮尺の地形図を原図としているかぎりはそれほど問題にならない．

空間座標位置のディジタル表示を高度マトリックス（altitude matrix）とよぶ[37]．高

2-3 流域内の起伏量分布

度マトリックスの方眼を小さくすれば地形の表現精度は高まるが，経費も高くつく．その意味では，まだ一般性がない．

起伏量の定義　起伏（relief）とは，地形の垂直方向の大きさをあらわす概念である．これは，基準水平面に対する地表面上の相対高度，すなわち比高（relative height）のことをいう[38]．一定の範囲の地表面における起伏を起伏量（relief energy*）という．起伏量のあらわしかたはいろいろあって，そのために，起伏量に対しても一般に容認された定義はないが，おもなものとしてつぎの3種類の表現法がある．

(i)　単位面積内における最高点と最低点との高度差
(ii)　切峯面と切谷面との高度差
(iii)　隣接する山頂と谷底との高度差

(i)の方法は比較的普及しているが，比高の測定範囲について一定半径の円内とするか，一定辺長の方眼内とするかで意見がわかれる．

また，単位面積としてどのくらいの面積をとるかはまちまちで，$0.25\,km^2$ から$100\,km^2$ におよぶものまである[39]．Smith, G. H.[38] は，単位面積として約$25\,km^2$ 程度が適当であるとしているが，一律にきめることはむずかしい．対象地域の地形的波長に比べて単位面積が小さすぎると全斜面を含まず，起伏量は単に勾配をあらわす指標でしかなくなる．したがって，起伏量を斜面勾配と重複しない独自の変数として用いるためには，単位面積を大きくとらざるをえない．

地域を相互に比較するためには，標準的な単位面積をきめる必要がある．しかし，極端に地形のちがう地域では単位面積が異なってもしかたがない．地形的波長を考慮して単位面積を決定する際には，おもな山頂を中心として種々な半径の同心円をえがき，おのおのの円の面積とそれに対応する起伏量との関係曲線（これを起伏量の成長曲線とよぶ）をえがいて，曲線の接線勾配が急に減少する付近の面積を単位面積とすれば，合理的である[40]．

(ii)の方法は Dury, G. H.[41] が提唱したものである．この方法は，起伏量を地表面の開析の程度に関係させて考えた点で，Glock, W. S.[42] のいう有効起伏（available relief）と似ている．有効起伏は，原面高度とそれに隣接する平衡河川（5章§2参照）の谷底との高度差で，(iii)の方法に属する．Dury[41] や Glock[42] の方法では，切峯面

---

*) available relief, local relief, topographic relief, relative relief なども同義語である．

(summit level, Gipfelflur) が開析をうける以前の原面をあらわすという仮定がある. Pannekoek, A. J.[43] は，各種の方法をくわしく検討した結果，どの程度の大きさの谷までを無視するかによって種々の包絡面がえがけることをみいだし，切峯面に客観性のないことを強調している.

(iii) の方法は前述の Glock[42] のほか, Spiridonov, A. L.[44] のように谷底からの比高を等高線で表現した例もある．この場合には，切峯面を作成しないから上記のような問題はない．

起伏量分布図 起伏量の分布は，単位面積の方眼中の起伏量を適当に階級区分してあらわすか，各測定地点の起伏量の値から，等起伏量線 (isopleths) をえがいてあらわす．岡山俊雄[45]は，単位面積の各方眼内の最高点を中心として方眼と等面積の円をえがき，円周上の最低点と円の中心の高度との比高をその地点の起伏量とし，各地点の値から等起伏量線をえがく方法をとった．岡山の方法は，方眼内の最高点と最低点との位置が等距離にない欠点を補う意味で，合理的である．

起伏をあらわすその他の指標 起伏量を求める場合に最高点高度を用いると，統計値としてきわめて不安定な極値を採用するという欠点がある.

そこで Péguy, C. H. P. は，高度の頻度分布図から求めた高度の標準偏差を用いることを提案した[37]．これは，起伏量のような極値に基づく値よりは，統計値としてはるかに安定している．従来，高度の頻度分布図は，手間がかかりすぎてあまり作成されなかった．しかし，電算機やアナログ・ディジタル変換機などが容易に使用できる現在，この方法の採用が可能となった．ただし，高度の標準偏差は平均高度に対する補助的な示数であり，起伏量のように水流の位置エネルギーに比例するといった意義はなくなる．

流域全体の比高 H を流域内の最大流路延長 L_{max} でわった値を流域平均起伏比 (mean relief ratio of basin) といい，流域全体の一般傾斜をあらわすので，流域相互の比較ができる．Maner, S. B.[46] は, H/L_{max} が流域内の土砂生産量と密接な関係にあることを報告した．Schumm[27]は，L_{max} のかわりに流域最大辺長 L_0 を用いて，H/L_0 を起伏比 (relief ratio) とよんだ．

2-4 HRT ダイアグラム

多田文男[47]は山頂高度と谷底高度，したがって起伏量が山地の侵食過程の進行にともない変化することに着目して，三者の関係をあらわす図から山地の開析度を論じた．

2. 流域内の高度と起伏量

　最近になって，平野昌繁[48]は多田の方法を改良し，図2-7（a）のように定義した諸量を用いて，無次元化した山頂高度を H，谷底高度を H_*，起伏量を R として三角座標上で三者の関係を巧妙に表現した．図2-7（b）で3辺にそれぞれ H, H_*, R をとれば，図2-7（a）の状態を図2-7（b）中の点Pであらわせる．点Aは H，点Bは H_*，点Cは R の値を示す．つまり，任意の時点における侵食地形の発達過程を，三角座標の座標位置であらわせる．

　平野は三角形の頂点に対して H, R, T の記号をつけ（図2-7（b）），これを HRT（起伏量）ダイアグラムとした．つぎに，図2-8（a）のような斜面発達のモデル断面を理論式（式6・2・3）から求め，斜面発達の各ステージに対応する点Pの軌跡を図2-8（b）のように数字であらわした．図2-8（b）中の破線は，点Pの一般的な分布範囲を示す．点Pが三角形の頂点Tに達したときには山地がまったく消失していることになるから，底辺は相対的な時間尺度をあらわす．平野はこの方法を加古川東岸の丘陵地に適用し，開析度を相対時間 T の平面分布図として表現した．

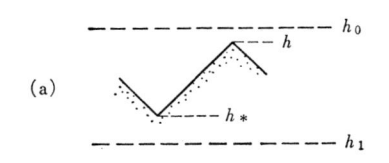

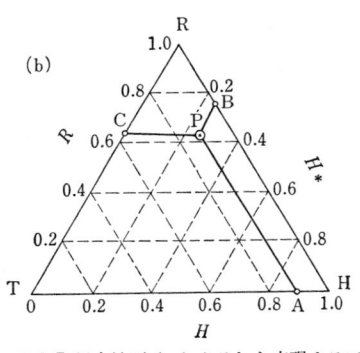

図2-7 侵食地形（a）とそれを表現する三角ダイアグラム（b）[48]．
h_0：原面高度，h：山頂高度，h_*：谷底高度，h_1：侵食基準面の高度．

$$H = \frac{h - h_1}{h_0 - h_1} \quad (相対的山頂高度)$$

$$R = \frac{h - h_*}{h_0 - h_1} \quad (相対的起伏量)$$

$$H_* = \frac{h_* - h_1}{h_0 - h_1} \quad (相対的谷底高度)$$

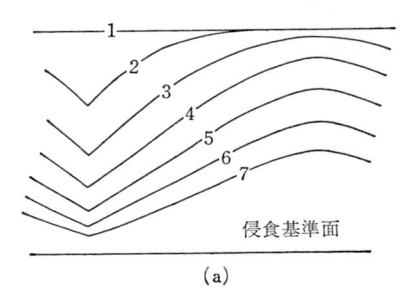

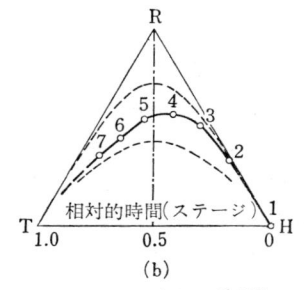

図2-8 モデル斜面の発達過程（a）とそれに対応する三角ダイアグラム（b）[48]．

3. 流域内の傾斜

傾斜は，一定距離に対する2点間の比高をあらわす点で起伏量に似た指標であるが，無次元量である点が異なる．地表面や水流の勾配は流水の流下速度に関係し，流水の侵食・運搬作用の強度をあらわす重要な指標である．

3-1 傾斜分布と平均傾斜

傾斜分布 流域内の斜面は曲面の集合体であるから，斜面の傾斜をあらわす場合に，どの範囲を測定対象とするかが問題になる．有名な寺田法[35]では，1/50000地形図上で測定対象地点から半径2.5 mm（実距離125 m）の円内を範囲としている．また，松井法[35]は，測定点をはさむ2本の等高線間の最短距離から傾斜を求める．したがって，この方法では測定範囲は一定しないが，地形図上で測定可能な最小限の水平および垂直距離を用いている点で，寺田法より合理的である．

1地点における傾斜は，その地点の最大傾斜（落水線）方向の勾配であるから，方向成分を含むべき性質のものであるが，ふつうの傾斜分布図で斜面方位を併記したものは少ない．

前述の高度マトリックスは，傾斜分布をあらわすにも有効な方法である．これをかりにディジタル法とよぶ．ディジタル法では，隣接する高度マトリックスのうちから3点を選びだし，3点によってきまる三角形平面の最大傾斜方向の傾斜を最小2乗法によって求める3点法，隣接する4点を選びだす4点法，ある地点とその東西南北の4方向の隣接点との高度差から求める5点法などがある[37]．

高度マトリックスの方眼が小さいほど精度は高まるが，どの程度の起伏までを無視するかをきめておかないと際限がない．Hormann, K.[49]は分水界・流路・傾斜の変換部などに測定点をおき，ディジタル法で傾斜を求めた結果，3点法の優位性を主張している．ただし，測定点の選定に主観のはいる余地があること，三角形の面積が必ずしも等しくならないことなどの問題がある．とはいえ，ラインプリンターの端に数値が記録され，高度分布や傾斜分布の頻度曲線がグラフ化されてあらわれることや，種々の地形要素の解析が可能な点で有望な方法である．たとえばこの方法で，斜面方位別・高度階級別の平均傾斜を簡単に求めることができる．

Piper, D. J. W. & Evans, I. S.[50]は，等高線上の一定間隔の地点からその上下の等高線への最短距離を電算機にさがさせ，これに連結した図化機に落水線をえがかせ

3. 流域内の傾斜

た．図 2-9 はその一例である．等高線が平行な場合（図中のA）はとも角として，等高線が発散する部分（図中のB）や不規則にへこむ部分（図中のC）では，落水線が交叉している．この欠陥をのぞくためには，476行[*)]におよぶ長大なプログラムに，さらに複雑な付帯条件をつけなければならないと彼らは報告している．等高線の配列が単調なところでは，落水線の長さから高度階級別・方位別の傾斜を求めることができる．

平均傾斜 流域全体としての傾斜の平均値を流域平均傾斜 (mean slope of basin) という．その求めかたには種々

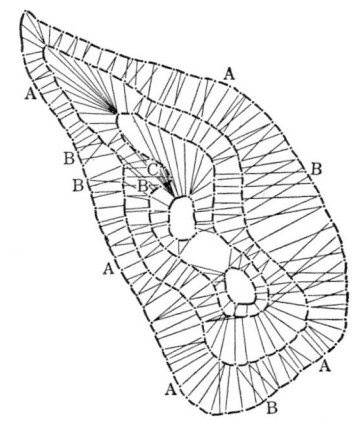

図 2-9 電算機にえがかせた落水線図[50)]．等高線上の点は出発点をあらわす．

の方法があるが，Horton[25)] の交点法 (intersection method) が簡単なのでよく利用される．これは対象流域に方眼をかけて，方眼線の全長 Σl と方眼線と等高線との交点総数 N とから流域平均傾斜 S_g を

$$S_g = 1.571 \frac{\Delta h \cdot N}{\Sigma l} \qquad (2 \cdot 3 \cdot 1)$$

として求める．Δh は等高線の高度間隔である．

ディジタル法から平均傾斜を求められることはすでにのべた．なお，よく誤解されるが，面積-高度比曲線の勾配は流域内の地表面の傾斜分布と対応しない[32)]．この理由は，流域内の各等高線の長さが等しくないからである．この点に関して，Strahler[32)] は以下のような検討を加えている．

隣接する等高線間の平均傾斜を α，任意の高度の等高線の長さを l，流域内で最も長い等高線の長さを L とすると，面積-高度比曲線の接線勾配 θ と地表面傾斜との間に

$$\frac{l}{L} \tan \theta = \kappa \tan \alpha \qquad (2 \cdot 3 \cdot 2)$$

の関係がある．κ は比例定数である．隣接する等高線間の平均距離 w は，2本

[*)] Evans からの私信による．

18   2. 河川の流域

の等高線間の帯状面積 a_i を2本の等高線の平均の長さ $\bar{l}_i$ でわった値だから

$$\tan \alpha = \frac{\Delta h}{w} \tag{2.3.3}$$

である．Δh は等高線の高度間隔である．Strahler は，各高度帯に対する平均傾斜の累加値をプロットしたものを平均傾斜曲線（mean slope curve）とよんだ．

　平均傾斜を流域の傾斜特性をあらわす指標とすることに対して，Strahler[51] や Tri-

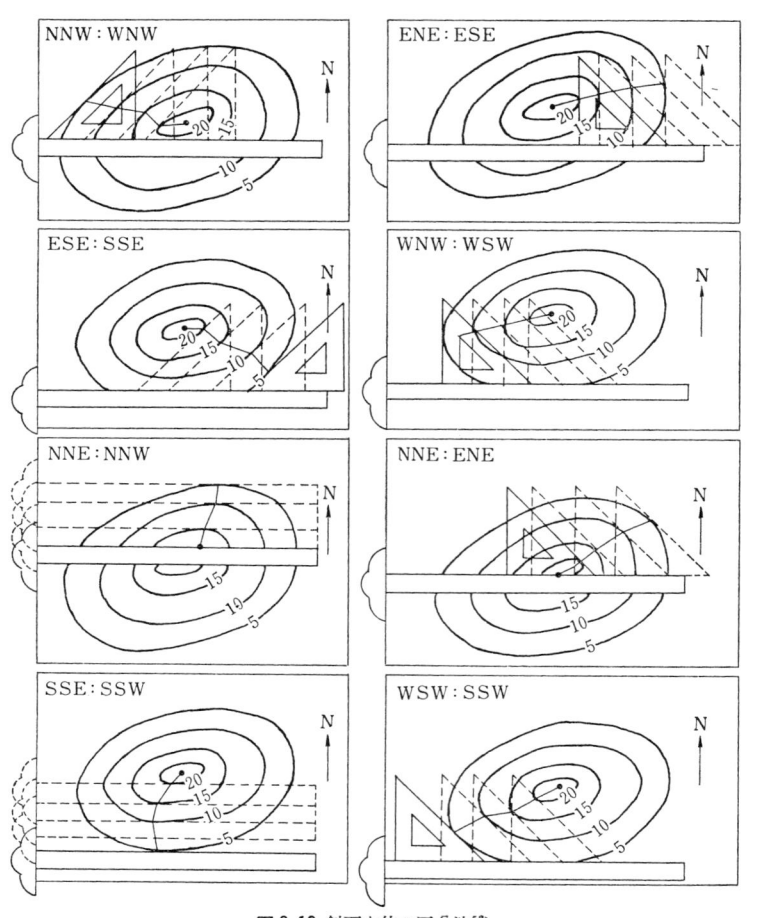

図 2-10 斜面方位の区分法[58]．

3. 流域内の傾斜　　　　　　　　　　　　　　　　　　　　　　　　　　　　　　　*19*

cart[52]はむしろ傾斜の頻度分布を重視すべきことを強調している．確かに，頻度分布の不明な平均傾斜は比較の基準とならない．平均傾斜とともに標準偏差，歪度，尖度などの頻度分布の特性値を求めておく必要があるが，手作業による場合は実行しがたい．

3-2 斜面方位

斜面方位は地形学的にはとも角として，気候・水文要素に関連して重要な意義を有するわりに，その計測方法を論じた研究が少ない．

England, C. B.[53] は，T定規と三角定規を用いて等高線の接線と垂直の方向を最大傾斜方向として，斜面方位を区分する方法を考案している．図2-10 のような各等高線に対する東西方向の接線は，等高線が北にむかって凸ならば北むき斜面，逆の場合は南むき斜面であり，同様に南北方向の線に対する接線は，東むきか西むきの斜面である．二等辺三角形の長辺に対する接線は，それらの中間の方位をあらわす．

図2-10 を用いて，各等高線における接線の位置を結ぶと落水線がえがける．16方位にわけた場合に，たとえば北むき斜面を結んだ落水線は NNE～NNW の間の方位を示す．同様に，北東にむかう落水線は NNE～ENE の間の方位を有する．上述の2本の落水線にはさまれた斜面の平均方位を NNE とする．図2-11 は，以上のような手順によって斜面方位を区分した例である．

前述の数値地図は，いくつかの数値地形情報の合成が可能であるから，ディジタル法によって最大傾斜方向や斜面勾配を求め，これらを同時に表示できる[54]．方位・地形・地質・土地利用などは，符号化してあらわす[36,54]．

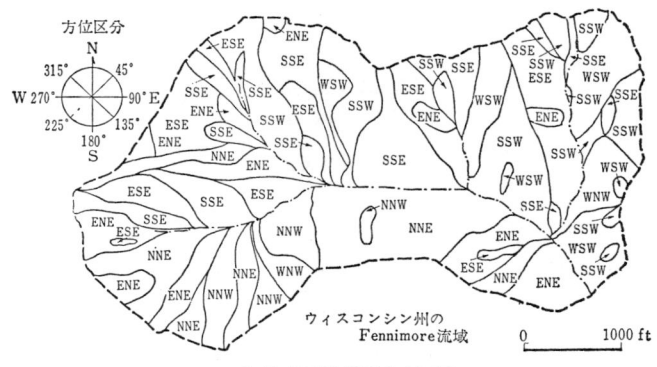

図 2-11 斜面方位別分布図[53].

3-3 平均的斜面形

面積-高度比曲線を，Strahler[32]は流域の地形発達の階程をあらわすと考えていた．前述の Strahler の区分を適用すると，筆者[55]が佐梨川流域で求めた比積分値（図2-4(b)）は0.2447であるから残丘期に相当し，実状にあわない．

比積分や面積-高度比曲線が，流域内の開析度をあらわさないことを理論的に証明したのは平野[56]である．彼は，生駒山脈西面[56]や養老山脈東面[57]などの断層崖の地形計測をおこない，面積-高度比曲線のかわりに，流域内の等高線間の平均距離を積算してえた平均的斜面形（averaged profile）から開析度を求めることを提唱した．

平均的斜面形とは，流域内の尾根や谷を均らして平滑な斜面におきかえたときの仮想的形態である．養老山脈では，図2-12(a)のような平均的斜面形をえている[57]．彼は斜面の原面高度を Z_0，任意の高度を Z として，相対高度 Z/Z_0 を平均値 μ，分散 σ^2 の正規分布

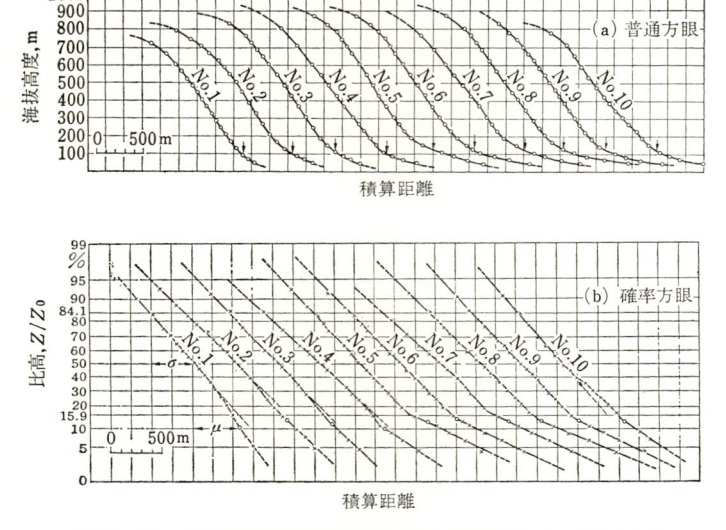

図2-12 養老山脈東面の平均的斜面形[57]．(a) 普通方眼，(b) 確率方眼．
矢印および白丸は後退量測定の際の基準（傾斜変換）点の位置（$x=0$）．

3. 流域内の傾斜

$$N(\mu, \sigma^2) = \frac{1}{\sqrt{2\pi}\,\sigma} \exp\left\{-\frac{(x-\mu)^2}{2\sigma^2}\right\} \qquad (2\cdot3\cdot4)$$

の累積分布関数である次式によって近似させた．

$$\varPhi\left(\frac{x-\mu}{\sigma}\right) = \frac{1}{\sqrt{2\pi}\,\sigma} \int_{-\infty}^{x} \exp\left\{-\frac{(\xi-\mu)^2}{2\sigma^2}\right\} d\xi \qquad (2\cdot3\cdot5)$$

式中の ξ は積分変数 x をあらわす．Z_0 は時間的に変化しないと仮定して適当な値を選んで Z/Z_0 を求め，確率紙上にプロットすると図2-12(b)のように直線で近似できる．図で累加距離 x の基準点 $x=0$ と比高 $Z/Z_0=50\%$ の地点間の水平距離が μ であり，$Z/Z_0=50\%$ 地点と $Z/Z_0=84.1\%$ または 15.9% 地点との間の水平距離が標準偏差 σ である．式 $(2\cdot3\cdot5)$ は，平野が斜面発達の基礎方程式として導いた後述の式 $(6\cdot2\cdot4)$ の初期条件 $Z=Z_0$，$x>0$ に対する解にほかならない[58]．

斜面勾配 $\partial z/\partial x$ は，式 $(2\cdot3\cdot4)$ の Z_0 倍で

$$\frac{\partial z}{\partial x} = \frac{Z_0}{\sqrt{2\pi}\,\sigma} \exp\left\{-\frac{(x-\mu)^2}{2\sigma^2}\right\} \qquad (2\cdot3\cdot6)$$

であり，これは $x=\mu$ のときに最大値をとるから，斜面の最大勾配 $\left(\dfrac{\partial z}{\partial x}\right)_{\max}$ は

$$\left(\frac{\partial z}{\partial x}\right)_{\max} = \frac{Z_0}{\sqrt{2\pi}\,\sigma} \qquad (2\cdot3\cdot7)$$

である．平野は斜面の侵食の過程とモデル関数との関係を検討し，一定の原地形から出発した一連の斜面については，その開析度を σ と μ とで評価しても大過ないとの結論をえた．$\left(\dfrac{\partial z}{\partial x}\right)_{\max}$ も開析度をあらわす．

3. 水系網の構成

1. 水　系

1-1　水系分布

　同一流域に属し，共通の河口をもっているすべての流路を総称して，水系 (drainage system) または河系 (river system) という．地形図から水系の部分だけをぬきだして，その平面的分布状態をあらわした図を水系図 (map of drainage net) という (図 3-1)．水系図をつくる際には，水線記号の部分だけをぬきだしても完成しない．実際に水流があっても，川幅 1.5 m 未満の流路は表現していないからである[59]．

　水線記号の上流端は水源ではないから，等高線の配列状態から谷とみなせる最大限の部分まで水線記号を延長しなければならない[60]．しかし，どの程度の等高線の屈曲までを谷と認定するかは，論議のわかれるところである．

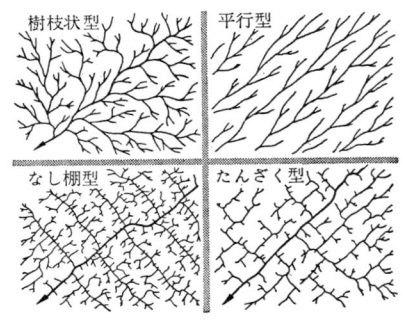

図 3-1　水系図（水系模様の基本型）[65]．

縮尺 1/25000 以下の小縮尺地形図では，等高線が少しでも上流側にへこんでいる部分を谷として処理したほうが，実際の水系分布に近いようである[60,61]．

　流路の幅を無視すると，すべての川を線で表現できる．流路は水平面から多少の傾きをもっているが，その線的性質を解析する際には水平面に投影した線分をあつかう．この場合に，水系図のあらわす水系網 (drainage net) は現実の水系網とは一致しない．その再現性は，使用する基図の縮尺によってきまる[60]．

　水系図をつくる目的は，水系網のもっている特徴，すなわち一連の線分の数・長さ・配列状態を知ることにある．これらの絶対値は基図の縮尺によって異なるが，相対的な特性値は意外なことに，縮尺の差による影響をうけない[60,62,63]．この点に関しては本章 §3-4 でのべる．

1. 水系

水系図から本流や支流の配置状態がわかると同時に，流路が地形や岩石の分布，地質構造に制約をうけている状態を推定できる場合がある[64,65]．水系網の一部または全部，あるいは複数の水系網があらわす平面的配置状態を，Zernitz, E. R.[66]は水系または河系模様（drainage pattern）とよんだ．図3-1はHoward, A. D.[65]が提唱した水系模様の基本型で，その他にも地形や地質を反映した特殊な型があるが，ここでは省略した．また，大部分の水系網は樹枝状型（dendritic pattern）に属する．この区分は，視覚的で模様の差を数量化できない[67]．

1-2 水系網のヒエラルキー

水系を本流・支流に区別することは，水系網のもっているヒエラルキー的性質に着目してのことであるが，この種の大まかな格付けとは別に，数値を用いて流路を等級化する試みも早くからあったようである．

Gravelius の方式 Gravelius, H. は，本流を1等級，本流に直接流入する支流を2等級，これに流入する支流を3等級というように，順次，上流にむかって分岐するにつれて等級のあがる区分をおこなった．そして，これを河川の等級（Ordnung）とよんだ[67]（図3-2 (A)）．

Horton の方式 今日，もっとも普及している格付けの方法は Horton[67] が提唱し，Strahler[32]が改良した水流次数（stream order）による区分である．

Horton は Gravelius 方式と逆に，水源に発する支流をもたない細流を1次水流，1

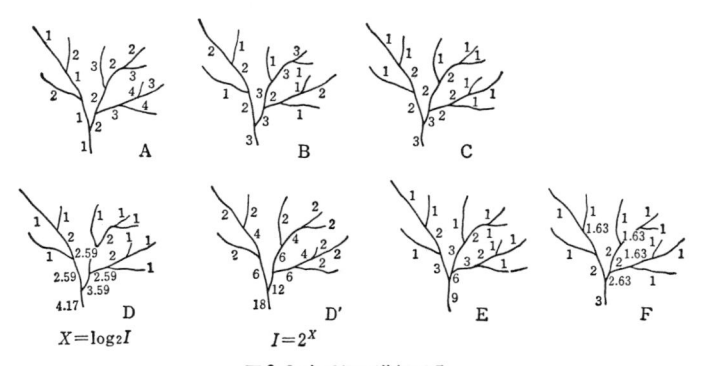

図 3-2 水系網の階級区分．
(A) Gravelius 方式[67], (B) Horton 方式[67], (C) Strahler 方式[32],
(D, D') Scheidegger 方式[68], (E) Shreve 方式[69], (F) Woldenburg 方式[72].

次水流のみを支流とするものを2次水流とした（図3-2（B））．ただし，本流は最高次数でその水源にいたるまで同じ次数であらわす．したがって，1次水流のうちの1本（もっとも長いか，本流から上流へむかってもっとも直接的な連続とみなせる流路）は2次水流としてふたたび数えなおし，2次水流同志が合流した場合もそのうちの1本は3次水流として水源にまでさかのぼる．より高次の水流の次数についても，次数の数えなおしをくりかえして，一方の支流の水源までのばす．

次数の上昇は同次水流が合流した場合にかぎるが，そのたびに合流する以前の低次水流のうちの1本は次数を数えなおさなければならない煩雑さが，この方法の欠点である．

Strahler の方式　　上述の欠点をのぞくために，Strahler[32)]は本流の次数が水源にまでさかのぼるという概念を除去した．

彼は，流路を合流点から合流点，最上流部では水源から最初の合流点，最下流部では合流点から河口までといったぐあいに流路区間（channel segment）に分割した．水源から発する細流はすべて1次水流であり，2本の1次水流が合流すれば2次水流の区間となる．

一般的には次数の等しい2本のω次水流が合流すれば$(\omega+1)$次水流になるが，低次の水流が合流しても次数はかわらない．たとえば，3次水流に1次や2次の水流が合流しても3次で，同次数の3次水流と合流すれば4次水流となる（図3-2（C））．

Scheidegger の方式　　Scheidegger[68)]は，Horton や Strahler 方式で低次水流が高次水流に合流しても次数がかわらない点に不満をいだき，すべての支流の合流を考慮にいれた論理的次数区分（consistent ordering）を提唱した．これは，前二者の方式で分配法則がなりたたない欠点を克服したという意味である．

次数の基本的性質は，2本のω次水流が合流すれば，合流後は$(\omega+1)$次になるということであるから

$$\omega * \omega = (\omega+1) \tag{3・1・1}$$

ここで＊は合流をあらわす．分配法則がなりたつためには

$$[\omega * (\omega-1)] * (\omega-1) = \omega * [(\omega-1) * (\omega-1)] \tag{3・1・2}$$

であり，交換法則を満足させるためには，p次水流に対し

$$\omega * p = p * \omega \tag{3・1・3}$$

でなければならない．上述の仮定は，論理的次数区分の数学的性質を定義したものである．任意の次数ωは，それより低い次数の項の積であらわせるはずである．

1. 水 系

$$\omega = (\omega-1)*(\omega-1) = (\omega-2)*(\omega-2)*(\omega-2)*(\omega-2)$$
$$= p*p*p \cdots\cdots *p \qquad (3\cdot1\cdot4)$$

上式中の p 次の因数の項は $2^{\omega-p}$ に等しいから

$$\omega = p*2^{\omega-p} \qquad (3\cdot1\cdot5)$$

とかける. * は積が合流をあらわすことを示す. 仮想上の 0 次に対しては

$$\omega = 0*2^{\omega}, \quad \omega*p = 0*2^{\omega}*0*2^{p} = 0*(2^{\omega}+2^{p}) \qquad (3\cdot1\cdot6)$$

であるから, ω 次と p 次の水流の合流後の次数 X は

$$X = \omega*p \qquad (3\cdot1\cdot7)$$

である. 上式から Scheidegger の論理的次数 X は

$$2^X = 2^{\omega} + 2^p = I \qquad (3\cdot1\cdot8)$$

または

$$X = \frac{\log_{10}(2^{\omega}+2^p)}{\log_{10} 2} = \log_2(2^{\omega}+2^p) = \log_2 I \qquad (3\cdot1\cdot9)$$

である. これは, ω と p の二つの整数値に対する基本的仮定から導いた, 次数の構成に対する一般法則である.

Scheidegger の方式では, 2 の累乗の形をとっているために計算がやっかいである (図3-2 (D)). そこで, 2^X の値をそのまま用いると 1 次水流は $2^1 = 2$, 2 次水流は $2^2 = 4$ だが, 2 次水流に 1 次水流が合流すると $2^{2.58} = 6$ (図3-2 (D′)) となる. ω と p とが整数であっても, X は整数とはかぎらない.

Shreve の方式 Shreve, R. L.[69)] は Strahler の流路区間のかわりに, 位相数学 (topology) でいう一方向性枝路 (link) の概念を適用した. 本書では, これを簡単に枝路とよぶことにする.

水系網における枝路は, 任意の二つの合流点間を結ぶ唯一の経路で, その末端では他の二つの枝路と連結するか, 一方の末端が水源や河口に終るかする (図3-3). 枝路の数を l, 合流点 (枝路の分岐点) の数を f, 水源総数を n とすると,

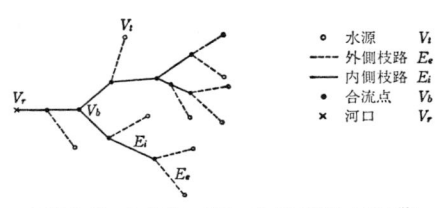

○ 水源 V_1
---- 外側枝路 E_e
── 内側枝路 E_i
● 合流点 V_b
× 河口 V_r

図 3-3 根のある木のグラフと水系網のモデル[70)].

$$l = 2n-1, \quad f = n-1 \qquad (3\cdot1\cdot10)$$

の関係がなりたつ. 上式は, Melton, M. A.[70)] がグラフ理論 (graph theory) から導いた. 水源に発する枝路を外側枝路 (exterior link), 合流点間を結ぶ枝路を内側枝路 (interior link）とよぶ．外側枝路の数は水源総数 n に等しく，内側枝路の数は $(n-1)$ である（図3-3）．

Shreve[71]）は次数のかわりに，枝路等級（link magnitude）μ によって枝路を区分した．外側枝路はすべて $\mu=1$ とし，μ_1 と μ_2 の枝路が合流した場合にその下流側の枝路等級を $(\mu_1+\mu_2)$ とする（図3-2（E））．この方式は支流の合流をすべて考慮にいれているから，流域最下流端の枝路等級 μ_s は外側枝路の数 n に等しい（図3-3）．すなわち，μ_s の等しい水系網は n, l, f の数が等しく，位相数学的に相似である．

位相数学では，節点（node）とそれを結ぶ枝路の空間的配置が同じであれば，枝路の長さや経路がどのようなものであっても相似であるという（図3-4）．

枝路等級 μ と Scheidegger の論理的次数 X との間には，次式の関係がある．

$$X=\log_2 2\mu \qquad (3\cdot1\cdot11)$$

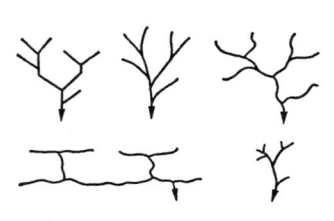

図3-4 位相数学的に相似な水系パターン[69]．

Woldenburg の方式 Woldenburg, M. J.[72] は，論理的次数 X が流量に対して幾何級数的増減関係にないとして，かわりに絶対次数（absolute stream order）W を提案した．

$$W=\frac{\log_{10}\mu}{\log_{10}R_b}-1 \qquad (3\cdot1\cdot12)$$

式中，μ は枝路等級，R_b は後述（式 $3\cdot2\cdot1$）の分岐比である．この方法は，Scheidegger 方式よりさらに面倒なためにか，ほとんど用いられていない．図3-2（F）には，参考までに W を用いた区分を示した．

諸方式の比較 Shreve や Scheidegger の方式は，確かに合理的である．しかし，Horton や Strahler 方式の次数区分が普及してきたために，従来の次数区分法（ω）によるデータとの比較が困難なこともあって，μ, X を採用した例は少ない．Scheidegger 方式は，ベキ指数を含む点でやっかいである．Shreve 方式は μ が代数和であり，水源総数 n さえかぞえれば，式（$3\cdot1\cdot10$）から l, f が簡単に求まる利点がある．しかし，μ, X ともに不連続量になりやすい欠点がある．Horton と Strahler 方式による次数 ω は，けっして不連続量にならない（図3-2）．

結局，現状では，作業を機械的にすすめられる点，区分した結果を比較でき

1. 水系

る点*), 次数ωの値に連続性がある点で Strahler 方式がもっとも優れていると考えられる. 以下とくにことわらないかぎり, 水流の次数といえば Strahler 方式によるものとする. 水系網の次数区分は流域の形態的特徴をあらわす基本概念であり, ある意味では流域内の計測可能な数値データを集める際の出発点として重要である.

1-3 水系の方向性

水流の方向別分布　前述の水系模様（図 3-1）は, 流路の方向別分布状態を重視している. 水流の流下方向を統計学的量として処理すれば水系網相互の比較が可能となるが, このためにはなんらかの基準線を設定して, それに関する方向角をきめる必要がある. たとえば, Ongley, E. D. は, 各次数の流路区間の上・下流端を結んだ線をベクトル量としてあつかい, 流域内の最高次数 Ω 次のベクトルと $(\Omega-1)$ 次のベクトルとの合力を, 流域のベクトル軸と定義した[73]（図 3-5）.

Strahler は, 流域の流出口（basin mouth）をとおる図 3-6 のような垂線**) を基準線として, 各次数の水流の上・下流端を結ぶ方向線の天頂距離を測定した[73]. イリノイ州のチャート

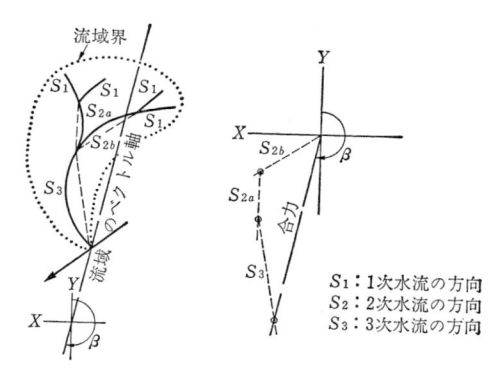

図 3-5 流域のベクトル軸[73].

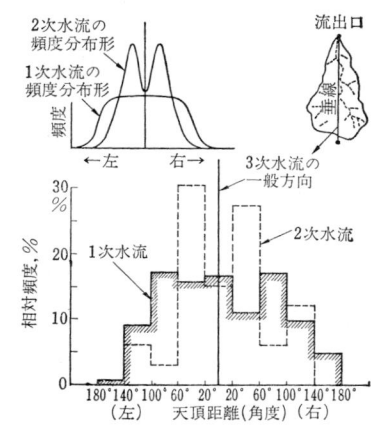

S_1：1次水流の方向
S_2：2次水流の方向
S_3：3次水流の方向

図 3-6 流域の対称軸（3次水流の一般方向）に対する1次・2次水流の方向別頻度分布[73].

---

*) 大多数の研究が Strahler 方式を採用してきた.
**) 流域の紙型をきりぬいて, 流出口を上にして吊りさげたときの垂線

および石灰岩地域での計測結果によると，1次水流の方向別頻度は頭の平らな (platykurtic)（尖度の小さい）分布を示すが，2次水流のそれは双峰分布 (bimodal distribution) になるという（図3-6）.

Morisawa, M. E.[74)] は，均質な平坦面上で基本的な4方向（N-S, E-W, NE-SW, NW-SE）のいずれかの方向に流路が発生する確率を25%ずつと仮定して，Appalachian 山地で1次水流の方向を測定し，予想した確率にほぼ近い結果（表3-1 (a)）をえた．また，Philadelphia 近傍の片岩地域では1次と

表3-1 水流の方向別出現頻度

方　向	N-S	E-W	NE-SW	NW-SE
(a) 流域別				
流域　A	21.74	27.74	23.19	27.54
B	25.27	25.27	27.47	21.99
C	25.83	23.17	26.49	24.51
D	25.83	24.17	22.92	27.08
(b) 次数別				
1次	13.50	10.43	52.35	23.72
2次	10.78	10.78	50.98	24.75

2次水流の約52%が NE-SW 方向の流路をとり，同方向に発達する片理構造の影響をうけていることを明らかにした（表3-1 (b)）.

流路の方向と節理の方向との間に高い相関関係があることは，Milton, L. E.[73)], Judson. S. & Andrews, G. W[75)], 田中真吾[76)] などの研究を通じて明らかになった．とくに，低次水流ほど岩石の節理の卓越方向と高い相関関係にあるが，高次水流になるほど節理の影響が小さくなるという[76)].

合流角度　合流点で2本の水流がなす角の水平面投影のうちで，上流側の角を合流角度 (angle of stream junction) という．合流角度が鋭角になりやすいことは Playfair, J. がすでに指摘しているが[77)]，この現象を最初に理論的に説明したのは Horton[25,67)] である．彼は高次水流の河床勾配を S_m, 低次水流の河床勾配を S_t とし

$$\cos Z_c = \frac{S_m}{S_t} \tag{3・1・13}$$

で合流角度 Z_c をあらわした．一般に，$S_m < S_t$ だから Z_c は鋭角になるが，$S_m = S_t$ のときには $Z_c = 0$ となり，非現実的である．また，Lubowe, J. K.[78)]

1. 水系

は諸地域での計測結果から，平均合流角度が次数に比例して増大することを示した（図3-7）.

Horton[25]は，合流角度が水系網の形成初期にきまると考えていたようであるが，Schumm[27]は合流角度が勾配比の変化にともない変化してゆく事実を，ニュージャージー州の悪地地形*(badland topography)地域で観察した．Morisawa[79]はモンタナ州の Hebgen 湖で，最近隆起した旧湖底面上に発生した水系の成長過程を観察し，合流角度が分岐と複合によって変化することに注目した．これらのことを考えあわせると合流角度は静的なものではなく，動的なものであることがわかる.

前述のように，式(3・1・13)は $S_m=S_t$ のときには成立しない．この欠陥は，合流の前後で河床勾配が変化する現象を考慮してないからであろう．Howard[77]

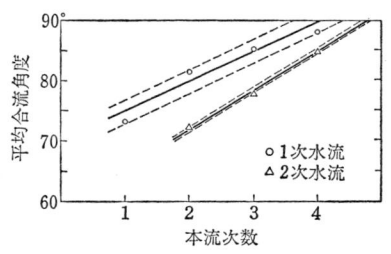

図 3-7 平均合流角度と本流次数[78].

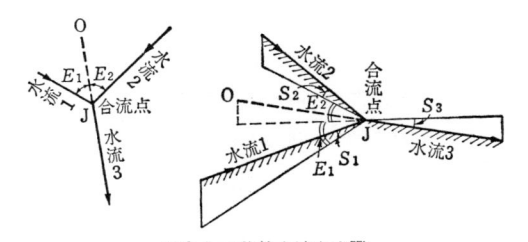

図 3-8 立体的合流角度[77].
E_1+E_2：合流角度，S_1, S_2, S_3 は各水流の河床勾配，OJ は合流後の水流3の上流方向への延長線.

はこの点を考慮し，図3-8のように定義した2本の水流の合流角度 (E_1+E_2) を

$$\cos E_1 = \frac{S_3}{S_1}, \qquad \cos E_2 = \frac{S_3}{S_2} \qquad (3\cdot1\cdot14)$$

であらわした．2本の水流の勾配 S_1, S_2 が等しい場合でも，合流角度は0にならない．S_1 か S_2 のいずれかが合流後の勾配 S_3 に等しいときには，E_1 か

---

*) 地表が軟弱な物質からなり，細かいひだの入りくんだ複雑な起伏を有する土地．通行が困難となる裸地の場合が多い.

E_2 のいずれかが 0 になる．支流は合流前後で勾配がかなりかわるが，本流ではあまりかわらない．これは，勾配比のいずれか一方が 1 に近づくためである．さらに Howard は，それぞれの水流の年平均流量を Q_1, Q_2, Q_3 として次式を導いた．

$$\cos E_1 = \frac{S_3^2(Q_1+Q_2)^2 + S_1^2 Q_1^2 - S_2^2 Q_2^2}{2 S_1 S_3 Q_1 (Q_1+Q_2)},$$

$$\cos E_2 = \frac{S_3^2(Q_1+Q_2)^2 + S_2^2 Q_2^2 - S_1^2 Q_1^2}{2 S_2 S_3 Q_2 (Q_1+Q_2)} \tag{3・1・15}$$

上式と式 (3・1・14) を用いて，Howard は合流角度を予測し，実際の河川における合流角度に近い結果をえた．

2. 水流の諸法則

1945 年に Horton[67] が発表した研究は，定量的地形学のさきがけとなった．この論文中で，彼がのべた水系網の構成に関する法則 (laws of drainage net composition) は Horton の水流の諸法則とよばれ，以後の河川地形に関する論文にしばしば引用される．彼の研究の契機は，「おのおのの川がその大きさに比例した谷の中を流れ，たがいに連携を保ちながらほぼ同じ高度のところで合流する」とのべた Playfair[67] の法則を定量化しようとしたことにある．

Horton は前述（本章 §1-2）の方法で水系網の次数区分をおこない，次数別に区分した水流の数，流路の長さの平均値，流路勾配の平均値が，それぞれ次数との間に幾何級数的な比例関係にあることを一般式であらわした．上記の三つの法則のほかに，次数ごとの平均流域面積，平均起伏量の二つが Horton 以後に追加された．ここではこの五つの法則を水流の諸法則とよび，以下に順をおって記してゆく．

（i）水流の数の法則（Horton の第 1 法則）： 一つの流域を構成する水系網について，Horton 方式による次数区分をおこなうと，ある次数 ω の水流の数 N_ω は $(\omega-1)$ 次の水流の数 $N_{\omega-1}$ よりは少なく，$(\omega+1)$ 次の水流の数 $N_{\omega+1}$ よりは多いはずである．N_ω の $N_{\omega+1}$ に対する比を水流の分岐比 (bifurcation ratio) R_b とよび，次式であらわす．

$$R_b = \frac{N_\omega}{N_{\omega+1}} \qquad (\omega=1, 2, \cdots, \Omega-1) \tag{3・2・1}$$

2. 水流の諸法則

　最高次 Ω の水流の数はつねに 1 であるから，前述の Horton[67] の示唆は第1項を 1，公比を R_b とする幾何級数であらわせる．すなわち

$$N_\omega = R_b^{(\Omega-\omega)} \qquad (\omega=1, 2, \cdots, \Omega) \qquad (3\cdot2\cdot2)$$

　式中の R_b は，ω のいずれの値に対しても一定値をとらなければならないが，実際には流域内の水系の分岐状態で多少異なる．式 (3・2・2) から最高次数 Ω と分岐比 R_b が既知であれば，流域内のすべての次数の水流総数 $\sum_{\omega=1}^{\Omega} N_\omega$ は

$$\sum_{\omega=1}^{\Omega} N_\omega = \frac{R_b^\Omega - 1}{R_b - 1} \qquad (3\cdot2\cdot3)$$

から計算によって求めることができる．

　式 (3・2・2)，(3・2・3) は物理的な意味での法則というよりは，水流の次数の定義からして統計的にもっとも確率の高い現象の一般化である[80]．ω と N_ω との関係を半対数紙上にプロットすると，図 3-9 のように描点は完全に直線上にはないがバラツキは少ない．両者の間の回帰式は，一般化した形で

$$\log_{10} N_\omega = a_1 - b_1 \omega \qquad (3\cdot2\cdot4)$$

であらわせる．a_1，b_1 は定数で流域によって異なる．

　Maxwell, J.C.[81] は，R_b が式 (3・2・4) のあらわす回帰直線の勾配に等しいことを指摘した．式 (3・2・2) の両辺の対数をとると，次式をえる．

$$\log_{10} N_\omega = \Omega \log_{10} R_b - \omega \log_{10} R_b \qquad (3\cdot2\cdot5)$$

上式中の $\Omega \log_{10} R_b = a_1$，$\log_{10} R_b = b_1$ とおけば，上式は式 (3・2・4) と同じである．

　(ii) 水流の長さの法則（Horton の第 2 法則）：　次数別に区分した水流の長さの累加値をその次数の水流の数 N_ω でわった値が，水流の平均の長さ $\overline{L}_\omega$ である．ω と $\overline{L}_\omega$ との間にも次式の関係がある．

$$\overline{L}_\omega = \overline{L}_1 \cdot R_l^{(\omega-1)} \qquad (\omega=1, 2, \cdots, \Omega) \qquad (3\cdot2\cdot6)$$

式中，$\overline{L}_1$ は 1 次水流の平均の長さ，R_l は流長比（length ratio）で

$$R_l = \frac{\overline{L}_{\omega+1}}{\overline{L}_\omega} \qquad (\omega=1, 2, \cdots, \Omega-1) \qquad (3\cdot2\cdot7)$$

と定義する．ω と $\overline{L}_\omega$ との間にも図 3-9 のような関係があり，両者の間に

$$\log_{10} \overline{L}_\omega = a_2 + b_2 \omega \qquad (3\cdot2\cdot8)$$

がなりたつ．a_2，b_2 は定数である．

(iii) 水流の勾配の法則（Horton の第3法則）： 一定流域内で，低次水流の平均勾配は高次水流の平均勾配より大きいはずである．このような推察から，Horton は次式を導いた．

$$\overline{S}_\omega = \overline{S}_1 \cdot R_s^{-(\omega-1)} \quad (\omega=1, 2, \cdots, \Omega) \quad (3\cdot2\cdot9)$$

$\overline{S}_\omega$, $\overline{S}_1$ はそれぞれ ω 次および1次水流の平均勾配，R_s は勾配比（slope ratio）で

$$R_s = \frac{\overline{S}_\omega}{\overline{S}_{\omega+1}} \quad (3\cdot2\cdot10)$$

であらわす．半対数紙上における ω と $\overline{S}_\omega$ との関係は図3-9のようで，両者の間に

$$\log_{10} \overline{S}_\omega = a_3 - b_3 \omega \quad (3\cdot2\cdot11)$$

がなりたつ．a_3, b_3 は定数である．

(iv) 水流の面積の法則（Horton・Schumm の第4法則）： Horton は，流域面積についても次数との間に幾何級数的関係が存在することを示唆したが，この関係を次式の形で明確に法則化したのは Schumm[27] である．

$$\overline{A}_\omega = \overline{A}_1 \cdot R_A^{(\omega-1)}$$
$$(\omega=1, 2, \cdots, \Omega) \quad (3\cdot2\cdot12)$$

式中，$\overline{A}_\omega$, $\overline{A}_1$ はそれぞれ ω 次および1次水流の平均流域面積，R_A は面積比（area ratio）で次式によってあらわす．

$$R_A = \frac{\overline{A}_{\omega+1}}{\overline{A}_\omega} \quad (3\cdot2\cdot13)$$

ω と A_ω との関係は，図3-9のように半対数紙上で

$$\log_{10} A_\omega = a_4 + b_4 \omega \quad (3\cdot2\cdot14)$$

であらわされる．a_4, b_4 は定数である．

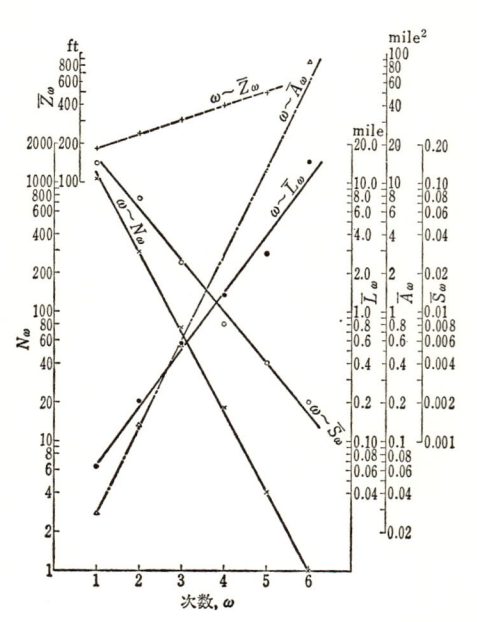

図3-9 ω と N_ω, $\overline{L}_\omega$, $\overline{S}_\omega$, $\overline{A}_\omega$, $\overline{Z}_\omega$ との関係[82]．

（v） 起伏量の法則（Morisawa の追加した第5法則）： この法則は1962年に Morisawa[82] が追加した法則で，次数ごとの流域平均起伏量 $\bar{Z}_\omega$ を

$$\bar{Z}_\omega = \bar{Z}_1 \cdot R_r{}^{(\omega-1)} \qquad (\omega=1, 2, \cdots, \Omega) \qquad (3\cdot2\cdot15)$$

であらわした． $\bar{Z}_1$ は1次流域の平均起伏量，R_r は起伏量比（basin relief ratio）で，次式

$$R_r = \frac{\bar{Z}_{\omega+1}}{\bar{Z}_\omega} \qquad (3\cdot2\cdot16)$$

であたえられる．ω と $\bar{Z}_\omega$ との実験的関係（図3-9）から，両者の間にも

$$\log_{10} \bar{Z}_\omega = a_5 + b_5 \omega \qquad (3\cdot2\cdot17)$$

の関係がある．a_5, b_5 は定数である．上式は理論的にも導けるが，その誘導過程は p. 60 でのべる．現在のところ，この第5法則はまだ普及していないが，後述のように同様な趣旨の平均落差の法則（p.60）も登場しているのであえて追加した．一般には，第4法則までを Horton の法則とよんでいる場合が多い．

3. 水流の諸法則に対する追試と敷衍

3-1 水流の諸法則の研究

Horton の提唱した水系網の構成に関する基本法則は，きわめて普遍性の高

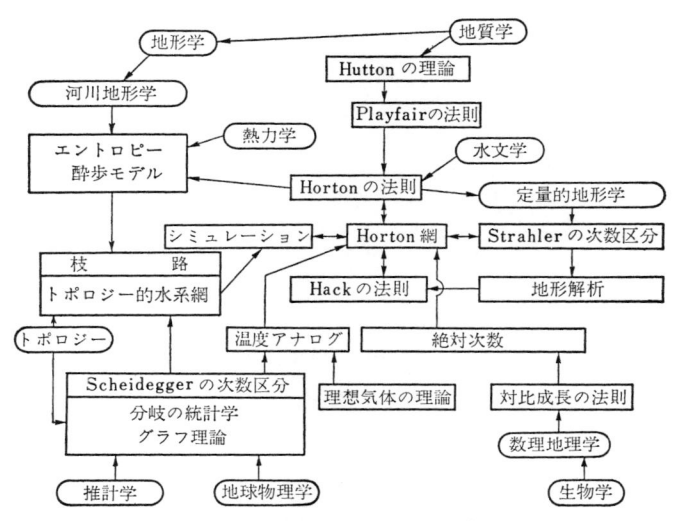

図 3-10 Horton 網研究の流れ[83]．

いものであった．このため，彼の論文[67]が発表されてから約30年近い歳月を経たにもかかわらず，いまだに河川地形学の研究の出発点となっている．このこと一つをとりあげてみても，彼の研究の重要さがわかる．

Horton以後の水流の諸法則に関する多種多様な研究の経過については，樋根 勇[83]が図3-10のように要領よくまとめている．Hortonの卓見が多方面に大きな波紋を投じたこと，しかも意外な分野からHortonの法則に対するアプローチがすすんできたことが，この図から理解できるであろう．その研究の動向を概観すると，現実の水系網の構成についての実測値に基づいた実証的研究と，さまざまな理論的モデルを用いてHortonの法則およびそれから敷衍した数学的法則を説明しようと試みた理論的研究とに大別できる．

実証的研究は，Strahler[82]をはじめとするコロンビア学派の地形学者たちによってすすめられた．前述のSchumm[27]，Maxwell[81]，Melton[84]，Morisawa[82]などの一連の研究は，現実の流域における地形計測データをもとに，Hortonの法則の追試・実証・修正・敷衍を試みたもので，地形解析（morphometric analysis）をつうじて定量的地形学の立場を確立する．これらの帰納的研究は，その後に発展する理論的研究の妥当性を証明する際に貴重なデータを提供した．

理論的研究では，後述のように多種多様なモデルが登場する．水系の発達過程を規則的・周期的な現象と考えるか，まったく確率論的な偶発的・非周期的現象と考えるかで，水系網のモデルは周期的モデル（cyclic model）と推計学的モデル（stochastic model）とにわかれる．モデル水系網からえた統計的特性値をめぐって，種々の論議が展開される．しかし，モデルはあくまで現時点における原型への対応でしかない．その理由は，地形進化の時間尺度がはるかに長大だからである．

3-2 第1法則と水系発達モデル

Horton[67]は，彼の第1法則に対する物理的説明として，一つの水系網が規則的・周期的成長の結果であるという仮定のもとに，水系発達のモデルを考えていた．

彼のモデルでは，最初に発生した水流の侵食によって生じた谷壁斜面の両側から本流と直交方向の支流が発達し，その支流の谷壁斜面上にさらに支支流が

3. 水流の諸法則に対する追試と敷衍

両岸から直角に流入するというぐあいに順次，支流を発生させていくことになる．これは，水系内に同一構造のものがくみたてられてゆくことを意味し，谷頭侵食による水系網の発達拡大が，つねに同じ分岐比をもって新たな1次水流を付加してゆくことになる．この結果は，明らかに第1法則を満足する水系網，すなわち Horton 網（Horton net）を形成する（図 3-11(a)）.

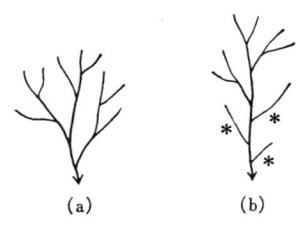

図 3-11 Horton 網(a)と非 Horton 網(b)[99]（$N_1=9$, $N_2=3$, $N_3=1$ の場合）.
両者ともに分岐率 $R_b=3.0$ だが，（b）の＊印の水流は3次水流に合流する．

第1法則に関する論議は，分岐比 R_b の平均値 $\bar{R}_b$ がどのような値をとるかに集中する．Strahler 方式の次数区分による多数の実測資料を検討してみると，$\bar{R}_b$ は 3.0 ～5.0 の間にある[69]．$\bar{R}_b$ の実測値は，地域差があるために一般的な基準をきめがたい．そこで，理論的にどのくらいの値をとるべきかの問題に関連して，水系の分岐過程を模擬した種々なモデルが考案された．以下で，そのおもなものを紹介する．

対比成長のモデル Woldenburg[72] は，前述の Horton の考えかたを Huxley, J. S. の提唱した対比成長（allometric growth）の法則で説明した．これは，生物の体内における一機関の成長速度が，全個体の成長速度に対してつねに一定の割合にあるという概念である．

機関の大きさを x，全個体の大きさを y とすると，それぞれの成長速度は

$$\frac{dy}{y}\cdot\frac{1}{dt}=b\cdot\frac{dx}{x}\cdot\frac{1}{dt} \qquad (3\cdot3\cdot1)$$

であらわされる．ここで t は時間をあらわす．両辺に dt を乗じて積分すると

$$\int\frac{dy}{y}=b\int\frac{dx}{x} \qquad (3\cdot3\cdot2)$$

をえる．上式の解は $\log_e y=\log_e a+b\log_e x$ だから，真数をとれば

$$y=ax^b \qquad (3\cdot3\cdot3)$$

である．a, b は定数である．Woldenburg はこの法則を水系発達に適用し，前述の絶対次数 W を用いて水系の数 N を次式であらわした．

$$N=a\cdot W^b \qquad (3\cdot3\cdot4)$$

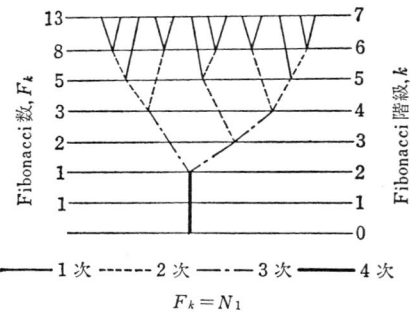

図 3-12 フィボナッチ数列を構成する 4 次水系[86]

上式は対比成長の特徴と同様に，水系の発達が全次数に対して同じ割合で分岐することをあらわす．

フィボナッチの樹 Sharp, W. E.[85,86] は水系網の分岐過程に対するモデルとして，図 3-12 のようなフィボナッチの樹 (Fibonacci tree) を用いた．これは樹木の成長過程に対する，つぎのような仮定から生じた平面グラフである．

樹がはえて 1 年めは樹幹が 1 本だけで，2 年めに新しい枝がでて 2 本となる．新しくでた枝は，1 年めは休んで 2 年後にまた新しい枝をだす．このような分岐の過程を規則的につづけると，1 年めは 1 本，2 年めも 1 本，3 年めは 2 本，以下 3, 5, 8 と増加し（図 3-12），k 年めの枝の総数 F_k は F_{k-1} と F_{k-2} の和に等しい．これは，おのおのの新しい項が先行する二つの項の和をあらわす数列，つまりフィボナッチの数列で，数列の各項 F_k をフィボナッチ数，k をフィボナッチ階級という．

図 3-12 の右側は k を，左側は F_k をあらわす．樹を水系におきかえて考えると，水源総数 N_1 は F_k に等しい．$F_0=0$, $F_1=1$ なる条件のもとで N_1 は次式であらわせる．

$$N_1 = F_k = F_{k-1} + F_{k-2} \qquad (3\cdot3\cdot5)$$

フィボナッチの樹を図 3-12 のように次数区分すると，ω 次の水流の数 N_ω は

$$N_\omega = F_{k-2\omega+2} \qquad (3\cdot3\cdot6)$$

であたえられる．分岐比 R_b は

$$R_b = \frac{N_\omega}{N_{\omega+1}} = \frac{F_{k-2\omega+2}}{F_{k-2\omega}} \qquad (3\cdot3\cdot7)$$

であるから，$k-2\omega=s$ とおくと

$$R_b = \frac{F_{s+2}}{F_s} = \frac{F_{s+1}+F_s}{F_s} = 1 + \frac{F_{s+1}}{F_s} \qquad (3\cdot3\cdot8)$$

3. 水流の諸法則に対する追試と敷衍

となる．s の大きい値に対して，F_{s+1}/F_s は一定値 $1.6180\cdots$ に収束するから，R_b は 2.62 程度になる．

酔歩モデル　以上にのべたモデルは，水系網の発達過程を周期的な規則性を有する現象と仮定している．しかし，現実の水系網は必ずしもそうではなく，まったく偶発的に水流が発生する場合をよくみかける．もちろん，水流の発生はそれなりの必然性をもっているのであろうが，人間の目には偶然の発生としかうつらない．このような，一見でたらめともみえる現象に対して考えだされたのが，推計学的モデルである．

水系網のシミュレーションに推計学的モデルを最初に適用したのは，Leopold & Langbein[87] である．彼らの提唱した酔歩モデル (random walk model) は，Horton 網に関する最初の研究という点で重要である[83]．酔歩モデルは，水系網の発生が地形・地質・岩石などの制約をうけずに，ランダム現象としてとりあつかえるような流域を対象としたもので，以下の2種類がある．

（i）酔歩の第1モデル：　分水界上に等間隔にとった地点 $X_1, X_2, \cdots\cdots, X_n$ を水源とみなして，ここから水流を発生させ，その流下方向に線をひく（図3-13）．この際に，緩斜面上を水流が流下する場合と同様に，直進または左右へ任意の角度で単位時間に単位距離だけ流下させる．そして，各回のステップごとに等確率をもった方向のうちから流下方向を選択しながらすすませ，斜面上方へはもどらないようにしておく．流下経路を結んだ線は，酔っぱらいの足どりに似ている．このような酔歩をすすめてゆくと，隣りの水源から発生した水流とぶつかることもある．その場合には合流したものとして，以後は一方だけ酔歩をすすめる．

以上の手順により作成した水系網のモデルは，図3-13のように現実の水系網とよく似ている．このことは，自然現象そのものがランダムにおこっていることを示す．ここでは，図3-13のモデルを酔歩の第1モデルとよぶことにする．

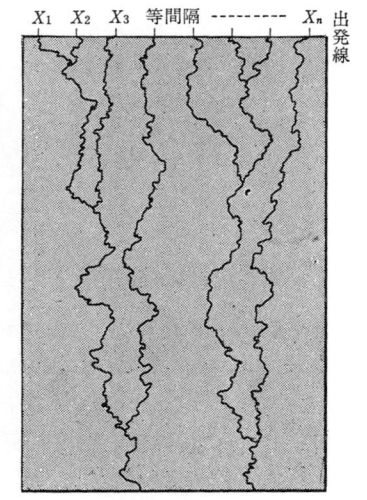

図3-13　酔歩の第1モデル[87]．

(ii) 酔歩の第2モデル： Leopold らは，より現実的なモデルとして図3-14（a）のような酔歩の第2モデルを考案した．これは，以下のような手順によって作成したものである．

任意の大きさの方眼紙を用意し，各方眼の中心から上下左右（東西南北）の4方向のいずれかの隣接した方眼の中心にむかって1本の水流を発生させる．4方向のいずれにむかう確率も等しくしておき，選んだ方向に矢印をひくが，水流が出発点に戻る回路を形成しないように拘束条件をつけておく．一つの方眼に複数の水流が流れこむことはあるが，その方眼から流出する水流は1本だけとする．すべての方眼からでた水流が連絡したときに，水系網が完成する．

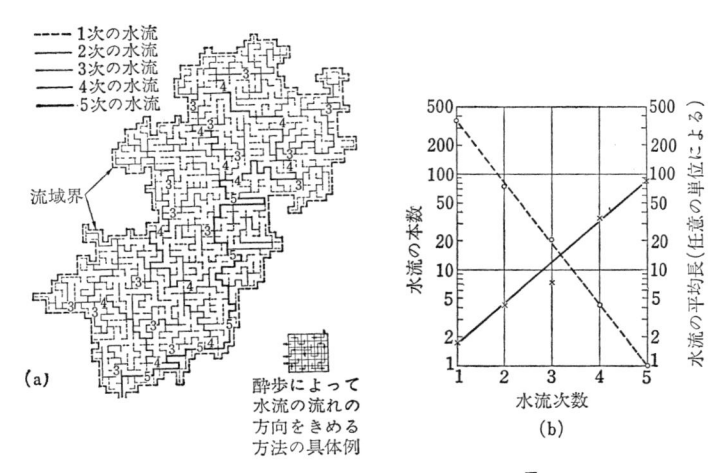

図3-14 酔歩の第2モデル（a）とそれからえた $\omega \sim N_\omega$, $\omega \sim \bar{L}_\omega$ の関係[87]（b）．

図3-14（a）は，このようにして発生させたモデル水系網を次数区分したものである．モデルの次数別水流の数と平均流路延長を次数に対してプロットすると，Hortonの法則にしたがうことがわかる（図3-14（b））．

ランダム試行の結果が，自然の水系網と類似した統計的性質を示すこと自体，Horton網の形成が偶発的現象であることを証明する．酔歩の第2モデルは，地形・地質・岩石などの制約をうけない等質な地域に発生する水系網のパターンに対応するのである．

モンテ・カルロ型電算モデル　Leopoldら[87]の考えた酔歩モデルを作成するには，試行のつど，乱数表を用いて方向をきめるという手間がかかる．この労力を軽減するために，Schenck, H. Jr.[88]は物理学でいうモンテ・カルロ電

3. 水流の諸法則に対する追試と敷衍

算シミュレーション（Monte Carlo computer simulation）の方法を導入し，電算機に流下方向を選択させて，酔歩の第2モデル型の水系網を発生させた．その具体的手順については，樋根・島野[89]の論文にくわしい．

モンテ・カルロ法は Schenck 以来，急速に普及した．この方法を Scheidegger[90] は酔歩の第1モデルに適用し，急斜面上に発達する水流を，一連のランダムに選択したステップの軌跡によってシミュレートした．

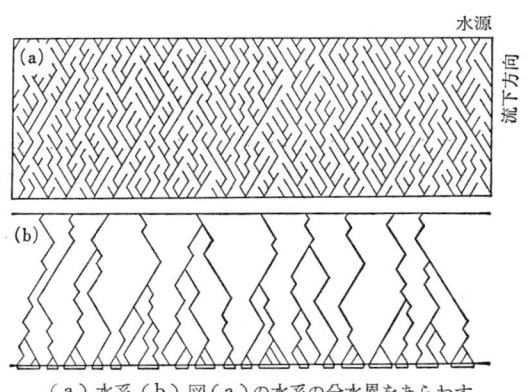

(a) 水系 (b) 図(a)の水系の分水界をあらわす
図 3-15 Scheidegger の水系発達モデル[90]．

図 3-15 は彼の考案したモンテ・カルロ型電算モデルで，電算機に0と1の乱数表をプリントさせ，0は右，1は左ときめておき，1回のステップで左右のいずれかへ等確率ですすませる．この手順で発生させた水系網のモデルは，Rhone 川上流部の山地流域と類似した形状を示したという．また Liao & Scheidegger[91] は，同様な方法で発生させたモデル水系網が Horton の第1法則を満足することをみいだした．

その他の多くのモンテ・カルロ型電算モデルについては，第2，第4法則との関連で後述する (p.53 参照)．

位相数学的モデル　図 3-3 は，水系網を位相数学的にあらわしたものである．Shreve[69,71] は Melton[70] の思想を発展させて，水系網の位相数学的モデルを考案した．

彼はまず Horton の第1法則を，Horton 方式と Strahler 方式とで水系網を次数区分した場合にえられる次数と次数別水流の数との関係グラフの検討からはじめた．Horton 方式による ω 次の水流の数を H_ω, Strahler 方式による

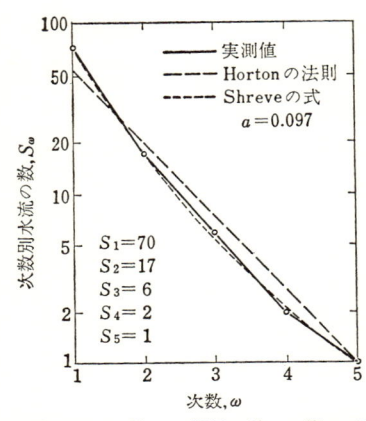

図3-16 ω と S_ω との関係. Shreve[69] の理論式 (3·3·10) と Morisawa[82] の実測値との比較.

それを S_ω とすると, ω と $\log H_\omega$, ω と $\log S_\omega$ の関係は直線にはならず, 上方にむかって凹形になる. Shreve は, ω と $\log S_\omega$ との関係をあらわす曲線のほうが, ω と $\log H_\omega$ との関係曲線より指数法則に適合することをみいだし, 関係曲線の凹形度 C_ω をあらわすパラメーター a を含む次式で $\omega \sim \log S_\omega$ 曲線をあらわした.

$$\log C_\omega = \left[\frac{(\Omega-\omega)}{(\Omega-1)}\right] \times [1-a(\omega-1)]\log S_1 \tag{3·3·9}$$

式中, Ω は流域内最高次数, S_1 は Strahler 方式による1次水流の数である. 上

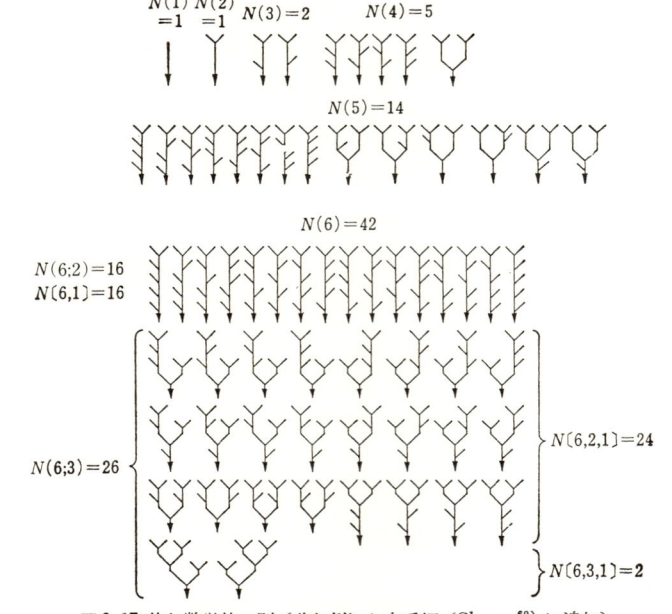

図3-17 位相数学的に別 (非相似) な水系網 (Shreve[69] に追加).
$N(6)=42$, 水源数6本で TDCN の数が 42. $N(6;2)=16$, $N(6)$ のうちで最高次が2次となる TDCN の数. $p(6;2)=16/42=0.381$, $N(6;2)$ の $N(6)$ に対する発生確率. $N[6,1]=16$, $N(6,2)$ のうち1次が6本, 2次が1本ある TDCN の数.

式は半対数座標上で $(1, \log S_1)$ と $(\Omega, 0)$ の 2 点をとおる 放物線 で，$a>0$ ならば上むきに凹形，$a=0$ のときは直線，$a<0$ ならば上むきに凸形である．最小 2 乗法により求めた a の値は

$$a=\frac{5}{(\Omega^2-2\Omega+2)}\times\left[\frac{\Omega-1}{2}-\frac{6}{\Omega(\Omega-2)\log S_1}\times\sum_{\omega=2}^{\Omega-1}(\Omega-\omega)(\omega-1)\log S_\omega\right] \quad (3\cdot3\cdot10)$$

となる．Shreve は，246 の流域に関する実測資料から a の平均値が正で，上方にむかって凹形の曲線になる傾向のあることをみいだした．図 3-16 はその一例で，$a=0.097$ とすると実測値とほぼ合致する．

Shreve は，Strahler 方式の次数区分が流路区間に分割するために位相数学的性質をもつことに着目し，図 3-17 のような位相数学的に別な水系網（topologically distinct channel network）のモデルによって，第 1 法則の検討を試みた．このモデルは，前述の位相数学的に相似な水系網（図 3-4）に対立する概念で，節点とそれを結ぶ枝路の空間的配置の異なる（位相数学的に非相似な）ものをいう．以後，位相数学的に別な水系網を TDCN と略称する．

式 (3·1·10) により，n 個の水源を有する水系網は n 個の外側枝路と $(n-1)$ 個の内側枝路，$(n-1)$ 個の合流点を有し，流域最下流端の枝路等級 μ_s は n に等しい．n が 1 から 6 までの TDCN の数は図 3-17 のようになる．$n\geq 10$ の場合については表 3-2 のように TDCN の数も急増する．

表 3-2 $n\geq 10$ の場合の水源の数 n と TDCN の数 $N(n)$（Shreve に追加）

n	$N(n)$	n	$N(n)$	n	$N(n)$
10	4862	20	1.767×10^9	100	2.275×10^{56}
11	16796	25	1.289×10^{12}	150	1.568×10^{86}
12	58786	30	1.002×10^{15}	200	1.29×10^{116}
13	239292	40	6.804×10^{20}	500	1.35×10^{296}
14	742900	50	5.095×10^{26}	1000	5.12×10^{596}
15	2732580	75	3.115×10^{41}		

n 個の水源をもつ TDCN の数を $N(n)$ であらわすと

$$N(n)=\frac{1}{2n-1}{}_{2n-1}C_n \quad (3\cdot3\cdot11)$$

である．n 個の水源をもち，最高次数が Ω であるような TDCN の数を $N(n;\Omega)$ とすると，次式のような漸化式

$$N(n;\Omega) = \sum_{i=1}^{n-1}[N(i;\Omega-1) \times N(n-i;\Omega-1) + 2N(i;\Omega) \times \sum_{\omega=1}^{\Omega-1} N(n-i;\omega)]$$

$$N(1;1)=1, \ N(n;1)=0, \ N(1;\Omega)=0, \ n,\Omega=2,3,\cdots \quad (3\cdot3\cdot12)$$

であらわせる．上式の右辺第1項は，($\Omega-1$)次の二つの水系の組合せによる Ω 次の水系の形成を，第2項は Ω 次とこれより低次の水系の組合せをあらわす．水源の数が9までの $N(n;\Omega)$ の値を式（3・3・12）から計算してみた結果を表3-3に示す．

表3-3 式（3・3・12）から計算によって求めた $N(n;\Omega)$ の値

水源数 n	最高次数 Ω				TDCNの総数 $N(n)$
	$\Omega=1$	$\Omega=2$	$\Omega=3$	$\Omega=4$	
1	1	0	0	0	1
2	0	1	0	0	1
3	0	2	0	0	2
4	0	4	1	0	5
5	0	8	6	0	14
6	0	16	26	0	42
7	0	32	100	0	132
8	0	64	364	1	429
9	0	128	1288	14	1430

$N(n;\Omega)$ のうちで，1次から Ω 次までの水流の数がそれぞれ $n_1, n_2, \cdots, n_{\Omega-1}, 1$ であるような Ω 次の TDCN の数は

$$N[n_1, n_2, \cdots, n_{\Omega-1}, 1] = \prod_{\omega=1}^{\Omega-1} 2^{(n_\omega - 2n_{\omega+1})} {}_{n_\omega - 2}C_{n_\omega - 2n_{\omega+1}} \quad (3\cdot3\cdot13)$$

であたえられる．有限乗積記号は，ω 次の水流の数 n_ω が水系網内でより高次の水流と合流するしかたの数をあらわす．

本流の次数を（$\omega+1$）次に増加させるためには，ω 次の水流が少なくとも2本は必要だから，ω 次の水流 n_ω のうち $2n_{\omega+1}$ 本の水流は，（$\omega+1$）次の $n_{\omega+1}$ を形成すべくペアになって合流する．残りの $r_\omega(=n_\omega-2n_{\omega+1})$ 本の水流が，（$\omega+1$）次またはそれより高次の水流の $l_{\omega+1}(=2n_{\omega+1}-1)$ 本の枝路に，種々な位置で合流することになる．二項係数は r_ω の水流が $l_{\omega+1}$ 本の枝路に合流するしかたの数をあたえ，その際に左右の二とおりの合流のしかたがあることをあらわしている．

式（3・3・13）があたえる $N[n_1, n_2, \cdots, n_{\Omega-1}, 1]$ の TDCN の数を，式（3・3・

3. 水流の諸法則に対する追試と敷衍

表 3-4 水源が 8 本のときの TDCN の組合せとその発生確率

次数別水流の数 $N\,[n_1, n_2, \cdots, n_{\Omega-1}, 1]$	TDCN の数	発生確率 $p\,[n_1, n_2, \cdots, n_{\Omega-1}, 1]$	$N(n;\Omega)$	$p(n;\Omega)$
$N[8,4,2,1]$	1	0.00233	$N(8;4)=1$	$p(8;4)=0.00233$
$N[8,4,1]$	4	0.00932		
$N[8,3,1]$	120	0.27972	$N(8;3)=364$	$p(8;3)=0.84848$
$N[8,2,1]$	240	0.55944		
$N[8,1]$	64	0.14919	$N(8;2)=64$	$p(8;2)=0.14919$
計	429	1.00000	429	1.00000

表 3-5 $n_1=27$ のときの $p[n_1, n_2, \cdots, n_{\Omega-1}, 1]$

n_1	n_2	n_3	n_4	n_5	$p[\cdots]$	計	n_1	n_2	n_3	n_4	n_5	$p[\cdots]$	計
27	1	⋯	⋯	⋯	1.000	1.000	27	11	3	1	⋯	0.106×10^{-2}	0.999
							27	11	2	1	⋯	$.604\times10^{-2}$	1.000
27	6	1	⋯	⋯	0.319	0.319	27	11	4	1	⋯	$.353\times10^{-3}$	⋯⋯
27	7	1	⋯	⋯	.254	.573	27	12	3	1	⋯	$.382\times10^{-4}$	⋯⋯
27	5	1	⋯	⋯	.211	.784	27	10	5	1	⋯	$.380\times10^{-4}$	⋯⋯
27	8	1	⋯	⋯	.109	.892	27	12	4	1	⋯	$.191\times10^{-4}$	⋯⋯
27	4	1	⋯	⋯	$.691\times10^{-1}$	.962	27	11	5	1	⋯	$.189\times10^{-4}$	⋯⋯
27	9	1	⋯	⋯	$.249\times10^{-1}$	.987	27	12	2	1	⋯	$.164\times10^{-4}$	⋯⋯
27	3	1	⋯	⋯	$.988\times10^{-2}$	.996	27	12	5	1	⋯	$.204\times10^{-5}$	⋯⋯
27	10	1	⋯	⋯	$.293\times10^{-2}$	0.999	27	13	3	1	⋯	$.326\times10^{-6}$	⋯⋯
27	2	1	⋯	⋯	$.468\times10^{-3}$	1.000	27	13	4	1	⋯	$.228\times10^{-6}$	⋯⋯
27	11	1	⋯	⋯	$.162\times10^{-3}$	⋯⋯	27	13	2	1	⋯	$.109\times10^{-6}$	⋯⋯
27	12	1	⋯	⋯	$.351\times10^{-5}$	⋯⋯	27	13	5	1	⋯	$.407\times10^{-7}$	⋯⋯
27	13	1	⋯	⋯	0.191×10^{-7}	⋯⋯	27	12	6	1	⋯	$.227\times10^{-7}$	⋯⋯
							27	13	6	1	⋯	0.136×10^{-8}	⋯⋯
27	7	2	1	⋯	0.263	0.263							
27	6	2	1	⋯	.198	.461	27	9	4	2	1	0.451	0.451
27	8	2	1	⋯	.169	.630	27	8	4	2	1	.281	.733
27	8	3	1	⋯	$.845\times10^{-1}$	.715	27	10	4	2	1	.212	.945
27	7	3	1	⋯	$.657\times10^{-1}$	.780	27	11	4	2	1	$.352\times10^{-1}$	.980
27	5	2	1	⋯	$.656\times10^{-1}$	.846	27	10	5	2	1	$.114\times10^{-1}$	.992
27	9	2	1	⋯	$.542\times10^{-1}$	.900	27	11	5	2	1	$.566\times10^{-2}$	.997
27	9	3	1	⋯	$.452\times10^{-1}$	.946	27	12	4	2	1	$.191\times10^{-2}$	0.999
27	6	3	1	⋯	$.165\times10^{-1}$	.962	27	12	5	2	1	$.612\times10^{-3}$	1.000
27	10	3	1	⋯	$.106\times10^{-1}$	.973	27	13	4	2	1	$.228\times10^{-4}$	⋯⋯
27	10	2	1	⋯	$.851\times10^{-2}$	.981	27	12	6	2	1	$.136\times10^{-4}$	⋯⋯
27	4	2	1	⋯	$.716\times10^{-2}$	.988	27	13	5	2	1	$.122\times10^{-4}$	⋯⋯
27	9	4	1	⋯	$.452\times10^{-2}$	.993	27	12	6	2	1	$.113\times10^{-5}$	⋯⋯
27	8	4	1	⋯	$.282\times10^{-2}$	.996	27	13	6	2	1	$.814\times10^{-6}$	⋯⋯
27	10	4	1	⋯	0.213×10^{-2}	0.998	27	13	6	3	1	0.678×10^{-7}	⋯⋯

12) から求めた $N(n;\Omega)$ の TDCN の数でわると，特定の n, Ω に対する $N[n_1, n_2, \cdots, n_{\Omega-1}, 1]$ の TDCN の発生確率 $p[n_1, n_2, \cdots, n_{\Omega-1}, 1]$ を計算できる．参考までに，$n_1=8$ の場合に考えられる $N[n_1, n_2, \cdots, n_{\Omega-1}, 1]$ の TDCN の数とその組合せに対する確率 $p[n_1, n_2, \cdots, n_{\Omega-1}, 1]$ を，式 (3・3・12), (3・3・13) を用いて求めてみた結果を表 3-4 にかかげてある．表 3-5 は，Shreve[69] が $n_1=27$ の場合について求めた結果である．

水源の数が n で最高次が Ω 次となる水系の発生確率 $p(n;\Omega)$ は，$N(n;\Omega)$ を $N(n)$ でわった値である．Shreve[69] と徳永英二[92] の資料から，種々な値に対する $p(n;\Omega)$ の計算値を表 3-6 に一括してかかげた．

表 3-6 $N(n;\Omega)$ の種々な値に対する発生確率 $p(n;\Omega)$ (Shreve および徳永による)

		$p(n;\Omega)$					
n	$N(n)$	$\Omega=2$	$\Omega=3$	$\Omega=4$	$\Omega=5$	$\Omega=6$	$\Omega=7$
4	5	0.800	0.200				
5	14	0.571	0.429				
6	42	0.381	0.619				
9	1430	0.895×10^{-1}	0.901	0.979×10^{-2}			
10	4862	0.527×10^{-1}	0.922	0.243×10^{-1}			
11	16796	0.305×10^{-1}	0.924	0.464×10^{-1}			
12	58786	0.174×10^{-1}	0.907	0.760×10^{-1}			
16	9.695×10^6	0.169×10^{-2}	0.753	0.245	0.103×10^{-6}		
25	1.2899×10^{12}	0.650×10^{-5}	0.357	0.642	0.772×10^{-3}		
27	1.837×10^{13}	0.183×10^{-5}	0.292	0.706	0.177×10^{-2}		
41	2.62213×10^{21}	0.210×10^{-9}	0.599×10^{-1}	0.899	0.409×10^{-1}	0.675×10^{-10}	
42	1.01139×10^{22}	0.109×10^{-9}	0.530×10^{-1}	0.900	0.466×10^{-1}	0.157×10^{-9}	
43	3.90444×10^{22}	0.563×10^{-10}	0.469×10^{-1}	0.900	0.527×10^{-1}	0.344×10^{-9}	
44	1.50853×10^{23}	0.292×10^{-10}	0.415×10^{-1}	0.899	0.593×10^{-1}	0.713×10^{-9}	
50	5.09552×10^{26}	0.552×10^{-12}	0.194×10^{-1}	0.874	0.106	0.243×10^{-7}	
64	9.430×10^{34}	0.489×10^{-16}	0.307×10^{-2}	0.743	0.254	0.382×10^{-5}	0.106×10^{-3}
75	3.11497×10^{41}	0.303×10^{-19}	0.683×10^{-3}	0.617	0.383	0.437×10^{-4}	0.347×10^{-2}
100	2.27509×10^{56}	0.139×10^{-26}	0.201×10^{-4}	0.361	0.638	0.122×10^{-2}	0.115×10^{-1}
125	1.83149×10^{71}	0.581×10^{-34}	0.537×10^{-6}	0.191	0.801	0.804×10^{-2}	
150	1.56789×10^{86}	0.228×10^{-41}	0.135×10^{-7}	0.953×10^{-1}	0.878	0.266×10^{-1}	
169	3.60272×10^{97}	0.519×10^{-47}	0.796×10^{-9}	0.545×10^{-1}	0.894	0.510×10^{-1}	
170	1.42837×10^{98}	0.262×10^{-47}	0.685×10^{-9}	0.529×10^{-1}	0.895	0.525×10^{-1}	
171	5.66336×10^{98}	0.132×10^{-47}	0.590×10^{-9}	0.514×10^{-1}	0.895	0.541×10^{-1}	
172	2.24559×10^{99}	0.666×10^{-48}	0.508×10^{-9}	0.498×10^{-1}	0.894	0.557×10^{-1}	
173	8.90446×10^{99}	0.336×10^{-48}	0.438×10^{-9}	0.484×10^{-1}	0.894	0.573×10^{-1}	
175	1.40032×10^{101}	0.855×10^{-49}	0.324×10^{-9}	0.445×10^{-1}	0.894	0.606×10^{-1}	
200	1.29006×10^{116}	0.311×10^{-56}	0.757×10^{-11}	0.211×10^{-1}	0.870	0.109	

3. 水流の諸法則に対する追試と敷衍

ここで興味をひくことは，一定の n, Ω の値に対してもっとも確率の高い，すなわち $p[n_1, n_2, \cdots, n_{\Omega-1}, 1]$ の値の大きい水流の数の組合せが，Horton の第1法則を満足することである．その場合に，n 個の水源に対してもっとも確率の大きい Ω 次の水系網の幾何平均分岐比(geometric mean bifurcation ratio)を B とすると，$B(=n^{1/\Omega-1})$ の値は4に近づく．

表3-5で，n と Ω の一定の値に対して $p[n_1, n_2, \cdots, n_{\Omega-1}, 1]$ の最大値を探すと，$n=27,\ \Omega=3$ に対しては $[27, 6, 1]$ の組合せが $N(27; 3)$ の TDCN の総数の 31.9% をしめ，$p[27, 6, 1]=0.319$ である．$N(27; 4)$ に対しては $p[27, 7, 2, 1]=0.263$ が最大であり，$N(27; 5)$ に対しては $p[27, 9, 4, 2, 1]=0.451$ が最大である．$N(27; 2)$ に対しては $[27, 1]$ の組合せしかないから $p[27, 1]=1.0$

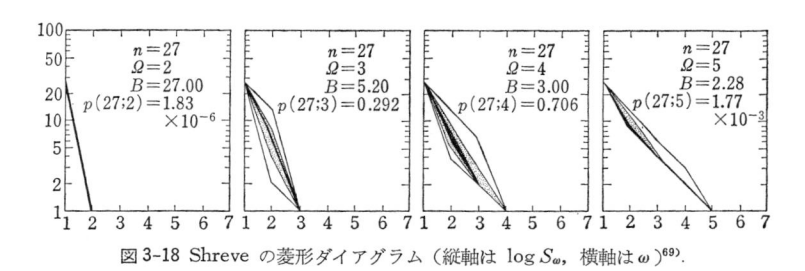

図 3-18 Shreve の菱形ダイアグラム（縦軸は $\log S_\omega$，横軸は ω ）[69].

図 3-19 菱形ダイアグラムと Morisawa の実測値との対応[69].

であるが，$N(27)$ に対する $N(27;2)$ の発生確率は，表3-6のように $p(27;2) = 1.83 \times 10^{-5}$ とわずかであり，$p(27;3)=0.292$，$p(27;4)=0.706$，$p(27;5)=1.77\times10^{-2}$ に比べて無視できる値である．また，発生確率の大きい次数別水流の数の組合せについてみると，2次水流の分岐比 n_1/n_2 はつねに4に近い．

$n=27$ の場合，最高次数 Ω ごとに ω と $\log S_\omega$ との関係をえがくと図3-18のようになる．B は幾何平均分岐比，$p(27;\Omega)$ は Ω 次のときの $N(27)$ に対する発生確率をあらわす．

菱形ダイアグラムの黒い部分は，$p[n_1, n_2, \cdots, n_{\Omega-1}, 1]$ の累加値が0.5まで，点線部分を含めると累加値は0.95となる．外側の菱形は $p[\cdots\cdots]=1.0$，つまり $N(27;\Omega)$ の場合に可能なすべての組合せを含む．$N(27;2)$ のときには前述の理由で1本の直線になる．図3-19は，Morisawa[82] の実測値とこれに対応した n, Ω の可能なすべての組合せを，図3-18と同様な菱形ダイアグラムで表現したものである．自然河川の実測データが，いずれも菱形ダイアグラムの黒くぬりつぶした部分，すなわち発生確率の大きい領域に含まれることがわかる．

Shreve[71,93] は，Horton の第1法則が一般に想定されてきたような規則的な進化から生じたものではなく，水系網の偶発的な発生の結果生じた，単なる統計的な関係にすぎないとの結論に達した．このことは，自然河川でもっともおこりやすい水流の数の組合せ $[n_1, n_2, \cdots, n_{\Omega-1}, 1]$ が，逆幾何級数列を形成することを意味する．

地質・岩石の制約をうけない場合に，自然の水系網はランダムに発生する．このような水系網を，Shreve は位相数学的にランダム（topologically random）とよんだ[69]．個々の水系網は，それよりはるかに大きい水系網の一部を構成する部分集合であり，水源の数，したがって枝路等級が無限大に近いような大きな母集団の水系網から，有限の大きさ μ_s の水系網をランダムに抽出した場合に相当する[71]というのである．

この母集団の水系網からランダムに抽出した枝路が，一定の次数 ω と枝路等級 μ_s をもつ確率 $p(\mu, \omega)$ は，漸化式

$$p(\mu, \omega) = \frac{1}{2} \sum_{\alpha=1}^{\mu-1} [p(\alpha, \omega-1) \times p(\mu-\alpha, \omega-1) + 2p(\alpha, \omega) \sum_{\beta=1}^{\omega-1} p(\mu-\alpha, \beta)]$$

3. 水流の諸法則に対する追試と敷衍　　　　　　　　　　　　　　　　　　　　*47*

$$p(1,1)=\frac{1}{2}, \quad p(\mu,1)=0, \quad p(1,\omega)=0, \quad \mu,\omega=2,3,4\cdots \quad (3\cdot3\cdot14)$$

であらわされる．係数 1/2 は，内側枝路を抽出する確率を考えている．α, β は，抽出した枝路より上流側の水系網を構成する枝路の μ と ω とに相当する．ここで，$p(\mu,\omega)$ の値は表 3-7 のようになる．表の右端の $v(\mu)$ は ω を度外視

表 3-7　無限大の位相数学的にランダムな水系網の $p(\mu,\omega)$, $v(\mu)$, $u(\omega)$ の値[71]

μ	$p(\mu,\omega)$							$v(\mu)$
	$\omega=2$	$\omega=3$	$\omega=4$	$\omega=5$	$\omega=6$	$\omega=7$	$\omega=8$	
1	....	....	....	....	....	....	....	0.50000
2	0.12500	....	....	....	....	....	....	.12500
3	.06250	....	....	....	....	....	....	.06250
4	.03125	0.00781	....	....	....	....	....	.03906
5	.01562	.01172	....	....	....	....	....	.02734
6	.00781	.01270	....	....	....	....	....	.02051
7	.00391	.01221	....	....	....	....	....	.01611
8	.00195	.01111	0.00003	....	....	....	....	.01309
9	.00098	.00983	.00011	....	....	....	....	.01091
10	.00049	.00856	.00022	....	....	....	....	.00927
20	.00000	.00181	.00141	0.00000	....	....	....	.00322
50	.00000	.00002	.00070	.00009	0.00000	....	....	.00080
100	.00000	.00000	.00010	.00018	.00000	0.00000	....	.00028
200	.00000	.00000	.00000	.00009	.00001	.00000	0.00000	.00010
500	.00000	.00000	.00000	.00000	.00002	.00000	.00000	.00002
1000	0.00000	0.00000	0.00000	0.00000	0.00001	0.00000	0.00000	0.00001
$u(\omega)$	0.25000	0.12500	0.06250	0.03125	0.01562	0.00781	0.00391	....

した確率を，下端の $u(\omega)$ は μ を度外視した確率をあらわす．この表から明らかなように，Shreve は $v(\mu)$ が $u(\omega)$ に比べて確率分布の尖度が大きく，ω よりも μ のほうが水系網の特徴を鋭敏に反映するとのべている．$u(\omega)$, $v(\mu)$ は式（3・3・14）と同様に

$$u(\omega)=\frac{1}{2}[u(\omega-1)^2+2u(\omega)\sum_{\beta=1}^{\omega-1}u(\beta)], \quad u(1)=\frac{1}{2}, \quad \omega=2,3,\cdots \quad (3\cdot3\cdot15)$$

$$v(\mu)=\frac{1}{2}\sum_{\alpha=1}^{\mu-1}v(\alpha)v(\mu-\alpha), \quad v(1)=\frac{1}{2}, \quad \mu=2,3,\cdots \quad (3\cdot3\cdot16)$$

であらわされるが，Shreve は上記の 2 式を簡単化して

$$u(\omega)=\frac{1}{2^\omega}, \quad \omega=1,2,3,\cdots \quad (3\cdot3\cdot17)$$

$$v(\mu) = \frac{2^{-(2\mu-1)}}{2\mu-1} {}_{2\mu-1}C_\mu, \quad \mu=1,2,3,\cdots \tag{3・3・18}$$

を導いた．

位相数学的にランダムと仮定した水系網の性質をあらわす特徴として，Shreve[94]があげた確率論的指標には，この他に以下のようなものがある．

（ⅰ）$S(\omega)$ と q： 母集団の水系網から ω 次の水流区間[*]をランダムに抽出する確率を $S(\omega)$ とする．また，ω 次水流区間のうちの最上流端の枝路を抽出する確率を q とすると，$q \cdot S(\omega)$ は $(\omega-1)$ 次の2本の支流をもつ内側枝路をランダムに抽出する確率となり，式 (3・3・17) から

$$q \cdot S_{(\omega)} = \frac{1}{2}[u(\omega-1)]^2 = \frac{1}{2^{2\omega-1}}, \quad \omega=2,3,\cdots \tag{3・3・19}$$

$$q \cdot S_{(1)} = u(1) = \frac{1}{2} \tag{3・3・20}$$

である．$\sum_{\omega=1}^{\infty} S_{(\omega)} = 1.0$ であるから，q について次式をえる．

$$q = \sum_{\omega=1}^{\infty} \frac{1}{2^{2\omega-1}} = \frac{2}{3} \tag{3・3・21}$$

上式からすべての枝路の 2/3，内側枝路の 1/6 が，各次数の水流区間の最上流端に位置することがわかる．式 (3・3・21) を式 (3・3・19)，(3・3・20) へ代入して次式をえる．

$$S_{(\omega)} = \frac{3}{4^\omega}, \quad \omega=1,2,3,\cdots \tag{3・3・22}$$

（ⅱ）$E_{\omega(\mu)}$： 母集団から ω 次の枝路をランダムに抽出したときに，その枝路等級 μ に対する期待値 $E_{\omega(\mu)}$ は

$$E_{\omega(\mu)} = \frac{2^{2\omega-1}+1}{3}, \quad \omega=1,2,3,\cdots \tag{3・3・23}$$

であるという．

（ⅲ）$E_{\omega(\lambda)}$： 任意に抽出した ω 次の水流区間内に含まれる枝路の数の期待値 $E_{\omega(\lambda)}$ は，次式であらわされる．

$$E_{\omega(\lambda)} = 2^{\omega-1}, \quad \omega=1,2,3,\cdots \tag{3・3・24}$$

この場合に Shreve は，TDCN のうちで次数ごとの流路平均延長 $\bar{L}_\omega$ が，

---

[*] 枝路ではないことに注意．

3. 水流の諸法則に対する追試と敷衍

2を公比として幾何級数的に増大すると考えていた．枝路の長さの分布については（本章§3-3）でのべる．

(iv) $E(B_\omega)$： 以上のような関係から，ω 次の水流の幾何平均分岐比の期待値を $E(B_\omega)$ とすると，ω 次水流の数 n_ω が十分大きい場合には次式がなりたつ．

$$E(B_\omega) = \lim_{n_\omega \to \infty} \frac{n_\omega}{n_{\omega+1}} = 4 \qquad (3\cdot3\cdot25)$$

分岐比が 4 に収束することは，実測値（Strahler 方式を採用した場合）が平均して 3.5～4.0 の間にあるという，Leopold ら[95]の結果と一致する．

分岐比に関する検討： 以上にのべた種々の研究をつうじて，推計学的モデルから導いた水系網の内部構成に関する統計的性質が，実測値とかなり一致することがわかった．しかし，地質・岩石学的制約をうけて水系網が偏向性をもっている場合には，分岐比の理論値と実測値との間に系統的なズレが生ずる．

Smart, J. S.[96] は，Horton の第 1 法則が大きな水系網の中で成立してもそのうちの支流を構成する部分的な水系網中では，ω 次の水流の数 N_ω が第 1 法則から一定の系統的偏倚を示すことを指摘した．彼は，合流しても次数の上昇に影響しないような低次水流を余剰水流（excess stream）とよび，r_ω であらわした．$r_\omega = N_\omega - 2N_{\omega+1}$ であり，その発生確率は次数の増大にともない減少するから，分岐比 R_b も減少すると Smart は考え，Giusti & Schneider ら[97]の実測結果を理論的に説明した．

一方，Scheidegger[98]は ω 次の水流が別の同次の水流と合流して $(\omega+1)$ 次水流となる確率を p，より高次の水流と合流して余剰水流となる確率を $(1-p)$ として，次式

$$N_\omega = N_1 \cdot p^{\omega-1} \cdot 2^{-(\omega-1)} \qquad (3\cdot3\cdot26)$$

をえた．上式から分岐比 R_b を計算によって求めることができる．

$$R_b = \frac{N_\omega}{N_{\omega+1}} = \frac{N_1 \cdot p^{\omega-1} \cdot 2^{-(\omega-1)}}{N_1 \cdot p^\omega \cdot 2^{-\omega}} = \frac{2}{p} \qquad (3\cdot3\cdot27)$$

$R_b = 4$ とすると $p = 0.5$ となる．上式は所与の次数の水流の 1/2 が同次水流と合流し，残りの 1/2 がそれより高次の水流に合流することを予測している．

Scheidegger[99,100]は，Horton の第 1 法則を説明するのに用いられてきた，周期的モデルと推計学的モデルとを比較した．前者は Horton 網を構成するから，分岐比 R_b は

すべての次数に対して一定値をとる．Horton 網が第1法則に適合するのは当然であるが，非 Horton 網でも Horton の法則にしたがう場合がありうるのである．

図3-11はその一例である．両者ともに9本の1次水流，3本の2次水流，1本の3次水流からなり，R_b はともに3.0で一定であるが，（b）は内部構造において非 Horton 網である．Scheidegger は，自然界に存在する非 Horton 網を周期的モデルでは説明できないと考え，いわゆるランダムグラフモデル（random graph model）の優位性を強調している．

ランダムグラフモデル（以後 RGM と略称する）は，水系網の形成をランダム現象とみなして，一定数の1次水流（水源）をあたえた場合に考えられるあらゆる可能な水系網のグラフのうちのどれか一つが現実の形をとってあらわれたものであるとする．前述の Shreve[69,71] のモデルは，RGM に属する．分岐のしかたは，必ずしも Horton 網を構成する必要はない．

Liao & Scheidegger[91] が RGM から求めた分岐比の期待値は，Leopold, Wolman, & Miller[95] が米国の壮年期河川の平均的分岐比としてえた値の3.5に近い．Scheidegger は，一定の水源総数 n に対して考えられる水系網のグラフが n の増大にともない飛躍的に増大することから，モンテ・カルロ法の効用を認めている[90,91,101]．

結局，次数区分の方式にもよるが，第1法則は分岐比の問題に帰し，分岐の過程に対するきわめておこりやすい統計的法則性であるけれども，数学的厳密性に欠けることが指摘されている[69,71,96]．

水系網の発達過程に対する従来の地形学的説明は，局地的な環境要素を重視しすぎたあまり，自然現象につきものの予測不可能な偶発的効果がもたらす一種のノイズ（noise）に当惑してきた．このランダム現象を決定論的立場から説明することは，きわめてむずかしい．かりに周期的現象があったにしても，周期の異なる要素が重合すれば非周期的になるからである．

3-3 第2法則について

Horton の第2法則は，式（3・2・6）であらわされる．Horton[67] はさらに，各次数までの流路の累加距離 $\sum_{\omega=1}^{\Omega} L_\omega$ を近似的に

$$\sum_{\omega=1}^{\Omega} L_\omega = \bar{L}_1 \cdot R_b{}^{(\Omega-1)} \frac{\rho^\Omega - 1}{\rho - 1}, \qquad \rho = R_l/R_b \qquad (3\cdot3\cdot28)$$

であたえた．記号は，式（3・2・2），（3・2・7）と同じである．$\sum_{\omega=1}^{\Omega} L_\omega$ も次数に比例して増大する．

3. 水流の諸法則に対する追試と敷衍

第2法則適用上の問題 式 (3・2・6) は，Horton 方式の次数区分の結果に基づいている．Strahler 方式の次数区分では流路区間に分割したために，高次水流の $\bar{L}_\omega$ が低次水流のそれより大きいとはかぎらない．Morisawa[102] は，第2法則が時になりたたないのは，Strahler 方式の次数区分に問題があるとのべている．

第2法則が，Strahler 方式による次数区分をおこなった際に成立するか否かについては意見が分かれる．Schumm[27]，Leopold & Miller[103]，Chorley, R. J.[104]，Morisawa[82] などの一連の研究では，Strahler 方式を採用しても第2法則が成立することを報告している．

Wisler & Brater[105]，Melton[84]，Maxwell[106] などは，これに対して第2法則を適用しがたいとして疑問視した．Strahler[107] 自身も平均距離 $\bar{L}_\omega$ のかわりに，各次数の水流の総延長 ΣL_ω を採用することを考えた．しかし $\Sigma L_\omega \doteqdot N_\omega \times \bar{L}_\omega$ であるから，Bowden & Wallis[80] が指摘したように，この修正はあまり意味がない．彼らは ω & ΣL_ω との関係を乱数を発生させて統計的に検討し，両者の関係が流路の長さの関数だけではなく，N_ω の関数でもあることを証明した．この点に関しては，Morisawa[82] も式 (3・3・28) をかきかえて

$$\sum_{\omega=1}^{\Omega} L_\omega = \bar{L}_1 \cdot R_b{}^{(\Omega-1)} \frac{R_l{}^\Omega - R_b{}^\Omega}{R_b{}^\Omega} \cdot \frac{R_b}{R_l - R_b} \qquad (3\cdot3\cdot29)$$

とし，両辺の対数をとって次式を導いた．

$$\log \sum_{\omega=1}^{\Omega} L_\omega = a + b\omega \qquad (3\cdot3\cdot30)$$

ここで a, b は定数であり，$\log^{-1} b = R_l - R_b$ である．

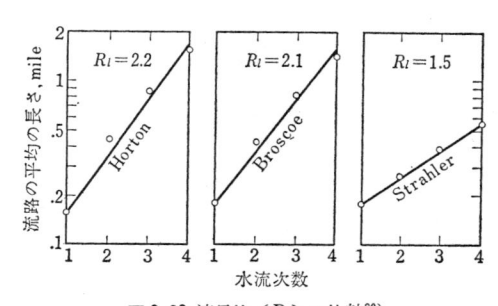

図 3-20 流長比 (R_l) の比較[80]．

Broscoe, A. J.[108] は, Strahler の $\bar{L}_\omega$ のかわりに累加平均距離 (cumulative mean segment length) L_c を採用することを提案した. L_c は, 任意の次数を κ とすると $L_c = \sum_{\omega=1}^{\kappa} \bar{L}_\omega$ である. 図3-20 は Horton[67], Strahler[107], Broscoe[108] の提唱した次数と流路の長さに関する指標との関係を比較したものである[80].

流長比に対する理論的検討 第2法則は流長比の問題に帰する. Scheidegger は, 種々の理論を適用して Horton の諸法則の演繹的説明を試みているが, 第2, 第4法則に対しても第1法則の場合と同様に, 周期的モデルを基礎とする考えかたに異議を唱えた[98].

まず, Scheidegger[109] は Woldenburg[72] の対比成長の理論を検討し, 周期的モデルを用いた第2法則の証明では, 幾何学的な自己相似性がなりたつという仮定がはいっていることに着目した. 水系網の発達が次数に関して自己相似的であるためには, すべての次数に k なる整数を付加しても, 水系内の分岐比・面積比・流長比がかわらないことを必要とする. したがって, 任意の次数 i, k に対して

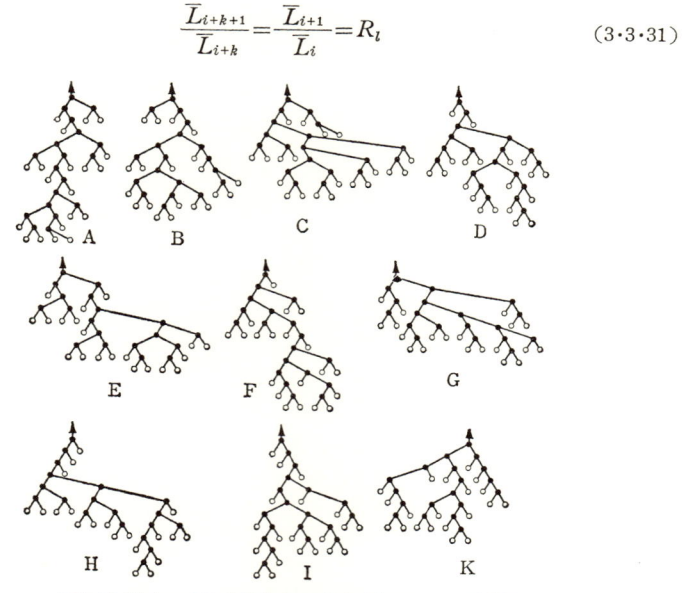

$$\frac{\bar{L}_{i+k+1}}{\bar{L}_{i+k}} = \frac{\bar{L}_{i+1}}{\bar{L}_i} = R_l \qquad (3\cdot3\cdot31)$$

図3-21 20本の1次水流をもつ Scheidegger の RGM.

3. 水流の諸法則に対する追試と敷衍

が成立するはずであり，対比成長の法則が正しければ，一般にω次水流の平均の長さ $\bar{L}_\omega$ は，式（3・3・31）のあらわす幾何級数列として簡単に求められるはずである．また $\bar{L}_\omega$ は N_ω に反比例するから，次式の関係が成立することを要する．

$$R_l = \frac{\bar{L}_{\omega+1}}{\bar{L}_\omega} = \frac{N_\omega}{N_{\omega+1}} = R_b \qquad (3\cdot3\cdot32)$$

上式および式（3・3・31）の関係は，自然状態の水系網では成立しない．すなわち，対比成長理論は非現実的なのである．

これにかわるモデルとして，Scheidegger[109] は RGM を採用し，図3-21

表 3-8 Scheidegger[109] の RGM からえた L_ω と A_ω の理論値（a），Morisawa[82] の実測値（b）および両者の比較（c）.

（a）理 論 値

	A	B	C	D	E	F	G	H	I	K	計
L_1	20/20	20/20	20/20	20/20	20/20	20/20	20/20	20/20	20/20	20/20	200/200
L_2	9/6	11/6	12/7	12/5	9/7	11/6	13/7	10/6	12/4	14/4	113/52
L_3	9/1	7/1	4/2	4/2	6/3	7/1	3/2	4/3	6/1	4/1	54/17
L_4	0/0	0/0	2/1	2/1	3/1	0/0	2/1	4/1	0/0	0/0	13/5
A_1	20/20	20/20	20/20	20/20	20/20	20/20	20/20	20/20	20/20	20/20	200/200
A_2	24/6	28/6	31/7	29/5	25/7	28/6	33/7	26/6	28/4	32/4	284/52
A_3	38/1	38/1	30/2	34/2	32/3	38/1	24/2	31/3	38/1	38/1	341/17
A_4	0/0	0/0	38/1	38/1	38/1	0/0	38/1	38/1	0/0	0/0	190/5

（b）実 測 値

	Tar Hollow (オハイオ州)	Home Creek (オハイオ州)	Mill Creek (オハイオ州)	Green Lick (ペンシルバニア州)	Beech Creek (オハイオ州)	Piney Creek (メリーランド州)	計
L_1	74/74	70/70	104/104	79/79	186/186	271/271	784/784
L_2	43.9/18	39.9/17	59.9/22	50.0/17	123.0/55	197.7/77	514.4/206
L_3	76.0/5	35.8/6	47.1/5	56.7/3	83.9/13	138.5/19	438.0/51
L_4	37.3/1	24.1/2	17.2/1	29.5/1	46.4/3	70.3/4	224.8/12
A_1	74/74	70/70	104/104	79/79	186/186	271/271	784/784
A_2	68.6/18	49.8/17	106.5/22	51/17	171.6/55	376.2/77	823.7/206
A_3	121.8/5	81.0/6	116.2/5	76.7/3	158.9/13	413.6/19	968.2/51
A_4	136.4/1	79.3/2	107.2/1	113.7/1	142.7/3	276.2/4	855.5/12

分母は次数別の数，分子は長さまたは面積をあらわす．

（c）計算値と実測値（カッコ内）の比較

	L_ω		R_l		A_ω		R_A	
1次	1.0	(1.0)	2.2	(2.5)	1.0	(1.0)	5.5	(4.0)
2次	2.2	(2.5)	1.5	(3.4)	5.5	(4.0)	3.6	(4.7)
3次	3.2	(8.6)	0.8	(2.2)	19.6	(19.0)	1.9	(3.8)
4次	2.6	(18.7)			38.0	(71.3)		

のような水源の数が20の場合をサンプルとして流長比 R_l と面積比 R_A の検討をおこなった．

図3-21には，1次水流が20本の場合に可能なグラフのうち10（A〜K）のグラフを抽出してある．簡単にするために，枝路の長さをすべて単位距離（$L=1$），流域面積を $L^2(=1)$ として，次数別にそれらの値を求めた結果が表3-8（a）である．表中の分母は，次数別の水流の数 N_ω，分子は長さ L_ω および面積 A_ω の総計である．表の右端は，10回のランダム試行の総計である．

Appalachian 山地でえた Morisawa[82] の実測値を，比較のために単位距離に換算して表3-8（b）に示した．流長比・面積比について計算値と実測値を比較してみると（表3-8（c）），高次の場合には計算値が実測値に比べて低すぎるので棄却する．低次については，計算値と実測値がほぼ対応する．なお，表3-8（a, b）中の N_ω から求めた平均分岐比 R_b は計算値が3.4，実測値が4.0で，前述の Leopold ら[95]の実測値とほぼ一致する．表3-8でみるかぎり，$R_b \neq R_l$ であり，式（3・3・32）の関係は成立しない．

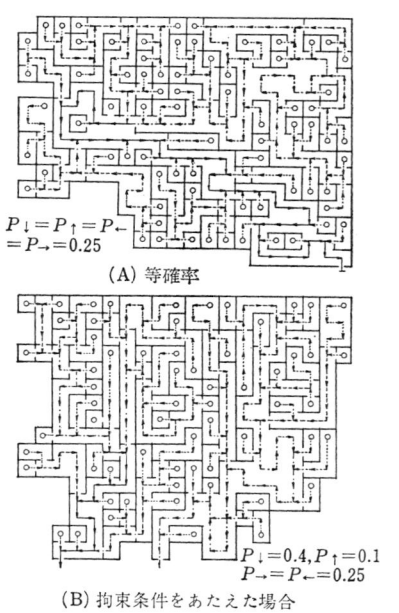

流長比・面積比に関する理論値をあたえた点で，Scheidegger の RGM は他のモデルがなしえなかった面を達成したが，1次水流の長さを単位距離にとり，枝路の長さをすべて等しいとした仮定は無理がある．彼自身もこの点に対して，流長比の実測値や計算値に

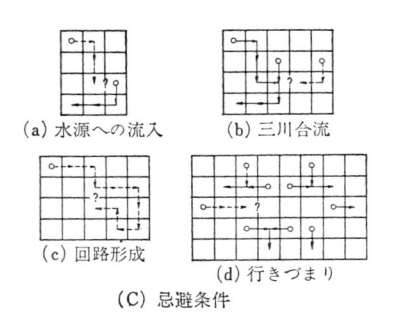

図3-22 Smart らの酔歩の第2モデル[110]．（A）等方性モデル（B）偏向性モデル（C）モデル水流発生の忌避条件，（a）水源への流入，（b）三川合流，（c）回路の形成，（d）行きづまり（水源に囲まれるか，三川合流になるか）．

3. 水流の諸法則に対する追試と敷衍

基づく修正を試みてはいるが，法則性を導くまでにはいたらなかった．

流路の長さの分布形 一つの水系網のうちで，次数別に区分した流路の長さや Sherve 方式によって区分した枝路の長さが，どのような分布関数に適合

表 3-9 Smart らのモデルからえた統計量と Melton の実測値との関係[110]

変量 X	流域の次数	平均値 $\overline{X}$	標準偏差 σ	変動係数 $\sigma_X/\overline{X}$	$\sigma_X/\overline{X}$ の変動範囲 (Melton)
N_1/N_2	3	5.015	1.30	0.258	0.15〜0.35
	4	4.650	0.877	0.189	
	5	4.778	0.366	0.077	
N_2/N_3	3	3.707	1.63	0.441	0.35〜0.55
	4	4.340	1.53	0.353	
	5	4.699	1.20	0.255	
$\overline{L}_1=\overline{A}_1=\overline{l}_{\mathrm{ex}}$	3	1.963	0.314	0.160	0.15〜0.35
	4	1.989	0.213	0.107	
	5	1.975	0.114	0.058	
$\overline{l}_{\mathrm{in}}$	3	2.075	0.493	0.238	
	4	2.098	0.246	0.117	
	5	2.077	0.109	0.053	
$\overline{L}_2$	3	5.184	2.34	0.452	0.35〜0.55
	4	4.196	1.43	0.341	
	5	4.456	0.705	0.158	
$\overline{A}_2$	3	12.31	4.18	0.340	
	4	10.37	2.61	0.252	
	5	10.86	1.44	0.133	
$\overline{L}_2/\overline{L}_1$	3	2.717	1.33	0.488	0.35〜0.55
	4	2.116	0.681	0.321	
	5	2.260	0.348	0.154	
$\overline{L}_3/\overline{L}_2$	3	4.366	3.55	0.813	0.55〜0.75
	4	3.069	1.81	0.590	
	5	2.821	1.13	0.400	
$\overline{A}_2/\overline{A}_1$	3	6.355	2.22	0.348	
	4	5.218	1.18	0.226	
	5	5.493	0.600	0.109	
$\overline{l}_{\mathrm{in}}/\overline{l}_{\mathrm{ex}}$	3	1.087	0.314	0.289	
	4	1.065	0.155	0.146	
	5	1.055	0.084	0.080	

N：次数別の水流の数　　添字の数字は次数をあらわす
$\overline{L}$：次数別の水流の長さ　　$\overline{l}_{\mathrm{ex}}$：外側枝路の平均の長さ
$\overline{A}$：次数別の流域面積　　$\overline{l}_{\mathrm{in}}$：内側枝路の平均の長さ

するかということは,第2法則の成立に根拠をあたえる主要なテーマである.Leopold & Langbein[87], Smart, Surkan & Considine ら[110] は,酔歩の第2モデルを用いて,外側枝路の長さが幾何分布にしたがうことをみいだした.ここでは Smart らのモデルを紹介し,流路の長さの分布形に関する研究を,Smart の理論を中心にのべてゆく.

(i) Smart ら[110] のモデル: Smart らは酔歩の第2モデルを多少修正し,水流の発生方向に等確率をあたえた場合 ($p\downarrow = p\uparrow = p_{\rightarrow} = {\leftarrow}p = 0.25$) と偏向性をもたせた場合 ($p\downarrow = 0.4$, $p\uparrow = 0.1$, $p_{\rightarrow} = {\leftarrow}p = 0.25$) とに分け(図 3-22 A, B),おのおのの場合について水源への流入を認める場合と認めない場合の計四つのモデルを考えた.いずれの場合にも,3本の水流の同地点への流入,回路の形成,行きづまりをさけるように拘束条件をあたえてある.回避すべき状態は,図 3-22 (C) のような場合である.

以上の条件下で電算機に発生させたモデル流域のうち,1次水流の数 N_1 が10本以上の水系網を解析の対象とした.図 3-22 (B) のモデルから計測した諸指標は,Melton[111] の提唱した変動係数(平均値 $\bar{X}$ に対する標準偏差 σ_x の比)$\sigma_x/\bar{X}$ の変動範囲にほぼ合致し(表 3-9),実測値と対応している.モデルの外側枝路の長さが幾何分布にしたがうことから,現実の水系網では指数分布になると彼らは推定した.

(ii) 枝路の長さの分布関数: 従来,水系網の解析をおこなった研究の大部分は,Strahler 方式の次数区分を採用しているために,外側枝路(1次水流)の長さについてはともかく,内側枝路の長さの頻度分布に関する実測資料はきわめて少ない.

外側枝路の長さの分布形に関しては,Schumm[27] をはじめとして,対数正規分布にしたがうという点でほぼ見解が一致しているが,内側枝路の長さの分布については種々な意見がある.Smart[112] は,任意の ω 次水流の長さの分布関数が,個々の枝路の長さの分布関数と $(\mu-1)$ 個の内側枝路が,各次数の流路区間にどのように配分されているかによってきまると考えた.そして彼は,ν 個の内側枝路をもつ ω 次の流路区間が,距離 L と $L+dL$ の間にある確率を $P(L;\nu,\lambda)$ として次式であらわした.

$$P(L; \nu, \lambda)dL = p(\nu-1; \lambda L)\lambda dL$$

3. 水流の諸法則に対する追試と敷衍

$$= e^{-\lambda L} \left[\frac{(\lambda L)^{\nu-1}}{(\nu-1)!} \right] \lambda dL \qquad (3 \cdot 3 \cdot 33)$$

ここで $p(\nu-1; \lambda L)$ は（$\nu-1$）番目の合流が距離 L において生ずる確率，λdL は ν 番目の合流が微少距離 dL だけ下流で生ずる確率である．上式はガンマ分布をあらわし，とくに $\nu=1$ のときは $P(L;1,\lambda) = \lambda e^{-\lambda L}$ となり，指数分布になる．図 3-23 は，内側枝路の長さの累加頻度に対する Smart の理論値と，ミズーリ州の Gourd Creek における実測値との比較である．

以上にのべた Smart の理論では，内側枝路の長さが次数と無関係な独立変数であるという仮定がある．この点に関して，Dacey, M. F[113]，James & Krumbein[114] は同意見であるが，Liao & Scheidegger[115]，Gosh & Scheidegger[116] らは枝路の長さが次数に比例して増大するという結論をえた．Shreve[94] も，2 次以上の水流の長さの平均 $\bar{L}_\omega$ が次数に比例して増大すると考え，Smart ら[110] のモデルが地形学的に非現実的なモデルからえた結論である点で，ただちに賛成することはできないとのべている．これに加えて，彼は現実の水系網における野外での実測が必要なことを強調した．

内側枝路の長さの分布に適合する分布関数としては，指数分布，対数正規分布，ガンマ分布*⁾

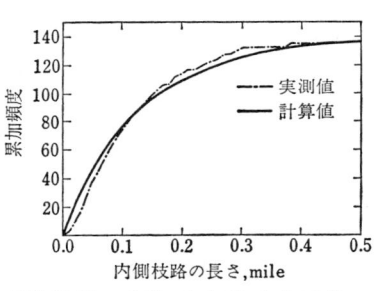

図 3-23 Gourd Creek と Coalpit Hollw における内側枝路の長さの累加頻度曲線と理論値との関係[112]．

図 3-24 枝路の長さの頻度分布[117]．

*⁾ 式 (3·3·33) で $\nu \neq 1$ の場合

などが考えられてきたが，Shreve[94]は分布を先験的にきめることはできないし，いずれもそうならなければならない必然性はないとのべている．

最近，島野安雄[117]は北海道の19河川について計測した結果，外側枝路の長さの分布には対数正規分布，内側枝路についてはガンマ分布が最も適合することを報告している（図3-24）．

彼は同時に，電算機を用いたランダム試行によるモデルでは，外側枝路に対して幾何学的確率分布，内側枝路に対してはやはりガンマ分布が適合したことを付記している．彼の計測結果（表3-10）によると，外側枝路の長さの平均

表3-10 北海道の19河川の計測結果[117]

河川名		分岐比 e^B	流長比 e^D	勾配比 e^F	面積比 $1/e^N$	落差比 $e^D \cdot e^F$	$R_l \left(= \dfrac{1}{e^D} \right)$	$\dfrac{\bar{l}_{ex}}{\bar{l}_{in}}$	$\dfrac{\bar{A}_{ex}}{\bar{A}_{in}}$	$\dfrac{\bar{A}_{ex}}{(\bar{l}_{ex})^2}$	$\dfrac{\bar{A}_{in}}{(\bar{l}_{in})^2}$
		(R_b)	$(1/R_l)$	(R_s)	(R_A)	(R_r)					
渚滑川	（北見）	4.281	0.436	2.281	4.569	0.996	2.291	1.527	1.435	0.709	1.150
藻鼈川	〃	3.879	0.446	2.234	4.251	0.997	2.242	1.384	1.000	0.716	1.371
湧別川	〃	4.183	0.450	2.094	4.487	0.942	2.222	1.442	1.246	0.718	1.199
佐呂間別川	〃	4.339	0.427	2.378	4.630	1.016	2.340	1.315	1.198	0.700	1.010
日高幌別川	（日高）	3.803	0.500	2.134	3.989	1.068	1.999	1.427	1.299	0.755	1.184
元浦川	〃	4.513	0.399	2.538	5.022	1.014	2.503	1.581	1.428	0.670	1.172
鳧舞川	〃	4.537	0.417	2.399	4.551	1.001	2.398	1.284	1.087	0.814	1.225
三石川	〃	4.483	0.405	2.428	4.864	1.039	2.466	1.578	1.207	0.653	1.343
静内川	〃	4.197	0.428	2.205	4.344	0.944	2.336	1.541	1.475	0.730	1.182
新冠川	〃	4.515	0.398	2.332	4.581	0.929	2.510	1.676	1.636	0.653	1.123
厚別川	〃	4.158	0.422	2.581	4.577	1.089	2.369	1.490	1.546	0.712	1.015
沙流川	〃	4.416	0.402	2.468	4.811	0.992	2.487	1.594	1.546	0.688	1.130
鵡川	〃	4.430	0.416	2.463	4.727	1.025	2.403	1.538	1.543	0.704	1.082
遠別川	（留萌）	4.606	0.424	2.239	4.587	0.950	2.357	1.438	1.452	0.717	1.026
築別川	〃	3.940	0.427	2.348	4.396	1.003	2.340	1.221	1.019	0.740	1.084
羽幌川	〃	4.257	0.402	2.378	4.640	0.957	2.486	1.410	1.267	0.754	1.185
古丹別川	〃	3.913	0.413	2.509	4.127	1.034	2.421	1.420	1.230	0.704	1.145
小平蘂川	〃	3.973	0.460	2.396	4.103	1.103	2.173	1.472	1.313	0.705	1.165
留萌川	〃	4.435	0.387	2.753	4.905	1.065	2.585	1.444	1.221	0.748	1.274
平均値		4.256	0.423	2.379	4.535	1.006	2.365	1.462	1.324	0.715	1.156

$\bar{l}_{ex}$ と内側枝路のそれ $\bar{l}_{in}$ との比 $\bar{l}_{ex}/\bar{l}_{in}$ は，19河川の平均で1.46程度であり，Shreve[94]がえた $\bar{l}_{ex}/\bar{l}_{in}=2.0$ より若干低いことがわかる．いずれにしても，$\bar{l}_{ex}/\bar{l}_{in}\fallingdotseq 1.0$ となる Smart[112] のモデルが現実の水系網の構成とはかけはなれていることが明らかであり，式（3・3・33）で $\nu=1$ とするのは無理である

ようにおもう.実測に基づく島野の結論がほぼ妥当であろう.

　推計学的モデルは,水系網の発達経過の最終段階に対するシミュレーションであって,水系がどのように発生し,時間とともにどう変化するかといった地形進化のプロセスを再現するものではない.その意味では,地形進化についてなんらかの一般原理を確立することがのぞましい.しかし,これは理想論であって,Scheidegger & Langbein[118] は個々の事象について,その詳細を知るにはあまりにも複雑な要素がからみすぎているとして,絶望的見解をのべている.

　自然現象のランダム性は否定できないが,自然の水系網がランダム試行により発生させた水系網の相似モデルと同一の経過をたどって発達するとは,考えがたいのである.

3-4 第3法則(付第5法則)について

Horton の第3法則　　第3法則に関する研究は第1,第2法則に比べてきわめて少ない.橿根[83]はその理由として,従来の諸研究がトポロジー的な2次元パターンに注目しているため,3次元モデルによる考察が可能とならないかぎり,第3法則の理論的吟味はおこなえないとのべている.

　Horton 法則の追試・実証・修正にもっとも熱心だったコロンビア学派の地形学者たちも,第3法則に対しては計測結果を半対数紙上に図示し,次数と勾配との関係がほぼ線型回帰式で近似できることを報告したにとどまっている.一つには,地質・岩石学的な制約因子の影響が大きく,計測資料の説明に苦しむようなケースも多かったのであろう.

　Morisawa[82] は Appalachian 山地で,次数 ω と次数別水流の平均勾配 $\bar{S}_\omega$ との間に式 (3・2・11) の関係がほぼ成立するが,不連続を生ずる場合もあることを報告した.その原因として,地質・岩石の制約もあるが,地盤の隆起運動による侵食の復活が高次水流の $\bar{S}_\omega$ を大きくし,低次水流の $\bar{S}_\omega$ が相対的に小さいのは若返り作用 (rejuvenation) が波及していないためと説明した.

　これらのことを考慮して,Morisawa は地質・岩石学的条件が等質な地域においてという付帯条件を,第3法則の場合にとくにつける必要があるとした.これらの因子は,河床の縦断形状にどのような影響をおよぼすかを量的に評価しがたいだけに,モデル化したとりあつかいが困難である.

第5法則　これは，Morisawa の追加した前述の平均起伏量の法則（式 3·2·17）で，第3法則の一種の系とも考えられる．第3法則は，河川の縦断形状に関連した問題である．後述（5章§2-1）のように，その形状に対しては種々の理論曲線が提唱されてきた．

最近，Yang, C. T.[119] は Leopold ら[87] のエントロピー理論（6章§1-3）を敷衍して，理論的に河床縦断面をあらわす式を導いた．Yang はその誘導過程で，従来用いられてきたパラメーターを組合せて，以下のような新しいパラメーターを提唱した．

$$e^D \cdot e^F = \frac{\overline{Z}_\omega}{\overline{Z}_{\omega+1}} = 1.0 \quad \text{（水流の落差比）} \quad (3\cdot3\cdot34)$$

$$\frac{e^B}{e^N} = \frac{N_\omega/\overline{A}_\omega}{N_{\omega+1}/\overline{A}_{\omega+1}} \quad \text{（水流の頻度比）} \quad (3\cdot3\cdot35)$$

ここで，$e^D(\overline{L}_\omega/\overline{L}_{\omega+1})$ は流長比*)，$e^F(=\overline{S}_\omega/\overline{S}_{\omega+1})$ は勾配比，$e^B(=N_\omega/N_{\omega+1})$ は分岐比，$e^N(=\overline{A}_\omega/\overline{A}_{\omega+1})$ は面積比*)，$\overline{Z}_\omega$ は ω 次水流区間の上流端と下流端の高度差，すなわち落差の平均値である．

彼は，水流の落差比（fall ratio）が平衡状態に達している河川では，1.0 に近い値ををとることを理論的に証明し（6章§1-3），14 の流域について計測したデータを検証に用いて，式（3·3·34）が実測値と良好に一致することを示した．式（3·3·34）の関係は，島野が求めた北海道の諸河川の計測結果（表 3-10）とも合致することがわかる．Yang は，式（3·3·34）のあらわす関係を水流の平均落差の法則（law of average stream fall）とよんだ．

式（3·2·8），（3·2·17）は，自然対数をとった場合にも成立するから，その場合の係数を新たにかきかえると，$\log_e \overline{L}_\omega = C - D \cdot \omega$, $\log_e \overline{S}_\omega = E - F \cdot \omega$ となる．$\overline{Z}_\omega = \overline{S}_\omega \cdot \overline{L}_\omega$ だから

$$\log_e \overline{Z}_\omega = \log_e \overline{S}_\omega + \log_e \overline{L}_\omega = (C+E) - (D+F)\omega \quad (3\cdot3\cdot36)$$

とかける．上式から

$$\overline{Z}_\omega = e^{C+E-(D+F)\omega} \quad (3\cdot3\cdot37)$$

をえる．なお，$C+E=J$, $(D+F)=-K$ とおけば

$$\log_e \overline{Z}_\omega = J + K \cdot \omega \quad (3\cdot3\cdot38)$$

---

*) $e^{-D} = R_l$, $e^{-N} = R_A$

3. 水流の諸法則に対する追試と敷衍

となり，Fok, Y. S.[120] のいう水流の平均起伏量（average stream relief）の法則をあらわす式と同形になる．このこと自体は，すでに Morisawa[82] が追加した第5法則をあらわす式（3・2・17）と同形で，それほど目新しくもないが，Yang のこの後の展開がおもしろい．

1次水流の上流端から，任意の m 次水流の最下流端までの総落差（totall fall）は

$$Y_m = \sum_{\omega=1}^{m} \bar{Z}_\omega = e^{(C+D)} \sum_{\omega=1}^{m} e^{-(D+F)\omega} \quad (3\cdot3\cdot39)$$

であらわされる．水源から m 次水流の最下流端までの水平距離 X_m は

$$X_m = \sum_{\omega=1}^{m} \bar{L}_\omega = e^{C} \sum_{\omega=1}^{m} e^{-D\omega} \quad (3\cdot3\cdot40)$$

とかける．平衡状態にある場合には式（3・3・34）から

$$Z_\omega' = e^{(C+E)} \quad (3\cdot3\cdot41)$$

とあらわせる．この場合の総落差は，次式であらわされる．

$$Y_m' = m e^{(C+E)} \quad (3\cdot3\cdot42)$$

式（3・3・39）と（3・3・40）を用いて，河床縦断面の理論曲線がえがける（図3-25）．図中の破線は，式（3・3・40）と（3・3・42）のあらわす平衡状態下の理論曲線である．この差が，縦断面形状の発達階程をあらわす一つの指標になりうると Yang はのべている．

また彼は，実測値と理論値との局部的なズレは局地的な地質学的制約

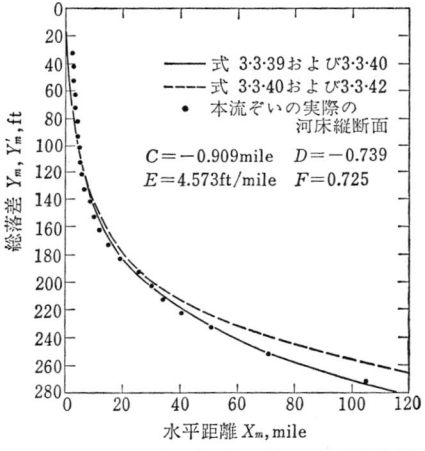

図3-25 河床縦断面の実測値と Yang の理論値[119]．
（$C=-0.909$mile $D=-0.739$ $E=4.573$ft/mile $F=0.725$）

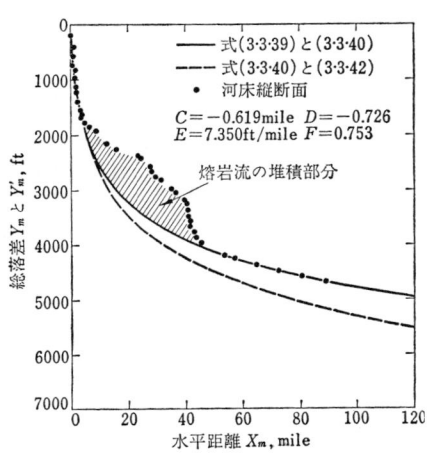

図3-26 オレゴン州 Rogue 川の河床縦断面と Yang の理論値[119]．
（$C=-0.619$mile $D=-0.726$ $E=7.350$ft/mile $F=0.753$ 熔岩流の堆積部分）

因子の存在を示すことがあるとして,その一例を図3-26に示している.オレゴン州の Rogue 川では,約4000～7000年前の Mazama 火山の噴火に際し,熔岩流が約 35 mile にわたって谷を埋めたことが,地質調査の結果わかっている.図中の実測断面と理論曲線との不一致な部分の長さが約 38 mile で,熔岩流の流下距離に見合っている.

図中の斜線部分が,当時の熔岩流の厚さをあらわすものと Yang は推定しているが,この部分をのぞいて,その上・下流で理論値と実測値とがほぼ一致することからみて,彼の推定に誤りはないであろう.これは,地質学的制約因子の影響を量的に評価した数少ない研究例の一つである.

3-5 第4法則について

ニュージャージー州の悪地地形地域でおこなった水系発達に関する研究の結果に基づいて,Schumm[27]が提唱したこの法則は,Horton[67]の示唆を明確に公式化したまでのことであったが,今日では Horton の第4法則としてほとんど定着した.

水流保持定数 Schumm[27] は,ある次数の流域面積 A_ω と次数別水流の流路延長の累加値 $\sum_{\omega=1}^{\omega} \sum_{i=1}^{n} L_{\omega_i}$ との関係を

$$C = \frac{A_\omega}{\sum_{\omega=1}^{\omega} \sum_{i=1}^{n} L_{\omega_i}} \quad (3\cdot3\cdot43)$$

であたえ,Cを水流保持定数(constant of channel maintenance)とよんだ.Cは,単位長さの流路を維持するのに必要とする最小の流域面積を意味する.式 (3・3・43) から

$$\log_{10} A_\omega = \log_{10} C + \log_{10} \sum\sum L_{\omega_i} \quad (3\cdot3\cdot44)$$

とおける.右辺第2項を簡単に $\log_{10} \sum L_\omega$ としてあらわすと,$\log_{10}\sum L_\omega = 0$ のときの $\log_{10} A_\omega$ の値の真数が C である(図3-27).後に Shreve[94] は,この C が Schumm のいうような定数で

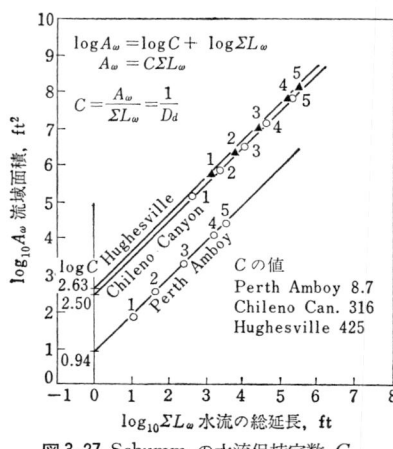

図 3-27 Schumm の水流保持定数 C.

はないことを数学的に証明した．Schumm[27]は，式（3・3・43）の関係を第5法則とすることを提案したが，普及することなく終わった．

面積比に関する検討　第4法則については，これを単独に論ずるよりも第2法則や流量，流域特性値との関連で研究した論文が多い．その一部については，すでに本章§3-3でのべた．第4法則に対する実証的研究は Schumm[27]，Morisawa[82]，梯根・島野[89]，島野[117] などをのぞいてほとんどみあたらない．地形解析をおこなううえで，流域面積の計測が面倒なことも少ない理由であろう．したがって，理論的研究の結果を裏付ける実測資料がかぎられている．

第4法則の演繹的説明に熱心だったのは，Scheidegger である．彼は，現実の水系網で面積比 R_A と流長比 R_l との間に，$R_A^{1/2}=R_l$ の関係が成立しないことを理論的に証明し[109]，周期的モデルによって第4法則を説明できないことを指摘した[101]．彼とその共著者による一連の理論的研究では[109,115,116,121]，推計学的モデルを用いて確率論的考察をすすめ，理論の検証には Schumm[27] や Morisawa[82] の実測データを用いている．Shreve[94]は，面積比 R_A の幾何平均値として確率上は4.5になるとのべている．梯根・島野[89]が酔歩の第2モデルからえた値も4.5で，Schumm[27]や島野[117]がえた実測値とほぼ一致する．

Shreve[69] が位相数学的概念を導入して以来，次数別の平均流域面積とは別に，枝路に対応した流域面積の実測資料が必要となってきた．しかし，従来の実測値で転用できるのは，外側枝路の平均流域面積 $\bar{A}_{ex}$ に等しい1次水流の平均流域面積 $\bar{A}_1$ だけで，内側枝路の平均流域面積 $\bar{A}_{in}$ については計測しなおす必要がある．

Shreve[94]は，$\bar{A}_{in}$ が次数や枝路等級と無関係なランダム変数で，その分布関数としてガンマ分布が適合するとのべている．ただし，この結論は $\bar{A}_{in}$ の実測値に基づくものではなく，Schumm[27] の $\bar{A}_{ex}$ のデータから，枝路等級 μ の流域面積 A_μ を $A_\mu = \mu\bar{A}_{ex}+(\mu-1)\bar{A}_{in}$ として，$\bar{A}_{in}$ の期待値を求めた結果に基づいている．Shreve は，$\bar{A}_{ex}/\bar{A}_{in}$ の値を1.0と2.0との場合にわけて期待値を求めているが，島野[117] の実測結果（表3-10）によると $1.000 < \bar{A}_{ex}/\bar{A}_{in} < 1.636$ である．

前述の $R_A^{1/2} \fallingdotseq R_l$ という関係は，水流の長さと流域面積との間に幾何学的

相似性がなりたたないことを意味する．島野の実測結果（表3-10）によると，内側枝路では $\bar{A}_{in}/\bar{l}_{in}^2$ の平均値がほぼ1に近いが，外側枝路では $\bar{A}_{ex}/\bar{l}_{ex}^2$ の平均値が 0.7 であり，流域ごとの面積比 R_A と流長比 R_l との関係も一般に $R_A^{1/2} \fallingdotseq R_l$ である．水流の長さと流域面積との関係については，次節でくわしくのべる．

4. 水系特性と水文量

4-1 水系特性

水流に関する諸法則によって，次数別水流の数・長さ・勾配・流域面積・起伏量などが，すべて次数の関数形としてあらわせるから，水系網の形態特性をあらわすこれらの諸指標（以後，かりに水系特性とよぶ）間にも，数学的関係が成立するはずである．

この場合，計測に用いた基図の縮尺が問題になる．流域最高次数，個々の水流の数・長さなどは大縮尺地形図を用いればそれだけ増大するが，分岐比・流長比などの無次元化した指標は，基図の縮尺と無関係に一定値をとることがわかっている[60,62,63]．図3-28は4種類の縮尺の異なる基図から計測した分岐比

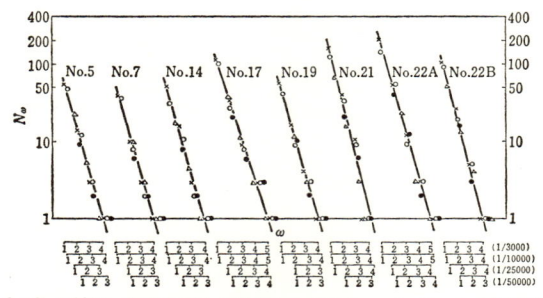

図3-28 4種類の縮尺の異なる基図から求めた ω と N_ω との関係[60]．

（図の回帰直線の勾配）がほとんど変わらないことを示した例である[60]．徳永[92]の提唱した理論はこの理由の説明になっている．

水系特性相互間の関係については前節でも多少ふれたので，既述のものは省略する．水流の諸法則は，第1・第2・第4法則に論議が集中してきたこともあって，水流の数 N_ω, 長さ L_ω, 流域面積 A_ω などの相互関係をあつかった

ものが多い．Morisawa[102]は Appalachian 山地における実測結果から，諸特性間の関係を以下のようにまとめた．

$\sum L = \alpha_1 A^{n_1}$, $1/S = \alpha_2 A^{n_2}$, $1/C_r = \alpha_3 A^{n_3}$, $1/Z = \alpha_4 A^{n_4}$, $1/N_1 = \alpha_5 A^{n_5}$

$1/S = \beta_1 \sum L^{m_1}$, $1/C_r = \beta_2 \sum L^{m_2}$, $1/Z = \beta_3 \sum L^{m_3}$, $1/N_1 = \beta_4 \sum L^{m_4}$ (3・4・1)

$N_1 = \gamma_1 C_r^{p_1}$, $Z = \gamma_2 C_r^{p_2}$

式中，α, β, γ は流域によって異なる係数，n, m, p はベキ指数，L は長さ，A は流域面積，S は勾配，Z は起伏量，N_1 は1次水流の数，C_r は流域の円状率（2章§4-5）である．

分岐比 R_b，流長比 R_l，面積比 R_A などの間の相関係数 r については，Smart[112] が R_b と R_l との間に $r = 0.726$，R_b と R_A との間に $r = 0.899$ をえている．R_l と R_A の間にこれより高い相関関係があることは，いうまでもない．

4-2 Hack の法則

Hack, J. T.[122] は米国の Shenandoah 谷における実測結果から，本流の長さ L_m とその地点までの流域面積 A との間につぎの経験式をえた．

$$L_m = 1.4 A^{0.6} \quad (\text{mile, sq mile}) \quad (3・4・2)$$

Gray, D. M.[123] もほぼ同様な結果をえており，いずれもそのベキ指数が 0.5 より大きい（表3-11）．つまり，$R_A^{1/2} = R_l$ の関係がなりたたないことの傍証

表3-11 Hack の法則（式 3・4・3）におけるベキ指数の値

発表者	n の値	備 考
Hack, J. T. (1957)[122]	0.6	米国北東部，約500地点
Gray, D. M. (1961)[123]	0.568	米国中・東部47地点
Brush, L. M. Jr. (1961)[129]	0.59	Pennsylvania 州16河川
Leopold & Langbein (1962)[87]	0.64	酔歩モデル
Schenck, H. Jr. (1963)[88]	0.568	酔歩モデル
Leopold, Wolman & Miller (1964)[124]	0.6～0.7	米国諸河川の平均
Hack, J. T. (1965)[125]	0.67	酔歩モデル
阪口 豊 (1965)[127]	$\begin{cases} 0.523 \\ 0.539 \end{cases}$	世界平均 日本平均
Smart & Surkan (1967)[126]	$\frac{1}{2} + m + n$	酔歩モデル，米国東部諸河川
Morgan, R. P. C. (1971)[130]	0.59	英国，白亜系地域
大竹 義則 (1972)[131]	0.6	40の小流域
榧根 勇 (1972)[128]	0.59	理論値
島野 安雄 (1973)[117]	0.608	北海道19河川の平均

資料を提供した．式 (3・4・2) の関係を一般化して

$$L_m = \kappa \cdot A^n, \quad n \geqq 0.5 \qquad (3・4・3)$$

であらわすと，κ は流域の特性によって異なるが[124]，ベキ指数 n は表 3-11 のように地域を問わず，つねに 1/2 より大きい，しかもこの値は実測値だけではなく，酔歩モデルを用いた擬似流域でもなりたつことが明らかになった[87,88,125,126]（表 3-11）．

式 (3・4・3) のあらわす関係を，Hack の法則とよぶことにする．n の値について阪口 豊[127]は，資料数を十分大きくとれば 0.5 に近づき，0.54 をこえることはないとした．これに対して，梶根[128]は n が 0.59 となることを理論的に証明した．島野[117]，Hack[122]，Brush, M. L. Jr.[129]，Morgan, R. P. C.[130]，大竹義則[131] などのえた実測結果は $n=0.59 \sim 0.61$ で（表 3-11），梶根の理論値に近い．

n が 0.5 でない理由を，Hack は流域が大きくなるほど流域形状が細長くなるためであると説明した．この考えかたは，一般論としてほぼ容認されてきた．Smart & Surkan[126] はこの説明に承服せず，流域形状よりも本流流路の屈曲度（sinuosity）が n の値に大きい影響をおよぼすと主張した．彼らのいう屈曲度 s は，次式であらわされる．

$$s = \frac{L_m}{L_s} \qquad (3・4・4)$$

L_m は本流の流路ぞいの距離，L_s は水源から河口までの直線距離である．式 (2・1・3) をかきかえると

$$L_0 = S_f \cdot A^{1/2} \qquad (3・4・5)$$

となる．S_f は流域形状係数，L_0 は流域最大辺長で

$$L_m = s \cdot L_0 \qquad (3・4・6)$$

とおくと，上式の関係を式 (3・4・5) へ代入して次式をえる．

$$L_m = s \cdot S_f \cdot A^{1/2} \qquad (3・4・7)$$

ここで，s と S_f とが A に対して独立であれば式 (3・4・3) の n は 1/2 になるが，一般に s と S_f とは A の従属変数と考えられるから

$$s = \kappa_1 A^l, \qquad S_f = \kappa_2 A^m \qquad (3・4・8)$$

とおくと

4. 水系特性と水文量

$$L_m = \kappa_1 \cdot \kappa_2 A^{(1/2)+l+m} \tag{3.4.9}$$

となる. すなわち, $n=(1/2)+l+m$ で n が s と S_f の影響をうけていることになる. 島野[117]は同一流域内では $m \fallingdotseq l$ だが, 流域相互に比較すると $l < m$ となることを報告した.

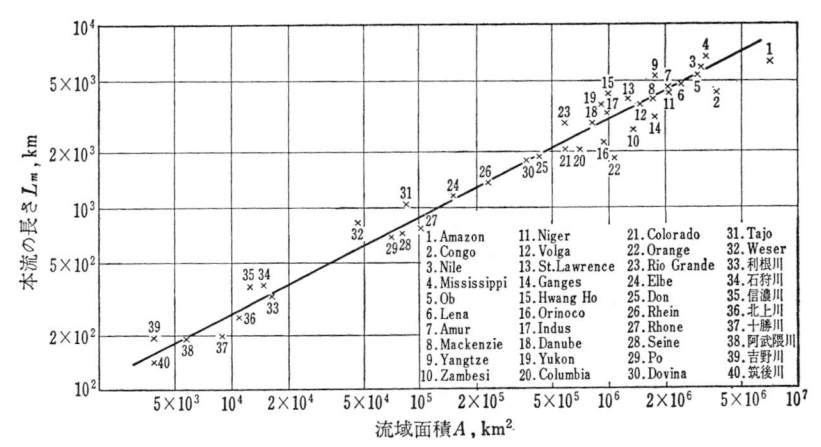

図 3-29 世界および日本のおもな河川の L_m と A との関係.

世界および日本のおもな河川について, 本川の長さ L_m と河口地点の流域面積 A との関係をあらわすと, 図 3-29 のようになる. 両者の間の回帰式は

$$L_m = 1.89 A^{0.6} \quad (\text{km, km}^2) \tag{3.4.10}$$

である[132].

4-3 水系密度と水系頻度

水系網を量的にあらわす指標として, 水系密度 (drainage density) D_d と水系頻度 (drainage frequency) F_D とがある. Ω 次の流域については, 両者はそれぞれ,

$$D_d = \sum_{\omega=1}^{\Omega} \frac{L_\omega}{A_\Omega} \tag{3.4.11}$$

$$F_D = \sum_{\omega=1}^{\Omega} \frac{N_\omega}{A_\Omega} \tag{3.4.12}$$

である. 水系密度が等しくても水系頻度がかなり異なったり (図 3-30 (a, b)), 水系頻度が同じ程度でも水系密度が異なる場合 (図 3-30 (c, d)) があるが,

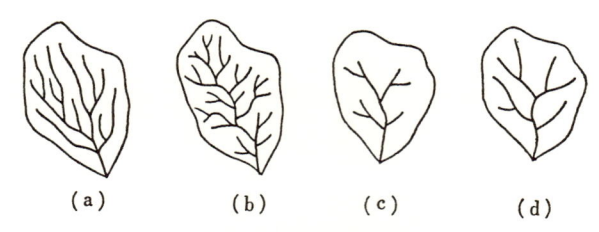

図 3-30 水系密度と水系頻度.
（a）と（b）とは D_d が等しいが, F_D は（b）が（a）より大.
（c）と（d）とは F_D が等しいが, D_d は（d）が（c）より大.

Melton[133] が米国の 156 流域について調べた結果，両者の間に有意の相関関係があり，実験的に次式の成立することがわかった.

$$F_D = 0.694 D_d{}^2 \tag{3·4·13}$$

Horton[67] は水系密度の意義を重視し，種々な考察を加えている．1 次から Ω（最高）次までの流路の総延長をあらわす式（3·3·28）から，Ω 次流域の水系密度 D_{d_Ω} は

$$D_{d_\Omega} = \frac{\overline{L}_1 \cdot R_b{}^{\Omega-1}(\rho^\Omega - 1)}{A_\Omega(\rho - 1)}, \qquad \rho = \frac{R_l}{R_b} \tag{3·4·14}$$

である．ここで，A_Ω は Ω 次の流域面積をあらわす．上式は水系網の構成を決定する重要な因子を含み，$\overline{L}_1, D_{d_\Omega}, A_\Omega, R_b, R_l, \Omega$ の六つの量のうち五つの量が既知であれば，どの一つについても方程式をかける．$\rho<1$ であれば，Ω の大きい値に対して $\rho^\Omega - 1 \fallingdotseq -1$ とおけるから，式（3·4·14）は

$$\Omega = 1 + \frac{\log[(1-\rho)D_{d_\Omega} \cdot A_\Omega / \overline{L}_1]}{\log R_b} \tag{3·4·15}$$

とかける．もし $\rho>1$ であれば，Ω の大きい値に対して $\rho^\Omega \fallingdotseq \rho^\Omega - 1$ だから

$$(\Omega - 1)\log R_b + \Omega \log \rho = \log \frac{(\rho-1)D_{d_\Omega} \cdot A_{\Omega 1}}{\overline{L}_1} \tag{3·4·16}$$

であり，Ω については

$$\Omega = \frac{\log[(\rho-1)D_{d_\Omega} \cdot A_\Omega / \overline{L}_1] + \log R_b}{\log R_b + \log \rho} \tag{3·4·17}$$

となる．$\log R_b$ は，$\log(\rho-1)D_{d_\Omega} \cdot A_\Omega$ に比べて小さいから無視できると仮定すると，いずれの場合にも最高次数 Ω は流域面積の対数に比例して増大する

ことになる．これが，極端に高次の水流が発生しない理由でもある．Mississippi 川でも20次をこえないという．

水系密度に影響する因子として，Horton は気候・植生・岩石・土壌・降水強度・滲透能・起伏量などを列挙した．Strahler[134] は，これらの因子間の力学的関係に決定的な影響をあたえる変数として，次元解析法によりつぎの四つの無次元量をえた．（ⅰ）粗度数 (ruggedness number) $R_U=Z \cdot D_d$，ただし Z は起伏量，（ⅱ）Horton 数 $N_H=Q_r \cdot K$，Q_r は流出強度（比流量），K は単位面積あたりの質量の除去率を単位面積あたりの侵食力でわった商，$ML^{-2}T^{-1}/FL^{-2}=L^{-1} \cdot T$ の次元をもつ．（ⅲ）レイノルズ数（4章§1-1参照）$R_e=Z \cdot Q_r \cdot \rho_f/\mu$，$\rho_f$ は流体密度，μ は粘性係数，（ⅳ）フルード数（4章§1-1参照）$F_r=Q_r^2/Z \cdot g$，ただし，g は重力加速度である．以上の四つの無次元積から水系密度 D_d を

$$D_d = \frac{1}{Z} fct\left(Q_r \cdot K, \frac{Q_r \cdot \rho_f \cdot Z}{\mu}, \frac{Q_r^2}{Z \cdot g}\right) \qquad (3 \cdot 4 \cdot 18)$$

であらわし，ρ_f, μ, g の値を事実上一定とすると，R_e と F_r とを無視できるから

$$D_d = \frac{1}{Z} fct(Q_r \cdot K) = \frac{1}{Z} fct(N_H) \qquad (3 \cdot 4 \cdot 19)$$

とかける．N_H は侵食の強さをあらわす無次元量であるが K の定義が不明確であり，演繹的な実験式の域をでない．

水系密度に対して Shreve[71] は，枝路の長さ l を用いて次式を導いている．

$$D_d = \frac{\Sigma L}{A} = \frac{1}{\kappa l}, \ \Sigma L = l(2\mu-1), \ A = \kappa l^2(2\mu-1), \ \kappa = \frac{2\mu-1}{\Sigma L \cdot D_d} \qquad (3 \cdot 4 \cdot 20)$$

式中 ΣL は流域面積 A で枝路等級 μ の流域における流路総延長，κ は無次元定数である．Melton[84] のえた $\kappa=0.96$ を採用すると，各枝路の平均流域面積は近似的に l^2 に等しい．式 (3・3・25) により平均分岐比を4と仮定し，流域最高次数を Ω とすると

$$\mu \doteqdot 4^{\Omega-1} \qquad (3 \cdot 4 \cdot 21)$$

であり，μ が十分大きいときには $2\mu-1 \doteqdot 2\mu$ として，式 (3・4・20) から次式を導ける．

$$A \doteqdot \left(\frac{2}{D_d{}^2}\right) 4^{\varOmega-1} \qquad (3\cdot 4\cdot 22)$$

上式から面積比 R_A が 4.0 となる.水系頻度 $F_D(=N_\omega/A_\omega)$ についても

$$\frac{F_D}{D_d{}^2} \doteqdot \frac{2}{3} \qquad (3\cdot 4\cdot 23)$$

とあらわせる.上式は,Melton[133] のえた実験式 (3・4・13) とほぼ合致する.

Smith, K. G. [135] は開析度をあらわす指標として,流域内でもっとも谷状の切りこみの多い等高線の切りこみ (contour crenulations) の数 N_c を,流域の周辺長 P でわった値を texture ratio とよび,T であらわした.T の値が大きいほど,地形的に細かいひだが発達していることをあらわす.Strahler[107] は,T が水系密度 D_d との間に

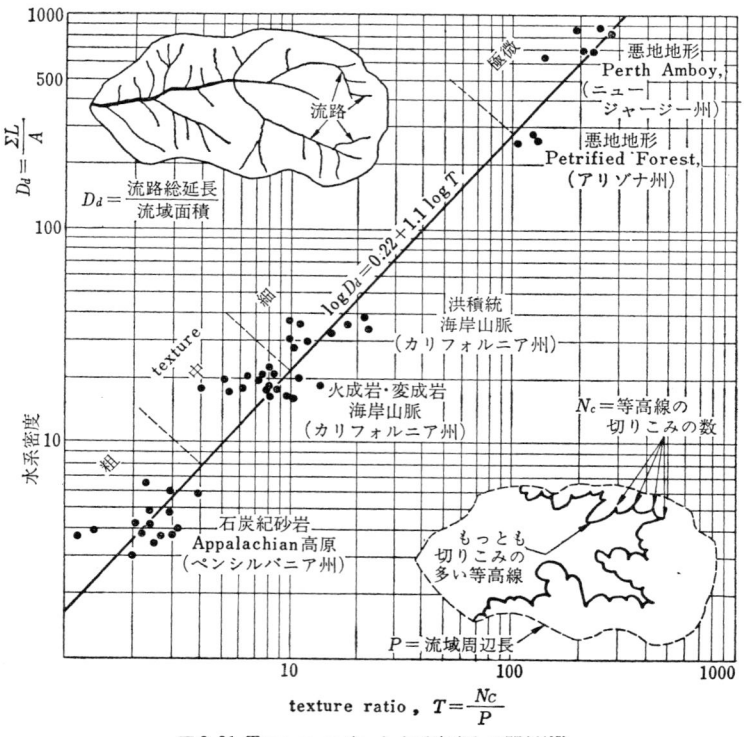

図 3-31 Texture ratio と水系密度との関係[107].

4. 水系特性と水文量

$$\log D_d = 0.22 + 1.1 \log T \tag{3·4·24}$$

であらわされる関係があることをみいだした（図3-31）．Tは水系頻度に似た指標であるから，水系密度との間に高い相関関係があるのは当然であろう．

Smart & Moruzzi[136]は，同一条件下に発達する水系網が相互に対応する幾何学的形状について，同一の分布関数をもつはずであると考えた．これは一種の相似性を前提としているが，Smart[137]はこの論法で水系密度に関する無次元指標を導いた．総数N個の枝路の中から抽出したj番目の枝路の長さをl_j，その流域面積をa_jとする．N個の組合せ(l_j, a_j)はランダムな相関変数とみなせるから，微視的にみた水系密度δ_jは

$$\delta_j = \frac{l_j}{a_j}, \qquad j=1,2,3,\cdots,N \tag{3·4·25}$$

であり，平均水系密度$\bar{\delta}$は

$$\bar{\delta} = \frac{1}{N} \sum_{j=1}^{N} \frac{l_j}{a_j} \tag{3·4·26}$$

である．全体の水系密度は次式であらわす．

$$D_d = \frac{L}{A} = \frac{\sum l_j}{\sum a_j} = \frac{\bar{l}_j}{\bar{a}_j} \tag{3·4·27}$$

ここでLは流路総延長，Aは全流域面積である．統計的相似性として

$$\phi_j = \frac{l_j^2}{a_j} = \delta_j \cdot l_j = \delta_j^2 \cdot a_j, \qquad j=1,2,3,\cdots,N \tag{3·4·28}$$

$$\bar{\phi} = \left(\frac{1}{N}\right) \sum_j \left(\frac{l_j^2}{a_j}\right) \tag{3·4·29}$$

と定義した二つの量を用いる．ϕはShreve[67]の提唱した式(3·4·20)中のκの逆数で，δと同様な意義を有する無次元量である．すなわち

$$\frac{1}{\kappa} = \kappa' = \frac{1}{N} \cdot \frac{L^2}{A} = \frac{1}{N} \cdot \frac{(\sum l_j)^2}{\sum a_j} = D_d \cdot \bar{l}_j = D_d^2 \cdot \bar{a}_j = \frac{\bar{l}_j^2}{\bar{a}_j} \tag{3·4·30}$$

一様な水系密度に対しては$\phi = \kappa'$で，κ'とϕとの関係はl_jおよびa_jの分布と両者の相関の程度による．微少な流域面積について考えれば，形状があまり細長くないかぎりϕは1に近い値となるであろう．外側枝路と内側枝路とでは長さの分布が異なるから

$$\lambda = \bar{l}_{\mathrm{ex}}/\bar{l}_{\mathrm{in}}, \quad \alpha = \bar{a}_{\mathrm{ex}}/\bar{a}_{\mathrm{in}}, \quad \kappa'_{\mathrm{ex}} = \bar{l}_{\mathrm{ex}}^2/\bar{a}_{\mathrm{ex}}, \quad \kappa'_{\mathrm{in}} = \bar{l}_{\mathrm{in}}^2/\bar{a}_{\mathrm{in}} \tag{3·4·31}$$

とおく．添字の ex は外側枝路，in は内側枝路をあらわす．これから次式をえる．

$$\frac{\lambda^2}{\alpha}=\frac{\kappa'_{ex}}{\kappa'_{in}}, \quad \frac{D_{d_{ex}}}{D_{d_{in}}}=\frac{\lambda}{\alpha} \quad (3\cdot 4\cdot 32)$$

式（3・4・31）の四つの無次元化した指標は，岩石や開析度の差違をみいだすのに有効であると Smart はのべている．

地質構造・岩石の種類・植被など，量化しにくい要因と水系密度との関係についても多くの研究がある．しかし，因子の数が多いとそれだけ複合的な影響があらわれ，要因分析をおこなっても因果関係が明瞭にならない．

水系密度は一般に砂岩地域で小さく，頁岩や粘板岩地域で大きいとされている[138,139]．しかし，同じ頁岩でも層位によって水系密度に3倍以上の開きを生じている例[140]もあり，岩石の種類が異なれば水系密度がつねに歴然とした差異をあらわすとはかぎらない[141,142]．むしろ，降水量や流量との相関が高い例も報告されている[142〜144]．植被の有無といった両極端の場合をのぞいて，植生密度の差異は大して影響をあたえないであろう[142]．

4-4 流量と水系特性

流量と流域内の形態要素との関係を調べる目的の一つは，水文学的諸量と関係のある流域特性について，定量的な情報をえることにある．たとえば，流量 Q は流域面積 A の関数として，経験的に次式であらわす．

$$Q = jA^m \quad (3\cdot 4\cdot 33)$$

j, m は経験定数で，Hack[122] は Potomac 川の年平均流量 Q_y と流域面積との間に $m=1$ の値をえている．洪水時の最大流量（尖頭流量 peak discharge）Q_p に関しては，有名な Creager, W. P.[145] の公式がある．Q_p を単位面積あたりに換算した値 q_p であらわすと，米国の諸河川については（ft, mile 単位）

$$q_p = 46 C_0 A^{m-1}, \quad m = 0.894 A^{-0.048} \quad (3\cdot 4\cdot 34)$$

の関係がある．q_p を比尖頭流量（specific peak discharge）とよぶ．C_0 は流域の特性をあらわす定数である．日本の諸河川でも上式と類似の関係が成立し，q_p は A の増加にともない指数的にてい減を示す傾向がある．花沢正男[146]は，利根川と揖斐川における年平均比流量 q_y が流域面積の関数として，上流から下流に減少することを報告した．

式（3・4・33）から流域面積に対する流量の変化の割合は

4. 水系特性と水文量

$$\frac{dQ}{dA} = jmA^{m-1} \quad (3\cdot4\cdot35)$$

となるから，$m<1$ の場合には，流域面積が小さいほど流量の変化率が大きくなる．一般に，$m\leqq1$ のことが多い．式（3・4・35）は式（3・4・34）を一般化したものである．

流量と流域の相似性に関する西沢の理論　　西沢利栄[147]は，流域内の任意の地点における本川流量を Q_Ω，次数別平均流路延長を $\bar{L}_\omega$，その本数を N_ω として次式を導いた．

$$Q_\Omega = \sum_{\omega=1}^{\Omega} \bar{L}_\omega \cdot N_\omega (\bar{q}_{G\omega} + \bar{q}_{S\omega}) \quad (3\cdot4\cdot36)$$

ここで，$\bar{q}_{G\omega}$, $\bar{q}_{S\omega}$ はそれぞれ ω 次水流の単位距離あたりの基底流量（地下水流入量）と表面流出量である．また，以下の五つの無次元量

$$\frac{N_{\omega+1}}{N_\omega} = \alpha_b, \quad \frac{\bar{L}_{\omega+1}}{\bar{L}_\omega} = \alpha_l, \quad \frac{\bar{q}_{G(\omega+1)}}{\bar{q}_{G\omega}} = \alpha_G, \quad \frac{\bar{q}_{S(\omega+1)}}{\bar{q}_{S\omega}} = \alpha_S, \quad \frac{\bar{q}_{S\omega}}{\bar{q}_{G\omega}} = R_\alpha \quad (3\cdot4\cdot37)$$

を用いて式（3・4・36）を変形し，次式を導いた．

$$Q_\Omega = \Gamma_\omega (\bar{L}_\omega \cdot N_\omega \cdot \bar{q}_{G\omega}) \quad (3\cdot4\cdot38)$$

$$\Gamma_\omega = \left[(\alpha_b \cdot \alpha_l \cdot \alpha_G)^{1-\omega} \cdot \left\{ \frac{1-(\alpha_b \cdot \alpha_l \cdot \alpha_G)^\Omega}{1-\alpha_b \cdot \alpha_l \cdot \alpha_G} \right\} \right.$$
$$\left. + R_\alpha (\alpha_b \cdot \alpha_l \cdot \alpha_G)^{1-\omega} \cdot \left\{ \frac{1-(\alpha_b \cdot \alpha_l \cdot \alpha_G)^\Omega}{1-\alpha_b \cdot \alpha_l \cdot \alpha_G} \right\} \right] \quad (3\cdot4\cdot39)$$

上式は最高次数 Ω の等しい諸流域において，Γ_ω が等しければ Q_Ω が各流域の $(\bar{L}_\omega \cdot N_\omega \cdot \bar{q}_{G\omega})$ の値に比例することを意味する．Γ_ω は，流量に関与する流域の相似性をあらわす無次元パラメーターである．流量が基底流量だけからなり，表面流出がない場合には，式（3・4・39）の右辺第2項を消去できる．西沢は神流川および渡良瀬川の1支流，庚申川における流量観測と流域計測の結果から，上記の理論式が成立することを証明した（図3-32）．

枝川尚資[148]は，西沢の理論式で

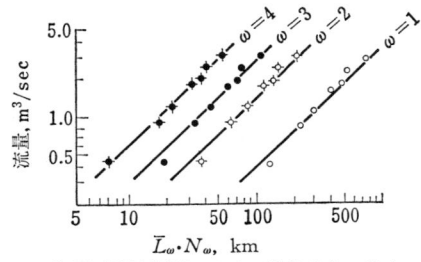

図 3-32 神流川流域における流量 Q と ω 次水流の総延長 $(\bar{L}_\omega \cdot N_\omega)$ との関係[147]．

$\bar{L}_\omega \cdot N_\omega = 1$ とおき,そのときの流量を (Q_Ω) として

$$(Q_\Omega) = (\alpha_b \cdot \alpha_l \cdot \alpha_G)^{1-\omega} \cdot \left\{ \frac{1 - (\alpha_b \cdot \alpha_l \cdot \alpha_G)^\Omega}{1 - \alpha_b \cdot \alpha_l \cdot \alpha_G} \right\} \bar{q}_{G\omega} \qquad (3\cdot 4\cdot 40)$$

とした上式に,$\omega = 1 \sim \Omega$ を代入した $(Q_\Omega)_\omega$ から

$$\frac{(Q_\Omega)_{\omega+1}}{(Q_\Omega)_\omega} = \frac{1}{\alpha_b \cdot \alpha_l \cdot \alpha_G} \cdot \frac{\bar{q}_{G(\omega+1)}}{\bar{q}_{G\omega}} = \frac{1}{\alpha_b \cdot \alpha_l} \qquad (3\cdot 4\cdot 41)$$

を導き,比流量 Q_ω / A_ω に関して次式を導いた.

$$\alpha_b \cdot \alpha_l \cdot \alpha_G \cdot \frac{A_\omega}{A_{\omega+1}} = \frac{\alpha_l \cdot \alpha_G}{\alpha_A} \qquad (3\cdot 4\cdot 42)$$

ここで $\alpha_A = \bar{a}_{\omega+1} / \bar{a}_\omega$ で面積比をあらわす.枝川は相模川水系の中津川で,上記の二つの式が成立することを実測によって確かめ,西沢の仮定した $\alpha_G = $ const の関係を支持した.

流量と流域特性に関するその他の研究　　流量と流域特性との関係については,Morisawa[82,149],Melton[150],Wong, S. T.[151],山辺[152],Stall & Fok[153] などの研究がある.これらはいずれも,研究地域に対する実験的関係式を求めたものである.流量は変動の範囲が大きいから一般化しにくいが,Carlston, C. W.[143,144] は,水系密度が洪水流量に比例し,基底流量に反比例することをのべている.Stall ら[153]は,イリノイ州の Embarass 川における8地点の15年間の流量観測データを整理し,全期間に対する出現頻度10％の流量が,次数と高い相関関係にあることをみいだした.

4. 河川の作用

河川の主要な機能は，流域内の余剰な水を排出することにある．しかも，排出される水は単に流れるだけではなく，その能力にみあった物理的仕事をおこなう．その仕事の総量は流水の侵食・運搬・堆積作用の結果に相当し，流水が仕事を遂行する能力は，重力に基づく位置エネルギーに依存する．

流水は流下するにつれて，位置エネルギーを運動エネルギーと熱エネルギーに転換して消費する．ただし，流水のもつエネルギーの95〜97%は熱エネルギーとなり，流水相互間の乱れによる内部摩擦抵抗と河床や河岸などの固体境界面上での摩擦抵抗によって消失する．したがって，河川の営なむ基本的作用に対しては，熱損失をのぞいた残りのごくわずかなエネルギーがふりむけられているにすぎない．それにもかかわらず，流水の営なむ作用は，湿潤地域において地形の改変に重要な役割をはたしている．本章では，河川の基本的作用，侵食・運搬・堆積作用について考察する．

1. 河川の水理

河川の作用を正確に理解するためには，開水路（open channel）の水理について知る必要がある．くわしいことは水理学の教科書にゆずり[154~157]，河川の流れを理解するのに必要最少限の事項を，これらの著書を参考として簡単にのべる．

1–1 基本的水理量と水流の分類

基本的水理量　河川の流路は一般にその形状が不規則で，横断方向にも縦断方向にもめまぐるしく変化する．その上を流れる水も時間的に変化するから，ある地点，ある時間の川の流れをあらわすのに，図4-1のような諸量を測定する必要がある．

水面幅 B，流積（横断面積）A，平均水深 h_m，潤辺（wetted perimeter）P，径深または動水深（hydraulic radius）R などは横断面の幾

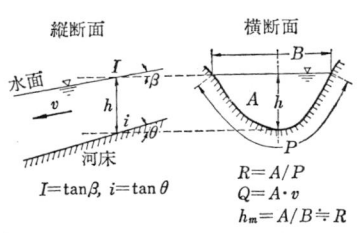

$I = \tan\beta, \ i = \tan\theta$

$R = A/P$
$Q = A \cdot v$
$h_m = A/B \fallingdotseq R$

図 4-1 流路の形状要素と基本的水理量．

何学的形状をあらわす特性値で，潤辺は潤周ともいい，流水と流路との境界の長さ，径深は流積を潤辺でわった値 ($R=A/P$) である．$B \gg h_m$ ならば $R \fallingdotseq h_m$ とおける．河床勾配 (channel slope) i および水面勾配 (slope of water surface) I は，流下方向の単位距離あたりの河床や水面高度の変化をあらわす．横断面を単位時間に通過する水量が流量 (discharge) Q で，断面平均流速 V_m と流積 A との積に等しい．

水流の分類　水流に関してはいろいろな分類のしかたがある．

(i) 層流と乱流：　流線がそろって，ほぼ平行した方向に整然と流れる場合に層流 (laminar flow)，流線がいり乱れて不規則なものを乱流 (turbulent flow) という．流れの慣性力に比べて，粘性の影響が強ければ層流，弱ければ乱流となる．慣性に対する粘性の影響をレイノルズ数 (Reynolds number) R_e であらわす．

$$R_e = \frac{v \cdot l}{\nu}, \qquad \nu = \frac{\mu}{\rho} \qquad (4 \cdot 1 \cdot 1)$$

式中，v は流速，l は水路の断面形をあらわす長さの特成値（たとえば径深）で，ν は動粘性係数，μ は流体の粘性係数，ρ は流体密度である．R_e が小さければ層流，大きければ乱流となる．両者の境界をあらわす限界レイノルズ数 (critical Reynolds number) $(R_e)_c$ の下限は約 2000 前後とされているが，上限は 50000 以上に達した例もあり，上限そのものの存在に疑問がもたれている[158]．自然河川の流れは基本的には乱流であるが，河床付近にごく薄い層流の部分が存在し，これを層流底層 (laminar sublayer) とよぶ．

(ii) 常流と射流：　流れの状態を，重力と慣性力との割合をあらわすフルード数 (Froude number) F_r で区別することがある．

$$F_r = \frac{v}{\sqrt{gh}} \qquad (4 \cdot 1 \cdot 2)$$

v は流速，g は重力加速度，h は水深である．$\sqrt{gh}$ は長波の伝播速度で $F_r=1$ のときには流速が波速に等しい．$F_r > 1$ のときには流速が波速より小さい．この状態下の流れを常流 (ordinary または subcritical flow) といい，$F_r > 1$ のときの流れを射流 (shooting または supercritical flow) という．射流の状態下では，水面に局部的な昇降（重力波）がおこってもその影響が上流に波及しない．

開水路における流れは（a）層流で常流，（b）層流で射流，（c）乱流で常流，（d）乱流で射流の4種類に分類できるが，（b）はもっともおこりにくく，大部分は（c）の状態下にある．

1. 河川の水理

(iii) 時間的・空間的変化による分類（表4-1）： 水深や流速が時間的に変化しない流れを定流（steady flow），変化する流れを不定流（unsteady flow）とよぶ．自然河川の流れは不定流であり，とくに洪水波や感潮河川のように，水深が時間的に変化する流れは不定流の代表的な例である．洪水波に比べれば，平水時の流れは近似的に定流としてとりあつかえる（図4-2）．

図 4-2 水流の種類[157].

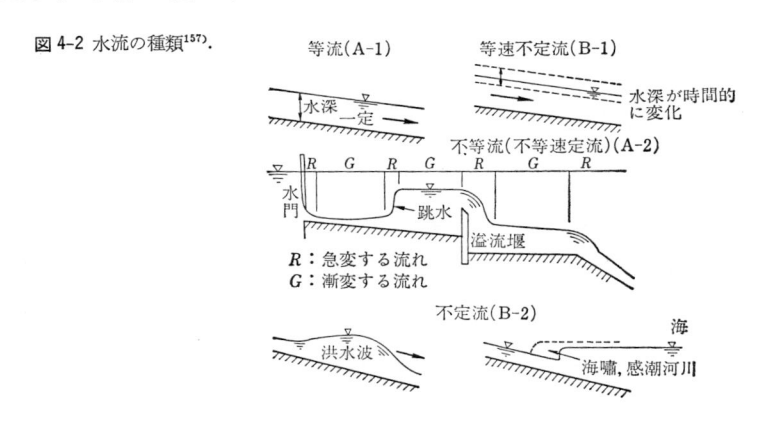

等流(A-1)
等速不定流(B-1)
水深一定
水深が時間的に変化
不等流(不等速定流)(A-2)
水門　跳水　溢流堰
R：急変する流れ
G：漸変する流れ
不定流(B-2)
洪水波　海
海嘯，感潮河川

表 4-1 水流の区分による組合せ

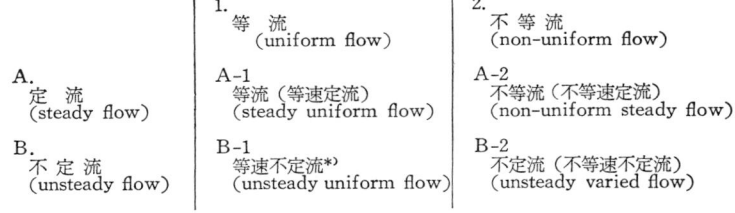

	1. 等 流 (uniform flow)	2. 不 等 流 (non-uniform flow)
A. 定 流 (steady flow)	A-1 等流（等速定流）(steady uniform flow)	A-2 不等流（不等速定流）(non-uniform steady flow)
B. 不 定 流 (unsteady flow)	B-1 等速不定流*) (unsteady uniform flow)	B-2 不定流（不等速不定流）(unsteady varied flow)

*) 印はまれ，記号は組合わせをあらわす（図4-2参照）．

流積と河床勾配または水面勾配が流れにそって一様で，水深や流速が流下方向に変化しない流れを等流（uniform flow）といい，変化する流れを不等流（non-uniform flow）という．不等流のうちで空間的変化が徐々におこるものを漸変流（gradually varied flow），急激におこるものを急変流（rapidly varied flow）という（図4-2）．

等流についても，時間的に変化する場合としない場合とが考えられるが，不定流で等流状態を維持することは現実にはありえない．水深が時間的に変化していて等流であるためには，水面が底面と平行を保ちながら，上・下流で同時に昇降しなければならない

からである．したがって，等流は定流の場合にのみ成立し，これを等速定流または等流 (uniform steady flow) とよぶことがある．

一般には，等流以外の定流は不等流または不等速定流 (non-uniform steady flow) といい，不定流といえば不等速不定流 (non-uniform unsteady flow) をさす．等流・不等流・不定流は，運動方程式および連続方程式によって区別できる（本章§1-4）．

1-2 ベルヌイの定理

流れに関する基本定理として有名なベルヌイの定理は，スイスの数学者 Bernoulli, D. が演繹的に導いた定理を Euler, L. が公式化したもので，元来は管水路の流れについてエネルギー保存則が成立することをのべたものである[157]．この定理の証明は省略し，その概要を簡単に記す．

Bernoulli は，単位質量の水のもつエネルギーを水頭 (head) とよび，これを長さの次元であらわした．図4-3のような開水路の縦断面上の任意の地点Aにおいて，ベルヌイの定理は次式によってあらわされる．

$$H = Z_A + h_A \cos\theta + \frac{v_A^2}{2g} = \text{const} \qquad (4\cdot1\cdot3)$$

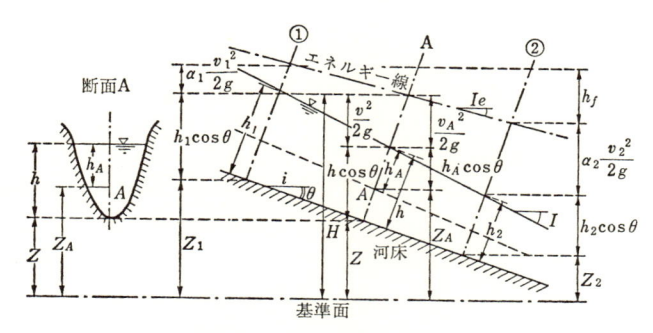

$i = \tan\theta$：河床勾配, I：水面勾配, I_e：エネルギー勾配
図 4-3 ベルヌイの定理[157].

式中，Hは全水頭 (total head)，Z_Aは基準面からの高さで水の単位重量 W_0 がもつ位置エネルギーをあらわし，高度または位置水頭 (elevation または potential head)，$h_A \cos\theta$ は圧力水頭 (pressure head) で河床面上では $h\cos\theta$ である．$v_A^2/2g$ は速度水頭 (velocity head) で，流速 v_A のときの運動エネルギーをあらわす．河床勾配 i ($=\tan\theta$) が小さいときには，$\cos\theta \fallingdotseq 1$ として

1. 河川の水理

$$H = Z + h + \alpha \cdot \frac{v^2}{2g} = \text{const} \tag{4·1·4}$$

と一般化できる．α は，流速 v を等流としてあつかうための補正係数である．水圧の強さを p とすると，$h = p/W_0$ だから h のかわりに p/W_0 とかくこともある．

図 4-3 で上・下流の断面 1，2 をとって，ベルヌイの定理を適用すると

$$Z_1 + h_1 \cos\theta + \alpha_1 \frac{v_1^2}{2g} = Z_2 + h_2 \cos\theta + \alpha_2 \frac{v_2^2}{2g} + h_f \tag{4·1·5}$$

がなりたつ．h_f は両断面間のエネルギー損失水頭 (head of energy loss) である．θ が小さい場合に $h_1 \cos\theta = h_1$，$h_2 \cos\theta = h_2$ とおけるから，$\alpha_1 = \alpha_2$，$h_f = 0$ と仮定すれば

$$Z_1 + h_1 + \frac{v_1^2}{2g} = Z_2 + h_2 + \frac{v_2^2}{2g} = \text{const} \tag{4·1·6}$$

となる．上式をベルヌイのエネルギー方程式という．2 断面間の H_1 と H_2 の高さを結んだ線がエネルギー線 (energy line) で，その勾配をエネルギー勾配 (energy gradient) といい，I_e であらわす．等流の場合には $I_e = I = i$ である．

断面 1 と 2 の間の距離を小さくとると，微少距離 dx にともなう高度・圧力・速度水頭の変化は $\frac{dz}{dx}dx$，$\frac{dh}{dx}dx$，$\frac{d}{dx}\left(\frac{v^2}{2g}\right)dx$ だから，式 (4·1·6) を

$$z_1 + h_1 + \frac{v_1^2}{2g} = z_1 + \frac{dz}{dx}dx + h_1 + \frac{dh}{dx}dx + \frac{v_1^2}{2g} + \frac{d}{dx}\left(\frac{v^2}{2g}\right)dx \tag{4·1·7}$$

とかきなおせる．上式から簡単に

$$\frac{d}{dx}\left(\frac{v^2}{2g}\right) + \frac{dh}{dx} + \frac{dz}{dx} = 0 \quad \text{または} \quad \frac{d}{dx}\left(\frac{v^2}{2g}\right) + \frac{d}{dx}(z+h) = 0 \tag{4·1·8}$$

をえる．$(z+h)$ は，1 断面における位置エネルギーをあらわすから，開水路における水面勾配 $I = -\frac{d}{dx}(z+h)$ が流下方向の位置エネルギーの減少率をあらわすことがわかる．

1-3 開水路の抵抗法則と平均流速公式

摩擦抵抗　前述のエネルギー損失水頭 h_f は，水流のうける摩擦抵抗に起因する．水の流れは固体境界面との間に摩擦を生ずるだけでなく，流れの内部でも相互に摩擦力が働いて影響をおよぼしあっている．前者を境界摩擦 (boundary friction)，後者を内部摩擦 (inner friction) という．まず，内部摩擦抵抗の原因となる粘性と乱流の作用について略述する．

（i）粘性：　流体内部に相対的な速度差があると，水流はこの速度差を解消して，流れを一様にしようとする調節機能をもっている．この性質を流体の粘性 (viscosity) という．

いま，図4-4のような2次元断面で，流れが流下（x軸）方向に平行（層流）であると仮定し，その速度成分をuとして，鉛直方向にz軸をとればdu/dzは速度勾配をあらわす．図中の任意の面，たとえばAB面にそって，これより上部の流速の大きな層は下部の相対的に流速の小さい層をひきずろうとし，下部の層は上部の層をひきもどすように逆向きの力をおよぼす．AB面をとおして，その両側の実質が働きあっているわけで，このような面に平行に働く力の単位面積あたりの値を剪断応力（shear stress）といい，τであらわす．uは図4-4のような簡単な分布を示さないが，τとdu/dzの間には，μを粘性係数とすると次式の関係がある．

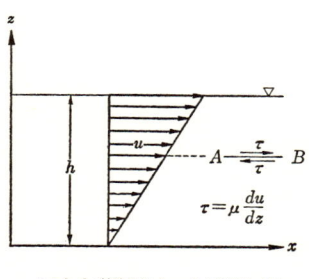

図4-4 剪断応力τと速度勾配 du/dz[155]．

$$\tau = \mu \frac{du}{dz} \quad \left(\text{ただし } \frac{du}{dx} > 0 \text{ のとき } \tau > 0\right) \qquad (4\cdot1\cdot9)$$

上式は Newton の流体摩擦の法則をあらわす．

(ii) 乱流理論： 自然河川の場合には，流線が互いに入り乱れながら流下するから純粋な意味での摩擦力は働かないが，乱流によるみかけ上の摩擦力τ_tが働くものと考える．流速のx, y, z方向*)の瞬間速度成分をu, v, w，ある時間内の平均値を$\bar{u}, \bar{v}, \bar{w}$，おのおのの瞬間的変動値を$u', v', w'$とすると

$$u = \bar{u} + u', \quad v = \bar{v} + v', \quad w = \bar{w} + w' \qquad (4\cdot1\cdot10)$$

であり，u', v', w'の長時間の平均値は0である．

乱流状態下では，運動量・質量・熱量などの物理量が，平均流下方向と垂直方向にある距離を横切って一つの層から他の層へ達し，一種の拡散作用がおこる．x-y平面について，x方向の運動量$\rho\bar{u}$がz軸方向に輸送される場合を考えてみる．ρは流体の質量である．$\rho\bar{u}$はzだけの関数とし，z軸に垂直な単位面積をとおって単位時間に運ばれるx方向の運動量をQ_Mとすると

$$Q_M = -\rho \cdot l\sqrt{\overline{w'^2}} \cdot \frac{d\bar{u}}{dz} \qquad (4\cdot1\cdot11)$$

である．lはz軸方向の移動距離で，Prandtl, L. のいう混合距離（Mischungsweg）に相当する．$\sqrt{\overline{w'^2}}$は乱流の強度をあらわす．

*) 流下方向をx，横断方向をy，鉛直方向をzとする．

1. 河川の水理

　Prandtl は，流体が乱流によって z 軸方向に l だけ輸送されると，平均速度が u から $u+\Delta u$ の層に移動するために，$u'=-l(d\bar{u}/dz)$ であらわされるような u' を生じて運動量の変化をおこすと考えた．ふつう，乱流では壁面付近をのぞいて各方向に一様に乱れているから，$\bar{u}'^2=\bar{w}'^2=\bar{u}'\cdot\bar{w}'$ とおける．一方，Reynolds が乱流に対する剪断応力 τ_t に対して導いた式は，式 (4・1・11) に (−) 符号をつけた

$$\tau_t=-\rho\bar{u}'\cdot\bar{w}'=\rho l\sqrt{\bar{w}'^2}\cdot\frac{d\bar{u}}{dz} \qquad (4\cdot1\cdot12)$$

であらわされる．$u'=-l(d\bar{u}/dz)$，$\bar{u}'^2=\bar{w}'^2=|\bar{u}'\cdot\bar{w}'|$ の関係から $d\bar{u}/dz>0$ のときに $\tau_t>0$，$d\bar{u}/dz<0$ のときに $\tau_t<0$ と区別すると

$$\tau_t=\pm\rho\bar{u}'^2=\rho l^2\left|\frac{d\bar{u}}{dz}\right|\cdot\frac{d\bar{u}}{dz} \qquad (4\cdot1\cdot13)$$

とかきなおせる．上式を Prandtl の運動量輸送 (momentum transfer) の理論式とよぶ．

　(iii) 粗度：　河川における境界摩擦は人工水路などの場合と異なり，境界面が不規則なうえにたえず移動するので複雑な様相を示す．流れに対する境界面の摩擦抵抗は層流の場合に小さく，乱流の場合には大きい．境界面の凸凹の状態を粗度 (roughness) という．粗度が小さく，その影響がすぐに減衰して流れの中心部におよばないような境界面を，水理学的に滑らかな面 (hydraulically smooth surface) といい，逆に粗度が流れに大きく影響する場合に，水理学的に粗な面 (hydraulically rough surface) という．自然河川は後者に属する．乱流状態下では粗度が流れに影響をおよぼす．水深が一定の場合，粗度が大きくなるとそれだけ抵抗による損失が大きくなるから，流速は減少する．エネルギー損失水頭 h_f はこの意味で速度水頭 $v^2/2g$ に比例し，R を径深，l を流下距離，λ を抵抗係数とすると，開水路に対しては

$$h_f=\lambda\frac{l}{4R}\cdot\frac{v^2}{2g} \qquad (4\cdot1\cdot14)$$

であらわされる．λ はレイノルズ数 R_e，相対粗度 (relative roughness) k/R の関数である．k は底面の粗度の高さである．

　式 (4・1・14) は等流の平均流速公式にほかならない．λ は解析的にとけないので，古くからこれを実験的に求めることが試みられてきた．

　平均流速公式：　開水路の流れは3次元的な流れで，しかも乱流であるから，流速についても乱流を特徴づけている速度変動を平均化し，流下方向の速度成分が横断面内で規則的に分布すると仮定しないと理論的展開ができない．そこで，平均流速に関すると

りあつかいは実験式が理論式に先行した．

（ⅰ）実験公式：　断面平均流速を V_m，水面勾配を I，径深を R とすると一般に
$$V_m = C_0 \cdot R^\alpha \cdot I^\beta \tag{4・1・15}$$
の関係がなりたつとされている．C_0 は抵抗をあらわす係数，ベキ指数 α，β は実験定数で古くから種々な値が提唱されてきたが，ここでは，代表的な Chézy 公式と Manning 公式だけをとりあげる．Chézy, A. の公式は
$$V_m = C\sqrt{R \cdot I} \tag{4・1・16}$$
である．C は Chézy 係数で，Chézy は $C=30$ としたが，その後の実験で C は一定常数ではなく，前述の式 (4・1・14) 中の λ に相当することがわかった．Manning 公式は
$$V_m = \frac{1}{n} R^{2/3} \cdot I^{1/2} \text{ (m/sec)}, \quad V_m = \frac{1.486}{n} R^{2/3} \cdot I^{1/2} \text{ (ft/sec)} \tag{4・1・17}$$
であらわされる．n は粗度係数で，自然河川の場合には河床や河岸の状態によってかなり異なり，$0.025 \leqq n \leqq 0.200$ でその決定にはかなりの経験を要する．日本の平野部の河川では，$n=0.030$ 前後の値を採用していることが多い．

式 (4・1・16) は多数の資料に基づく実験公式であるが，理論的にも証明できる[160]．図 4-5 のように流下距離 L，流積 A，潤辺 P，平均水深 h_m，径深 R，勾配 I の区間について，流水の重量による流下方向の力を F_W，摩擦力を F_R として力のつりあいを考えると，$F_W = A \cdot L \cdot \rho \cdot g \cdot I$，$F_R = \tau_0 \cdot L \cdot P$ だから
$$A \cdot L \cdot \rho \cdot g \cdot I = \tau_0 \cdot L \cdot P \tag{4・1・18}$$

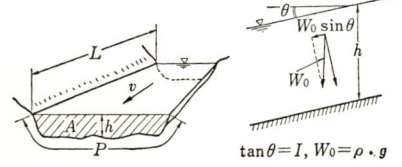

図 4-5　河床における力のつりあい．

とおける．ρ は流体密度，g は重力加速度，τ_0 は河床の単位面積に働く剪断応力で掃流力（tractive force）とよぶ．$\rho \cdot g$ は水の単位重量 W_0 に等しい．Chézy によると
$$\tau_0 = C^2 \cdot V_m^2 \tag{4・1・19}$$
である．式 (4・1・18) と (4・1・19) とから次式をえる．
$$V_m = \frac{1}{C}\sqrt{\frac{A}{P} \cdot \rho \cdot g \cdot I} = \frac{\sqrt{W_0}}{C} \cdot \sqrt{R \cdot I} \tag{4・1・20}$$
上式で $\sqrt{W_0}/C = C$ とおけば式 (4・1・16) となる．式 (4・1・19) から
$$\tau_0 = \frac{A}{P} \cdot \rho \cdot g \cdot I = W_0 \cdot R \cdot I \tag{4・1・21}$$

である．P が十分に大きいときには $R \fallingdotseq h_m$ であるから

$$\tau_0 \fallingdotseq W_0 \cdot h_m \cdot I \quad \text{または} \quad \tau_0 = \rho \cdot g \cdot h_m \cdot I \tag{4・1・22}$$

とかける．

(ii) 理論公式： 以上にのべた実験公式は指数形であらわしたものであるが，以下にのべる理論式は対数公式とよばれている．式 (4・1・13) で l が壁面からの距離 z に比例すると仮定して，$l = \kappa z$ とかきあらわすと，式 (4・1・13) は

$$\tau_t = \rho \cdot \kappa^2 \cdot z^2 \left(\frac{d\bar{u}}{dz}\right)^2 \tag{4・1・23}$$

とかきなおせる．底面付近の剪断力 τ_0 が τ_t に等しいと仮定し，$d\bar{u}/dz$ についてとけば

$$\frac{d\bar{u}}{dz} = \frac{1}{\kappa}\sqrt{\frac{\tau_0}{\rho}} \cdot \frac{1}{z} \tag{4・1・24}$$

となる．$\sqrt{\tau_0/\rho}$ は速さの次元をもつので，摩擦速度 (friction velocity) または剪断速度 (shear velocity) とよび，U_* であらわす．

$$U_* = \sqrt{\frac{\tau_0}{\rho}} = \sqrt{g \cdot R \cdot I} \tag{4・1・25}$$

である．式 (4・1・24) を積分して $z = z_0$ で $\bar{u} = 0$ とすると

$$\bar{u} = \frac{1}{\kappa} U_* \log_e \frac{z}{z_0} = \frac{2.3}{\kappa} U_* \log_{10} \frac{z}{z_0} \tag{4・1・26}$$

をえる．上式は，Prandtl と Kármán, v, Th. がべつべつに導いた流速の対数分布公式である．κ は Kármán 常数で，実験的に 0.4 をあたえたときに適合することがわかっている．積分定数 z_0 は底面の粗度 k，底面剪断力 τ_0，流体の密度 ρ および動粘性係数 ν の関数である．

Keulegan, G. H. は理論的考察により，式 (4・1・26) から開水路の乱流に対する平均流速公式を導いた[157]．

$$\frac{\bar{u}}{U_*} = 6.25 + 5.75 \log_{10} \frac{R}{k_s} \quad \text{（水理学的粗面）} \tag{4・1・27}$$

$$\frac{\bar{u}}{U_*} = 3.25 + 5.75 \log_{10} \frac{R \cdot U_*}{\nu} \quad \text{（水理学的滑面）} \tag{4・1・28}$$

式 (4・1・27), (4・1・28) 中の右辺第1項の定数は Bazin, H. E. のデータから採用したものであるが，フルード数 F_r に比例して増大する．k_s は相当粗度 (equivalent roughness) で河床の粗度の高さの平均値，R は径深，ν は動粘性係数である．

1-4 開水路の流れの基礎方程式

自然河川の流れは不定流であるが，とりあつかいを簡単にするために，近似的に等流・不等流とみなすことがある．それぞれの流れの基礎方程式を以下に記す．

等流の基礎式　等流の運動方程式として，式 (4・1・8) から

$$\frac{d}{dx}\left(\frac{v^2}{2g}\right) - I = 0 \tag{4・1・29}$$

をえる．式 (4・1・14)，(4・1・15) も等流の運動方程式である．

また，等流の定義から連続方程式として

$$A \cdot v = Q = \text{const} \tag{4・1・30}$$

がなりたつ．

不等流の基礎式　自然河川で河床が水理学的に滑らかな場合はまれなので，粗面に対する式 (4・1・27) を適用する．式 (4・1・16) と (4・1・25) とから $V_m = \bar{u}$ として

$$\frac{\bar{u}}{U_*} = \frac{C}{\sqrt{g}} \tag{4・1・31}$$

をえる．この関係を式 (4・1・27) に代入すると，Chézy 係数 C は

$$C = 32.6 \log_{10} \frac{12.2R}{k_s} \tag{4・1・32}$$

とあらわせる．式 (4・1・14) で $h_f/l = I$ とおき，式 (4・1・16) の両辺を2乗して λ についてとき，これを f とかきかえると

$$f = \frac{8g}{C^2} \tag{4・1・33}$$

をえる．f を摩擦損失係数という．式 (4・1・7) に式 (4・1・14) の摩擦損失の項を加えて

$$z_1 + h_1 + \frac{\alpha v_1^2}{2g} = \left(z_1 + h_1 + \frac{\alpha v_1^2}{2g}\right) + \frac{d}{dx}\left(z + h + \frac{\alpha v^2}{2g}\right)dx + \lambda \frac{dx}{4R} \cdot \frac{v^2}{2g} \tag{4・1・34}$$

とする．α は，等流でないための流速の補正係数である．式 (4・1・34) に $dz/dx = -i$，λ のかわりに式 (4・1・33) の f の値を代入し，式 (4・1・30) を用いてかきあらためると次式をえる．

$$-i + \frac{dh}{dx} + \frac{\alpha Q^2}{2g} \cdot \frac{d}{dx}\left(\frac{1}{A^2}\right) + \frac{1}{C^2 R}\left(\frac{Q}{A}\right)^2 = 0 \tag{4・1・35}$$

式中 i は河床勾配で，$i - dh/dx = I$ は水面勾配をあらわす（図 4-6）．左辺第3項は運動エネルギーの勾配，第4項は単位長さあたりの摩擦によるエネルギー損失である．したがって，エネルギー勾配 I_e は次式で定義される勾配である．

1. 河川の水理

$$I_e = i - \frac{dh}{dx} - \frac{\alpha Q^2}{2g} \cdot \frac{d}{dx}\left(\frac{1}{A^2}\right)$$
(4・1・36)

流積 A を水面幅 B と水深 h の関数として次式であらわす.

$$\frac{d}{dx}\left(\frac{1}{A^2}\right) = -\frac{2}{A^3} \cdot \frac{dA}{dx}$$

$$= -\frac{2}{A^3}\left(\frac{\partial A}{\partial h} \cdot \frac{dh}{dx} + \frac{\partial A}{\partial B} \cdot \frac{dB}{dx}\right)$$
(4・1・37)

上式を式 (4・1・35) へ代入して

$$\frac{dh}{dx} = \left\{ i + \frac{\alpha Q^2}{gA^3} \cdot \frac{\partial A}{\partial B} \cdot \frac{\partial B}{\partial x} \right.$$

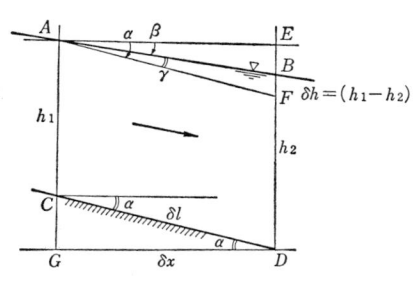

$$\left. - \frac{1}{C^2 R}\left(\frac{Q}{A}\right)^2 \right\} \bigg/ \left(1 - \frac{\alpha Q^2}{gA^3} \cdot \frac{\partial A}{\partial h}\right)$$
(4・1・38)

$\angle EAF = \angle CDG = \alpha$, $\angle EAB = \beta$, $\angle BAF = \gamma$
$\tan\alpha = -i$, $\tan\beta = -I$, $\tan\gamma \fallingdotseq -\dfrac{\delta h}{\delta l}$
$\tan\beta = \tan(\alpha - \gamma)$
$ = \dfrac{\tan\alpha - \tan\gamma}{1 + \tan\alpha \cdot \tan\gamma}$
$ \fallingdotseq \tan\alpha - \tan\gamma$

図 4-6 河床勾配と水面勾配[154]．

となる. 水面幅が一定 ($dB/dx = 0$) のときには

$$\frac{dh}{dx} = \left\{ i - \frac{1}{C^2 R}\left(\frac{Q}{A}\right)^2 \right\} \bigg/ \left(1 - \frac{\alpha Q^2}{gA^3} \cdot \frac{\partial A}{\partial h}\right)$$
(4・1・39)

である. 式 (4・1・38), (4・1・39) は開水路不等流の運動方程式である. 摩擦抵抗に Manning 公式 (式 4・1・17) を用いた場合には, 式 (4・1・38) に $C = R^{1/6}/n$ を代入して次式をえる.

$$\frac{1}{2g}\frac{\partial v^2}{\partial x} = i - \frac{\partial h}{\partial x} - \frac{n^2 v^2}{R^{4/3}} = i - \frac{\partial h}{\partial x} - \frac{U_*^2}{gR}$$
(4・1・40)

式 (4・1・34) の右辺第3項を微少区間について dh_f とおくと

$$-\frac{dz}{dx} \cdot dx - \frac{dh}{dx} \cdot dx = \frac{d}{dx}\left(\alpha \cdot \frac{v^2}{2g}\right)dx + dh_f$$
(4・1・41)

とかける. 両辺を dx でわって $dz/dx = -i$ とおくと, $I = i - dh/dx$ だから

$$I = i - \frac{dh}{dx} = \frac{d}{dx}\left(\frac{\alpha v^2}{2g}\right) + \frac{dh_f}{dx}$$
(4・1・42)

をえる. 上式も不等流の運動方程式である.

つぎに, 開水路の断面1と2における流積を A_1, A_2, 流速を v_1, v_2 とすると, 流量 Q は一定だから

$$A_1 v_1 = A_2 v_2 = Q$$
(4・1・43)

である．微少距離 dx について微分すると

$$v\frac{dA}{dx}+A\frac{dv}{dx}=0 \quad \text{または} \quad \frac{dQ}{dx}=0 \tag{4・1・44}$$

となる．式（4・1・43），（4・1・44）は不等流の連続式である．

不定流の基礎式　前述のように，不定流は等流になりえないから水理量は距離と時間の関数形となり，偏微分記号を用いなければならない．定流の場合には，式（4・1・41）から微少区間について次式が成立する（α は省略してある）．

$$-\delta h-\delta z=\delta\left(\frac{v^2}{2g}\right)+\delta h_f \tag{4・1・45}$$

河床ぞいにとった微少区間 δl における速度水頭の変化 $\delta(v^2/2g)$ は l と時間 t との関数形であるから，不定流の場合には

$$\delta\left(\frac{v^2}{2g}\right)=\frac{\partial}{\partial l}\left(\frac{v^2}{2g}\right)\delta l+\frac{\partial}{\partial t}\left(\frac{v^2}{2g}\right)\delta t \tag{4・1・46}$$

でなければならない．右辺第2項をかきなおすと

$$\frac{\partial}{\partial t}\left(\frac{v^2}{2g}\right)\delta t=\frac{\partial}{\partial t}\left(\frac{v^2}{2g}\right)\frac{\delta t}{\delta l}\delta l=\frac{1}{2g}\cdot\frac{\partial v^2}{\partial v}\cdot\frac{\partial v}{\partial t}\cdot\frac{1}{v}\delta l=\frac{1}{g}\cdot\frac{\partial v}{\partial t}\delta l \tag{4・1・47}$$

をえる．式（4・1・46）と（4・1・47）の関係から，式（4・1・45）は

$$-\delta h-\delta z=\frac{\partial}{\partial l}\left(\frac{v^2}{2g}\right)\delta l+\frac{1}{g}\cdot\frac{\partial v}{\partial t}\delta l+\delta h_f \tag{4・1・48}$$

となり，上式の両辺を δl でわって偏微分記号にかきかえると

$$-\frac{\partial h}{\partial l}-\frac{\partial z}{\partial l}=\frac{\partial}{\partial l}\left(\frac{v^2}{2g}\right)+\frac{1}{g}\frac{\partial v}{\partial t}+\frac{\partial h_f}{\partial l} \tag{4・1・49}$$

をえる．河床勾配 $i=\tan\theta$ とすると，$\partial l=\partial x/\cos\theta$ であるから

$$-\frac{\partial h}{\partial x}-\frac{\partial z}{\partial x}=\frac{\partial}{\partial x}\left(\frac{v^2}{2g}\right)+\frac{1}{g\cos\theta}\cdot\frac{\partial v}{\partial t}+\frac{\partial h_f}{\partial x} \tag{4・1・50}$$

とかける．θ が小さく $\cos\theta\fallingdotseq 1$ とおける場合には，上式の右辺第2項は $(1/g)\cdot(\partial v/\partial t)$ となる．式（4・1・42）の $I=i-dh/dx$ の関係から式（4・1・50）を

$$I=i-\frac{\partial h}{\partial x}=\frac{\partial}{\partial x}\left(\frac{v^2}{2g}\right)+\frac{1}{g}\frac{\partial v}{\partial t}+\frac{\partial h_f}{\partial x} \tag{4・1・51}$$

とあらわせる．式（4・1・35）から $h_f=v^2/C^2R$ であるから

$$I=i-\frac{\partial h}{\partial x}=\frac{\partial}{\partial x}\left(\frac{v^2}{2g}\right)+\frac{1}{g}\frac{\partial v}{\partial t}+\frac{v^2}{C^2R}, \quad C=\frac{k^{1/6}}{n} \tag{4・1・52}$$

とかくこともできる．式（4・1・51）と（4・1・52）は，不定流の運動方程式である．両式

1. 河川の水理

は、不等流の運動方程式 (4・1・42) に非定常項 $(1/g)\cdot(\partial v/\partial t)$ が加わった形になっている。また、エネルギー勾配 I_e についても式 (4・1・36) に同じような非定常項が加わり，

$$I_e = i - \frac{\partial h}{\partial x} - \frac{\partial}{\partial x}\left(\frac{v^2}{2g}\right) - \frac{1}{g}\frac{\partial v}{\partial t}, \qquad v = C\sqrt{R \cdot I_e} \qquad (4\cdot1\cdot53)$$

であらわされる。

つぎに、不定流の連続式について簡単に考えるために、流下方向の微少距離 dl が dx に等しいような勾配の小さな水路の断面をとり、図 4-7 のように dx だけ離れた断面 I

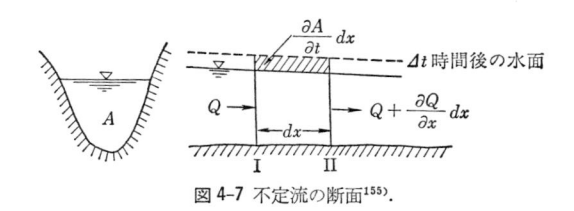

図 4-7 不定流の断面[155].

と II との間に流量の連続の法則を適用する。断面 I からの流入量を $Q(=Av)$ とすると、断面 II からの流出量は $Q+(\partial Q/\partial x)dx$ であり、両者の差 $Q-\{Q+(\partial Q/\partial x)\cdot dx\} = -(\partial Q/\partial x)dx$ が断面間に単位時間に貯留される量である。一方、断面積も単位時間に $\partial A/\partial t$ だけ変化するから、単位時間に dx の区間に貯留された量は $(\partial A/\partial t)\cdot dx$ である。質量不変の法則からこの両者を等しいとおけば

$$\frac{\partial A}{\partial t} + \frac{\partial Q}{\partial x} = 0 \quad \text{または} \quad \frac{\partial A}{\partial t} + \frac{\partial(Av)}{\partial x} = 0 \qquad (4\cdot1\cdot54)$$

である。上式は不定流の連続式である。

以上のように、流れの基礎方程式にはいろいろな導きかたがあるが、流れの性質をあらわすには運動方程式と連続方程式とがそれぞれ一つあれば十分である。

1-5 堆積粒子の基本的性質

これまでは、地表面に作用をおよぼす側の流水に関する基本的原理を紹介した。作用をうける側の河床構成物質 (bed material) は、種々な大きさ・形・比重・岩石学的種類からなる堆積粒子 (sediment particle) の集合体である。これらの粒子がもつ、集合体としての統計的性質については本章 §5-3 でものべるが、記述の都合で、粒子の大きさとその頻度分布、粒子の沈降速度だけをさきに説明しておく。

粒径 堆積粒子の集合体を堆積物 (sediments) という．堆積物の集合特性のうちでもっとも重要な指標は，粒子の大きさである．ふつうは粒子を回転楕円体で近似させ，その長径 a，中径 b，短径 c を計測し，それらの値から算出した粒子の体積と等体積の球の直径を名目直径 (nominal diameter)[161]，同じ比重で同じ沈降速度をもつような球の直径を等価直径 (equivalent または sedimentation diameter) とよぶ[162]．水流と粒子との力学的関係を考察するには，上記のような指標を用いるべきであろうが，堆積学では現場で測定する場合に長径 a，または中径 b をもって大きさを代表させた例が多い．一般に粒径といえば，砂礫などでは篩いの通過直径，すなわち中径をさす．本書でもとくにことわらないかぎり，粒径とは中径を意味する．

表 4-2 粒径の区分基準[162]

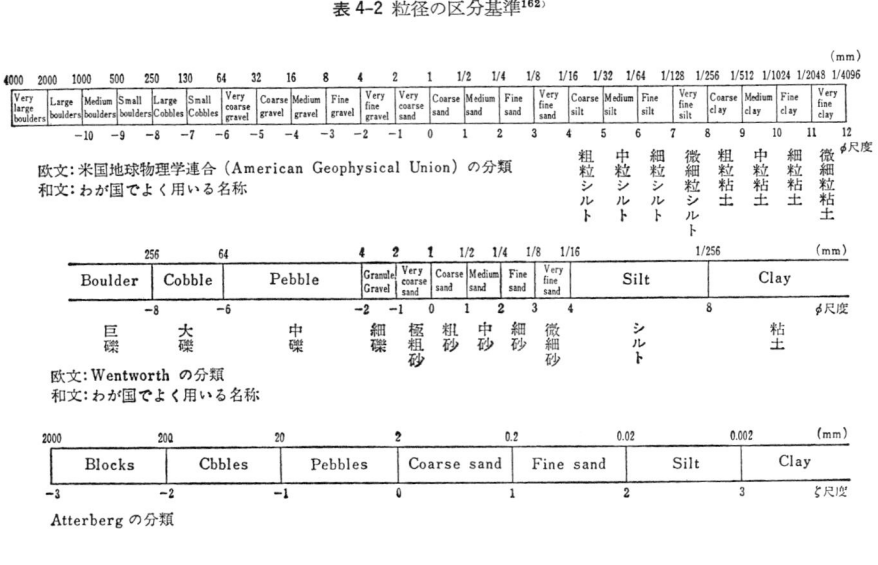

ひとくちに堆積物といっても，その大きさは千差万別であるから，これを粒径によって分類する試みが古くからあった．現在でも，何種類かの分類基準が並行して用いられているが，ここではその代表的なものを表4-2にまとめた[162]．米国の地球物理学連合で採択した分類基準[161]は，Wentworth, C. K.[163] の提唱した分類基準を細分したものである．ヨーロッパでは，Atterberg の分類基準[162]も普及しているようである．表4-2の上の二つは，2^n に相当する粒径で区分していることがわかる．これは，Krumbein,

1. 河川の水理

W. C. [164] が提唱した ϕ 尺度 (phi scale) に基づくもので，堆積物の粒径 d (mm) を

$$-\phi = \log_2 d \qquad (4\cdot1\cdot55)$$

であらわしたものである．図4-8は ϕ と d との関係を示す．一方，Atterberg の分類基準（ζ 尺度）も次式であらわされる[165]．

$$\zeta = \log_{10} 2 - \log_{10} d \qquad (4\cdot1\cdot56)$$

粒度分布 実際の河床堆積物は種々な粒径の粒子を含み，その大きさの分布範囲も広い．個々の粒子について悉階調査をおこなえるわけではないから，無限に近い個数の母集団からサンプリング（sampling）調査をおこなわざるをえないが，堆積物の試料のとりかたについては谷津栄寿[166]，寿円晋吾[167] をはじめ多くの研究があるので，それらの文献[168〜172] を参照されたい．

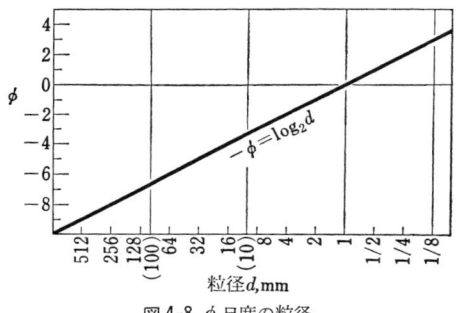

図4-8 ϕ 尺度の粒径．

採取した試料を粒径によって適当な粒径階級または粒度（size class）に区分し，各階級に属する堆積物の重量を測って，試料総重量に対する重量百分率であらわす方法がいちばん簡単である．粒度としては，ϕ 尺度を用いたほうが粒径範囲の広い場合にも表現しやすい利点がある．図4-9（A）は，粒度ごとの重量百分率のヒストグラムを平滑化してえた，粒径頻度曲線（size frequency curve）である．このままでは，頻度分布をあらわす説明図としての意義しかないので，各粒度ごとの重量%を積算して図4-9（B）のような粒度積算曲線*）（accumulated または cumulative curve）を作成する．

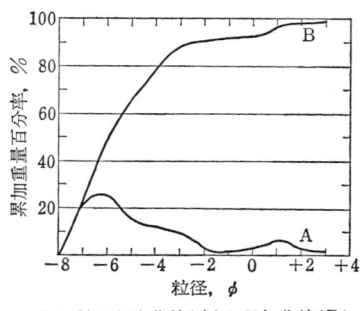

図4-9（B）で縦軸はある粒径以上の累加重量百分率を，横軸は粒径（ϕ 単位）をあらわしている．堆積物を篩いわける際には粗粒のものから重量%がきまるから，以後，累加重量百分率はつねに粗粒のほうから積算した値とし，粒度

図4-9 粒径頻度曲線(A)と累加曲線(B)．

*）いろいろなよびかたがある．粒度累加百分率曲線とよぶのが至当であろう．

積算曲線を累加曲線と略称する．累加曲線があれば，頻度曲線を作図によってえがける[170]．

重量を簡単に測れないような粗粒の礫が多い場合には，Wolman[171] が提唱したように，一定面積内の方眼交点から礫をひろって個数比であらわす方法や，これを修正した Leopold[172] の方法がある．

累加曲線から堆積物の種々な統計的特性値を求めることができる．累加曲線と頻度曲線を粒度分布曲線（size distribution curve）という．

（i）中央粒径： 累加曲線上で，累加重量百分率 $p=50\%$ に対応する粒径を中央粒径（median diameter）とよび，d_{50} (mm) であらわす．ϕ 尺度では median ϕ とよび Md ϕ であらわす．

（ii）平均粒径： 累加曲線と座標軸に囲まれた面積を2等分するような粒径の値を平均粒径（mean diameter）といい

$$d_m = \sum_{P=0}^{100} d \cdot \Delta P / \sum_{P=0}^{100} \Delta P \qquad (4 \cdot 1 \cdot 57)$$

であらわす．ΔP は粒径 d (mm) のしめる重量百分率である．ϕ 尺度では Inman, D. L.[173] の定義した次式を用いて，Mϕ（mean phi）を簡単に求めることができる．

$$M\phi = \frac{1}{2}(\phi_{84} + \phi_{16}) \qquad (4 \cdot 1 \cdot 58)$$

ここで ϕ_{84}, ϕ_{16} はそれぞれ $P=84\%$, 16% の ϕ の値である．Folk & Ward[174] は，上式が正規分布の場合はとも角として，非対称分布や双峰分布形の粒径頻度曲線に適合しないとして次式を提案した．

$$M\phi = \frac{1}{3}(\phi_{16} + \phi_{50} + \phi_{84}) \qquad (4 \cdot 1 \cdot 59)$$

一般に，Md ϕ は M ϕ より小さい傾向があり，正規分布以外は Md ϕ と M ϕ とは一致しない．Folk[174] らは粒度分布の中心的傾向（central tendency）をあらわす値として，Md ϕ は不適当であるとの結論をえている．その他の2次以上のモーメントについては，本章§5-3でのべる．

沈降速度　固体粒子が流体中を重力にしたがって沈む場合に，粒子は流体の摩擦抗力 F_D が推進力 F_i につりあうまで加速され，その後は一定の速さ，すなわち終末沈降速度[*]（terminal settling velocity）v_s に達すると Newton は考えた[175]．抗力係数を C_D とすると，F_D は

---

[*] 一般に沈降速度という．

1. 河川の水理

$$F_D = \frac{1}{2} C_D \cdot \alpha d^2 \cdot \rho \cdot v_s^2 \qquad (4\cdot1\cdot60)$$

である．d は粒子直径，ρ は流体密度，αd^2 は粒子の運動方向の投影面積である．推進力 F_i は，重力と浮力の差として次式であらわす．

$$F_i = \beta(\sigma - \rho)gd^3 \qquad (4\cdot1\cdot61)$$

βd^3 は粒子の体積，σ は粒子の密度，g は重力加速度である．F_i と F_D とを等しいとおいて，v_s についてあらわすと

$$v_s = \sqrt{\frac{2}{C_D} \cdot \frac{\beta}{\alpha} \cdot \frac{\sigma - \rho}{\rho} gd} \qquad (4\cdot1\cdot62)$$

となる．図 4-10 は，石英粒子の粒径 d と沈降速度 v_s との関係をあらわす[175]．細粒の粒子に対する沈降曲線が二つにわかれているのは，流体の粘性の影響をうけて水温により沈降速度が異なるためである．粗粒の粒子は慣性のみによって沈降し，その場合に $C_D = 1/2$ で，球形粒子に対しては $\beta/\alpha = 2/3$ だから，式 (4・1・62) から慣性による沈降速度は

$$v_s = \sqrt{\frac{8g}{3} \cdot \frac{\sigma - \rho}{\rho} gd} \qquad (4\cdot1\cdot63)$$

である．粘性による沈降の場合には，C_D は Newton が仮定したような定数ではなく，

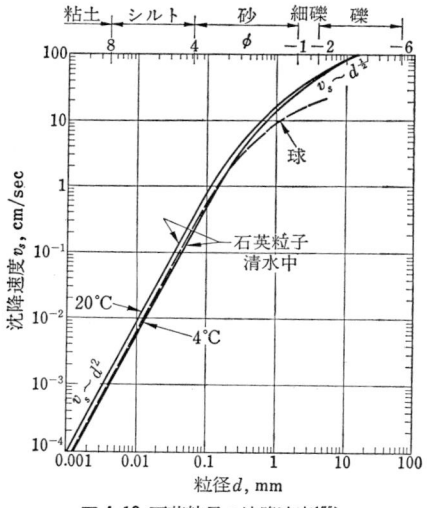

図 4-10 石英粒子の沈降速度[175]．

$$C_D = \frac{24}{R_e}, \qquad R_e = \frac{v_s \cdot d \cdot \rho}{\mu} \qquad (4\cdot1\cdot64)$$

である．R_e はレイノルズ数，μ は粘性係数である．上式を式 (4・1・62) へ代入して

$$v_s = \frac{1}{18} \frac{\sigma - \rho}{\mu} gd^2 \qquad (4\cdot1\cdot65)$$

をえる．上式が有名な Stokes の沈降速度の公式である．粘性による沈降領域では，式 (4・1・60) の抵抗法則も球形粒子に対して

$$F_D' = 3\pi \mu v_s d \qquad (4\cdot1\cdot66)$$

となる.上式は,Stokes が 1851 年に導いた抵抗法則式である[176].式 (4・1・65), (4・1・66) がなりたつのは $R_e < 1$ の範囲である.

図 4-10 は,粒径 d によって沈降速度 v_s がかわることを示している.この性質を利用して,細粒の堆積粒子の沈降速度から粒子の粒径を分類できる.この方法を沈降法という.沈降速度には粒径,粒子および水の比重・水温(粘性係数)・重力加速度のほかに,粒子形状・境界面の影響・粒子相互の干渉効果などが影響をあたえる.Stokes 公式は,静水中を沈降する球形粒子に対して導いたもので,乱流状態下では乱れの強度が大になると v_s は静水中の場合よりも小さくなる[177].

Stokes 以後の沈降速度および抵抗法則に関する理論的研究については,Lamb, H.[176] の著書にくわしい紹介がある.とくに粒子の形状が沈降速度におよぼす影響については,多数の理論的研究のほかに McNown & Malaika[178],鶴見一之[179],久宝 保[180] などの実験的研究があるが,いずれも規則的形状粒子を対象としてレイノルズ数の小さい粘性領域をとりあつかったものである.吉良八郎[181]は,形状が不規則で慣性領域にはいるような粗粒の砂礫粒子の沈降速度を実験的に検討し,名目直径 d_n と細長率 E_l が沈降速度 v_s ととくに高い相関を示すとして

$$v_s = 15.0 \, d_n^{1/2} \cdot E_l^{-1/3}, \qquad v_s (\text{cm/sec}),\ d_n (\text{mm}) \qquad (4・1・67)$$

の実験的関係式を導いた.$d_n = \sqrt[3]{abc},\ E_l = a/c$ である.

堆積学的見地からは,粗粒の粒子の沈降速度も知る必要がある.Rubey, W. W.[182] は粗粒の場合も考慮にいれて,半理論的に次式を導いた.

$$v_s = \frac{2\rho}{d}\left(\frac{d^3}{6}\rho(\sigma-\rho)g + 9\mu^2 + 3\mu\right)^{1/2} \qquad (4・1・68)$$

式中の μ は水の粘性係数,$\sigma,\ \rho$ は粒子および水の密度,g は重力加速度,d は粒径である.上式は $C_D = (24/R_e) + 2$ としたものである.

2. 河川の侵食作用

2-1 侵食作用の種類と侵食限界

地表面を構成している物質を,原位置から移動・除去するという意味で,広義の侵食作用は運搬作用を含めて考慮すべき性質のものである.しかし,ここでは狭義の侵食作用にかぎり,運搬の過程にはいるまでの段階を主題とする.

侵食作用の種類 河川の侵食作用は大別して,化学的侵食作用と物理的または機械

2. 河川の侵食作用

的侵食作用とにわかれる.

　化学的侵食とは，流水と地表面構成物質との間におこなわれる化学反応の結果生じた，すべての化学的変化のプロセスを指していい，流水が異物質を溶解して除去するので溶食（corrosion）とよぶ．河水中には，多量の溶存成分が含まれている．これはおもに地下水の供給によるもので，接触時間の短い河床や河岸における溶食は，一般に微々たるものである[183]．石灰岩地域では溶食がさかんであるが，それでも地表流よりは地下水による溶食がカルスト（karst）地形を生じる主因である．

　このようなわけで，流水の侵食作用は大部分が物理的におこなわれる．物理的侵食には種々な分類がある．もっとも一般的なのは削磨（corrasion）で，流水の運ぶ岩屑粒子の衝突あるいは磨耗によって，河床や河岸を削りとる作用をいう．この結果，河床に露出する岩盤や河床礫の表面はスムースになり，円みをおびる．

　岩盤が渦流によって削磨をうけ，ポットホール（pot hole）を生ずるような場合にイボーション（evorsion）ということがある[184,185]．岩屑をともなわずに，水流の衝撃のみによる物理的侵食をハイドローリッキング（hydraulicking）とよび[186]，未凝固の堆積物からなるところでよくみかける．

　これと似た空洞現象またはキャビテーション（cavitation）は，局地的な圧力が大気圧より低くなったときに生じ，この空洞が圧し潰されるときに衝撃波を発生してダムの放水管やタービン翼を破壊する[187]．このため水理学的には重視されているが，自然河川では滝や早瀬などの極端に流速の大のところでのみおこりうる，まれな現象である．空洞現象の発生に必要な流速は，Hjulström[188]によると $14.3\,\mathrm{m/sec}$ 以上である．

　以上のような流水による物理的侵食作用の総称として，洗掘（scour）という語を用いることもある．最近では，とくに非凝集性物質からなる河床の侵食をさして用いる傾向がある．

　河川の侵食作用がおよぶ方向によって，下刻（deepening）または下方侵食（downward erosion）と側刻（lateral cutting）または側方侵食（lateral erosion）とにわけることがある．下刻は河床を低下させ，側刻は河岸や谷壁を侵食して谷幅を拡大するという記述は地形学書でよくみうける表現であるが，誤解を生じやすい．谷幅の拡大は側刻のみに起因するものではなく，斜面風化物質の下方への移動と，これを流水が下刻しながら運搬除去した結果である[189]ことを明記する必要がある．側方侵食は，水面と平行方向というよりは斜め下方に働くのであって，海食と異なり，ノッチ（notch）を生ず

ることはない．大川（阿賀野川水系）の塔のへつりは，差別侵食によって生じたものである．

　河床における物理的侵食の速さは，流水のもつ自由エネルギーと流水が含む砂礫の量に比例し，河床構成物質の受食性（erodibility）によっても異なる．河床が硬い岩盤からなる場合の侵食は緩慢で，可視的変化をおこすほうがめずらしい．噴出年代のわかっている熔岩流中を流れる川の河床低下量から推定した例でも，その下刻速度は年間数cm程度[183]であるが，軟弱物質からなる場合にはオーダーが一桁大きい．たとえば，1912年のアラスカのKatmai火山の噴火により河谷を埋めた火山灰を，Urak川はその後40年間に10〜40ftも下刻したという記録がある[190]．

　河床や河岸が砂礫などの非凝集性物質からなる場合の侵食については，流水のエネルギーと固体粒子との力学的関係として古くから論議されてきた．しかし，河床が砂礫からなる，いわゆる移動床（movable bed）の場合の力学的関係は複雑で，いまだに理論的完成をみていない．この事実は，それだけ問題の困難さを象徴している．

　侵食限界　流水が，河床や河岸を構成する非凝集性粒子を侵食するのに必要な最小限の力をもったときに侵食限界に達したという．この限界をこえて流水の力が作用すると，侵食がはじまる．

　侵食限界は，粒子を動かそうとする流体の力と，それに抵抗する粒子との間の力学的なつりあいのうえになりたっている．この流体の力の限界値としては，つぎの3種類のものが考えられてきた[191]．

（ⅰ）限界侵食流速（critical erosion velocity）：　粒子への流体の衝突を考慮したもの．

（ⅱ）限界掃流力（critical tractive force）：　流れの粒子に対する摩擦抗力を考えたもの．

（ⅲ）限界揚力（critical lift force）：　流体の速度勾配による圧力差を考えたもの．

　これらの侵食限界をあらわす指標を洗掘限界基準（scour criterion）という．以下（ⅰ）〜（ⅲ）の順にのべていく．

2-2　限界侵食流速

　限界侵食流速の理論　粒子に作用する流体の力，すなわち抗力（drag）F_Dを粒子の移動に抵抗しようとする摩擦力（frictional force）F_fに等しいとお

くと，つりあいの方程式をえる．

$$\zeta \cdot \rho \cdot g \cdot \pi r^2 \frac{v_c^2}{2g} = \phi(\sigma-\rho)g\frac{4}{3}\pi r^3 \qquad (4\cdot2\cdot1)$$

式中，ζ は粒子の形状係数，ρ, σ はそれぞれ水および粒子の密度，r は粒子の半径，v_c は限界侵食流速，g は重力加速度，ϕ は摩擦係数である．式 (4·2·1) を v_c^2 について解くと，球の場合に $\zeta=0.79$, $\phi=1.0$ として次式をえる．

$$v_c^2 = \frac{8g}{3}\frac{\phi(\sigma-\rho)}{\zeta\cdot\rho}\cdot r = 33.1\left(\frac{\sigma}{\rho}-1\right)r \qquad (4\cdot2\cdot2)$$

粒子の形状が球以外の場合には，ζ の値が異なるだけで上式の基本形はかわらない．粒子の重量を W として，式 (4·2·2) から v_c について

$$v_c = K_1\cdot\sqrt{r} = K_1'\cdot W^{1/6} \qquad (4\cdot2\cdot3)$$

とかきあらわす．K_1, K_1' は比例定数である．上式は Brahms, A. が提唱した流速の6乗法則[192]の公式にほかならない．

限界侵食流速の実験公式　19世紀末ころまでの限界侵食流速に関する公式や実験値については，Penck, A.[193] の著書にまとめてあり，かなり古くからこの問題が関心を集めていたことがわかる．当時の公式中には，式 (4·2·3) と同形の表現がある．実験値については，粒子の大きさを粘土・砂・くるみの実大の石といった，定性的表現しかしてないものもある．Forchheimer, P. は底流速 (bottom velocity) の限界侵食流速 $(v_b)_c$ を用いて

$$(v_b)_c = K_2\sqrt{d} \qquad (\text{m/sec}) \qquad (4\cdot2\cdot4)$$

とした[192]．d は粒子の直径，K_2 は種々の実験値を平均してほぼ4.0ときめている．

Fortier & Scobey[194] は，人工水路の許容限界流速 (permssible velocity) について広汎な研究をおこなった．そして彼らは，コロイドが粘土・シルト・砂などをセメントして凝集力を高め，侵食に対する抵抗を増大させることや，河床物質をはじめに動かすのに必要な流速はいったん移動をはじめた粒子を持続させるのに必要な流速より大きいことなどを指摘した．Lane[195] も同様な結論をえており，移動開始時に要する掃流力は，その運動を維持するのに要する掃流力の約2.6倍であると報告している．

Hjulström[188] は底流速を正確に測りにくいとして，平均流速と粒径との関

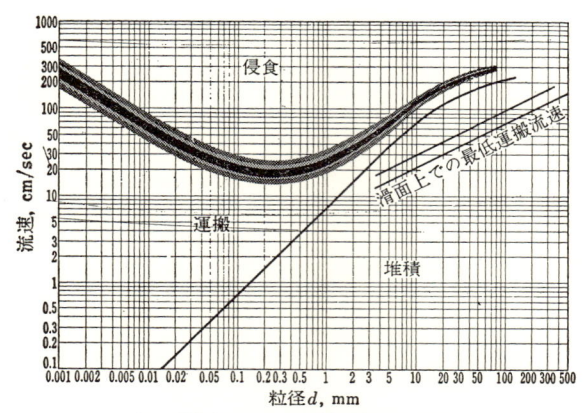

図 4-11 Hjulström の限界侵食流速曲線[188].

係を調べて図 4-11 を作成した．この図は，後に Hjulström の限界侵食流速曲線図とよばれ，かなり普及した．この図には，土砂粒子の移動限界および堆積と運搬との境界線が記入されている．注意を要するのは，限界侵食流速 v_c が粒径 d と単純な比例関係にはない点である．v_c は d が 0.1～0.5 mm の間で極小値をとり，それより細粒の d に対しては v_c がかえって増大する．つまり，砂のほうが粘土やシルトより動きやすいことをあらわし，粘着力や凝集力のある細粒物質はそれだけ侵食されにくいことをあらわす．

もっとも不安定な粒子の大きさについては諸説[188,196,197]があって一定しないが，0.3～0.5 mm 付近にあることは確かである．Helley, E. J.[198] は野外調査の結果，Hjulström の図[188] が $d=33$ cm の礫についても適用できることを報告している．

最近，Neill, C. R.[199] は限界侵食流速公式として，底流速よりも平均流速を用いて次式を提案した．

$$\bar{v}_c^2/(\sigma/\rho-1)gd = 2.50(d/D)^{-0.20} \quad \text{(cm/sec)} \quad (4\cdot2\cdot5)$$

式中，$\bar{v}_c$ は平均流速の限界侵食流速，d は粒径，D は平均水深，他の記号は式 (4・2・1) と同じである．

限界侵食流速に関しては多くの公式が提唱されてきたが[191]，理論式・実験式を問わず，あいまいな点を残している．とくに，底流速が河床上のどの辺の高さの流速をさすのか，また平均流速とどのような関係にあるのかといった点

表 4-3 限界掃流力公式

提唱者	発表年	式　形
Schoklitsch, A.[191]	1914	$\tau_c = \sqrt{0.201\gamma_w(\gamma_s-\gamma_w)\zeta d^3}$,　　ζ：形状係数　τ_c (kg/m²)
Kramer, H.[201]	1935	式 (4・2・6)
Tiffany & Bentzel[202]	1935	$\tau_c = 29\sqrt{\dfrac{d_m(\gamma_s-\gamma_w)}{M}}$　　M：均等係数　τ_c (g/m²)
Krey, H. D.[191]	1935	$\tau_c = \dfrac{1}{13}(\sigma/\rho-1)d$,　　τ_c (kg/m²)
U. S. W. E. S.[203]	1935	$\tau_c = 0.00595\sqrt{(\sigma/\rho-1)\dfrac{d}{M}}$,　　τ_c (lbs/ft²)
Shields, A.[208]	1936	式 (4・2・7)
Indri, E.[203]	1936	$\tau_c = 13.3\dfrac{d}{M}(\sigma/\rho-1)+12.16$,　　τ_c (g/m²) 　　$=54.85\dfrac{d}{M}(\sigma/\rho-1)-78.48$,
Chang, Y. L.[204]	1939	$\tau_c = 0.00450(\sigma/\rho-1)\dfrac{d}{M}$,　　τ_c (lbs/ft²) 　　$=0.00635\sqrt{(\sigma/\rho-1)\dfrac{d}{M}}$,
安芸・佐藤[205]	1939	$\tau_c = 55.7(\sigma/\rho-1)\lambda d_m$,　　$\lambda = \sum\limits_{P=0}^{P=P_m} d \cdot \Delta P / \sum\limits_{P=P_m}^{P=100} d \cdot \Delta P$ 　　　　　　　　　　　　　　　　　　　　　τ_c (g/m²)
White, C. M.[211]	1940	式 (4・2・9)
境 隆雄[206]	1946	$\tau_c = \dfrac{100}{3}(\sigma/\rho-1)\beta d_m{}^{6/5}$,　　$\beta = \dfrac{2+M}{1+2M}$,　　τ_c (g/m²)
Kalinske, A. A.[214]	1947	$\tau_c = 12d$,　　τ_c (lbs/ft²)
栗原・椿[215]	1948	$U_{*c}{}^2 = \tau_c/\rho = (-76.0\log_{10}1.18d - 37.2)d$,　　$d<0.085$ cm 　　　　　　　　　　　　　　　　　　　　　　　$U_{*c}{}^2$ (cm/sec) 　　　　$=(16.2\log_{10}1.18d + 55.0)d$,　　$0.085<d<0.213$ cm 　　　　$=(83.7\log_{10}1.18d + 92.3)d$,　　0.213 cm $<d$
Schoklitsch, A.[219]	1950	$\tau_c = 0.000285(\gamma_s-\gamma_w)d^{1/3}$,　　$0.0001<d<0.003$ m 　　$=0.076(\gamma_s-\gamma_w)d$,　　　　$d\geqq 0.006$ m　　τ_c (kg/m²)
Leliavsky, S.[207]	1955	$\tau_c = 166d$,　　τ_c (g/m²)
Lane, E. W.[195]	1955	$\tau_c = 0.4d_{75}$,　　τ_c (lbs/ft²)　　d (inch)
岩垣雄一[203]	1956	$U_{*c}{}^2 = \tau_c/\rho = 80.9d$　　$d\geqq 0.303$ cm　　$U_{*c}{}^2$ (cm/sec) 　　　　　$=134.6d^{31/22}$　　$0.118\leqq d\leqq 0.303$ cm 　　　　　$=55.0d$　　$0.0565\leqq d\leqq 0.118$ cm 　　　　　$=8.41d^{11/32}$　　$0.0065\leqq d\leqq 0.0565$ cm 　　　　　$=226.4d$　　$d\leqq 0.0065$ cm
土屋義人[216]	1963	$U_{*c}{}^2 = \tau_c/\rho = 80.9G_1 \cdot d_{50}$　　$d_{50}G_4 \leqq 0.303$ cm 　　　　　$=134.6G_2d_{50}{}^{31/22}$　$0.118\leqq d_{50}G_4\leqq 0.303$ 　　　　　$=55.0G_1d_{50}$　　$0.0565\leqq d_{50}G_4\leqq 0.118$ 　　　　　$=8.41G_3d_{50}$　　$0.0065\leqq G_{50}G_4\leqq 0.0565$ 　　　　　$=226G_1d_{50}$　　$d_{50}G_4\leqq 0.0065$ cm 　　$G_1, G_2, G_3, G_4 = fct(\sqrt{d_{16}/d_{84}})$,　$U_{*c}{}^2$ (cm/sec)
Egiazaroff, I. V.[213]	1964	式 (4・2・8)
河村・Simons[503]	1967	$U_{*c}{}^2 = \tau_c/\rho = a_c \cdot \sqrt{d_{16}/d_{84}}(\sigma/\rho-1)gd$, 　　$a_c = fct(U_{*c} \cdot d/\nu)$　　$U_{*c}{}^2$ (cm/sec)
Kellerhals, R.[227]	1967	$\tau_c = 1.25d_{10}{}^{4/5}$,　　τ_c (lbs/ft²)　　d (ft)

γ_s：砂礫の単位重量, γ_w：水の単位重量, d：粒径 (とくにことわらない限り mm 単位), d_m：平均粒径, d_{75}, d_{90}：全体の 75, 90 % はこれより小さい粒径, g：重力加速度, ρ：水の密度, σ：砂礫の密度, τ_c：限界掃流力, $U_{*c}{}^2$：限界摩擦速度 $(=\tau_c/\rho)$.

が不明瞭で未解決のままである．Hjulström[188]はこのへんの事情を考慮して，曲線に幅をもたせてえがいた．しかし結局，限界侵食流速公式は等流以外の場合に適用できないという点で，一般性を欠く．

2-3 限界掃流力

掃流力は，河床の単位面積に働く流水の剪断応力で抗力も同義に用いる．河床が砂礫からなる場合に，掃流力がある限界値をこえると粒子が動きはじめ，このときの掃流力の値を限界掃流力といい，τ_c であらわす．

剪断抵抗の概念によって，河床粒子の移動を説明しようとする試みは，古く1754年のBrahms当時からあったらしい[200]．それから現在までに，数十種類におよぶ限界掃流力公式が提案されてきたこと自体が，この問題の複雑さを物語っている．表4-3に，それらの諸公式のうちで目にふれた範囲のものをまとめてみた．以下で本文中に紹介する公式中の記号は，表4-3に記したものと同じである．

限界掃流力の実験公式 掃流力 τ_0 をあらわす式 (4・1・21) は，du Boys, P. が1879年に理論的に導いたもの[200]である．これは，1914年にSchoklitsch, A.[191]が自身の実験結果をまとめて，限界掃流力 τ_c を粒子の大きさの関数（表4-3）として発表するまでは，あまり普及しなかったらしい．以後，限界掃流力に関する実験がさかんにおこなわれ，多数の実験公式が提唱された．しかし，初期の公式は表4-3中のKrey, H. D. 公式[191]と，式形のうえで大差はない．

Kramer, H.[201] はそれまでの公式中に，砂礫の混合状態をあらわす指標を考慮したものがないとして，均等係数 M (uniformity modulus) を含む次式を提案した．

$$\tau_c = \frac{100}{6} d_m (r_s - r_w) \frac{1}{M}, \quad \text{ただし} \quad M = \frac{\sum_{P=0}^{P=50} d \cdot \Delta P}{\sum_{P=50}^{P=100} d \cdot \Delta P} \quad (4 \cdot 2 \cdot 6)$$

P は粒径の累加重量百分率，ΔP は任意の粒径 d の全粒径に対する相対百分率，その他の記号は表4-3にある．τ_c は g/m^2，d_m は mm 単位である．Tiffany & Bentzel[202] は，式 (4・2・6) を実測値に適合するように若干修正した（表4-3）．

米国水路実験所[203] (U. S. Waterways Experimental Station, 以後 U. S. W. E. S. と略称する). Indri, E. [203], Chang, Y. L. [204], 安芸皎一・佐藤清一[205], 境 隆雄[206] などが提案した諸公式 (表 4-3) はいずれも均等係数 M またはこれに似た指標を採用しており, これらの式形は基本的には式 (4・2・6) とかわらない.

以上の実験公式は, 水路実験や実際河川での実測結果に基づくものであるが, Lane は灌漑水路に関する膨大なデータを整理して水路の実用的設計基準をあたえる図 4-12 を作成した[191]. この図は, 清澄な水中での限界掃流力が,

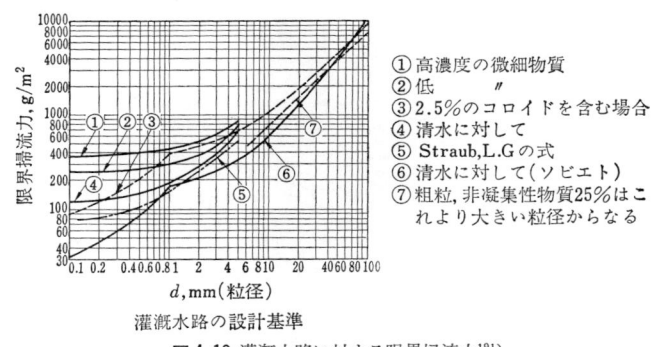

図 4-12 灌漑水路に対する限界掃流力[191].

① 高濃度の微細物質
② 低 〃
③ 2.5%のコロイドを含む場合
④ 清水に対して
⑤ Straub, L.G の式
⑥ 清水に対して(ソビエト)
⑦ 粗粒, 非凝集性物質25%はこれより大きい粒径からなる

灌漑水路の設計基準

土砂を含む流水中でよりもやや小さいという事実を明らかに示している. Leliavsky, S.[207] の式 (表 4-3) は, 諸家の実験結果をまとめて簡単な式形であらわしたものである.

限界掃流力理論　以上のように, 限界掃流力に関する研究は主として実験的にすすめられてきた. これに比べて理論的研究ははるかに少ないが, 1936 年に Shields, A.[208] が発表した, いわゆる Shields 関数は現在でも最良の表現法として高く評価されている[203].

Shields は, 均一粒径からなる底面上の単一粒子について, 式 (4・2・1) と同様なつりあいの条件を考え, これと流速の対数分布公式とを組合せ, 境界層理論を導入して次式を導いた.

$$\frac{\tau_c}{(\gamma_s-\gamma_w)d}=fct\left(\frac{U_{*c}d}{\nu}\right)=fct\left(\frac{d}{\delta}\right) \qquad (4・2・7)$$

式中，U_{*c} は限界摩擦速度，ν は動粘性係数，δ は層流底層の厚さである（その他の記号は表 4-3 にある）．

彼は無次元表示した $\tau_c/(\gamma_s-\gamma_w)d$ の項を掃流力係数（Schleppspannungsbeiwert）とよび，これが限界レイノルズ数または d/δ の関数であることを式 (4・2・7) であらわした．この関係はのちに Shields 関数とよばれ，図 4-13 のような関係曲線を Shields 曲線という．図 4-13 は，Shields の実験資料に以後の実験データと岩垣雄一[203]の理論曲線とを加えたものである．この図から Shields 曲線を三つの領域*) に区分できる．

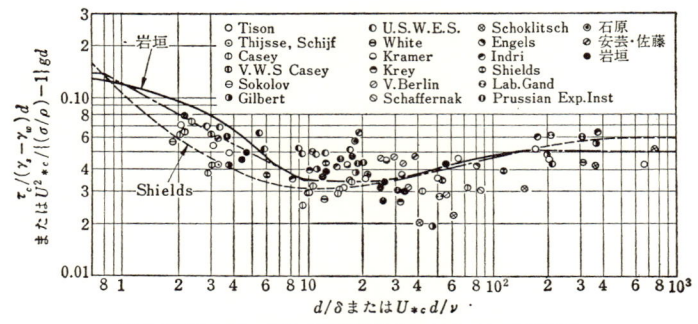

図 4-13 Shields 曲線（限界掃流力の無次元表示）[203,208].

(i) $d < \delta$： $(U_{*c}d/\nu) \fallingdotseq 2$ までは粒子が層流底層の被膜によって被われ，粒子の移動はおもに粘性の作用によっておこなわれる．乱流とは関係がない．

(ii) $d \fallingdotseq \delta$： 図中の放物線に近似した領域では層流底層が部分的に粒子を被ったり，部分的には粒子が頭をだしている遷移領域がある．この遷移曲線は，$(U_{*c}d/\nu) \fallingdotseq 10$ 付近で最小値 $\tau_c/(\gamma_s-\gamma_w)d|_{\min} \fallingdotseq 0.03$ をとる．この値以下ではいかなる移動もおこらない．

(iii) $d \gg \delta$： 限界レイノルズ数が大きく，層流底層が粒子の底面粗度によってつき破られ，妨げられる．粗な境界は乱流の根源となり，$(R_e)_c \geqq 400$ に対しては $\tau_c/(\gamma_s-\gamma_w)d \fallingdotseq 0.06$ でほぼ一定値をとる．つまり，掃流力係数が限界レイノルズ数と無関係になる．岩垣[203]はこの一定値を 0.05 とした．

Shields 曲線があらわす関係は多くの実験によって確かめられ，現在もっと

*) 原論文の第 3 と第 4 の領域を一つにまとめた．

2. 河川の侵食作用

も普遍的に採用されている．Bogardi, J. L.[209] は，ソビエトとハンガリーのデータを用いて Shields 曲線を検討しその妥当なことを立証したが，掃流力係数の最小値は 0.015 付近にあるとした．Ippen & Verma[210] は Shields 曲線を実験的に検討した結果，混合粒径の場合に適用しがたい面のあることを指摘した．White, C. M.[211] や Ward, B. D.[212] の実験によると，粒子の比重が異なる場合には Shields 曲線を多少補正する必要がある．

Shields 曲線は，粒径が一様な場合に対して作成したものであるから，粒径が一様でない場合に τ_c の値がかわるのは当然で，粒径の代表値として，式 (4・2・7) 中の d のかわりに中央粒径 d_{50} や平均粒径 d_m を用いたものが多い．これに対して，Egiazaroff, J. V.[213] は混合粒径に対する式として次式を提案した．

$$\frac{\tau_c}{(\gamma_s-\gamma_w)d_i}=0.1 \Big/ \left[\log_{10} 19\left(\frac{d_i}{\bar{d}}\right)\right]^2 \qquad (4・2・8)$$

式中の $\bar{d}$ は，河床にある粒子全体の累加曲線から求めた平均粒径 d_m と，移動中の粒子だけの平均粒径 d_m' との幾何平均値である．d_i は $d_i/\bar{d}=1.0$ のときに $\tau_c=0.06$ となるようにきめた粒径で，混合砂礫全体に対しては $d_i=d_{50}$ をあたえている．$d_i/\bar{d}$ の値と τ_c との関係については後述する (p. 106 参照)．

Shields 以後の限界掃流力理論には，二つの考えかたがある．すなわち，White[211], Kalinske, A. A.[214], 栗原道徳・椿 東一郎[215]などのように，河床の単位面積に働く剪断応力を単位面積中に露出する各粒子が分担して平衡を保つとする考えかたと，岩垣[203]，土屋義人[216]，岩垣・土屋[217]などのように粗面上にのっている1個の球形粒子に作用する流体力のつりあいの条件をとりあつかった考えかたとである．この他に，揚力を主体として確率論的考察をおこなった理論もあるが，これについては本章§2-4でのべる．

まず，White[211] の理論を紹介する．河床の単位面積に働く掃流力 τ_0 を，単位面積内に露出する n 個の砂粒がうけもって，平衡を保っていると仮定する．単位面積中に，粒径 d の n 個の粒子がしめる露出面積は $(n\times d^2)/(1\times 1)$ である．White は，これを充塡係数 (packing coefficient) η と名づけた．単一の砂粒の移動に対するつりあいの式は，粒子の水中重量 $\pi/6(\sigma-\rho)gd^3$ と掃流力 $\tau_0 \cdot d^2/\eta(=\tau_0/n)$ との合力が，砂粒の水中安息角 ϕ の範囲内にあるこ

とが必要・十分条件であるから

$$\alpha_1 \tan\phi = \frac{\tau_0 \cdot d^2/\eta}{\pi(\sigma-\rho)gd^3/6} \quad \text{または} \quad \tau_0 = \alpha_1 \eta \frac{\pi}{6}(\sigma-\rho)gd\tan\phi \quad (4\cdot2\cdot9)$$

である. α_1 は図 4-14 (b) のように, 砂粒に作用する流体力が砂粒の重心をとおらない場合で, 中心力の場合 (図 4-14 (a)) には $\alpha_1=1$ である. White の

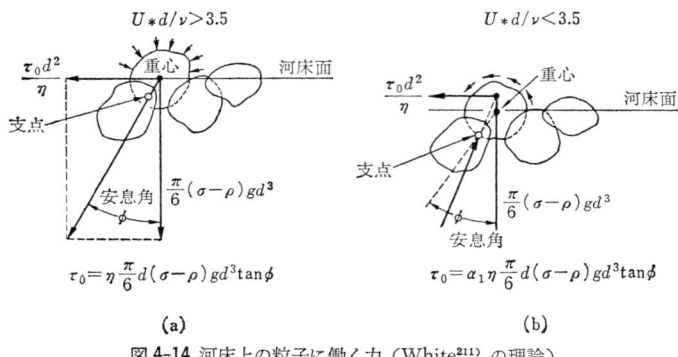

図 4-14 河床上の粒子に働く力 (White[211] の理論).

実験によると, $\alpha_1\eta$ の平均値は 0.35, $\tan\phi \doteqdot 1$ で, これらの値を式 (4·2·9) に代入して $\tau_0/(\sigma-\rho)gd \doteqdot 0.18$ となる. 理論値 τ_0 が実験的に求めた限界掃流力 τ_c の値より大きいのは, 乱流に基づく掃流力の瞬間変動によると White は考え, $\tau_0 = T_f \cdot \tau_c$ で定義される乱れ係数 (turbulent factor) T_f を提唱した. White が開水路に対してあたえた $T_f=4.0$ を用いると $\tau_c=\tau_0/T_f$ であるから, $\tau_c/(\sigma-\rho)gd=0.045$ となり, Zeller, J.[218] のえた結果にも近い. 以後の研究では, この T_f の処理に論議が集中する.

栗原・椿[215] は, 乱流理論を用いて T_f を限界レイノルズ数の関数形であらわし, 理論式を従来の実験データと比較した結果, 境[206] の提案した β を混合効果をあらわす指標として採用した. 表 4-3 にあげた栗原・椿の公式は, 砂礫の比重 $\sigma/\rho=2.65$, $\beta=1$, $g=980\,\text{cm/sec}^2$ として彼らの実験式を簡単化したものである.

Kalinske[214] は, 限界掃流力の平均値よりも瞬間値を重視した. 彼は乱流中の速度変動 $(v-\bar{v})$ が正規誤差分布をなし, 平均流速 $\bar{v}$ に対する流速の瞬間値 v の標準偏差 σ_v が次式であらわされることを実験により確かめた.

$$\frac{\sigma_v}{\bar{v}} = \frac{1}{4}, \qquad \sigma_v = \sqrt{\overline{(v-\bar{v})^2}} \quad (4\cdot2\cdot10)$$

2. 河川の侵食作用

また，河床付近では瞬間的に $|(v-\bar{v})|$ が最大限 $3\sigma_v$ にまで達するという．これらの関係から，瞬間的にではあるが v は $\bar{v}$ の1.75倍に達することになる．式 (4・1・19) から，瞬間剪断応力 τ_0 は平均剪断応力 $\bar{\tau}_0$ の約3倍になる．この場合に Kalinske は White 公式 (4・2・9) から $\eta=0.35$, $\alpha_1=2/3$, $\tan\phi=1.0$, $\sigma-\rho=1.65$ として導いた τ_c の値の 1/3 で移動がはじまるはずであるとのべている．

以上の White[211], 栗原・椿[215] の理論とはやや異なった考えかたから出発したのが岩垣[203]である．

彼は，粗面上にのる1個の球形粒子に作用する力として，鉛直方向の圧力勾配による揚力 R_L と流れの方向の流体抵抗，および圧力勾配による抵抗との和 R_T, および砂粒に働く重力 W を考慮した．そして，これらの力のつりあいを図4-15のようにモデル化し，R_T と摩擦力 F_f とのつりあいとして次式であらわした．

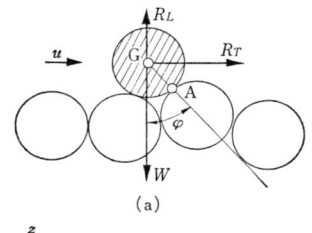

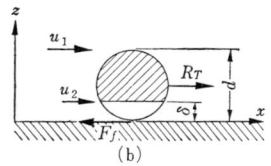

図 4-15 砂粒に作用する力（岩垣[203]の理論）．

$$R_T=F_f \quad \text{ただし} \quad F_f=\left\{(\sigma-\rho)g\frac{\pi}{6}d^3-R_L\right\}\tan\varphi \quad (4\cdot2\cdot11)$$

ここで φ は摩擦静止角，$(\sigma-\rho)g(\pi/6)d^3$ は粒子の水中重量 $(=W)$ である．彼は粒径 d と層流底層の厚さ δ との関係から，揚力 R_L を $\delta<d/2$ のときと $\delta>d/2$ のときとにわけて考察し，R_L についても乱れた流れの部分 $(d-\delta)$ と層流底層の部分 δ とにわけ，合計四つの理論式から次式を導いた．

$$\frac{U_{*c}^2}{(\sigma/\rho-1)gd\tan\varphi}=\frac{1}{\psi}\left(\frac{U_{*c}d}{\nu}\right) \quad (4\cdot2\cdot12)$$

式中の ψ は T_f に相当し，$U_{*c}d/\nu$ の値によって異なる．実際には，砂粒によって遮蔽されているために，流れに対する衝突面積が $\pi d^2/4$ になることは少ない．このような効果をあらわす指標として，岩垣は遮蔽係数 ε の概念を導入し，実験的に $\varepsilon=0.4$ ときめてこの値を式 (4・2・12) の右辺分母にかけることを提唱した．

式 (4・2・12) では，それまでの諸公式が採用してきた混合効果をあらわす指

標を含んでいない．岩垣はこれらの指標の物理的意義が不明確であるとして，あえて採用しなかった．Schoklitsch[219] も同様に，均等係数 M を実験公式中に導入しても役に立たないとのべている．均一粒径の砂を用いた実験結果から岩垣は次式を提唱し，上述の理由で混合粒径に対しても適用できるとのべている．

$$\begin{aligned}
U_{*c}^2 = \tau_c/\rho &= 0.05(\sigma/\rho-1)gd & R_* &\geq 671 \\
&= \{0.01505g(\sigma/\rho-1)\}^{25/22}\nu^{-3/11}d^{31/22} & 162.7 &\leq R_* \leq 671 \\
&= 0.034(\sigma/\rho-1)gd & 54.2 &\leq R_* \leq 162.7 \\
&= \{0.1235g(\sigma/\rho-1)\}^{25/32}\nu^{7/16}d^{11/32} & 2.14 &\leq R_* \leq 54.2 \\
&= 0.14(\sigma/\rho-1)gd & R_* &\leq 2.14
\end{aligned}$$

ただし，$R_* = (\sigma/\rho-1)^{1/2}g^{1/2}d^{3/2}/\nu$

(4・2・13)

砂の比重 $\sigma/\rho = 2.65$，動粘性係数 $\nu = 0.01\,\mathrm{cm^2/sec}$，$g = 980\,\mathrm{cm/sec^2}$ とすると，表4-3のようになる．

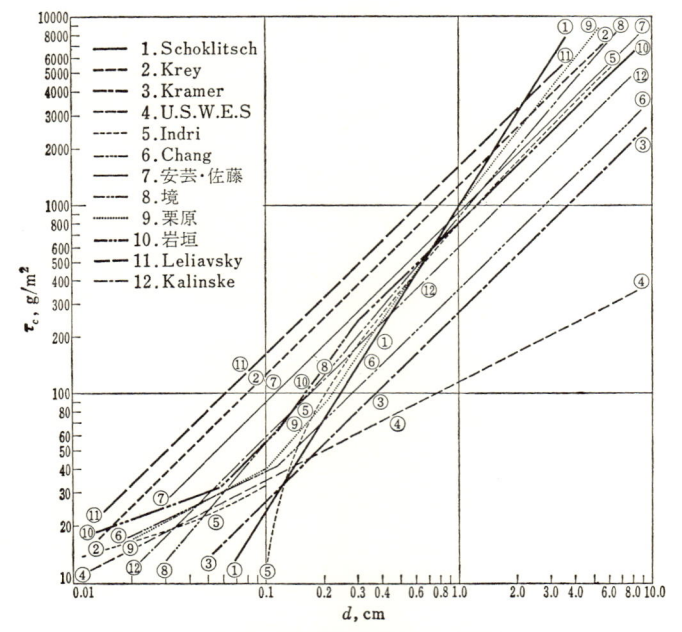

図 4-16 d と τ_c との関係（岩垣[203]および Chen[220] から作成）．

栗原・椿[215]公式（表4-3），岩垣公式（4・2・13）は以上のような理論的考察を背景とした実験公式で，他の実験公式と異なり τ_c と d との関係を3本以上の折線であらわしている（図4-16）．図4-16は岩垣[203]，Chien, N.[220] がまとめた各種の実験公式を比較した図から作成したものである．まぎらわしくなるので従来の実験データを記入していないが，岩垣の原図[203]からは $\tau_c(U_{*c})$ と d との関係を1本の直線であらわしえないことが明らかである．

限界掃流力公式適用上の問題 以上の諸公式を用いる場合に問題になるのは，限界掃流力の定義と混合効果の意義である．

（i）掃流限界： Shields[208] は，土砂の移動がまったくおこなわれない状態で移動寸前の状態を臨界状態とよんだ．Kramer[201] は，少数の粒子がとびとびに孤立して移動する状態を微弱な移動とした．岩垣[203]は Kramer のいう微弱な移動と同様に，一定時間に何個動くか数えられる状態を限界としたが，それでも限界点の決定に迷わざるをえないとのべている．均一粒径の実験ですらこのような状態であるから，混合粒径の場合に限界の決定が困難なことはいうまでもない．

大部分の公式では，掃流限界を平均剪断応力に対応させているようである．Kalinske[214] は，むしろ瞬間的な最大値を採用すべきであると主張した．佐藤清一・吉川秀夫・芦田和男[221]らは，揚圧力の変動値の標準偏差の2倍に相当する揚圧力が，粒子重量より大きくなるときの掃流力を限界掃流力と定義した．Grass, A. J.[222] のように高速度カメラを用いた例もあるが，移動限界の決定には主観がはいりやすい．

（ii）混合効果： 混合粒径の場合に，どのぐらいの大きさの粒子が動きはじめたときを掃流限界とするのかはむずかしい問題である．かりに，平均粒径や中央粒径を代表粒径と考えると，均一粒径に対する限界掃流力の値と，代表粒径に対するそれとの大小関係も問題になる[203]．土屋[216]は，底面に露出する砂礫の個数分布と砂礫後方に生ずる後流（wake）に着目して理論的考察をすすめ，次式を導いた．

$$\frac{U_{*c}^2}{(\sigma_r/\rho-1)gd_r \tan \varphi_r} = \frac{1}{\varepsilon_r \cdot \psi_i}, \quad \psi_i = \left(\frac{U_{*c} \cdot d_r}{\nu}\right) \quad (i=1,2,3,\cdots) \tag{4・2・14}$$

ここで，添字 r は代表粒径のそれを意味する．上式は岩垣の式（4・2・12）と

同形で，これに混合砂礫の粒径の標準偏差 $\sqrt{d_{16}/d_{84}}$ のみの関数である ε_r を導入したものである．土屋は実験公式として，均一粒径の限界掃流力と混合粒径のそれとの比をあらわす係数 G_1, G_2, G_3, G_4 を岩垣公式（4・2・13）に導入した形で導き（表4-3），これらの係数と前述の $\sqrt{d_{16}/d_{84}}$ との関数関係を図4-17に示した．

図4-17によると，限界掃流力におよぼす混合特性の効果は，$\sqrt{d_{16}/d_{84}} \fallingdotseq 1.3$ 付近では均一粒径の場合より τ_c をむしろ小さくしていることがわかる．土屋は，従来の混合効果をあらわす指標が実験値のバラツキと同程度であることが，効果的な指標となりえなかった原因であると指摘した．

混合砂礫の場合，粒径によってこれに対応する τ_c の値が異なり，同一粒径でも遮蔽効果によって掃流限界に達する時点が異なること，さらに粒度組成がしだいに変化することなどが，従来の均一粒径に対する限界掃流力公式の適用を困難にしている原因である．

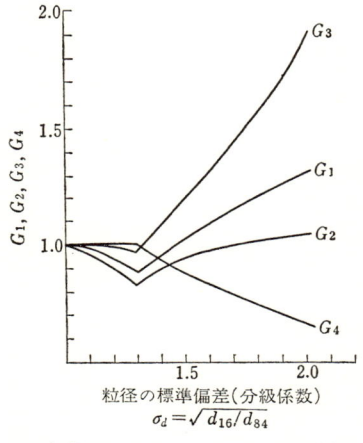

図4-17 G_1, G_2, G_3, G_4 と σ_d の関係[216]．

粒径別限界掃流力をあたえた公式で，実測値との適合が良好なのは前述のEgiazaroff公式[213]である．平野宗夫[223]は式（4・2・8）を変形して

$$\frac{\tau_{*c_i}}{\tau_{*c_m}} = \left(\frac{\log_{10} 19}{\log_{10} 19 (d_i/d_m)} \right)^2, \quad \tau_{*c_i} = \frac{U_{*c_i}^2}{(\sigma/\rho - 1) g d_i},$$

$$\tau_{*c_m} = \frac{U_{*c_m}^2}{(\sigma/\rho - 1) g d_m} \quad (4\cdot2\cdot15)$$

とした．d_i は混合粒径中の任意の粒径，d_m は平均粒径とする．τ_{*c_m} の値を0.06とすれば式（4・2・8）と同形になる．$\tau_{*c_m}=0.04, 0.05$ の場合の τ_{*c_i} と d_i/d_m 比との関係は図4-18のようになり，実験値とよく合致している．この図から τ_{*c_i} が d_i/d_m

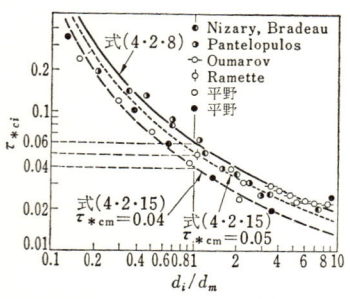

図4-18 粒径別限界掃流力[213,223]．

比によって変化し，均一粒径の場合に比べて d_m より大きい ($d_i/d_m>1$) 粒径は τ_{*c_i} の値が小さいから動きやすく，d_m より小さい粒径は逆に動きにくい傾向にあることがわかる．

(iii) 公式の適用範囲： 均一粒径に対する公式を混合粒径に適用しがたいことから，粒径別限界掃流力公式の概念が生じたわけであるが，一般に実験公式の適用範囲，とくに粒径の上限は不明確な場合が多い．最近，粗粒の砂礫を対象として限界掃流力に関する実験がすすめられつつあり[224~226]，この方面の成果に期待がかかっている．また，Kellerhals, R.[227] はカナダの Frazer 川およびブリチッシュコロンビア州中南部の礫質河床の諸河川での実測結果から，混合粒径の場合の代表粒径として d_{10} を採用することを主張している．

2-4 限界揚力

洗掘現象の基礎方程式を導くうえで，揚力が重要なことは認識されていながら，その定量的効果を強調した研究は少ない[228,229]．揚力は少なくとも二つの理由から生ずる．

まず第1に，河床上に粒子が静止している場合に速度勾配が急なところで圧力差を生じ，その結果として粒子をもちあげる．第2に，その同じ粒子が乱流による河床付近の上むきの速度成分のために揚力をうける．揚力の大きさが粒子重量に等しくなれば，最小の抗力で十分動きはじめるはずであるが，問題は揚力がどのくらいの大きさのものかということである．限界掃流力理論では粒子に働く流体力の主体は抗力で，揚力はこれに比べて小さいという考えかたが根底にある[229]．

揚力理論 揚力に関して，最初に理論的考察を加えたのは Jeffreys, H. のようであるが[228]，彼は抗力を無視していた．揚力が乱流と関係することを強調したのは，Lane & Kalinske[230] であった．その場合，つぎのような仮定が必要となる．

(i) 乱流の瞬間的な速度変動成分よりも小さな沈降速度をもつ粒子のみが揚力をうける．(ii) 流速変動は正規分布をなす．(iii) 乱流の変動速度成分と摩擦速度とが関係を有する．(ii) の仮定は Einstein & El Samni[231] の研究により成立することが立証された．(iii) は妥当な仮定であるが，Yalin, M. S.[232] は摩擦速度のきめかたがラフになりやすいとして，これを含まない形のパラメーターを提案した．

揚力のメカニズムが流速変動と密接に関係し，その変動成分が正規誤差分布をなすことが明らかになった．このため，そのとりあつかいは確率論的なものとなり，実験データの集積を必要としたのである．

Einstein ら[231] は，河床上の粒子に働く揚力の平均値を，粒子の頂部と底部に働く静水圧の差 Δp として実測した．この実験は限界揚力をきめる目的からおこなったものではないが，揚力の力学的機構を理解するうえで大きな貢献をした．Δp は

$$\Delta p = c_L \cdot \frac{1}{2} \cdot \rho \cdot u_z{}^2 \qquad (4 \cdot 2 \cdot 16)$$

であらわされる．c_L は揚力係数 (lift coefficient) で実験の結果, 一定値 0.178 をとることがわかった．ρ は流体密度，u_z は底面から有効粒径*) d_{65} の 0.35 倍の距離で測った流速である．Δp に基づく揚力を揚圧力 (lift pressure) とよび，P_L であらわす．

この結果を利用して，Vanoni, V. A. ら[233] は $\Delta p/\tau_0$ の値を計算によって求め $\Delta p/\tau_0 \fallingdotseq 2.5$ をえた．この値は，粒子の初動の段階で揚力が重要な役割をはたすという印象をあたえる．この点に関して，Christensen, B. A.[234] は揚圧力の平均値 $\overline{P}_L$ と掃流力の平均値 $\overline{\tau}_0$ との割合 $\overline{P}_L/\overline{\tau}_0$ を相当粗度 k_s と d_{65} との比 k_s/d_{65} の関数として

$$\frac{\overline{P}_L}{\overline{\tau}_0} = 0.556 \left[\log_e \left(\frac{10.4}{k_s/d_{65}} + 1 \right) \right]^2 \qquad (4 \cdot 2 \cdot 17)$$

がなりたつことを証明した．上式から，$\overline{P}_L/\overline{\tau}_0$ は k_s/d_{65} が増大すれば減少することがわかる．

Einstein, H. A.[235] は，任意の砂粒に働く揚力がその粒子の水中重量より大きくなった瞬間に移動がはじまるとの考えにたって，揚力の分布を確率論的に処理して，後述の掃流砂関数 (bed load function) の理論を展開した．彼は，粒径 d の 1 個の砂粒に働くある瞬間的な揚力の値 L を

$$L = c_L \frac{\rho u_z{}^2}{2} \cdot K_1 \cdot d^2 = 0.178 \rho K_1' \cdot \frac{d^2}{2} \tau_0 (5.75)^2 \log_{10}{}^2 \left(10.6 \frac{X}{\Delta} \right)(1+\eta)$$

$$(4 \cdot 2 \cdot 18)$$

とした．ここで K_1, K_1' は定数，X は混合粒径における特徴的な長さの指標,

*) effective grain size. 累加曲線上で 65% はこれより大きい (35% はこれより小さい) 粒径．

2. 河川の侵食作用

$\varDelta$ は粗度をあらわすパラメーター，η は時間とともに変動する係数，他の記号は式（4・2・16）と同じである．一方，砂粒の水中重量 W' は K_2 を比例定数として

$$W' = K_2(\sigma-\rho)gd^3 \qquad (4\cdot2\cdot19)$$

であるから，つりあいの条件は上式と式（4・2・18）とから

$$|1+\eta| = K_3 \cdot \frac{\sigma-\rho}{\rho} \cdot \frac{d}{h_m \cdot I} \cdot \frac{1}{\log_{10}^2\{10.6(X/\varDelta)\}} = K_3 \cdot \psi \cdot \frac{1}{\beta^2} \qquad (4\cdot2\cdot20)$$

である．式中，K_3 は常数項の積，$\psi = \dfrac{\sigma-\rho}{\rho} \cdot \dfrac{d}{h_m \cdot I}$ で流れの強度をあらわす無次元量，$\beta = \log_{10}\left(10.6\dfrac{X}{\varDelta}\right)$ である．式（4・2・18）中の τ_0 は $\tau_0 = \rho \cdot g \cdot h_m \cdot I$ とかきかえてある．

Einstein の論文[235]によって，砂粒に作用する流体力の主体を抗力とする説と揚力とする説とがあることが明確になった．また，岩垣[203]は前述の理論で揚力は，抗力に比べて小さいとのべて揚力論を否定したかにみえるが，彼の理論では乱れによる流れの鉛直成分に基づいて揚力が生ずるのであるから，層流底層中には揚力が存在しえない[229]．一方，式（4・2・16）は実験式であるが，鉛直方向の圧力差に基づく揚圧力は層流底層中にも存在する．したがって，岩垣[203]の考えた揚力と Einstein[235] や Yalin[232] のいう揚力とは同一内容の概念ではない．

井口正男・高山茂美[229]は，渓流河川で採取した掃流砂礫中の最大礫の限界掃流力について，抗力説と揚力説とから試算をおこなった．その結果，中礫（$d=3\,\mathrm{cm}$）程度の礫に対する限界掃流力に関しては，揚力説のほうが実測値をより適確に説明することをみいだした．

このことは，抗力説中の $\tan\varphi$ が中礫程度の礫に対して，移動の要因になっていない可能性を暗示している．そして，さきに高山[236]がみいだした τ_c と d_m との関係が，$\tau_c \doteqdot 0.4\,\mathrm{g/cm^2}$ 付近を境として異なる現象の原因とも考えている．なお，Einstein 公式から計算した揚力の最大値 $L_{\max}$ と粒子の水中重量 W' との関係がほぼ $W'=0.7L_{\max}$ で近似できることから，効果的に揚圧力をうける粒子の面積を最大投影面積の 0.7 倍程度と推定した．

Yalin の揚力モデル　　現在までのところでは，揚力が粒子の移動に寄与し

ていることは明らかであるが，流速や抗力に関する Hjulström[188] や Shields[208] のダイアグラムのような一般性をもった揚力基準は確立していない．

Yalin[232] は，揚力に対して Shields 曲線に似たダイアグラムを作成した．その思考の過程で異議もあるが，以下，私見をはさまず Yalin の考えかたにそって記す．

河床表面上に露出している1個の粒子に働く流体力 F と重力 G の合力を R とする（図4-19（a））．便宜上，2次元平面について考え，河床表面を平均化して流下方向に

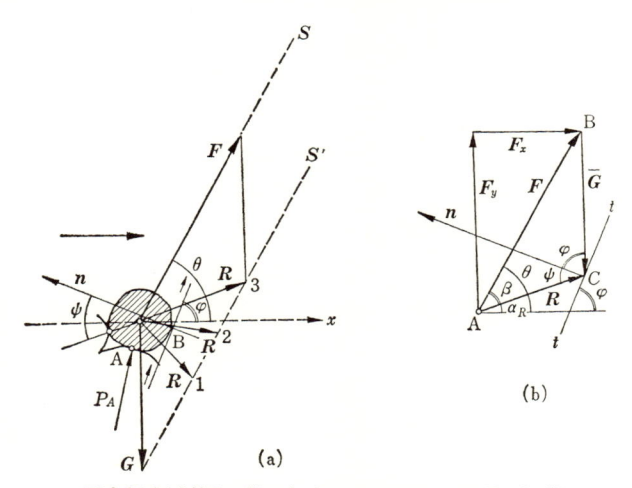

図 4-19 河床粒子に働く力（a）とつりあいの条件（b）[232]．

x 軸をとる．ベクトル G は一定値をとるが，ベクトル F は摩擦速度 U_* にともない，その大きさ・方向がかわる．簡単に考えるために，図中の θ を一定と仮定すると，F の方向はかわらずその大きさだけが変化するから，F は直線 S 上を変化する．したがって，合力 R は S に対する平行線 S' 上を動く．R が図 4-19（a）中の点Aと点Bとの間をとおるときには，粒子は点Aで支持されている．つまり，支点Aでは反作用 P_A が粒子に働く．R が点Bより上方をとおるときには点Aでは何の力も働かず，粒子は点Bでのみ支持されている．f を摩擦係数，ψ を粒子間の摩擦角とすると

$$f = \tan \psi \tag{4・2・21}$$

である．

河床表面から粒子が分離するのは，R が図4-19（a）の位置3にきたときで，この位置では R と垂直応力 n とのなす角が ψ に等しい．この状態下での力のつりあい関係

2. 河川の侵食作用

(図4-19(b))は

$$F \sin \beta = G \sin(\varphi + \psi) \tag{4・2・22}$$

である．$\beta = (\pi/2) - (\varphi + \psi - \theta)$ だから，1個の粒子が河床から分離，すなわち移動を開始する条件は

$$\frac{F}{G} \geqq \frac{\sin(\varphi + \psi)}{\cos[\theta - (\varphi + \psi)]} \tag{4・2・23}$$

である．φ は下流側の支点Bにおける接線応力をあらわす線分 $t-t'$ と x 軸とのなす角で，粒子の形や周囲の状況によって異なる．ψ は粒子表面相互の接触状態によって定まり，θ は粒子の形とレイノルズ数に依存する．F を F_x と F_y の分力に分解して考えると，それぞれについては

$$\frac{F_x}{G} \geqq \cos\theta \frac{\sin(\varphi + \psi)}{\cos[\theta - (\varphi + \psi)]}, \quad \frac{F_y}{G} \geqq \sin\theta \frac{\sin(\varphi + \psi)}{\cos[\theta - (\varphi + \psi)]} \tag{4・2・24}$$

となる．θ が $\pi/2$ に近づくと

$$\lim_{\theta \to \pi/2}\left(\frac{F_x}{G}\right) = 0, \quad \lim_{\theta \to \pi/2}\left(\frac{F_y}{G}\right) = \frac{F}{G} = 1 \tag{4・2・25}$$

となるはずである．一般に，混合粒径の場合には若干の粗粒の粒子だけが周囲の粒子よりきわだって突出しているから，θ は $\pi/2$ にほぼ等しいとして移動開始条件を

$$\frac{F_y}{G} \geqq 1 \tag{4・2・26}$$

とおくのがふつうである．上式は，粒子の移動開始が揚力の大きさによって一義的にきまることを意味する．したがって，粒子の移動開始をあらわす条件式として，式（4・2・23）か（4・2・26）を用いる．

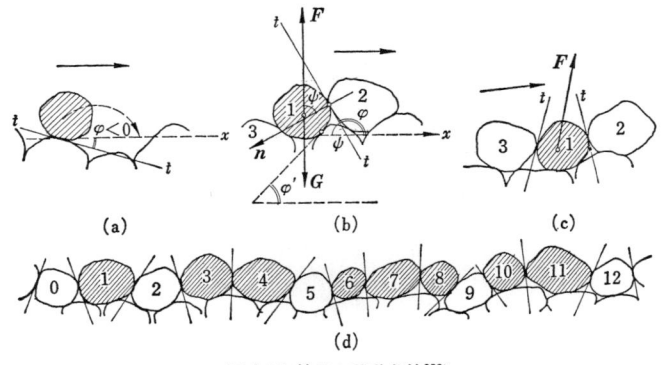

図 4-20 粒子の移動条件[282]．

つぎに φ, ψ などについて検討を加える．

(i) $\varphi+\psi=0$ の場合には，式 (4・2・23) の $F/G=0$ となり，F は流速 u の増加関数だから u もまた 0 でなければならない．すなわち，粒子は流れの開始とともに原位置から離脱するが，このことは一般的な意味での運搬の開始を意味しない．$\varphi=-\psi$ という状態は，図 4-20 (a) のように粒子が下流側から支持されていない，不安定な位置にあることを意味する．このような不安定な粒子は，流れの開始とともに下流側のへこんだ部分に落ちこんで安定する．ψ は 0 ではないから安定状態 ($\varphi>0$) にある粒子を分離する F/G, したがって u の値も 0 ではありえない．

(ii) $\theta \fallingdotseq \pi/2$ で $\varphi+\psi \fallingdotseq \pi$ であれば $F/G \to \infty$ となる．図 4-20 (b) で No.1 の粒子は，その下流側にある No.2 の粒子が移動しないかぎり動けない．No.2 の粒子が除去されれば，φ はより小さくなって φ' となり $\varphi'+\psi<\pi$ となるであろうから，No.1 の粒子は F/G が一定値に達したときに動きはじめるはずである．

(iii) 上述の場合は，下流側の粒子だけを考慮したが，図 4-20 (c) のように上流側に No.3 の粒子がある場合にはこれが邪魔をして，No.1 の粒子の移動を妨げる．河床表面を構成している粒子は，多少とも，相互に遮蔽効果をおよぼしているであろう．したがって，表層部にある粒子のすべてが同時に動きはじめるわけではなく，動きやすい粒子がまず原位置から離れて，とり残された粒子の周囲の幾何学的環境をかえてゆくことが考えられる．この場合に最初に動きはじめるのは，図 4-20 (d) のように粒子の上・下流側の支点における接線が粒子の下方で交わるもので，下流側の角 φ が ($\pi-\psi$) より小さいものであろう．

以上の考察に基づいて，粒子の移動形式に若干の示唆をあたえることができる．図

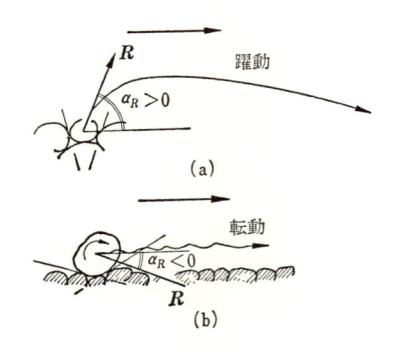

図 4-21 躍動 (a) と転動 (b)[232].

2. 河川の侵食作用

4-21（a）で角 α_R を x 軸と $\boldsymbol{R}$ とのなす角とすると，$\alpha_R>0$ ならば粒子は $\boldsymbol{R}$ の方向にむかって分離するであろう．この場合，表面からの離脱は河床表面との接触を失い，躍動（saltation または jumping）の形で移動するはずである．逆に $\alpha_R<0$（図4-21（b））ならば，粒子は離脱後も河床表面との接触を保ちながら移動をつづけ，転動（rolling）形式をとるはずである．$\alpha_R=(\varphi+\psi)-\pi/2$ であるから，躍動と転動をわけるめやすは

$$\varphi>\pi/2-\psi \quad ならば躍動$$
$$\varphi<\pi/2-\psi \quad ならば転動 \quad (4\cdot2\cdot27)$$

となる．粒子の表面が粗で摩擦角 ψ が大きく，周囲の粒子より低い位置にある（φ が大きい）ほど粒子は躍動しやすいであろう．掃流砂礫は大部分躍動形式をとる．$F_y=0$，したがって $\theta=0$ のときには $\alpha_R<0$ となり，躍動するためには揚力を必要とするが，明らかに揚力の値は不十分である．

つぎに，粒子の集合体について移動開始の条件を検討する．移動限界に達した状態を添字 c であらわすと，Shields 関数は式（4・2・7）の左辺をかきかえて次式の形であらわせる．

$$\frac{\rho \cdot U_{*c}^2}{(\sigma-\rho)gd} = fct\left(\frac{U_{*c}d}{\nu}\right) \quad (4\cdot2\cdot28)$$

さらに上式の左辺を Y_c，右辺を X_c とおくと

$$Y_c = \Phi(X_c) \quad (4\cdot2\cdot29)$$

とかける．Φ は関数記号である．限界レイノルズ数 X_c について検討してみると，つぎのようである．

（i）X_c の値が小さい場合： 角 φ と ψ，U_{*c}，ν は一定だから，X_c の値が小さくなるためには d の値が小さくなることを要する．$X_c \to 0$ で $d \to 0$ であれば，d の意義は薄れるから式（4・2・29）から d なるパラメーターを除去できるが，このことは式（4・2・29）が次式の形を有するときにかぎる．

$$Y_c = \Phi_a(X_c) = \frac{(\text{const})_a}{X_c} \quad または \quad X_c \cdot Y_c = (\text{const})_a \quad (4\cdot2\cdot30)$$

（ii）X_c の値が大きい場合： X_c が大きくなれば μ はパラメーターとして重要性を失う．μ は X_c 中にだけ含まれているから，μ をのぞけば X_c をのぞくことになる．ゆえに

$$Y_c = \Phi_b(X_c) = (\text{const})_b \quad (4\cdot2\cdot31)$$

均一粒径の場合に（i）は $X_c \leqq 5$ 程度，（ii）は $X_c \geqq 70$ 程度とする．

X_c と Y_c の値を両対数紙にプロットした際に，式（4・2・31）から $X_c \geqq 70$ に対して

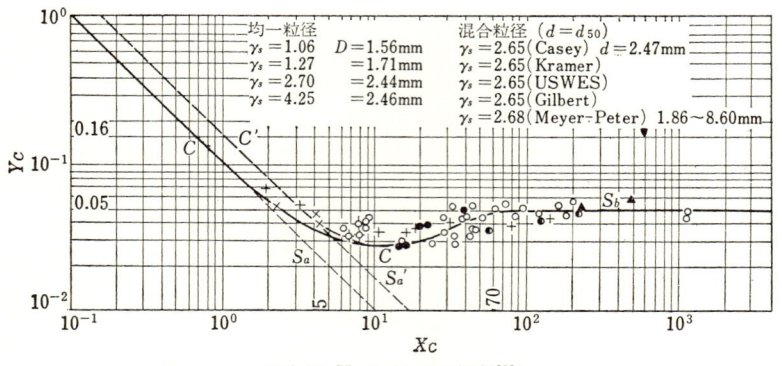

図 4-22 X_c と Y_c との関係[232].

は関係曲線(図 4-22)が横(X_c)軸に平行になるはずであり(図中の S_b),$X_c \leqq 5$ に対しては式(4·2·30)のあらわすように,左上りの45°の勾配の直線(図中の S_a, S_a')になるはずである.図中の太い実線は Shields 曲線である.実験値のバラツキは,限界状態の判定が実験者によって異なることの他,粒子形状にもよるが,これを考慮したものはないから実験値の平均をとるしかない.式(4·2·30),(4·2·31)の定数は図 4-22 から (const)$_a$≒0.1,(const)$_b$≒0.05 程度である.この値は確定的なものではなく,直線 C のかわりに C' を用いても大差はない.

Shields 曲線の表示に,U_{*c} が両方のパラメーター中に含まれているのは,連続的に変化する U_{*c} の正確な値を求めにくいことから考えて不都合である.そこで U_{*c} をのぞくために,X_c のかわりに次式のあたえるパラメーター $\varXi$ を導入する.

$$\varXi = \frac{X_c^2}{Y_c} = \frac{(\sigma-\rho)gd^3}{\rho\nu^2}, \quad X_c = \sqrt{\varXi \cdot Y_c} \quad (4·2·32)$$

上式を式(4·2·29)へ代入して

$$Y_c = \varPhi(\sqrt{\varXi \cdot Y_c}) = \varPhi^*(\varXi) \quad (4·2·33)$$

をえる.上式は,Y_c と $\varXi$ との関係から粒子の移動開始をあらわす条件式で,$\varXi$ は流体と粒子の性質のみに関係し,流れの状態に関与しないから,限界値の決定にともなう誤差のはいる余地はない.図 4-23 は,Y_c と $\sqrt{\varXi}$ との関係曲線図である.

つぎに,混合粒径の場合の Shields 関数について考察する.条件を単純化するために,粒子は球形と仮定する.この場合にも X_c が小さい場合には d も小さく,したがって X_c は粒径や粒径分布に依存しない.ゆえに,直線 S_a はどの粒径に対しても共通する.X_c は d に比例し,Y_c は d に反比例するから,d が変化すれば Shields 曲線は

2. 河川の侵食作用

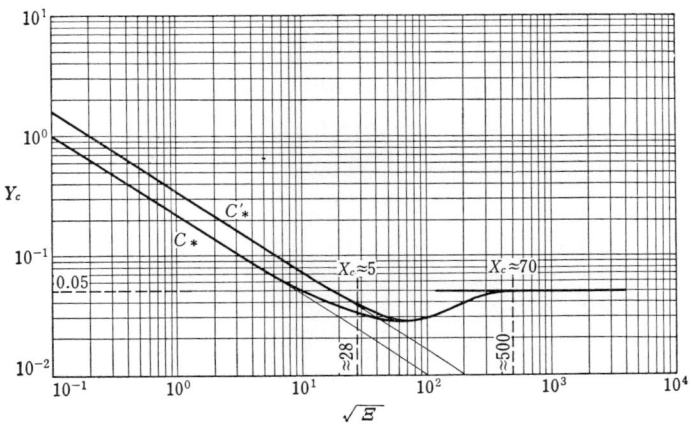

図 4-23 $\sqrt{\Xi}$ と Y_c との関係[232)].

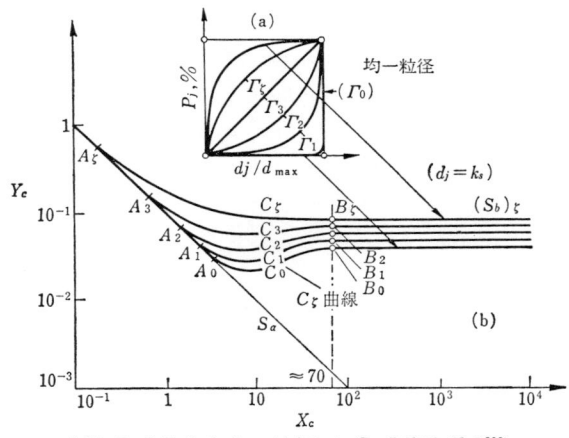

図 4-24 $\varGamma_\zeta$ 曲線群（a）に対応する C_ζ 曲線群（b）[232)].

S_a 上を移動する（図 4-24（b））．ここで図 4-24（a）のような無次元化した粒度積算曲線 $\varGamma_1, \varGamma_2, \cdots, \varGamma_\zeta$ を考える．各積算曲線はそれぞれ異なる粒度組成をあらわすから，これに対応する Shields 曲線群（図 4-24（b））を必要とし，さきにのべた均一粒径の場合（$\varGamma_0$）に対応する Shields 曲線を C_0 とする．$\varGamma_\zeta$ に対応する Shields 曲線を C_ζ とし，C_ζ の遷移領域の下限を A_ζ，上限を B_ζ とする（図 4-24（b））．A_ζ は直線 S_a から遷移領域に移りかわる傾斜の変換点の位置をあらわし，B_ζ は遷移領域から直

線 S_b 部分に移りかわる傾斜の変換点の位置をあらわす．$A_ζ$ と $B_ζ$ の位置は代表粒径の選びかたで異なり，いくつかの Shields 曲線群が存在するが，相当粗度 k_s に等しくなるように代表粒径 d_j を選ぶと，k_s は水理学的に粗な乱れた流れのすべての領域に対して同じ値をとるから，$k_s=d_j$ の場合に $U_* k_s/ν = U_* d_j/ν$ の関係がなりたつ．この場合に，粗な乱流領域に属する直線 S_b の部分は

$$\frac{U_* k_s}{ν} = X_c \geqq 70 \tag{4・2・34}$$

となる．したがって，$d_j=k_s$ の場合に $B_ζ$ の位置は図 4-24（b）のように $X_c \fallingdotseq 70$ という同一座標値を有する．

代表粒径として中央粒径を採用すると，$k_s = m \cdot d_{50}$ とおける．m は $Γ_ζ$ の形によって異なる係数である．式（4・2・34）にこの関係を代入して

$$X_c = \frac{U_{*c} d_{50}}{ν} \fallingdotseq \frac{70}{m} \tag{4・2・35}$$

をえる．この場合には，$B_ζ$ の位置が m によってかわる（図 4-25）．種々な $Γ_ζ$ の曲線

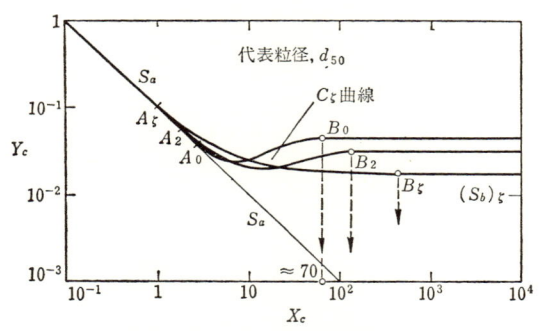

図 4-25 d_{50} による $B_ζ$ の位置の変化[232]．

に対して，Shields 曲線が 1 本しかないと予想すると，$B_ζ$ の位置についても 1 点しかないと予想しがちである．代表粒径として d_{50} を採用した場合には，$Γ_ζ$ 曲線の形によって $B_ζ$ の位置は何通りもあるから，$B_ζ$ の位置を単一の点の座標値で表現することはできない．この点に対する誤解が，$B_ζ$ の位置の位置について種々な論議を生じた原因である．

$B_ζ$ の位置に関する Yalin の指摘は，きわめて重要な意義を有する．彼は，$d_j = k_s$ とした場合の粒子の初動条件を式（4・2・33）に基づいてさらにくわしく論じている．

Graf, W. H.[256] は, Yalin の揚力理論が結局は定性的ならざるをえず, Shields ダイアグラムのすぐれた表示法に対する信頼性をますます高めたにすぎないと批判しているが, Shields 曲線の意義をこれだけ徹底的に追求した論文は他にみあたらない. その意味で, ややながくなったが Yalin の考えかたの骨子を要約した. 単一粒子に対する力学的考察は, いかに精緻をきわめても, 所詮は粒子形状の問題, 相互の干渉効果が解明されないかぎり, これ以上の進展は机上の空論であろう.

集合体としての粒子の移動についても, 混合粒径の場合には粒度組成に対応した無数の Shields 曲線群を想定しなければならず, 形状の差異による影響は確定していないから, 問題はさらに複雑化する可能性をはらんでいる.

結局, 厳密な意味での粒子移動に対する一般的基準を確立することはほとんど不可能なようにおもえる[235]. この現象自体, 多数の確率要素に支配されている点で物理的に正確な定義をあたえることはのぞめない. しかし, 砂礫が移動するとしないとでは, これにともなう現象が著しく異なることは確かである. Einstein[235] が確率論的手法を導入したのは, この問題を決定論的立場から説明することが困難なためである.

3. 河川の運搬作用 (その1)

3-1 運搬作用の種類

河川の侵食作用により原位置から除去された物質は, 狭義の侵食作用に対応して, 化学的運搬と物理的または機械的運搬の2種類の形式で運搬される.

化学的運搬は, 溶食によって河水に供給された溶解物質 (soluble material) を運ぶので, 溶流 (solution) という. 溶流形式で運ばれる物質の量は, 河水の塩分濃度から求めることができる. 海水と違って, 河水の塩分濃度は一般的に稀薄であるが, 河川は昼夜をおかず流れているから年間の溶流物質量は莫大な量に達する (本章§4-6参照)[237]. ただし, 河水中の塩分は天水中に含まれている化学成分も加わったものであるから, 表流水および地下水のとりこんだ物質の総量をあらわさない[238]. しかも, 地中で溶けこむ成分もあるかわりに, 吸着・イオン交換・化学反応などによって除去される成分もあるので, 河水中の溶解塩類の起源は複雑をきわめる. 溶流物質は岩石・地質の影響をうけると

考えられるが,半谷高久[238]は両者の間に一義的な関係をみいだすことはむずかしいとのべている.溶流は一般に可視的な河床の変化をおこさないので,本書ではこれ以上ふれない.

物理的運搬は,固体荷重を運ぶ現象である.そしてこれらは,掃流(traction)運搬と浮流(suspension)運搬とにわけられる.掃流は,河床付近を滑動(sliding)・転動・躍動しながら堆積粒子が移動する現象で,浮流は粒子が河床を離れて水中を流速とほぼ等速度で浮かんだまま流下する現象をいう.同一水理量のもとでは,水中比重の大きい粗粒の物質は掃流形式で移動し,細粒の物質は浮流形式で移動するはずであるから,掃流荷重(bed load, tractional load)を掃流砂礫,浮流荷重(suspended load)を浮流土砂とよぶことがある.

礫以上の粗粒物質が浮流荷重に加わることは少ないが,砂は水理量の大小に応じて浮流荷重にも掃流荷重にもなる.したがって,粒径だけから運搬形式を予測することはできない.

実際の河川では,掃流荷重と浮流荷重とをはっきり区別しにくい[161].とくに河床付近では,躍動形式で移動する掃流荷重の上限と浮流荷重の下限との境界がはっきりしないのがふつうである.掃流・浮流を問わず,荷重は河床を構成する物質に由来し,これと物質交換をおこないながら移動する.したがって,両者を合わせて河床物質荷重(bed material load)とよび,河床物質と無関係に上流から浮遊流下してくる微細な物質を wash load として区別することもある[161].

任意の地点における河床の横断面を単位時間に流下する掃流荷重の乾燥重量または体積を,流砂量または掃流土砂量(bed load discharge または transport rate of bed load)という.掃流土砂量 Q_B を河幅でわった単位幅あたり掃流土砂量を q_B であらわし,河幅の異なる他河川との比較に用いることもある.しかし,掃流土砂量 Q_B は一般に横断方向に均等な分布を示さない[219].

横断面を単位時間に流下する浮流荷重の乾燥重量または体積を浮流土砂量(suspended load discharge または transport rate of suspended load)といい,Q_S であらわす.この場合にも,Q_S の単位幅あたりの値を q_S であらわす.浮流土砂は,横断方向の分布が比較的一様であるから問題はない.掃流土

3. 河川の運搬作用（1）

表 4-4 掃流土砂量公式

発表者名	発表年	式　形
（ 1 ） du Boys, P.[241]	1879	式 (4・3・1)
（ 2 ） Schoklitsch, A.[240]	1914	$q_B = 0.54 \dfrac{\gamma_s - \gamma_w}{1}(\tau - \tau_c)$
（ 3 ） Gilbert, G. K.[249]	1914	$q_B = K_1(q - q_c)^m$, $\quad q_B = K_1'(I - I_c)^{m'}$, $q_B = K_1''\{(1/d) - (1/d_c)\}^{m''}$
（ 4 ） Forchheimer, P.[240]	1914	$q_B = K_2 \cdot \gamma_w \left(\dfrac{v}{C}\right)^2 \left\{\left(\dfrac{v}{C}\right)^2 - \left(\dfrac{v_c}{C_c}\right)^2\right\}$
（ 5 ） 中山秀三郎[250]	1923	$q_B = \dfrac{C \cdot n^{6/5}}{\sqrt{d}} \cdot I^{7/5} \cdot q^{3/5}(q^{3/5} - q_c^{3/5})$
（ 6 ） Donat, J.[240]	1929	$q_B = K_3 \dfrac{\gamma_w}{C^4} \cdot v^2(v^2 - v_c^2)$
（ 7 ） Schoklitsch, A.[219,240]	1930	式 (4・3・12)
	1934	$q_B = \dfrac{7000}{\sqrt{d}} I^{3/2}(q - q_c)$
（ 8 ） MacDougall, C. H.[251]	1933	$q_B = K_4 \cdot I^\alpha (q - K_5 \cdot d^{3/2}/I^{7/6})$, $\quad \alpha = 1.35 \sim 2.0$
（ 9 ） O'Brien & Rindlaub[243]	1934	$q_B = \chi'(\tau - \tau_c)^m$, $\quad \chi', m = fct(d_{50})$
（10） Meyer-Peter, Favre & Einstein[252]	1934	$0.4 \dfrac{q_B^{2/3}}{d} = \dfrac{q^{2/3} \cdot I}{d} - 17$
（11） U. S. W. E. S.[240]	1935	$q_B = \dfrac{K_6}{n}(\tau - \tau_c)^{1.5 \sim 1.8}$
（12） Straub, L. G.[240]	1935	$q_B = K_7 \left(\dfrac{1.486}{n}\right)^{-4} \cdot h^{-2/3}(v^2 - v_c^2)v^2$ $= \dfrac{0.173}{d^{3/4}}(\tau - \tau_c)$
（13） Shields, A.[203]	1936	式 (4・3・2)
（14） Chang, Y. L.[204]	1939	$q_B = K_8 \cdot n(\tau - \tau_c)$
（15） 永井荘七郎[242]	1943	$q_B = 3.03(\tau - \tau_c)v$
（16） Schoklitsch, A.[219]	1943	$q_B = 2500\, I^{3/2}(q - q_c)$
（17） Kalinske, A. A.[214]	1947	式 (4・3・3)
（18） Meyer-Peter & Müller[246]	1948	式 (4・3・6), (4・3・13)
（19） Einstein, H. A.[235]	1950	式 (4・3・33)
（20） Brown, C. B.[241]	1950	$q_B / \sqrt{\tau_c/\rho} \cdot d = 10 \left\{\dfrac{\tau}{(\sigma - \rho)gd}\right\}^2$
（21） 椿 東一郎[244]	1951	$q_B \cdot \sigma \cdot g / U_*(\tau - 0.8\,\tau_c)\left(\dfrac{\sigma - \rho}{\rho}\right)$ $= 67.6\left[\dfrac{U_*^2}{(\sigma/\rho - 1)gd}\right]^{0.8} \cdot \left(\dfrac{k_s}{d}\right)^{-0.485}$
（22） Bagnold, R. A.[248]	1966	式 (4・3・11)
（23） 佐藤・吉川・芦田[221]	1957	式 (4・3・37)
（24） Laursen, E. M.[349]	1958	式 (4・4・39)
（25） 篠原謹爾・椿[245]	1959	式 (4・3・4)
（26） Barekyan, A. S.[253]	1962	$q_B = 0.187\, \gamma_w \left(\dfrac{\gamma_s}{\gamma_s - \gamma_w}\right) q \cdot I \cdot \left(\dfrac{v - v_c}{v_c}\right)$
（27） Yalin, M. S.[257]	1963	式 (4・3・35)
（28） Engelund & Hansen[600]	1967	$q_B = 0.05\, \gamma_s v^2 \sqrt{\dfrac{d_{50}}{g\left(\dfrac{\gamma_s - \gamma_w}{\gamma_w}\right)}} \cdot \left[\dfrac{\tau}{(\gamma_s - \gamma_w)d_{50}}\right]^{3/2}$

発表者名	発表年	式 形
(29) Chang, Simons & Richardson[345]	1967	式 (4・4・37)
(30) 矢野・土屋・道上[273]	1968	式 (4・3・45)
(31) 芦田和男・道上正規[247,262]	1971, 72	式 (4・3・7), (4・3・42), (4・3・44)
(32) 平野宗夫[261]	1972	式 (4・3・41)

記 号

α：ベキ指数　　　　　I：水面勾配　　　　　　　　σ：砂礫の密度
B：水面幅　　　　　　K：実験定数　　　　　　　τ：掃流力
γ_s：砂礫の単位体積重量　k_s：相当粗度　　　　　　　U_*：摩擦速度
γ_w：水の単位体積重量　　m：ベキ指数　　　　　　　v：平均流速
C：Chézy 係数　　　　n：Manning の粗度係数　　v_s：沈降速度
d：粒径　　　　　　　ν：動粘性係数　　　　　　χ：du Boys の係数
g：重力加速度　　　　q：単位幅あたり流量　　　添字の c は限界値をあらわす
h：水深　　　　　　　q_B：単位幅あたり掃流土砂量　　(τ_c, v_c, q_c など)
h_m：平均水深　　　　　ρ：水の密度

砂量 Q_B と浮流土砂量 Q_S とをあわせて全流送土砂量[*] (total sediment transport rate) といい，Q_T であらわす．

　実際の河川でこれらの量を正確に測定することは，簡単なことではない．とくに，Q_B の測定には諸種の困難がつきまとうために[239]，これを理論的・実験的研究によって公式化しようとする試みが古くからあり，表4-4のように，数十種類におよぶ掃流土砂量公式が提唱されている．

　これらの諸公式は，侵食限界の場合と同様に，以下の三つの型に大別できる[240]．

（i）掃流力の関数としてあらわした du Boys 型公式

（ii）流量または流速の関数とした Schoklitsch 型公式

（iii）揚力の関数形であらわした Einstein 型公式

以下この順に，公式中の主要なものを紹介する．

3-2　du Boys 型掃流土砂量公式

掃流土砂量（Q_B または q_B）を掃流力 τ の関数形としてあらわした公式は，1879年に du Boys が提唱した[241]次式に基づく．

$$q_B = \chi(\tau - \tau_c)\tau \tag{4・3・1}$$

式中の χ は土砂の特性をあらわす係数，τ_c は限界掃流力である．Schoklitsch[219] は，du Boys の考えたモデルが野外での観察事実とあわないことを

---

[*] 掃流土砂と流送土砂とを同義に用いることもあるが，ここでは total load に対する語として用いる．

指摘しながらも，式形の簡単な割には野外および実験データと合致することを認めている．Schoklitsch (1914)[240]，Straub, L. G.[241]，Chang[204]，永井荘七郎[242] などの提案した公式は実験定数 χ が異なるが，基本的には式 (4・3・1) と同形である（表4-4）．O'Brien & Rindlaub[243] は，du Boys 公式を一般化して指数型の式（表4-4）をあたえたが，その際に係数 χ' とベキ指数 m とは中央粒径 d_{50} の関数であるとしている．

Shields[208] は，それまでの実験公式中に次元的に正しくないものがあることを考慮して，次式を提唱した．

$$\frac{q_B \cdot \gamma_s}{q \cdot I \cdot \gamma_w} = \frac{10(\tau - \tau_c)}{(\gamma_s - \gamma_w)d} \tag{4・3・2}$$

式中の記号は表4-4の記号表と同じである．

以上の諸公式は，$(\tau - \tau_c)$ の関数形として q_B を表現している．また Kalinske[214] は，次式のように τ_c/τ の関数形としてあらわした．

$$\frac{q_B}{U_* \cdot d \cdot \eta} = 7.3 \, fct\left(\frac{\tau_c}{\tau}\right) \tag{4・3・3}$$

ここで η は，White の充填係数 ($\eta=0.35$)，$\bar{v}_g/\bar{v} = fct(\tau_c/\tau)$，$\bar{v}_g$ は粒子の平均移動速度，$\bar{v}$ は粒子付近の流速の時間的平均値である．後に Brown, C. B. は，$fct(\tau_c/\tau)$ の値が大きい場合に対する公式（表4-4）をあたえている[241]．

次元解析法によって誘導した公式としては，椿東一郎[244]（表4-4）およびこれを修正した篠原謹爾・椿[245] の式がある．篠原らの公式は

$$\Phi_B = 25 \psi_e^{1.3}(\psi_e - 0.8\psi_c), \quad \psi_e = \frac{U_{*e}}{(\sigma/\rho - 1)gd} = \frac{\varphi}{\varphi_0}\psi$$

$$\varphi = v/U_*, \quad \varphi_0 = 6.0 + 5.75 \log_{10}(h_m/d) \tag{4・3・4}$$

である．ここで Φ_B，ψ はそれぞれ掃流土砂量および掃流力を無次元表示したもので，次式であらわされる．

$$\Phi_B = \frac{q_B}{\sqrt{(\sigma/\rho - 1)gd^3}}, \quad \psi = \frac{\tau}{(\sigma - \rho)gd} = \frac{U_*^2}{(\sigma/\rho - 1)gd} \tag{4・3・5}$$

ψ_c は砂礫の移動限界摩擦速度，ψ_e は河床粗度の影響を補正するために導入した有効掃流力である．その他の記号は，表4-4中の記号表と同じである．

Meyer-Peter & Müller[246] も

$$\Phi_B = 8(\psi_e - 0.047)^{3/2} \tag{4・3・6}$$

を提唱している．Φ_B, ψ_c は前式と同じである．芦田・道上正規[247] は，同様な無次元パラメーターを用いて導いた理論式を実験値と比較して修正し，次式をえた．

$$\Phi_B = 17 \psi_e^{3/2} \left(1 - \frac{\psi_c}{\psi}\right)\left(1 - \frac{U_{*c}}{U_*}\right) \qquad (4\cdot3\cdot7)$$

物理学の分野でほとんど無関心のまま放置されてきた，二相間の流れの問題に関心を寄せたのは Bagnold, A.[248] である．彼は，重力の場で固体に剪断作用が働いたときに，重力の垂直成分と反対方向の上むきの支持応力が存在することに着目し，掃流土砂量公式をエネルギー保存則から導いた．

Bagnold は，単位時間に河床の単位面積上にある移動中の土砂の水中重量を $m_b'g = \frac{\sigma - \rho}{\sigma} m_b g$ とした．m_b は土砂の乾燥質量である．粒子の平均移動速度を $\bar{v}_g$ とすると，単位幅あたりの掃流土砂量 q_B は定常流の状態下では $q_B = m_b' \cdot g \cdot \bar{v}_g$ である．水中重量 $m_b'g$ の土砂の集合体の運動方向と反対方向の応力，すなわち摩擦力を R_f とすると，R_f によって単位時間におこなわれる仕事 W_B は

$$W_B = R_f \cdot \bar{v}_g = q_B \cdot \tan \alpha, \qquad R_f = m_b' \cdot g \tan \alpha \qquad (4\cdot3\cdot8)$$

であらわされる．$\tan \alpha$ は動摩擦係数である．流れの有する仕事の効率を e_B とすると

$$e_B = \frac{W_B}{w} \qquad (4\cdot3\cdot9)$$

である．w は有効流体力で，底面付近の流速の平均値を $\bar{v}$ とすると

$$w = (\tau - \tau_c)\bar{v} \qquad (4\cdot3\cdot10)$$

であらわされる．式 (4·3·8), (4·3·9), (4·3·10) から q_B について解くと次式をえる．

$$q_B = \frac{e_B}{\tan \alpha}(\tau - \tau_c)\bar{v}, \qquad \bar{v} = 8.50 U_* \qquad (4\cdot3\cdot11)$$

さらに浮流土砂量についても，Bagnold は仕事の効率と有効流体力との積を仕事の割合に等しいとおいて，流送土砂量を求める式を提唱している．これについては後にのべることにする (p. 150 参照)．

式 (4·3·4), (4·3·6), (4·3·7), (4·3·11) では，いずれも有効掃流力または有効流体力といった，有効エネルギーの概念を含んでいる．

3-3 Schoklitsch 型掃流土砂量公式

掃流土砂量を流速や流量の関数形としてあらわした公式は，Gilbert[249] をはじめとして20世紀前半に多く，後半には少ないようである．Forchheimer, P.[240]，Donat, J.[240] らの公式（表4-4）は，du Boys 公式[241]（4・3・1）の τ のかわりに (v^2/C) を用いただけのことである．この問題に早くからとりくんだのは Schoklitsch で[240]，彼は室内実験の結果から

$$q_B = \chi' \cdot I^m \cdot (q - q_c) \tag{4・3・12}$$

を導いた．χ' は土砂の性質をあらわす係数，ベキ指数 m は後に 3/2 とした[219]（表 4-4）．以後 20 年にわたって Schoklitsch はこの型の公式の普遍化に努力し，種々の公式を提唱したが，結局はその企図を放棄した．

式（4・3・12）と同形の実験公式に 中山秀三郎[250]，Gilbert[249]，Straub[240]，MacDougall, C. H.[251] らの諸公式（表 4-4）がある．いわゆるスイス公式は，Meyer-Peter, Favre & Einstein[252] の提唱した公式（表 4-4）を，その後，Meyer-Peter & Müller[246] が混合粒径にも適用できるように修正したもので次式であらわされる．

$$\frac{\gamma_w \cdot R(k/k')^{3/2} \cdot I}{d} - 0.047(\gamma_s - \gamma_w) = 0.25 \sqrt[3]{\rho} \cdot \left(\frac{\sigma - \rho}{\sigma}\right)^{2/3} q_B^{2/3} \cdot \frac{1}{d} \tag{4・3・13}$$

式中，R は径深，(k/k') は粗度をあらわすパラメーターで，河床面の粒子による表面抵抗 k と河床砂波による形状抵抗 k' との比である．その他の記号は表 4-4 と同じである．その他の公式については，式形だけを表 4-4 にかかげた．最近のこの型の公式としては，Barekyan, A. S.[253] の公式（表 4-4）があるくらいで，流速や流量のみの関数として表現した公式は少なくなったようである．

3-4 Einstein 型掃流土砂量公式

前述のように，Einstein[235] は土砂の移動限界をきめることが困難なことを考慮して，このような限界基準の採用をさける方法として掃流砂関数の理論を展開した．以下にその概要を紹介する．

河床表面上の砂粒は，その水中重量より大きい揚力が働いたときに動きはじめ，その移動平均距離 $\bar{l}$ は粒径 d に比例し，$\bar{l}$ だけ移動した粒子は再び河床におちつくと仮定する．単位時間に，河床の単位幅を掃流形式で移動する砂粒の乾燥重量を q_B，一定の

粒径または粒径範囲 d の粒子が q_B 中にしめる重量比を i_B とすると，$q_B \cdot i_B$ は一定の粒径の粒子が単位時間に単位幅を通過する量をあらわす．

特定の断面について考えると，そこを通過する粒子がそれまでにどのくらいの距離を移動してきたのかを知る方法はない．しかし，少なくともその断面から $\bar{l}$ の距離までの，どこかに堆積するはずである．$\bar{l}=A_{\bar{l}} \cdot d$ とおき，$A_{\bar{l}}=100$ と仮定する．篠原・椿[254]は，実験によって Einstein の仮定が妥当なことを実証している．1個の粒子の重量を $A_1 d^3 \sigma g$ とすると，単位時間，単位面積に堆積する砂粒の数は

$$\frac{q_B \cdot i_B}{A_{\bar{l}} d A_1 d^3 \sigma g} = \frac{q_B \cdot i_B}{A_1 \cdot A_{\bar{l}} \sigma g d^4} \tag{4.3.14}$$

である．A_1 は定数である．

一方，この粒径の粒子が単位時間に河床から侵食される割合は，河床の単位面積に露出する粒子の数 n_b と，1個の粒子が単位時間に動きだす確率 P_s とに比例すると仮定する．河床表面において，一定の粒径の粒子がしめる割合を i_b とすると，河床単位面積内の粒径 d の粒子の数は $i_b/A_2 d^2$ であり，単位時間に単位面積から侵食される粒子の数は $i_b \cdot P_s/A_2 d^2$ である．A_2 は比例定数である．

ここで P_s は $[T]^{-1}$ の次元をもつので，これを絶対確率 P に変換するために $P_s \cdot t_e = P$ とおき，t_e 時間内に河床表面の砂粒がすべて動くときは $p=1.0$，まったく動かないときには $p=0$ となるような置換時間（exchange time）t_e の概念を導入する．t_e を Einstein は，理論的にも実験的にもきめる手段がないとして，粒径 d に等しい距離を沈降するのに要する時間に比例すると仮定した．

$$t_e = A_3 \cdot \frac{d}{v_s} = A_3 \sqrt{\frac{\rho d}{(\sigma-\rho)g}} \tag{4.3.15}$$

式中，A_3 は比例定数，v_s は沈降速度である．これらの仮定から，単位時間に河床単位面積からひろいあげられる砂粒の数は

$$\frac{i_b P_s}{A_2 d^2} = \frac{i_b P}{A_2 \cdot A_3 d^2} \sqrt{\frac{(\sigma-\rho)g}{\rho d}}, \qquad P_s \cdot t_e = P \tag{4.3.16}$$

であり，河床単位面積について侵食と堆積とがつりあっている状態下では次式

$$\frac{i_B q_B}{A_1 A_{\bar{l}} \sigma g d^4} = \frac{i_b P}{A_2 A_3 d^2} \sqrt{\frac{(\sigma-\rho)g}{\rho d}} \tag{4.3.17}$$

が成立する．上式が Einstein の掃流砂方程式（bed load equation）である．

侵食の確率 P は，ある地点で瞬間的揚力が粒子の水中重量より大きくなる間の全時間に対する割合とする．P が大きくなれば掃流運搬が活発化し $A_{\bar{l}}$ も増大するが，P が小さいうちは $A_{\bar{l}}=100$ と仮定する．$(1-P)$ の粒子が $\bar{l}$ だけ移動した後に堆積する

3. 河川の運搬作用（1）

が，P の粒子は移動をつづける．$2\bar{l}$ の距離だけ移動した後に $P(1-P)$ の粒子が堆積するが，P^2 の粒子はさらに移動をつづける．このように考えると，粒子の総移動距離 $\Sigma\bar{l}$ は

$$\Sigma\bar{l} = \Sigma A_{\bar{l}} \cdot d = \sum_{n=0}^{\infty}(1-P)P^n(n+1)A_{\bar{l}}d = \frac{A_{\bar{l}}d}{(1-P)} \quad (4\cdot3\cdot18)$$

である．この値を式 (4・3・17) へ代入して，P について整理すると次式をえる．

$$\frac{1-P}{P} = \left[\frac{A_2 A_3}{A_1 A_{\bar{l}}}\right]\left(\frac{i_B}{i_b}\right)\left\{\frac{q_B}{\sigma g}\left(\frac{\rho}{\sigma-\rho}\right)^{1/2}\left(\frac{1}{gd^3}\right)^{1/2}\right\} \quad (4\cdot3\cdot19)$$

上式の右辺第3項は，掃流運搬の強度 (intensity of bed load transport) をあらわす無次元項で，これを Φ とおくと式 (4・3・19) は

$$\frac{P}{1-P} = [A_*]\left(\frac{i_B}{i_b}\right)\{\Phi\} = A_* \Phi_*, \quad \Phi = \frac{q_B}{\sigma g}\sqrt{\frac{\rho}{(\sigma-\rho)gd^3}} \quad (4\cdot3\cdot20)$$

とかきなおせる．A_* は定数の積，$\Phi_*(=(i_B/i_b)\cdot\Phi)$ は粒径別の掃流運搬の強度をあらわす．

P は粒子に働く揚力 L が粒子の水中重量 W' より大きくなる確率をあらわすから

$$P = fct\left(\frac{W'}{L}\right), \quad L = C_L \cdot \frac{1}{2}\rho u_z^2 A_2 d^2, \quad W' = (\sigma-\rho)gA_1 d^3 \quad (4\cdot3\cdot21)$$

である．L, W' は式 (4・2・18), (4・2・19) としてすでにのべた．混合粒径の場合に，u_z は理論的河床面から $0.35X$ の高さで測った流速である．その場合の X は次式から求める．

$X = 0.77\Delta\,(\Delta/\delta > 1.80)$,

$X = 1.39\delta\,(\Delta/\delta < 1.80)$ (4・3・22)

δ は層流底層の厚さ，$\Delta = k_s/x$ で k_s は相当粗度で混合粒径では d_{65} に等しいとする．x は補正係数で図 4-26 のように k_s/δ の値によって変化する．$d < X$ であるような細かい粒子は粗粒の粒子によって遮蔽されるために，これを補正する遮蔽係数 ξ を用いる．ξ は，図 4-26 のように d/X の関数である．さらに，混合粒径の場合の揚力係数の変化を補正する係数として Y を導入する．均一粒径の場合に $Y=1$ とする．Y も k_s/δ の関

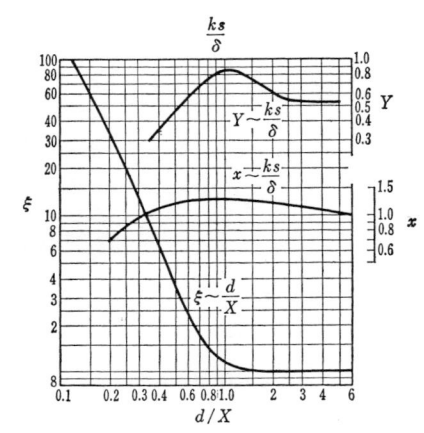

図 4-26 Einstein の理論における x, ξ, Y の値[235]．

数で図 4-26 のように変化する．以上のような仮定を用いて式 (4・3・21) 中の u_z を

$$u_z = U_* \, 5.75 \log_{10}\left(\frac{0.35 \, X \cdot 30.2}{\varDelta}\right), \quad u_z{}^2 = R_B' \cdot I_e \cdot g (5.75)^2 \log_{10}\left(10.6 \frac{X}{\varDelta}\right) \quad (4\cdot3\cdot23)$$

とあらわすと，任意の瞬間における揚力 L は式 (4・2・18) と同様に

$$L = 0.178 \rho A_2 d^2 \cdot \frac{1}{2} R_B' \cdot I_e \cdot g (5.75)^2 \log_{10}{}^2\left(10.6 \frac{X}{\varDelta}\right)(1+\eta) \quad (4\cdot3\cdot24)$$

であらわせる．R_B' は河床表面に働く剪断力 τ を，砂粒表面に働く剪断応力 τ' と河床面の起伏によって生じる剪断応力 τ'' とに分解して考えたときに τ' に相当する径深であり，流速 u_z，エネルギー勾配 I_e に対して流速の対数分布公式を適用した次式から求める．

$$\frac{u_z}{\sqrt{g R_B' \cdot I_e}} = 5.75 \log_{10}\left(12.27 \frac{R_B' x}{d_{65}}\right) \quad (4\cdot3\cdot25)$$

P は $1 > W'/L$ となる確率をあらわすから

$$1 > \frac{W'}{L} = \left[\frac{1}{1+\eta}\right]\left\{\frac{\sigma-\rho}{\rho} \cdot \frac{d}{R_B' \cdot I_e}\right\}\left(\frac{2 A_1}{0.178 A_2 \cdot 5.75^2}\right)\frac{1}{\log_{10}{}^2(10.6 \, X/\varDelta)} \quad (4\cdot3\cdot26)$$

でなければならない．$1+\eta$ の値は正・負いずれの場合もあるが，$L>0$ だから絶対値をとる必要がある．上式の右辺を

$$\psi = \frac{\sigma-\rho}{\rho} \frac{d}{R_B' \cdot I_e}, \quad B_1 = \frac{2 A_1}{0.178 A_2 \cdot 5.75^2}, \quad \beta_x = \log_{10}\left(10.6 \frac{X}{\varDelta}\right) \quad (4\cdot3\cdot27)$$

とかきなおすと，式 (4・3・26) は

$$|1+\eta| > B_1 \psi \cdot \frac{1}{\beta_x{}^2} \quad (4\cdot3\cdot28)$$

となる．前述の二つの補正係数 ξ, Y を導入して

$$|1+\eta| > \xi Y B_1' \psi \frac{\beta^2}{\beta_x{}^2}, \quad B_1' = \frac{B_1}{\beta^2}, \quad \beta = \log_{10} 10.6 \quad (4\cdot3\cdot29)$$

をえる．均一粒径で $x=1$ のときは $\beta^2/\beta_x{}^2$, Y, ξ の値は 1 になる．両辺を η の標準偏差 η_0 でわり，$\eta = \eta_0 \cdot \eta_*$ とおいて両辺を 2 乗して次式をえる．

$$\left[\frac{1}{\eta_0} + \eta_*\right]^2 > \xi^2 Y^2 B_*{}^2 \psi^2 \left(\frac{\beta^2}{\beta_x{}^2}\right)^2 = B_*{}^2 \cdot \varPsi_*{}^2 \quad (4\cdot3\cdot30)$$

ここで，$B_* = B_1'/\eta_0$, $\varPsi_* = \xi Y (\beta^2/\beta_x{}^2) \psi$ である．

砂粒が移動限界に達した状態では

$$\left[\frac{1}{\eta_0} + \eta_*\right]^2 = [B_* \cdot \varPsi_*]^2 \quad \text{または} \quad [\eta_*]_{\text{LIMIT}} = \pm B_* \varPsi_* - \frac{1}{\eta_0} \quad (4\cdot3\cdot31)$$

とおける．η_* に対する確率は正規誤差法則にしたがうから，粒子が移動する確率 P は次式であらわされる．

3. 河川の運搬作用（1）

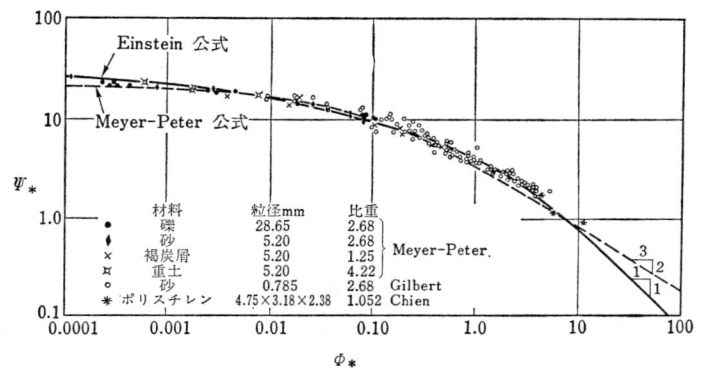

図 4-27 Φ_* と Ψ_* との関係[220].

$$P = 1 - \frac{1}{\sqrt{\pi}} \int_{-B_*\psi_*-(1/\eta_0)}^{B_*\psi_*-(1/\eta_0)} e^{-t^2} dt \qquad (4\cdot3\cdot32)$$

式中の t は積分変数である．上式と式 (4・3・20) とから

$$P = 1 - \frac{1}{\sqrt{\pi}} \int_{-B_*\psi_*-(1/\eta_0)}^{B_*\psi_*-(1/\eta_0)} e^{-t^2} dt = \frac{A_*\Phi(i_B/i_b)}{1 + A_*\Phi(i_B/i_b)} = \frac{A_*\Phi_*}{1 + A_*\Phi_*} \qquad (4\cdot3\cdot33)$$

をえる．η_0, A_*, B_* は一般定数で，$1/\eta_0 = 20$，均一粒径に対しては $A_* = 27.0$，$B_* = 0.156$ としている．

式 (4・3・33) が最終的な掃流砂方程式で，流れの強度 (flow intensity) をあらわす Ψ_* と掃流運搬の強度をあらわす Φ_* との関係は，図 4-27 のような実線であらわされる．この曲線のあらわす関係を，Einstein の掃流砂関数とよぶ．一般に，Einstein 公式 (4・3・33) と Meyer-Peter & Müller[246] の公式 (4・3・13) とが種々な実験値に適合し，最も信頼がおけるとされている[255,256]．そこで Chien[220] は，式 (4・3・13) を Φ_* と Ψ_* とを用いて次式のようにか

図 4-28 τ_* と q_{B*} との関係[247,261,343].

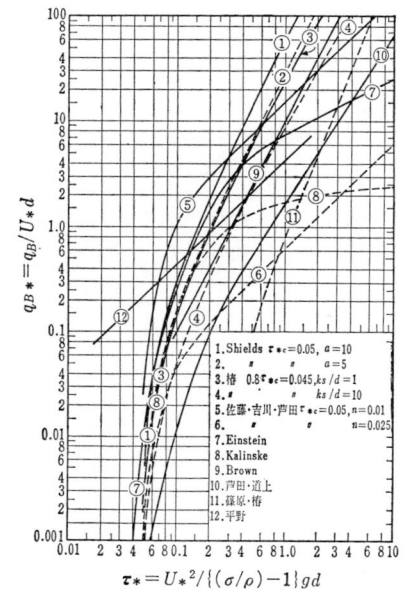

きかえ，両式がきわめて類似していることを示した（図4-27中の破線）．

$$\varPhi_* = \left(\frac{4}{\varPsi_*} - 0.188\right)^{3/2} \tag{4・3・34}$$

Einstein の原論文[235)]では，式 (4・3・33) を $\varPhi_*$ と $\varPsi_*$ とであらわしてあるが，Brown は τ と q_B の無次元化した指標に対応させて，$\tau_*(=1/\varPsi_*)$ と $q_{B*}(=\varPhi_*)$ との関係を表示した[241)]．図4-28 は，これにしたがって τ_* と q_{B*} との関係でおもな公式をあらわしたものである．Einstein は，浮流土砂量についても考察を加えて全流送土砂量を求める公式を提唱したが，これについては後述する（本章§4-5）．彼の独創的な理論は，以後の掃流土砂量に関する研究に大きな影響をおよぼし，彼の理論に言及しない報告はほとんどないくらいである．

Yalin[257)] は粒子に働く平均揚力を考え，Bagnold[249)] と同様な考えかたから次元解析法を用いて次式を導いた．

$$\frac{q_B}{U_*(\sigma-\rho)gd} = \text{const} \cdot s\left[1 - \frac{1}{as}\log_e(1+as)\right] \tag{4・3・35}$$

ただし，$s = \dfrac{U_*}{U_{*c}} - 1$，$a = 2.45\dfrac{U_{*c}}{(\sigma/\rho)^{0.4}}$ である．Yalin は，粒子の運動をおもに躍動によると考えたが，Kalinske[258)] はむしろ転動や滑動が支配的であると考えていた．これらの移動形式は現実に明瞭に区別しがたいし，真の意味での滑動は河床が平滑でなければおこりにくい[259)]．

Yalin[257)] は，河床粗度を砂粒による表面抵抗 τ' と砂漣などによる形状抵抗 τ'' とにわけて，$\tau = \tau' + \tau''$ としたが，Einstein[235)] が径深 R を分割したのに対し，エネルギー勾配 I_e を分割した．すなわち

$$\rho \cdot g \cdot R \cdot I_e = \rho \cdot g \cdot R(I_e' + I_e'') \tag{4・3・36}$$

であらわし，I_e' を τ' に，I_e'' を τ'' に対応させた．式 (4・3・13) も I_e を分割してある．k は I_e' に，k' は I_e'' に対応するのである．

わが国では，佐藤・吉川・芦田[221)] の公式が河川の実測値に対してもっとも適合度が高いようである．佐藤らは，揚圧力が砂粒に対してあたえる運動量は重力が砂粒にあたえる運動量に等しいと仮定して，理論的に次式を導いた．

$$q_B = \varphi\frac{\sigma}{\sigma-\rho}F(\tau_c/\tau)\tau \cdot U_*, \qquad \varphi = \frac{2.517}{2\sqrt{2\pi}}c_L \cdot \alpha^2 \cdot \beta \cdot \gamma \tag{4・3・37}$$

式中，$\alpha = 8.5 + 5.75\log_{10}(z_0/k_s)$，$\beta = F(\bar{v}/U_*)$，$\gamma$ は揚力が効果的に働く

3. 河川の運搬作用（1）

面積，c_L は揚力係数，$F(\tau_c/\tau)$ は図4-29のような τ_c/τ の関数形である．彼らは，それまでの諸公式が小水路の実験に基づいているために自然河川に適用しにくい面があるとして，全長114m，幅78cmの大型水路の実験結果から，φ がおもに抵抗係数の関数であることを確かめ次式をえた．

$$\varphi = 0.62\left(\frac{1}{40n}\right)^{3.5} \quad (n<0.025),$$

$$\varphi = 0.62 \quad (n\geqq 0.025) \qquad (4\cdot 3\cdot 38)$$

実際の河川では，Manning の粗度係数 $n\geqq 0.025$ の場合が多いから $\varphi = 0.062$，$\tau_c/\tau \leqq 0.2$，したがって $F(\tau_c/\tau) \fallingdotseq 1.0$

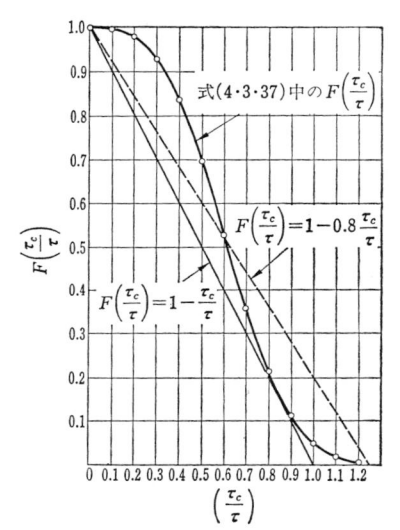

図4-29 佐藤・吉川・芦田の $F(\tau_c/\tau)$ [221]．

である．$\sigma/(\sigma-\rho) = 1.625$ とし，以上の値を式（4・3・37）へ代入して

$$q_B = 0.62 \times 1.625 \times 1.0 \times \tau \cdot U_* \fallingdotseq \tau \cdot U_* \qquad (4\cdot 3\cdot 39)$$

をえる．式（4・3・37）は無次元化した形で

$$\frac{q_B}{U_* \cdot d} = \varphi \cdot F(\tau/\tau_c)\frac{U_*^2}{(\sigma/\rho - 1)gd} \qquad (4\cdot 3\cdot 40)$$

とかきなおせる．佐藤ら[260]は，利根川下流部の布川で洪水時に掃流土砂量の実測をおこなった結果，実測値がかなり分散することを認めているが，実測値の精度が向上すれば φ の決定も可能であると報告した．

最近，平野[261]は式（4・3・37）と Egiazaroff 公式（4・2・8）[213]を修正した式[223]（4・2・15）を用いて，粒径別掃流土砂量を次式であらわした．

$$\frac{i_B \cdot q_{B_i}}{U_* \cdot d_i \cdot i_b} = \varphi \cdot \tau_{*i} \cdot F\left(\frac{\tau_{*c_i}}{\tau_{*i}}\right), \quad \frac{\tau_{*c_i}}{\tau_{*i}} = \frac{\tau_{*c_m}}{\tau_{*i}}\left(\frac{\log_{10} 19}{\log_{10} 19\, d_i/d_m}\right)^2 \quad (4\cdot 3\cdot 41)$$

添字 i, m はそれぞれ任意の粒径 d_i および平均粒径 d_m に対応する．$\tau_{*c_i} = U_{*c_i}^2/(\sigma/\rho - 1)gd_i$ である．

芦田・道上[262]も，式（4・3・40）を混合砂礫の場合に適用できるように次式のように修正した．

$$\frac{q_{B_i}}{f_0(d_i)U_*\cdot d_i}=\varphi\cdot F(\tau_i/\tau_{c_i})\frac{U_*^2}{(\sigma/\rho-1)gd_i} \tag{4・3・42}$$

ここで $f_0(d_i)$ は，粒径 d_i の砂礫が河床物質中にしめる割合である．後に芦田ら[247]は，一様粒径の場合に対して導いた式 (4・3・7) に，Egiazaroff 公式 (4・2・8) を修正した形の

$$\frac{\tau_{c_i}}{\tau_{c_m}}=\left\{\frac{\log_{10}19}{\log_{10}19\,(d_i/d_m)}\right\}^2\frac{d_i}{d_m} \qquad \frac{d_i}{d_m}\geqq 0.4$$

$$=0.85 \qquad\qquad\qquad \frac{d_i}{d_m}<0.4 \tag{4・3・43}$$

を適用して次式を提唱した．$\tau_{c_i}=\rho U_{*c_i}^2$, $\tau_{c_m}=\rho U_{*c_m}^2$ である．

$$\frac{q_{B_i}}{f_0(d_i)U_{*e}\cdot d_i}=17\tau_{*e_i}\left(1-\frac{\tau_{*c_i}}{\tau_{*i}}\right)\left(1-\frac{U_{*c_i}}{U_*}\right) \tag{4・3・44}$$

ここで $\tau_{*e_i}=U_{*e}^2/(\sigma/\rho-1)gd_i$, $\tau_{*i}=U_*^2/(\sigma/\rho-1)gd_i$, $\tau_{*c_i}=U_{*c_i}^2/(\sigma/\rho-1)gd_i$ である．

3-5 公式適用上の諸問題

以上のように，掃流土砂量公式は，理論式・実験式を含めてきわめて多種類の式形がある．実験公式は実験範囲内では適合するが，実際河川には適用しにくいものが多い．また，理論公式も水路実験の結果に基づくものが大部分であるから，理論式の予測が実験値と一致するのは当然であろう．

実際河川に実験公式を適用する場合，実験水路と自然流路との間の水理学的相似性が問題になる[256]．河床堆積物の不規則な性質や挙動は，統計学的に処理するしか方法がない．粒径の混合効果・遮蔽効果・河床面に発生する波状の微地形（砂漣や砂堆）が，この問題をなお複雑なものにしている．とくに，流送土砂量は実証面で難点があるとされているが，同一水理量をあたえても掃流土砂量公式としてどれを採用するかにより，数十倍の開きを生ずることもめずらしくない．

Danube 川の掃流土砂量を求めるために同一の水理量をあたえて Graf[256] が計算した結果は，$q_B(\text{kg/sec}\cdot\text{m})$ がそれぞれ Schoklitsch 公式 (4・3・12) で 0.185, Meyer-Peter らの式 (4・3・13) で 6.2, Einstein 公式 (4・3・33) で 7.52 であったという．

篠原・薄[263]が Shields[208], 椿[244], Kalinske[214], Einstein[235] の諸公式を鹿児島県肝属川と熊本県阿蘇谷の 1 支流，泉川で実測値と比較した結果，前者に対

3. 河川の運搬作用（1）

してはかなりの一致をみたが，河床勾配が 10^{-2} オーダーの渓流に対してはまったく適合しないことがわかった．浮流土砂との境界が不明瞭な現状では，採取器にはいった試料を掃流土砂とみなすしか方法がない[161,239]．実測値の精度もさることながら，公式自体の不統一性がこの問題を，いっそうやっかいなものにしている．

Nordin & Beverage[264] は Rio Grande 川の実測結果から，砂質河床の場合はともかくとして，砂礫質の河床で粒度組成が流量や時間の変化にともなっていちじるしく変化することを指摘している．

礫質河床で粒子が相互に遮蔽効果をおよぼしたり，流れの有効掃流力をかえることは十分考えられる．洪水時には相対粗度が減少して，流れの抵抗は粒径と無関係になるが，平水時には礫や巨礫がかなりの形状抵抗要素となるであろう．粗粒の礫を含む河床堆積物の粒度組成を平均粒径で代表させた場合，浮流形式で運ばれたものを掃流土砂量として含む可能性がある．

井口・目崎茂和[265]はこれをさけるために，浮遊しうる最大粒子の沈降速度 v_s を $v_s=2.5U_*$ として求め，この v_s に相当する粒径の換算値 d_0 の最大値 d_c を浮流と掃流の境界粒径とした．井口らは，重量％で表現しがたい粗大な礫を含む河床堆積物を，図4-30のように d_0 以上の粒径の粒子の個数％であらわした．井口らは，この図で累加頻度をあらわす線の折れる部分が d_c に相当すると考えた．そして，粒径 d_c 以上の堆積物の粒度組成から求めた平均粒径が，従来の d_{50} や d_{65} などの代表粒径よりも合理的な指標であることを，d_c の理論値と実測値の一致から証明した．

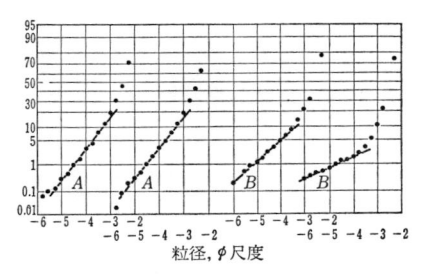

図4-30 多摩川（A）と酒匂川（B）の河床礫の個数頻度分布[265]．

酒匂川における d_c の計算値は報徳橋で $\phi=-3.7$，富士見橋で $\phi=-3.6$，飯泉橋で $\phi=-3.4$，酒匂橋で $\phi=-3.6$ で図中の折線部分に相当する粒径（ϕ単位）とほぼ一致している．

3-6 河床粒子の運動機構

掃流形式の粒子の移動は，河床付近のごくかぎられた範囲におこるためにその実態をとらえにくい．しかも，掃流現象自体が底面の微地形をかえ，掃流土砂量も時間的・空間的に変化する．

掃流現象を説明する種々の理論は，条件を単純化した概念的モデルに立脚したもので，それらの理論の妥当性を立証するには河床粒子の運動の実態と機構を解明する必要がある．この目的から Grass, A. J.[222]，岸 力・福岡捷二[266]，土屋・角野 稔[267]，大同淳之[268]，矢野勝正・土屋・青山俊樹[269] などは砂粒の運動を高速度カメラによって追跡することを試みている．しかし，その観察結果に対する見解はやや異なるようである．

岸らは，実験結果を主として Yalin[257] の理論と比較し，砂粒の移動開始条件をおもに揚力に求めた Yalin の理論を支持し，これに多少の修正を加えている．土屋らは岩垣[203]の抗力説を支持し，Yalin，岸らの揚力説に異議をとなえた．土屋らは，静止状態にある砂粒が一般にある距離だけ転動した後に躍動へ移行し，躍動がはじまるのは粒子が相互に衝突するためと主張した．

躍動の開始を揚力によるとするか，摩擦速度に関係づけて粒子間の衝突によるとするかは意見のわかれるところであろうが，いずれの場合も単一粒子の運動軌跡から展開した理論である．この点，矢野らは飛砂現象との関連も考慮しながら粒子の集団として移動する機構を考察し，実験結果とあわせてつぎのような基本的現象をあげている．

（i）静止，（ii）抗力による移動開始，（iii）衝突による移動開始，（iv）躍動，（v）移動粒子間の衝突，（vi）反発，（vii）停止．

以上の基本的現象を特徴づける因子として，粒子の跳躍の高さや距離，鉛直方向の粒子密度，砂粒のとびだし角度と落下角度，衝突時の反発係数などを理論的考察の対象としている．土屋・渡戸健介・青山[270]は，静止状態にある粒子が滑動・転動から躍動へ移行する過程を，運動方程式を導いて詳細に説明している．

上述の諸研究で，中礫以上の運動をとりあつかったものはない．細礫や砂粒以下の粒子については，ほぼ形状を球で近似させても支障はないであろうが，中礫程度になると形状の差異が大きな要因となってくる．

筆者[271,272]は，新潟県北部の渓流河川で河床礫にペンキを塗って移動状況を追跡した．その結果，扁平礫より球形礫のほうが移動距離が大きい傾向をみいだした．この種の選択運搬（selective transport）は水理量の増大にともない，集合運搬（mass transport）に移行するためにはっきりしなくなる．

矢野・土屋・道上ら[273]は，実験水路で着色砂をトレーサーとして砂礫の運動特性を追求し，粒子の平均移動速度と水理量との関係から次式を導いた．

$$q_{B*} = \frac{q_B}{U_* d} = 1.8 \psi^{1/2} \left(\frac{1}{\psi} - \frac{1}{\psi_c}\right)^{1.23} \quad (4\cdot3\cdot45)$$

式中の ψ, ψ_c は式（4・3・7）と同じである．

コロラド州の Clear Creek で，Kennedy & Kouba[274] が螢光砂をトレーサーとして求めた粒子の平均移動速度は 1.5 cm/sec であった．これは，平均流速 1.4 m/sec の約 1/100 のオーダーである．

外国では，トレーサーに放射性物質を用いて砂礫の移動状況を追跡した例もかなりあるらしい[275]が，わが国のように人口が密集している場合にはこの方法は難点がある．Hubbel & Sayre[275] は，^{192}Ir を用いて流送土砂量を推定する公式を提唱している．トレーサーの横断方向の濃度は，Lean & Crickmore[276] によると，点源として投入しても約 20 ft 流下すればほぼ平均化することがわかっている．

わが国では河床礫を着色したり，河床に存在しない異種類の岩石やレンガ，タイルなどの異物を投入して移動状況を追跡した例[277〜283]はあるが，出水規模が大きいと発見回収率が低く，洪水期間中の粒子の移動速度は知ることができない．筆者の経験では，回収率が 0.25%（総数 4000 個）のこともあった[283]．

4. 河川の運搬作用（その 2）

4-1 浮流運搬

前述のように，一定の粒径の堆積粒子が掃流荷重となるか浮流荷重となるかは，流れの水理学的条件できまる．河床上に静止している粒子は掃流限界に達した細粒のものから動きはじめ，掃流力の増大とともに粗粒の粒子も掃流形式で移動を開始する．水流の乱れが発達した状態下では，細粒の土砂は浮流荷重として運ばれる．

掃流荷重・浮流荷重・河床物質の三者間ではたえず活発な交換現象がみられ，洪水時には粗粒の礫も浮流荷重に加わることがある[284]．流域の状態によ

り，イギリスの Clyde 川のように，水理量の増大が荷重の粗粒化をともなわない例もある[285]．

4-2 浮流土砂の濃度分布

人為的な汚濁を別として，自然河川の河水がにごるのは浮流土砂の増大に起因する．わが国では洪水時の河川を濁水蕩々と形容するが，黄河や白河は常時，浮流土砂を多量に含んでにごっている[286]．にごりの程度は水の単位体積中に含まれる土砂の乾燥重量，すなわち浮流濃度（suspended sediment concentrtaion）C_s であらわす．C_s の単位としては mg/l，または ppm（parts per million）を用いる．

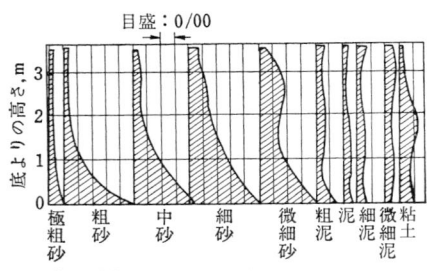

土砂が水面付近まで浮上するためには，乱流の速度変動に起因する拡散現象，すなわち渦動拡散（eddy diffusion）を必要とする．図 4-31 は Missouri 川における浮流土砂の水深方向の濃度分布をあらわし，Straub[287] の実測結果を m 単位に換算したものである．粗粒の物質ほど河床にむかって濃度の大きいことがわかる．シルト以下の細粒物質の垂直濃度はほとんどかわらない．浮流土砂全体としては，水面から河底にむかって濃度が増大する．

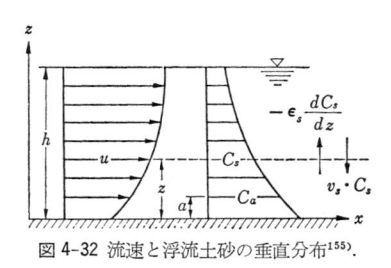

図 4-31 Missouri 川の浮流土砂の粒径別垂直濃度分布[287]．

図 4-32 流速と浮流土砂の垂直分布[155]．

いま，簡単に x-z 平面について流速および浮流濃度が，図 4-32 のような垂直分布を示すものとする．河床から z の高さの単位面積における質量の出入りを考えると，粒子の沈降速度 v_s によって単位時間にこの面を下方へ運ばれる量は $v_s \cdot C_s$ である．一方，渦動拡散によって高濃度から低濃度へむかって上方に運ばれる量は，式（4・1・12）から l を混合距離，$\sqrt{\overline{\omega^2}}$ を乱れの強さとすると $-l\sqrt{\overline{\omega^2}}(dC_s/dz)$ である．平衡状態では両者を等しいとおいて次式をえる．

4. 河川の運搬作用（2）

$$v_s \cdot C_s = -l\sqrt{\overline{\omega'^2}}\frac{dC_s}{dz} = -\epsilon_s\frac{dC_s}{dz}, \qquad v_s C_s + \epsilon_s\frac{dC_s}{dz}=0 \qquad (4\cdot4\cdot1)$$

ここで ϵ_s は浮流土砂の拡散係数である．上式を微分して，O'Brien, M. P.[288] が最初に導いた2次元平面における浮流土砂の濃度分布に関する基礎方程式をえる．

$$v_s\frac{dC_s}{dz}+\frac{d}{dz}\left(\epsilon_s\frac{dC_s}{dz}\right)=0 \qquad (4\cdot4\cdot2)$$

乱流状態では C_s は3次元的に変化し，時間 t の関数であることも考慮して

$$\frac{\partial C_s}{\partial t}+\frac{\partial}{\partial x}(C_s \cdot u)+\frac{\partial}{\partial y}(C_s \cdot v)+\frac{\partial}{\partial z}(C_s \cdot w)$$

$$=\frac{\partial}{\partial x}\left(\epsilon_{s_x}\frac{\partial C_s}{\partial x}\right)+\frac{\partial}{\partial y}\left(\epsilon_{s_y}\frac{\partial C_s}{\partial y}\right)+\frac{\partial}{\partial z}\left(\epsilon_{s_z}\frac{\partial C_s}{\partial z}\right)+v_s\frac{\partial C_s}{\partial z} \qquad (4\cdot4\cdot3)$$

とかきなおす．式中の u, v, w はそれぞれ x, y, z 方向の流速成分，$\epsilon_{s_x}, \epsilon_{s_y}, \epsilon_{s_z}$ は x, y, z 方向の渦動拡散係数である．式 (4・4・3) は，速水頌一郎が3次元の場合に対して一般化した浮流土砂濃度分布の基礎式である[289]．

とりあつかいを簡単にするため2次元の場合にもどり，式 (4・4・2) をかきなおすと，$\dfrac{1}{C_s}\cdot\dfrac{dC_s}{dz}=-\dfrac{v_s}{\epsilon_s}$ であるからこれを積分して，$z=a$ における濃度を C_a とすると

$$\frac{C_s}{C_a}=\exp\left(-\int_a^z \frac{v_s}{\epsilon_s}dz\right) \qquad (4\cdot4\cdot4)$$

をえる．ϵ_s の値がわかれば，上式は積分可能である．2次元水路における相対剪断応力分布は底面剪断応力を τ_0，z 方向の剪断応力を τ_z とすると

$$\frac{\tau_z}{\tau_0}=\frac{h-z}{h} \qquad (4\cdot4\cdot5)$$

であらわせる．h は水深である．流速分布が対数法則にしたがうとすると，式 (4・1・26) から

$$\frac{du}{dz}=\frac{U_*}{\kappa \cdot z}=\frac{\sqrt{\tau_0/\rho}}{\kappa \cdot z} \qquad (4\cdot4\cdot6)$$

がなりたつものと仮定する．κ は Kármán 常数である．

$$\tau_z = \rho \cdot \epsilon_s \frac{du}{dz} \qquad (4\cdot4\cdot7)$$

とおくと，式 (4・4・5), (4・4・6), (4・4・7) から次式が導かれる．

$$\epsilon_s = \kappa U_* \left(\frac{z}{h}\right)(h-z) \tag{4·4·8}$$

上式を式 (4·4·1) へ代入して変数を分離すると

$$\frac{dC_s}{C_s} = -\frac{v_s}{\kappa U_*} \cdot \frac{h}{z}\left(\frac{dz}{h-z}\right) \tag{4·4·9}$$

となる．$v_s/\kappa U_* = Z$ とおき，上式を a から z まで積分して

$$\int_a^z \frac{dC_s}{C_s} = \log_e \frac{C_s}{C_a}, \quad \int_a^z \frac{Z \cdot h}{z(h-z)} dz = \log_e \left[\frac{h-z}{z} \cdot \frac{a}{h-a}\right]^z \tag{4·4·10}$$

となるから Rouse, H.[290] の導いた式 (4·4·8) の解は

$$\frac{C_s}{C_a} = \left[\frac{h-z}{z} \cdot \frac{a}{h-a}\right]^Z \quad \text{ただし} \quad Z = \frac{v_s}{\kappa U_*} \tag{4·4·11}$$

である．式 (4·4·4) で ϵ_s を一定とみなせば，次式のように簡単化できる．

$$\frac{C_s}{C_a} = \exp\left\{-\frac{v_s(z-a)}{\epsilon_s}\right\} \tag{4·4·12}$$

実験値や実測値をもとに，多数の研究者が式 (4·4·11)，(4·4·12) を検討した結果，攪乱をうけた静水中の浮遊の場合には式 (4·4·12) が，流水中における浮遊の場合に式 (4·4·11) が適合するが，式 (4·4·11) 中の Z の値は観測値より大きくなる傾向のあることが判明した．図 4-33 は，Chien[220] が式 (4·4·

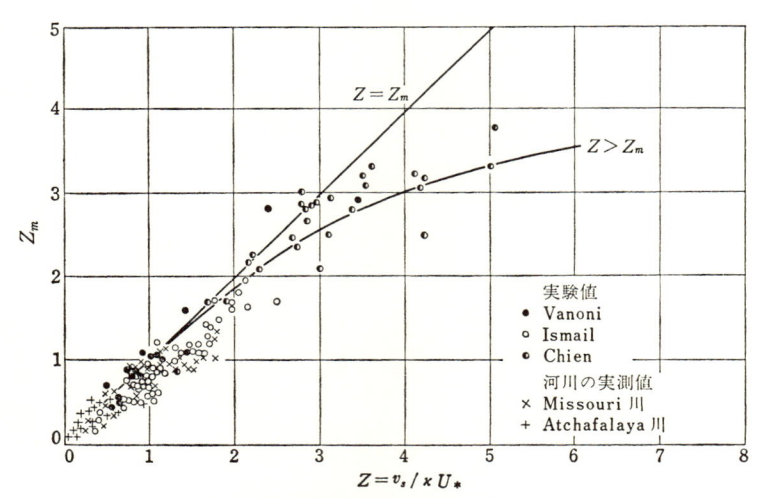

図 4-33 Z と Z_m との関係[220].

4. 河川の運搬作用（2）

11) 中の指数の理論値 Z と実測値 Z_m との関係をあらわしたものである．Z が大きくなると，Z_m と Z とのずれが大きくなる傾向がある．式 (4・4・1) では，質量の拡散 ϵ_s と運動量の拡散 ϵ とを等しいと仮定したのであるが，厳密には比例常数を β として次式のように考えるべきであろう．

$$\epsilon_s = \beta \cdot \epsilon, \qquad \frac{v_s}{\beta \cdot \kappa \cdot U_*} = Z_m = \frac{Z}{\beta} \qquad (4\cdot4\cdot13)$$

上式中で $\beta \leq 1$ であることが理論的[300]にも実測値[301,302]によっても証明されている．

これに対して，Einstein & Chien は Z と Z_m との差が β のみに起因するものではなく，乱れや浮流濃度が式 (4・4・13) 中の κ や v_s に影響すると考えた[284]．浮流濃度が v_s におよぼす効果については，決定的な結論がでていないようである．Vanoni, V. A.[291,293,303] の実験や Einstein らの実測[284]により，κ は一般に C_s の増大とともに減少することが判明した．椿[304]はこの原因を，密度勾配の形成による乱れの減衰に帰すると説明している．志村博康[305]は κ の変化を次式であらわした．

$$\frac{1}{\kappa} = \frac{1}{\kappa_0} + \frac{4.8 C_s (\sigma - \rho) g v_s (h-a)}{\rho U_*^3 2.3 \log_{10}(h-a)/a} \qquad (4\cdot4\cdot14)$$

ここで κ_0 は清澄な静水中の場合（$\kappa = 0.4$），h は水深，a は $11.6\nu/U_*$ である．

κ の値は C_s に反比例するが，乱れの強度は C_s とともに増加することがわかった．日野幹雄[306]は，この現象を浮流土砂をともなう流れのエネルギー方

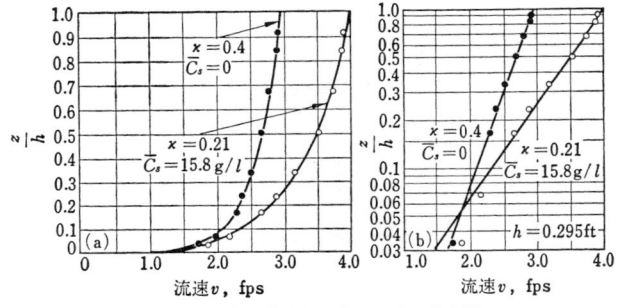

図 4-34 浮流土砂濃度（C_s）と流速分布[303]．

程式と乱れの運動の加速度のつりあいの方程式とを用いて理論的に説明し，理論値と実験値との間に良好な一致をえた．

κ の減少は，清澄な水に比べて浮流土砂を含む流れの平均流速が増大することを意味する．Chien[220] はその増加率が必ずしも一様ではなく，流速分布が対数法則にしたがわないことを暗にのべた．Vanoni & Nomicos[303] の実験結果をあらわした図 4-34 は，Chien の指摘を裏付けている．Vanoni & Nomicos[303] は，浮流土砂の存在によって摩擦抵抗が 5～28％ も減少することを報告している．

浮流土砂の濃度分布に関する拡散の理論は，固体粒子の拡散係数が水の拡散係数に比例するという仮定から出発している点で，間接的なアプローチである．もし，粒子の運動方程式がかけて，乱流により粒子に働く力を直接考慮できればそのほうが望ましい．このような見地から，Velikanov, M. A. は固体粒子を浮遊させるのに必要な単位時間・単位体積あたりの仕事の量と水流のエネルギーとを等しいとおいて，次式を導いた[284]．

$$(\sigma-\rho)gv_s C_s(1-C_s) = \rho\overline{u'w'}\cdot\bar{u}\frac{dC_s}{dz} \qquad (4\cdot4\cdot15)$$

ここで u', w' は，それぞれ x 軸方向と z 軸方向の流速の瞬間変動成分，$\bar{u}$ は平均値をあらわす．他の記号は式 (4・4・1) と同じである．Scheidegger[307] は式 (4・4・15) を重力理論とよび，その発展に期待しながらも，エネルギー方程式に疑問の余地があることを指摘した．

重力理論は，浮流現象に対してより直接的なアプローチであることは確かだが，河川における乱流の構造を正確に把握しえない現状では，拡散理論に多少の歩がある．

4-3 浮流土砂量公式

理論式　任意の地点を単位時間・単位幅あたりに流下する浮流土砂量 q_s は，次式であらわせる．

$$q_s = \int_a^h C_s \cdot u\, dz \qquad (4\cdot4\cdot16)$$

上式で積分の上限 h に問題はないが，下限を a とする場合に河床からどのくらいの高さをとるかについて，決定的な基準はない．これは前述のように，浮流と掃流の境界をきめにくいからである．河床付近の基準濃度 C_a は a のきめ

4. 河川の運搬作用（2）

かたによって異なり，浮流濃度分布もこれによって影響をうける[235,308]。

この他にも，本章§4-2 でのべたような未解明の部分を残しているので，その浮流土砂量のとりあつかいは近似的にならざるをえない。

Lane & Kalinske[294] は実用上の目的から，濃度分布をあらわす式として ϵ_s の平均値 $\bar{\epsilon}_s = \frac{1}{15} U_* \cdot h$ とし，これと式（4・4・12）とから

$$\frac{C_s}{C_a} = \exp\left\{\frac{-15 v_s(z-a)}{h \cdot U_*}\right\} \tag{4・4・17}$$

を導いた。上式と式（4・4・16）とから

$$q_s = \int_a^h u \cdot C_s \cdot dz = q \cdot C_a \cdot P_0 \cdot \exp\left\{\frac{15 v_s}{U_*} \cdot \frac{a}{h}\right\} \tag{4・4・18}$$

としている。q は単位幅あたり流量，P_0 は $n/h^{1/6}$ および v_s/U_* の値によって変化する量で，n は Manning の粗度係数である。

式（4・4・18）は一定粒径に対するものだから，浮流土砂の粒径階級ごとに q_s を求める必要がある。Lane ら[294]は，諸河川の実測値に適合するように理論値を修正しているが，仮定にやや乱暴な点がある。

理論式の代表例として Einstein 公式を紹介する．Einstein[235] は濃度分布として式（4・4・11）を用い，流速分布として対数分布法則をあらわす次式を用いた。

$$\frac{u}{U_*} = 5.75 \log_{10}\left(\frac{30.2 z}{\varDelta}\right), \quad \varDelta = \frac{d_{65}}{x} \tag{4・4・19}$$

式中の $\varDelta$ は，式（4・3・22）と同じ意義をもつ．上式と式（4・4・11）とから次式をえる．

$$q_s = \int_a^h C_a\left(\frac{h-z}{z} \cdot \frac{a}{h-a}\right)^z 5.75 \log_{10}\left(\frac{30.2 z}{\varDelta}\right) \tag{4・4・20}$$

z の単位として h を用い，$a/h = \alpha$ として無次元化すると上式は

$$q_s = \int_\alpha^1 C_s \cdot u \cdot dz = h \cdot U_* \cdot C_a\left(\frac{\alpha}{1-\alpha}\right)^z 5.75 \int_\alpha^1 \left(\frac{1-z}{z}\right)^z \log_{10}\left(\frac{30.2 z}{\varDelta/h}\right) dz \tag{4・4・21}$$

とかきなおせる．上式はこのままでは積分不能と考え，α と Z の種々な値について Einstein は数値積分をおこない次式を提案した．

$$i_s q_s = 11.6 C_a \cdot U_* \cdot a \left[2.303 \log_{10}\left(\frac{30.2h}{\varDelta}\right) I_1 + I_2 \right]$$

ただし, $\quad I_1 = 0.216 \dfrac{\alpha^{z-1}}{(1-\alpha)^z} \displaystyle\int_\alpha^1 \left(\dfrac{1-z}{z}\right)^z dz,$

$$I_2 = 0.216 \frac{\alpha^{z-1}}{(1-\alpha)^z} \int_\alpha^1 \left(\frac{1-z}{z}\right)^z \log_e z\, dz \qquad (4\cdot4\cdot22)$$

式中, i_s は一定の粒径階級の土砂が浮流土砂量中にしめる割合, I_1 および I_2 は Z および α の関数で, 図 4-35 のような関係がある. Einstein は, 粒径 d

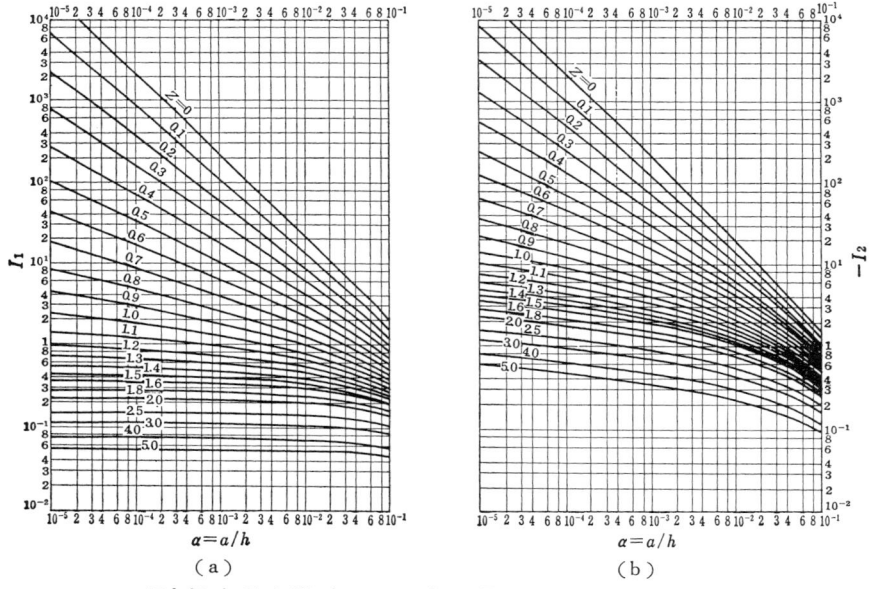

図 4-35 式 (4·4·22) 中における I_1 と Z および α の関係 (a), I_2 と Z および α の関係 (b)[235].

の 2 倍の高さの濃度を基準濃度 C_a にとり[308]

$$C_a = \frac{q_B \cdot i_B}{2d \cdot U_* \cdot 11.6} \qquad (4\cdot4\cdot23)$$

とした. 式 (4·4·22) は, 特定の粒径階級に対しての浮流土砂量 $i_s q_s$ をあたえる式であるから, 各粒径階級ごとに求めた値を合計して q_s を算出する.

以上のようにして求めた q_s の理論値は, 実測値との間にかなりの差異を生ずる場合もありうる. これは C_a のきめかた[296,303], ϵ_s と ϵ との関係[284,300],

4. 河川の運搬作用 (2)

乱流中における v_s の評価[177,304]，κ の変化[220,292,304]や流速分布の変化[284,304]など，すでにのべたこと以外に粒径範囲が広い場合の処理[235]，3次元的な流れの場合の基礎式 (4・4・3) の解法[289,309,310] など未解決な面が数多くあることによっている．

経験式 このように多くの問題をかかえているために，実測値と若干の水理量との間の統計的関係を経験式としてあらわした浮流土砂量公式も多い．もっとも簡単な形としては，浮流土砂量 Q_S を流量 Q の関数形としてあらわしたものがある．

$$Q_S = aQ^m \tag{4・4・24}$$

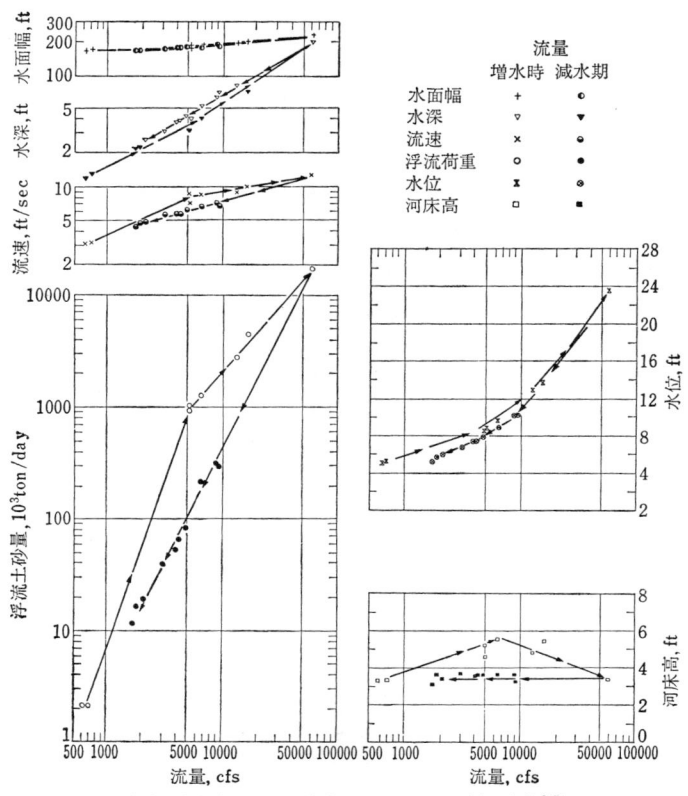

図 4-36 洪水時における流量にともなう水理量の変化[317]．

係数 a は水理量，浮流土砂の性質など多くの変数を含んでいる．ベキ指数 m は Q に対する Q_S の増加率をあらわすから，流域の特性を反映する．実測の結果によると，Missouri 川で 2.16[287]，Red 川で 2.04[311]，十勝川で 1.92[312]，斐伊川・利根川・肝属川で約 2.0[313]，寒河江川の支流大入間川で 2.37[314]，同じく原沢川で 1.98[314] であるという．これらの実測値から，m は平均して 2.0 前後とみなせる．

荒巻孚・沢野亮一[315] は渡良瀬川上流域で，荒廃山地斜面が流域内に分布している場合に m の値が 5 に達したという．吉川[313] は，$m=2$ であることを理論的に証明したが，Graf[316] は m の値が諸種の水文・地形・地質条件に支配される点で，経験式の域をでないことを指摘した．

浮流土砂量と濃度の時間的変化 式 (4・4・24) 中のベキ指数 m の値は，洪水期間中の増水時と減水時とで異なることが Volga[316]，Vistula[316]，San Juan[317]，Rio Grande[298]，Colorado[317] などの大河川や，利根川[318]，木曾川[318]，荒川[319]，十勝川[320] など，わが国の河川でも観察されている．このことは Q と Q_S との関係曲線が 1 本の線ではなくループをえがくことを意味するが，Leopold & Maddock[317] が図 4-36 に示したように，洪水期間中は他の水理量もループをえがくのである．

浮流土砂量は，式 (4・4・16) のあらわすように流速と浮流濃度の積だから時間的には非定常であり，とくに洪水時にはその変化がいちじるしい．流域面積の小さい，水文学的条件がほぼ等質の流域では，最高水位・最大流速・最大流量などが最大濃度の出現時刻と一致する．しかし，大河川ではこれらの間に時間的なズレを生じ，最大濃度が最高水位や最大流量に先行する場合が多いよう

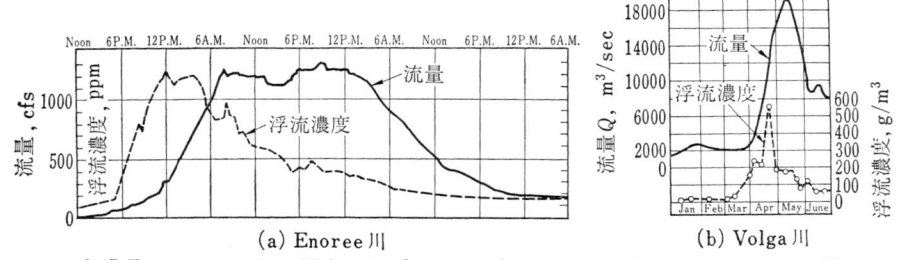

図 4-37 Enoree 川 (a) と Volga 川 (b) の洪水時における浮流濃度と流量の時間的変化[316]

4. 河川の運搬作用（2）

である（図 4-37）．

Volga, Vistula, Rio Grande, Enoree[308] などの諸河川ではこの現象が確認され，わが国でも荒川や木曾川で同じ現象が観察されている．吉川[313]は，洪水流を理論的に解析してこの現象を説明し，洪水流が最大流速・最大流量・最高水位の順に出現するために最大濃度が最大流量や最高水位にさきだってあらわれるとした．

一方，Heidel, S. G.[321] は Big Horn 川での観測結果から，上流側の観測地点では最大濃度と最大流量の出現時刻が一致するが，下流側に至るほど最大流量より最大濃度の出現時刻がおくれることを報告している（図 4-38）．この

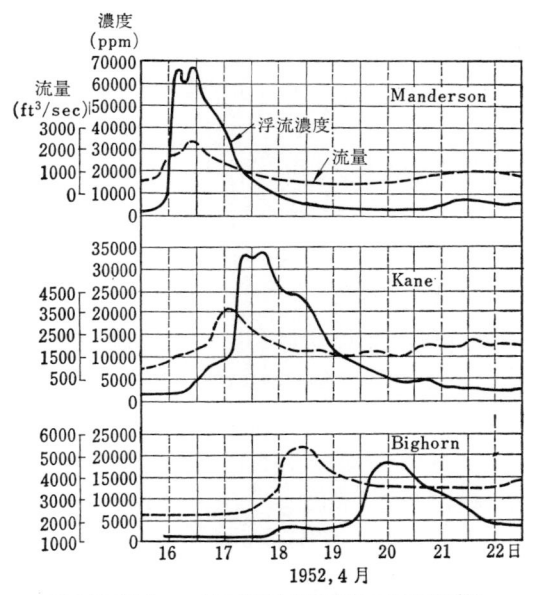

図 4-38 Bighorn 川の流量と浮流濃度の経時変化[321].

原因として，彼は洪水波の伝播速度と河水の流速との時間的ズレをあげている．

以上のように，浮流濃度と他の水理量との間には，流域内の諸条件や変化に対応して時間的ズレを生じることが多く，これを一律に説明できない．荒巻[319]は荒川での観測結果から，減水時における浮流濃度の不規則な時間的変化を横

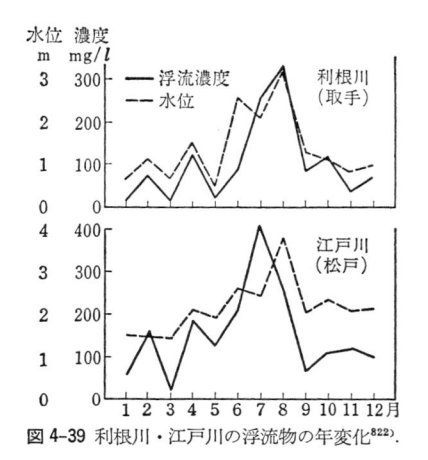

流の影響によると説明した．

水文量が季節的に変化する流域では，浮流濃度もこれに対応した変化を示すことが予想される[188]．谷津・貝塚[322]は利根川，江戸川，多摩川などで浮流濃度の年間の変化を調べ，高水位時の7～8月に浮流濃度が最大となり，冬の渇水時に濃度が減少することを報告している（図4-39）．

図4-39 利根川・江戸川の浮流物の年変化[822]．

また，荒巻[314]，菅谷重二[320]によると，日本海側の多雪地域を流域にもつ河川では，春から初夏にかけて発生する融雪洪水（spring flood）による増水時に，浮流濃度も増大するという．これらの河川では，融雪洪水時に運ばれる浮流土砂の量が年間総量の大半をしめるらしい．

浮流土砂量を長期間にわたって継続的に観測した例は，わが国ではほとんどない．米国では，地質調査所（U. S. Geological Survey）を中心とする政府機関が多年にわたって精力的な観測をつづけている．

Wilson, L.[323] は，米国における諸河川の浮流土砂量観測地点のうち，観測期間が5年以上で，上流側の人工構造物などの影響をうけていない約100地点の観測データから，SHG（sedihydrogram）と称する図4-40 (a, b, c) を作成した．これらの図は，6サイクルの両対数眼紙を用いて横軸に月平均比流量 $\bar{q}$ (ton/sq. mile)，縦軸に単位面積あたりの月平均浮流土砂量 $\bar{q}_s$ (ton/sq. mile) をとって，各地点の記録期間の平均値をクライモグラフと同様な手法であらわしたものである．図中の対応する辺上にはそれぞれの値を月間流出高（mm/月），月間の削剝深（mm/月）に換算した尺度がつけてある．図中の斜めの破線は，浮流濃度（ppm 単位）をあらわす．Wilson は各河川の SHG の型を検討して，つぎの三つの基本型に分類した．

（i）地中海性気候型： 図4-40 (a) のように冬季に $\bar{q}$, $\bar{q}_s$ が大きく，夏季に極端な減少を示し，浮流濃度がいちじるしく変化する．

（ii）大陸性乾燥気候型： 図4-40 (b) のように，$\bar{q}_s$ の極大が融雪期の3月と暴風雨

4. 河川の運搬作用（2）

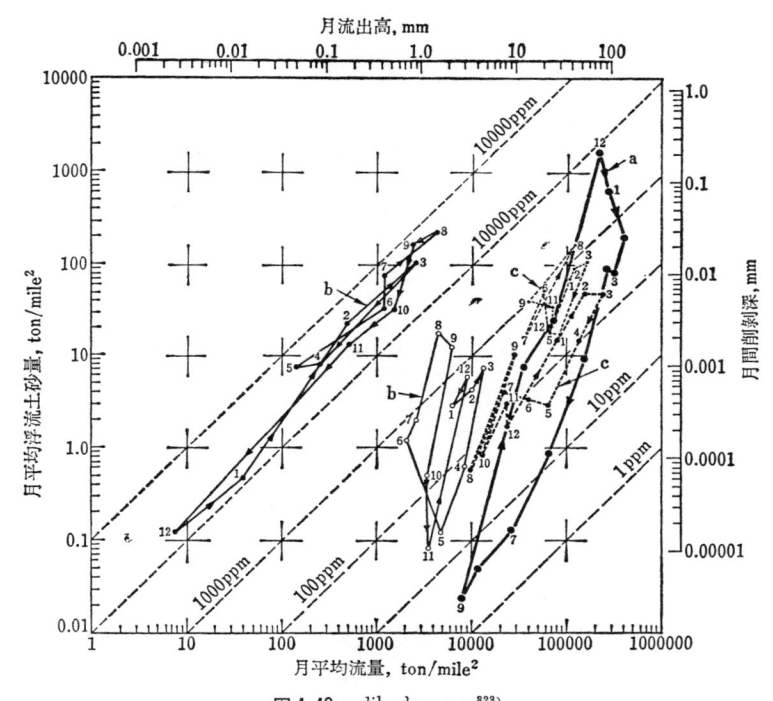

図4-40 sedihydrogram[823]．
（a）地中海性気候型，（b）大陸性乾燥気候型，（c）大陸性湿潤（東岸）気候型

の発生する8，9月にある．極大が二つあるのが特徴で，Puerco 川のように $\bar{q}$ が最小の月でも浮流濃度は高い．これは乾燥気候で植被が少ないことによる．

　（iii）大陸性湿潤気候型：　いわゆる東岸気候をさしている．図4-40(c)のように2，3月と8月または9月に $\bar{q}_s$ の極大があり，11月に第3の極大がある．融雪季に比べて夏季の $\bar{q}$ は従属的で(ii)の場合と逆になる．土地利用の状態にもよるが，植被のあるところでは浮流濃度がつねに小さい．

　このような分類は，土地利用・植被や土壌化の程度などの量化しにくい要素を含んでいる．したがって，定性的区分の域をでないが，流域内の $\bar{q}$, $\bar{q}_s$ の季節的変化を予測することが可能であり，流出率・浮流濃度に影響する因子の解明にやくだつであろう．残念ながら日本では浮流土砂に関する継続的な観測データはない．個人の努力には限界があり，公的機関による継続観測の実施が望ましいが，わが国のたちおくれた感覚では，当分実現しそうもない．

米国では Rio Garande 川の支流, Rio Puerco 川が土砂の流送現象の活発なことで有名である[324]. Bondurant, D. C.[325] によると, 浮流濃度の最高値は 680000 ppm (680 g/l) に達したという. Nordin, C. F. Jr.[324] は, 米国各地の浮流濃度の観測値から高濃度の記録を抽出しているが, それによるとアリゾナ州の Little Colorado 川で 620000 ppm, 同じく Pisa 川で 646000 ppm であり, 前記の濃度は世界最高であろう. このような高濃度は河床物質の粒度組成にもより, 浮流土砂の大半は砂からなるらしい.

Colorado 川は四季をつうじ, また経年的にも流量がほぼ一定している川らしい. それでも浮流濃度は時間的に変化し, 水温の低下が浮流濃度の増大に対応することが知られている[316]. Colby & Scott[326] はネブラスカ州の Niobrara 川で同様な関係を認め, 水温が 40°F のときの浮流土砂量が 80°F のときの約 2 倍に達することを報告している.

Colby ら[326] は水温変化の影響をうける水理量について検討した結果, 粒径 d が 0.5 mm 以上では水温変化の影響をうけないが, $d < 0.5$ mm の細粒物質は, 水温変化によって沈降速度 v_s が変化するために影響をうけることを指摘した. また, 層流底層の厚さ δ も変化するが, 全体におよぼす影響は小さいこと, 水温変化の影響は水深が小さい場合には小さいことをのべている.

4-4 総浮流量と侵食可能量図

総浮流量　　一定期間内の浮流土砂量の積算値を総浮流量とよぶ. 通常は, 浮流濃度に日平均流量を乗じて積算し, 月間または年間の総浮流量とする. 対応する水理量の資料にもよるが, 流量観測の時間間隔が短いほど精度は高まる. しかし, これはあくまで近似計算でしかない. 総浮流量を単位面積あたりに換算して比浮流量を求めておけば, 河川相互の比較をしやすい. 世界の諸河川の年比浮流量をまとめた表 4-5 では, アジアの諸河川の比浮流量がとくに大きいことがめだつ[327,328].

侵食可能量図　　河川の流送土砂量・水理量などの継続観測を長期間にわたって実施することは, 経費・人員の点から考えて, 公的機関にたよらないかぎり不可能に近い. その場合でも, 流域内の各支川流域に観測点を網羅することは困難であろう.

このような事情から, Anderson, H. W.[329] は主として浮流土砂量の実測値

4. 河川の運搬作用（2）

表 4-5 世界のおもな河川の比浮流量[327,328]

河川名	流域面積 ($\times 10^3 km^2$)	年浮流量 ($\times 10^6 ton/年$)	比浮流量 ($ton/km^2 \cdot 年$)	河口平均流量 (m^3/sec)
黄河	715	1890	2643	1484
Ganges	1060	1449	2315	13944
Brahmaputra	559	728	1302	19768
揚子江	1025	504	492	21560
Indus	1092	456	503	6692
Amazon	6133	363	59	179200
Mississippi	3222	304	94	17640
Irrawady	367	300	817	13412
Mekong	662	100	151	14840
Colorado	356	199	559	164
紅河	113	130	1150	3864
Nile	2870	52	18	2830
Po	69	67	971	1428
Damodar	20	28	1400	308

を流域内の諸因子と関連づけて，実測値のない流域の浮流土砂量を多重回帰分析によって推定する方法をとった．荒巻[314]も同様な方法で最上川の支流，寒河江川流域の溶・浮流量を推定した．これらの研究で採用した流域内の諸因子とは，雨量などの水文量のほかに，地表面傾斜・高度分布・土壌・植被・土地利用など種々の因子を含む．

実測値と諸因子間の関係を多重回帰分析によって求め，その回帰式の関係を実測値のない流域に適用して，各支流域ごとの比浮流量の分布図を作成する．比浮流量を流域内の平均的侵食量をあらわすものと考えれば，図 4-41 は侵食量の地域差をあらわすと同時に将来予測も可能

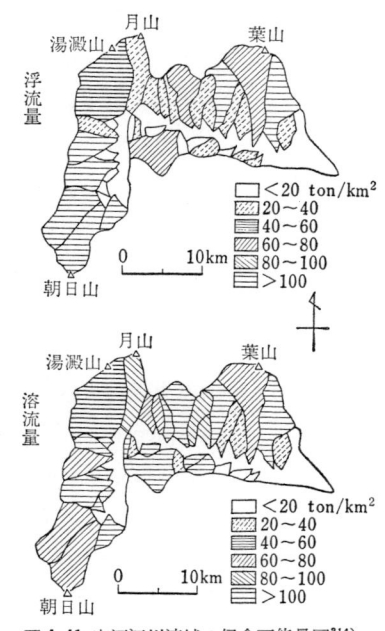

図 4-41 寒河江川流域の侵食可能量図[314].

であるという意味で，侵食可能量図（erosion potential map）とよぶ．このよ

うな図を広域的に作成しておけば，砂防計画・貯水池計画に役立つはずである．

後述（5章§3-3）のように，貯水池の堆砂量を多重回帰分析によって推定した例は多いが，地域差を考慮して分布図で表現したものは少ないようである．

4-5 全流送土砂量

全流送土砂量と構成要素の量的割合　　掃流土砂量 Q_B と浮流土砂量 Q_S との和を，全流送土砂量 Q_T または全流砂量 (total transport rate of sediments, total sediment discharge) という[330]．実際の河川では，掃流・浮流のいずれの形式の流送もおこりうるから，一方だけをいかに正確に測定しても全流送土砂量を把えたことにはならない[330]．

Einstein[235] 以後の諸公式が，掃流・浮流を含めた全流送土砂量を求める形になっているのは，上記のような見地から出発したものと解釈できる．従来は測定手段に決め手がないこともあって，掃流土砂量に関する実測値と理論値とを照合しても一致をみた例は少なく，実測値の精度をいかにしてチェックするかが未解決のまま放置されている[330～332]．

実測した掃流土砂量 Q_B と浮流土砂量 Q_S とを合算する場合に，河床付近では掃流土砂として採取した試料中に浮流土砂を含む可能性がある[265]．また，採取器の構造上，実際に移動中の物質をすべて捕捉することはできない[237]．浮流土砂についても，基準濃度 C_a のきめかたによって Q_S の値が異なる[296,308]．

このような諸問題をかかえていることを考慮して，Benedict & Matejka[332] は河床上のある地点を通過する掃流・浮流土砂をすべて河床から巻きあげる乱れフルーム (turbulence flume) 装置を開発した．この方法は測定手段としてはすぐれているが，経費がかかり，砂質河床はとも角として礫の多い河床では適用しにくい．わが国でも，砂防堰堤を利用した掃流砂礫測定装置が開発されているが[333]，かなりの経費を要し，満杯状態の堰堤でないと利用できない．

従来，Q_B は Q_S に比べて量的に無視できるとして，$Q_T \fallingdotseq Q_S$ としてとりあつかってきた[197]．低平な平野を貫流する緩勾配で砂質床の欧米の大河川ではそうであろうが，日本のように河床が粗粒堆積物からなる急流河川をこれと同

列に論ずることはできない．スイスやフランス南部で Q_B の実測に熱心なのは，山地河川をかかえているからであろう[334~336]．

Q_B, Q_S の Q_T に対する量的割合については，種々の値[185,197,337]が報告されている．これらの値から判断すると，緩勾配の大河川下流部では Q_B/Q_T 比が 10% をこえることは少ないようである[197]．Lane & Borland[338] は Q_B/Q_T が一律にはきまらないとして，2~60% の変動範囲にあることを指摘した．佐藤ら[260]は，利根川の実測値を参考にして q_S/q_B 比を検討し，平水時には q_S/q_B が 3 程度だが洪水時には q_S/q_B が 21~52 となり，Q_B/Q_T 比では 2~5% になるとのべている．菅谷は，熊野川支流の十津川[339]や高知県の物部川水系の槙山川・上韮生川[340]の出水時における実測結果から，Q_B が Q_S より多い例を報告した．Twenhofel, W. H.[341] は，両者の量的割合が一定しない例を多数あげている．筆者[342]は，新潟県北部の小河川で実測した結果，Q_B/Q_S 比が流量 Q にともなって変化し，Q_B/Q_S 比と Q との間に双曲線で近似できるような関係を推定した．

現時点で，Q_B/Q_S 比について一般的な結論をくだすことは困難である．しかも，沖積河道の砂質河床に関する実測資料が多く，山地部の急流河川で Q_B/Q_S 比がどうなるのかといった問題が残っている．

全流送土砂量公式（Einstein 型）　全流送土砂量 Q_T を Q_B と Q_S の和として求める考えかたは，Einstein[235] にはじまる．彼は式（4・4・22）と（4・4・23）とから

$$i_T \cdot q_T = i_S \cdot q_S + i_B \cdot q_B = i_B \cdot q_B \left\{ 2.303 \log_{10}\left(\frac{30.2x}{d_{65}/h}\right) I_1 + I_2 + 1 \right\} \quad (4 \cdot 4 \cdot 25)$$

とした．式中，i_T は一定の粒径階級の粒子が Q_T 中にしめる重量百分率である．$q_T/U_* \cdot d = q_{T*}$ とおくと

$$i_T \cdot q_{T*} = i_B \cdot q_{B*}(P \cdot I_1 + I_2 + 1), \quad P = 2.303 \log_{10}\left(\frac{30.2x}{d_{65}/h}\right) \quad (4 \cdot 4 \cdot 26)$$

とかきなおせる．均一粒径で $k_s/\delta > 10$ の場合には $x=1$, $d_{65}=d$, $i_B=i_T=1$, q_{B*} は τ_* の関数，I_1 および I_2 は d/h と v_s/U_* の関数である．v_s/U_* を変形すると $(4/3)C_D \cdot (\tau_*)^{-1/2}$ となり，C_D は $v_s \cdot d/\nu$ の関数であるから結局 q_{T*} は τ_*, d/h, $v_s d/\nu$ の三つの無次元量の関数としてあらわされる．したが

って，d/h と $v_s \cdot d/\nu$ とをきめれば q_{T*} は τ_* だけの関数となる．

図4-42は $v_s d/\nu=10$ ($\sigma/\rho=2.65$, $\nu=0.01$ cm^2/sec, $d=0.27$ mm) とした場合の $2d/h$ の種々の値に対する q_{T*} と τ_* との関係をあらわす[343]．図中の破線は，q_{B*} と τ_* との関係曲線である．この図から τ_* の増大にともない q_{T*} と q_{B*} との差，すなわち q_{S*} が増大することがわかる．両者の増加率が異なることは，前述の q_B/q_S 比を一概にきめられないことを示し，d が細粒の場合には τ_* が同じ値でも q_{T*} が多くなっている．このことは，従来 q_B として測定したもののなかに相当量の q_S を含んでいる可能性があることを示唆している[343]．

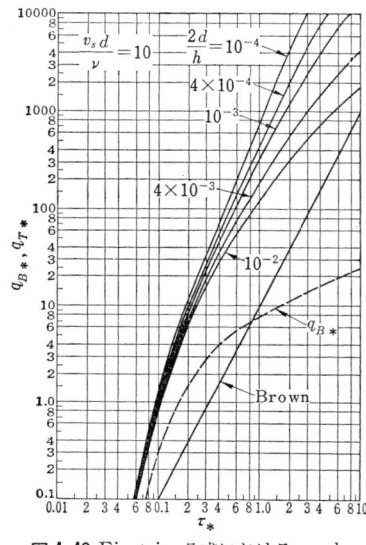

図 4-42 Einstein 公式における τ_* と q_{T*}, q_{B*} との関係．($v_s d/\nu=10$, $d=0.27$ mm)[343]

Colby & Hembree[296] は，ネブラスカ州の Niobrara 川における実測結果をもとに Einstein[235] 公式を修正した．修正 Einstein 公式は，浮流土砂の多い砂質河床の河川で実測値とよく一致するが[296,344~346]，実測値をもとに式 (4・4・22) 中の Z の値を求めるという修正法をとれば，公式と実測値とが合致するのは当然であろう[343]．式 (4・3・23) 中の R_B' のかわりに平均水深 h_m を用いることについて，Einstein[347] は誤差を生じやすいとして修正の効果を疑問視している．

Q_T の測定には，天然の乱れフルームとして狭窄部断面を選ぶ傾向があるが，Nordin & Beverage[264] によると，狭窄部断面の測定値はその上・下流の幅の広い断面の区間に比べて，低水時には平均より大，高水時には平均より小となる傾向があるという．

Bagnold[248] は前述の有効流体力の概念を導入して，q_T を次式であらわした．

$$q_T = q_B + q_S = \frac{e_B \cdot w}{\tan \alpha} + \frac{\overline{U}_S}{v_s} e_S (1-e_B) w \qquad (4\cdot 4\cdot 27)$$

上式の右辺第1項は，式 (4·3·10) と (4·3·11) とをまとめてあらわしたものである．右辺第2項は q_S をあらわし，層流の場合には消去できる．$\overline{U}_S$ は浮遊粒子の平均移動速度で，近似的に粒子の周囲の平均流速 $\bar{v}$ でおきかえることができる．また，e_B, e_S は仕事の効率で $e_S(1-e_B)=0.01$ である．これらのことから式 (4·4·27) をかきかえると

$$q_T = w\left(\frac{e_B}{\tan\alpha} + \frac{\bar{v}}{v_s} \times 0.01\right) \qquad (4\cdot4\cdot28)$$

となる．q_B と q_S との割合は

$$\frac{q_S}{q_B} = \frac{0.01\,\bar{v}\tan\alpha}{v_s \cdot e_B} \qquad (4\cdot4\cdot29)$$

であらわされる．平均粒径 d_m が 0.5 mm 以下ならば $e_B/\tan\alpha=0.17$ であるから

$$\frac{q_S}{q_B} \fallingdotseq 0.06\frac{\bar{v}}{v_s} \qquad (4\cdot4\cdot30)$$

とかける．q_S/q_B 比は粒径が減少するにつれて増大し，一定の粒径に対しては水深に比例して増加する．単位面積あたりについて 浮流荷重は $q_S/\overline{U}_S=q_S/\bar{v}$ であり，掃流荷重は $q_B/\overline{U}_B$ である．$\overline{U}_B$ は掃流形式で移動する粒子の平均移動速度で，$\overline{U}_B/\bar{v}=e_B=0.13$ 程度とすると，単位面積あたりの浮流荷重と掃流荷重との比は

$$\frac{q_S/\overline{U}_S}{q_B/\overline{U}_B} = \frac{q_S/\bar{v}}{q_B/e_B\cdot\bar{v}} = e_B\frac{q_S}{q_B} \qquad (4\cdot4\cdot31)$$

である．$\overline{U}_B$ の増加率は $\bar{v}$ に比べて小さいから，$\bar{v}$ が増大すると $\overline{U}_B/\bar{v}$ は小さくなる．したがって，洪水時には q_S が q_B よりはるかに大きくなる．Bagnold はこれに関連して，運搬濃度と空間濃度とを概念的に区別すべきであると強調している．また，式 (4·3·11) が層流状態下でも成立するとして，乱流状態下でなければ掃流移動がおこらないとする考えかたを否定している．

Chang, Simons & Richardson[348)] は，以下のような手順で全流砂量公式を導いた．まず，q_B は Bagnold 公式 (4·3·11) を用いて次式であらわし，

$$q_B = K_T(\tau - \tau_c)\bar{v}, \qquad K_T = \frac{U_*}{\bar{v}} \cdot \frac{8.50\,e_B}{\tan\alpha} \qquad (4\cdot4\cdot32)$$

q_S については，Einstein 公式と同様に積分項をまとめた形であらわす．

$$q_S = h \cdot C_a \left[\bar{v} \cdot I_1 - U_* \cdot \frac{2}{\kappa} \cdot I_2 \right] \tag{4・4・33}$$

積分の下限 a を $a = \text{const} \cdot h(U_* - U_{*c})$ とし，$z=a$ における浮流濃度 C_a を

$$q_B = \gamma_1 \cdot a \cdot C_a \cdot u_a \tag{4・4・34}$$

とする．γ_1 は比例常数，u_a は $z=a$ における流速で，$\bar{v}$ との間に次式がなりたつ．

$$u_a = \gamma_2 \cdot \bar{v} \tag{4・4・35}$$

γ_2 は比例常数である．上式と式（4・4・34）とから

$$C_a = \frac{q_B}{\gamma_1 \cdot \gamma_2 \cdot a \cdot \bar{v}} \tag{4・4・36}$$

となるから上式を式（4・4・33）へ代入して次式をえる．

$$q_S = q_B \frac{h}{\gamma_a \cdot a \cdot \bar{v}} \left[\bar{v} \cdot I_1 - U_* \cdot \frac{2}{\kappa} \cdot I_2 \right], \quad \gamma_a = \gamma_1 \cdot \gamma_2 \tag{4・4・37}$$

したがって，q_T は次式であたえられる．

$$q_T = q_B + q_S = q_B(1 + R_S), \quad R_S = \frac{h}{\gamma_a \cdot a \cdot \bar{v}} \left[\bar{v} \cdot I_1 - U_* \cdot \frac{2}{\kappa} \cdot I_2 \right] \tag{4・4・38}$$

上式は q_B が増加すれば q_S，したがって q_T も増加することをあらわす．このこと自体は自明の理であるが，問題は R_S でこれと q_T/q_B とがどのような関係にあるかである．式（4・4・35）では u_a，$\bar{v}$ が共存し，さらに流速分布式中にも U_* を含むのでかえって煩雑になっている面がある．これは Rouse[290] や Einstein[235] の採用した拡散理論を用いずに，Prandtl[159] の混合距離の概念を導入したためである．その場合でも，$l = \kappa z$ の関係を水面まで適用したことは矛盾している．

全流送土砂量公式（Laursen 型）　　以上の Einstein 型公式は，$q_T = q_B + q_S$ の形であらわした点で共通している．q_T を q_S と q_B とにわけて考えること自体が問題を複雑化し，そのために掃流と浮流との境界の決定，両者の移行過程や時間的変化などのランダム現象の解明に行きづまりをきたしているのである．そこで，両者を区別する必要はないという考えかたに立脚した公式が出現した．

Laursen, L. M.[349] は，流れの状態とそれにともなう土砂の流送との間のみかけの関係を

4. 河川の運搬作用（2）

$$\frac{\overline{C}}{(d/h)^{7/6}}\left\{\left(\frac{\tau'}{\tau}\right)-1\right\}=fct\left(\frac{\sqrt{\tau/\rho}}{v_s}\right), \qquad \tau'=\frac{\bar{v}^2\cdot d^{1/3}}{30\,h^{1/3}}\ \text{(lbs/ft}^2\text{)} \qquad (4\cdot4\cdot39)$$

であらわした．$\overline{C}$ は横断面の平均濃度，τ' は土砂のみに関係した境界面剪断応力である．上式は $d<0.2\,\text{mm}$ の砂を用いた実験結果に基づくもので，基本的には du Boys 型の公式に属する．式 (4・4・39) をかきあらためて

$$\overline{C}=\Sigma i\left(\frac{d}{h}\right)^{7/6}\left[\frac{\tau'}{\tau_c}-1\right]fct\left(\frac{\sqrt{\tau/\rho}}{v_s}\right) \qquad (4\cdot4\cdot40)$$

とすると全流砂量公式になる．i は所与の粒径 d がしめる重量百分率で，Σ 記号は粒径ごとに求めたものの総和が 総平均濃度で あることを示す．Bondurant[350] は Laursen の関係曲線（図4-43）を Missouri 川の実測値 と 照合し，式 (4・4・40) を多少修正すれば使えるとして支持した．Bogardi[209,350] や Garde & Albertson[350] も同様な式形の公式を提案している．

Bishop, Simons & Richardson[351] は，Einstein 公式 (4・3・33) 中の無次元パラメーター Ψ_* と全流送土砂量の運搬強度 Φ_T との間に，$\Phi_T=fct(\Psi_*)$ の関係がなりたつと考えて，Φ_T を

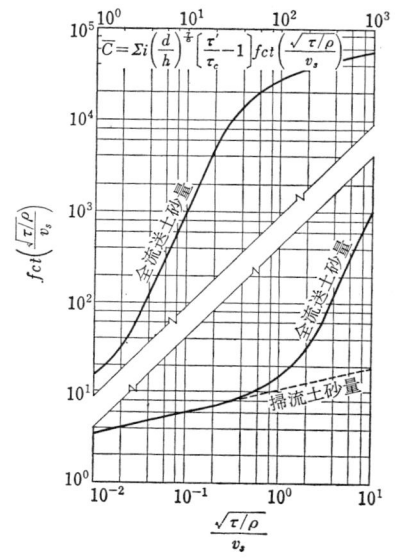

図 4-43 Laursen の関係曲線[349]（式 4・4・40）． 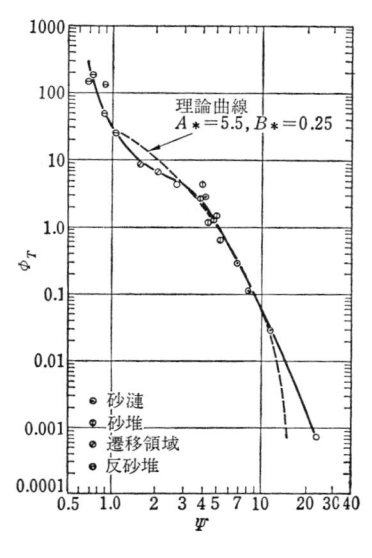　　図 4-44 Bishop らの $\Phi_T \sim \Psi$ 曲線[351]．

$$\Phi_T = \frac{q_T}{\sigma \cdot g} \sqrt{\frac{\rho}{\sigma-\rho} \cdot \frac{1}{gd^3}} \qquad (4 \cdot 4 \cdot 41)$$

であらわした．Φ_T と Ψ との関係を4種類の粒径の砂について実験した結果，粒径の差による多少のズレを生じたのでこれを A_*, B_* の二つの補正係数を用いて補正した．A_*, B_* はともに中央粒径 d_{50} の関数である．

$d_{50}=0.27$ mm の砂を用いて Φ_T と Ψ との関係をあらわした図4-44から，Bishop[351]らは関係曲線が三つの部分にわかれることをみいだした．曲線の右下の部分は砂漣や砂堆の発生領域であり，Einstein[235] の $\Phi_*\sim\Psi_*$ 曲線とかわらない．$\Psi \fallingdotseq 4$ 付近から左上にかけては砂堆から反砂堆，その中間に遷移領域がある．さらに $\Psi<1$ では反砂堆の発生領域にはいる．この曲線の第2・第3の部分は，Einstein の $\Phi_*\sim\Psi_*$ 曲線では表現されていない．底質の大部分が浮流へ移行する領域だからである．Bishop ら[351] の $\Phi_T\sim\Psi$ 曲線は，Colorado川をはじめとする諸河川の実測値とよく一致したという．

同様な考えに基づいて，Graf & Acaroglu[352] は Einstein 公式を

$$\Psi_A = \frac{[(\sigma-\rho)/\rho]d}{R \cdot I}, \qquad \Phi_A = \frac{\bar{C} \cdot \bar{v} \cdot R}{\sqrt{(\sigma/\rho-1)gd^3}} \qquad (4 \cdot 4 \cdot 42)$$

とかきかえ，R_B' のかわりに径深 R を用いた．また Bagnold 流に，運搬粒子の平均体積濃度 $\bar{C}$ と平均流速 $\bar{v}$ との積の項を導入した．Ψ_A と Φ_A との関係を数式で表現すると複雑になることから，Graf ら[352] は実験値や実測値と比較して次式のような回帰式をえている．

$$\Phi_A = 10.39 (\Psi_A)^{-2.52} \qquad (4 \cdot 4 \cdot 43)$$

全流送土砂量の実測値を基準として，各公式のあたえる計算値と比較検討した研究[344,346,353,354]の結果によると，計算値相互の差異が10倍以上になる場合もあるらしい．前述のように，実測値そのものの精度が比較基準となりうるかどうか疑問の点もあるので，計算値と実測値との比較から諸公式の優劣をきめるのは早計のようにおもう．

4-6 地表面の解体侵食量

河川の運搬物質量は，地表面の低下速度をあらわす有力な指標である．湿潤気候地域において河川は最も定常的な営力であり，陸地表面のうち乾燥気候地域と南極などの氷雪気候地域をのぞいた約 10^8 km² の地表面から，河川による物質の移動運搬がおこなわれている．

運搬物質量は，前述のように溶流物質量と流送土砂量とにわかれている．河

4. 河川の運搬作用（2）

水の塩分濃度は，世界の河川の総平均で 170 mg/l 程度とわずかであるが[237]，年間運搬量は Lopatine の推定によると世界総計で $3.6 \sim 5.0 \times 10^9$ ton であるという[355].

地表面の年平均侵食量または削剝深を推定する試みは 19 世紀中葉からあったらしい[356]が，くわしいことはわからない．いずれにせよ，この種の議論はかなり大ざっぱで資料も精疎さまざまであるし，河川によってはまったく実測資料がないこともあるから，概略の傾向を推定するに足る程度である．

最近の Holeman[327] の研究を中心に陸地の年平均侵食量をまとめると，表 4-6 のように数十億トンのオーダーであることがわかる．Holeman が指摘

表 4-6 陸地の年平均侵食量

提唱者	発表年	年平均侵食量 ($\times 10^9$ ton)
Kuenen, Ph. H.	1950	32.5
Lopatine, G. V.	1950	17.6
〃	1952	17.3
Gilluly, J.	1955	31.8
Pechinov, D.	1959	24.0
Fournier, F.	1960	51.1
Schumm, S. A.	1963	20.3
Corbel, J.	1964	38.4
Strakhov, N. M.	1967	17.6
Holeman, J. N.	1968	18.1

しているように，Potomac 川では流域の年間侵食総量 5×10^7 ton のうち約 5% が河口を経由するということからみても，実際の侵食総量は河口地点の測定値に基づいた年平均侵食量よりはるかに多いはずである．

このような侵食量の推定には，侵食可能量図の作成と同様な手法を用いる．たとえば，Fournier, F. は 78 の流域について，年間の単位面積あたり侵食量 E (tons/km²-year) と降水量のパラメーター P^2/P_y，流域平均高度 H_m，流域平均傾斜 S_g などとの間の相関関係を検討して，次式のような回帰式であらわした[357].

$$\log_{10} E = 2.65 \log_{10}\left(\frac{P^2}{P_y}\right) + 0.46 \log_{10} H_m \cdot S_g - 1.56 \qquad (4 \cdot 4 \cdot 44)$$

式中，P は最大降水量が出現した月の降水量 (mm)，P_y は年平均降水量 (mm) である．Fournier は式 (4·4·44) を用いて世界各地の E を計算し，その分布図を作成した．これによると，Strakhov, N. M.[358] が作成した同様な図 4-45 と比べて 10 倍も大きい．

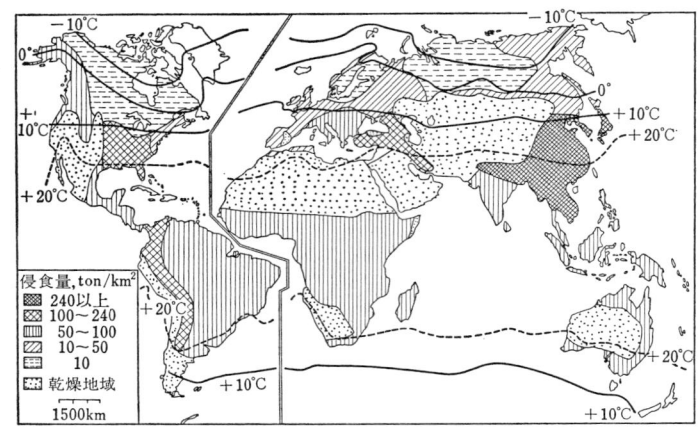

図 4-45 世界の侵食量分布[358].

Douglas, I.[359] はこのくいちがいについて，Fournier の値が歴史時代以降の開発にともなう土壌侵食の激しい，人為的影響をうけている河川を含むためで，地質学的には Strakhov の値が妥当であるとした．Strakhov[358] は，図 4-45 で機械的削剥作用が年平均気温 10°C 以上の地帯で卓越することを指摘しているが，年降水量・降水季節配分のほかに，Corbel, J.[360,361] が指摘した高度や気温の影響を考慮した点で多少 Fournier の図よりすぐれている．

5. 河川の堆積作用

河川の運ぶ固体荷重は，水流の運搬能力によってその運動を維持されている．したがって，水流のエネルギーになんらかの変化があって過負荷 (overloading) の状態になれば，重力にしたがって沈降し河床に堆積する．

堆積物 (deposits, sediments) はこのような固体粒子の集合体で，一見雑然と積み重なっているようでも，ほぼ同じ大きさの粒子が選別されてまとまる傾向がある．これは分級作用 (sorting) をうけた結果で，比較的静水に近い状態下で堆積したものにはこの効果が顕著にあらわれる．土砂粒子がその水中重量に比例した沈降速度をもつことは，前述のように Newton 以来知られている事実である．ただし，慣性領域にはいる礫などの場合には沈降速度の差が影響するほど十分な水深があることは少ないし，流水中の沈降は静水中の場合とやや

異なる.

ここでは，堆積の過程（化学的沈殿をのぞく）と堆積物の集合体としての統計的性質を考察する．

5-1 堆積過程の理論

堆積の機構を知るためには，流水の運搬能力と運搬荷重との間の力学的関係を適確に把握しなければならない．しかし，運搬の過程をすべて矛盾なく説明できるような力学的モデルすら完成していない[362]．浮流現象が乱流に基因することについて異論はないが，掃流現象に関しては抗力説と揚力説とがあり，粒子の移動機構に対する見解がわかれていること[229]はすでにのべた（本章§2-4）．

このようなわけで，堆積過程を説明する基本的な力学的理論は確立していないのが現状である．そこで Scheidegger[362] は実際の力学的機構はさておき，堆積の過程を少なくとも現象論的に正確に表現する理論的モデルを考えた．以下，その概要を紹介する．

堆積現象をあらわすのに，まず簡単な線型モデルを仮定する．河川の運搬能力は流速 v に比例して増加するから，運搬物質の単位体積あたり質量を C_S とすると

$$v = \text{const}\, C_S \tag{4·5·1}$$

とおける．Manning 公式 (4·1·17) から径深 R を一定とすると

$$v = \text{const}\, I^{1/2} \tag{4·5·2}$$

である．河床の高度 z が流下方向の水平面投影距離 x の関数で，$C_S \cdot v$ の変化にともなって変化すると仮定し，時間を t とすると

$$\frac{\partial z}{\partial t} = \text{const}\,\frac{\partial (C_S \cdot v)}{\partial x} \tag{4·5·3}$$

とおける．水面勾配 I を河床勾配 i に等しいと仮定すると $I \fallingdotseq i = -\partial z/\partial x$ であるから，以上の関係から

$$\frac{\partial z}{\partial t} = \text{const}\,\frac{\partial (v^2)}{\partial x} = \text{const}\,\frac{\partial^2 z}{\partial x^2} \tag{4·5·4}$$

が導ける．$x=0$ で $z=1$ とすると，この拡散型方程式の解は

$$z = 1 - \text{erf}\frac{x}{\sqrt{4Kt}}, \qquad \text{erf}(x) = 2\int_0^x \frac{1}{\sqrt{\pi}}e^{\zeta^2}d\zeta \tag{4·5·5}$$

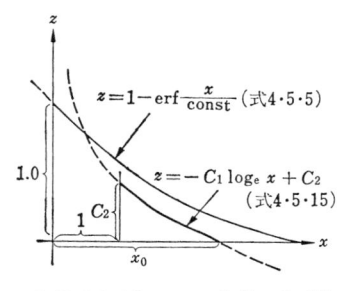

である．erf(x) は誤差関数である．上式のあらわす z の形は図 4-46 のようになる．

以上の線型モデルは数学的簡潔性を有するという利点があるが，第1近似にすぎない．そこで C_S が v と水深 h とに関係することを考慮して

$$C_S \sim \frac{v^2}{h} \qquad (4\cdot5\cdot6)$$

図 4-46 Scheidegger の線型モデル[362]．

とおき，Darcy-Weisbach の抵抗係数 f を用いて

$$v \sim \sqrt{h \cdot I / f} \qquad (4\cdot5\cdot7)$$

とあらわすと式 (4・5・6)，(4・5・7) から次式の関係が成立する．

$$C_S \sim I/f \qquad (4\cdot5\cdot8)$$

河幅が一定しない場合の縦断面の方程式は，単位幅あたり流量を q とすると

$$\frac{\partial z}{\partial t} = -\frac{\partial(q \cdot C_S)}{\partial x} \qquad (4\cdot5\cdot9)$$

である．上式に式 (4・5・8) の関係を代入して次式をえる．

$$\frac{\partial z}{\partial t} = -\frac{\partial(q \cdot I/f)}{\partial x} \qquad (4\cdot5\cdot10)$$

水源（$x=0$）付近の流量 Q は流下距離 l の2乗に比例すると仮定する．i が小さいときは $l \doteqdot x$ だからこのようなとき，水面幅 B は

$$B \sim \sqrt{Q} \qquad (4\cdot5\cdot11)$$

とおける．また Leopold & Maddock[317] の研究の結果を用いて

$$Q/B = q \sim x, \qquad Q \sim x^2 \qquad (4\cdot5\cdot12)$$

とあらわせるから上式と式 (4・5・11) とから

$$\frac{\partial z}{\partial t} = \text{const} \frac{\partial}{\partial x}\left[-\frac{\partial z}{\partial x} \cdot \frac{x}{f}\right] = \frac{\partial}{\partial x} K \frac{\partial z}{\partial x}, \qquad K = \text{const } x \qquad (4\cdot5\cdot13)$$

である．上式の解は定常状態下では

$$\frac{\partial}{\partial x}\left(x \frac{\partial z}{\partial x}\right) = 0 \quad \text{または} \quad x\frac{\partial z}{\partial x} = -C_1 \qquad (4\cdot5\cdot14)$$

である．ここで積分定数 C_1 を正とする．これから次式をえる．

$$z = -C_1 \log_e x + C_2 \qquad (4\cdot5\cdot15)$$

5. 河川の堆積作用

前式は上にむかって凹形の縦断面をあらわす．$x=0$ 付近では $\partial z/\partial x$ が大きいから前式は適用できない．C_2 は $x=1$ における z の高度をあらわす．しかも

$$C_1 = \frac{C_2}{\log_e x_0} \qquad (4\cdot5\cdot16)$$

である．x_0 は $x=0$ の地点の x の値（図 4-46）をあらわす．式 (4・5・15) 中の積分定数 C_1, C_2 をかえることによって，(x, z) の種々な値を表現できる．

つぎに，流水の運搬能力が乱流の状態と直接に関係しているような堆積過程をモデル化して考える．乱れた層の厚さが $(z-a)$ であるような土砂の負荷密度 C_S は，式 (4・4・12) から

$$C_S = \mathrm{const}\ \exp\left\{ -\frac{v_s(z-a)}{\epsilon_s} \right\} \qquad (4\cdot5\cdot17)$$

とかける．記号は式 (4・4・12) と同じで，$C_a = \mathrm{const}$ としただけである．

$$\epsilon_s = \mathrm{const}\ v^2 \qquad (4\cdot5\cdot18)$$

とおくと，上記の二つの式から

$$C_S = \mathrm{const}\ \exp\left\{ -\frac{\mathrm{const}}{v^2} \right\} \qquad (4\cdot5\cdot19)$$

であり，上式と式 (4・5・9) とから次式をえる．

$$\frac{\partial z}{\partial t} = -\mathrm{const}\ \frac{\partial (q\cdot\exp\{-\mathrm{const}/v^2\})}{\partial x} \qquad (4\cdot5\cdot20)$$

式 (4・5・7) を誘導するのに用いた $v^2 = h\cdot I/f$ の関係と式 (4・5・11), (4・5・12) から，h に関して

$$h = \frac{Q}{v\cdot B} \sim \frac{x^2}{\sqrt{h\cdot I\cdot x}}, \quad h^2 \sim \frac{x^2}{h\cdot I}, \quad h^3 \sim \frac{x^2}{I} \qquad (4\cdot5\cdot21)$$

とあらわせる．これから次式をえる．

$$h \sim \frac{x^{2/3}}{I^{1/3}} \qquad (4\cdot5\cdot22)$$

以上のことから堆積に関する基礎方程式は

$$\frac{\partial z}{\partial t} = -C_1 \frac{\partial}{\partial x}\left[x\cdot\exp\left\{ \frac{-C_2}{x^{2/3}(\partial z/\partial x)^{2/3}} \right\} \right] \qquad (4\cdot5\cdot23)$$

であらわされる．定常状態下での上式の解は

$$x \cdot \exp\left\{\frac{-C_2}{x^{2/3}(\partial z/\partial x)^{2/3}}\right\} = \frac{1}{C_3} \qquad (4\cdot5\cdot24)$$

である．C_3 は積分定数である．上式の両辺の対数をとり，z について解けば

$$\log_e x - \frac{C_2}{x^{2/3}|(\partial z/\partial x)|^{2/3}} = -C_3, \qquad z = C_2{}^{2/3}\int\frac{dx}{x[\log_e x + C_3]^{2/3}} + C_4 \qquad (4\cdot5\cdot25)$$

となる．ここで C_4 は積分定数である．$\log_e x = X$, $dx/x = dX$ とおいて上式を積分すれば次式をえる．

$$z = C_2{}^{2/3}\int\frac{dX}{(X+C_3)^{2/3}} + C_4 = 2C_2{}^{2/3}\frac{1}{\sqrt{X+C_3}} + C_4 = 2C_2{}^{2/3}\frac{1}{\sqrt{\log_e x + C_3}} + C_4 \qquad (4\cdot5\cdot26)$$

$\log_e x = -C_3$ 付近をのぞいて，上式は河床縦断面をあらわすのに使える．この場合にも，上方にむかって凹形の曲線で $z = C_4$ を漸近線とする．

堆積の過程は，一つの系内における質量の再配分の過程にほかならない．Scheidegger は，以上にのべた堆積方程式の誘導過程で河川によって運ばれる物質の大きさを一定と仮定した．粒径を考慮すべきことは彼自身承知していたようだが，式形をさらに複雑化するだけで，一般化も不可能であろう．

5-2 分級作用

分級作用 河川の運ぶ固体荷重は，流域内に分布する種々な岩石に由来するので雑多な起源をもち，その性質も不均一な集合体である．河川はこれらの物質を運搬する間に，各粒子の粒径・形状・比重などに応じて選別と集積をおこなう．この淘汰現象をおこす作用を分級または篩分作用（sorting, sieving）という[363]．

分級作用が粒子に対して効果的に働いた場合には，粒径が比較的そろっているのでこのような状態を分級が良好であるといい，粒径がそろっていないものほど分級が不良であるという．分級状態が良いとか悪いとかという表現は主観的であるから，客観性をもった比較の基準として分級係数（sorting coefficient）が考案されている．これについては本章§5-3でのべる．

分級作用は局地的にもおこなわれるが，流下方向にもおこなわれる．流下方向の分級状態の変化は，選択運搬（selective transport）が効果的に働くほど分級度を良好にする．一般に，砂や礫に関しては平均粒径が減少するほど粒径の

5. 河川の堆積作用

分散が小さくなり，分級度が良好となるが，シルトや粘土のような凝集性の粒子は団塊構造をなすことがあり，一般的関係は確立していない．

エネルギー・フェンス 河床上の堆積粒子は，上流側から運ばれてきて一時的に静止したものであるが，流体力が相対的に増大すればふたたび下流へ移動する．再移動の機会は細粒の粒子ほど多く，粒子の平均移動速度は粒径に反比例する．平均的な流体力は流下方向に減少するから，供給源からの距離が増大するにつれて一定の粒径の粒子が1個所に滞留する時間は長くなり，再移動の確率はそれだけ減少する．

各粒径の粒子に対して再移動の確率が最小になるような場所，いいかえればその地点より下流側へは，粒子がまれにしか移動しないような場所がある．これをその粒子に対するエネルギー・フェンス（energy fence）とよぶ[364]．エネルギー・フェンスは粗粒の粒子に対しては上流部にあり，細粒の粒子ほど下流側にある．その位置は，一義的に河床勾配によってきまる．

分級の過程 浮流形式で移動する粒子の分級過程は，浮流濃度分布をあらわす式から理論的に求めることができる．一方，掃流運搬の過程における分級機構は不明確な点が多く，解析も困難である．沖積河道で砂漣や砂堆が河床に生じている場合には，砂丘前面を滑落する砂について求めた Bagnold[365] の基礎方程式が適用できる．Bagnold は粒子の平均移動速度を $\bar{v}_g$，基準面上の高さを z として次式を導いた．

$$\frac{d\bar{v}_g}{dz}=\left(\frac{g\sin\theta}{K\sin\alpha}\right)^{1/2}\left\{\frac{\left[\int_0^z C_S dz\right]^{1/2}}{\lambda\cdot d}\right\} \quad (4\cdot 5\cdot 27)$$

式中，g は重力加速度，θ は砂丘背面と水平面とのなす角，C_S は粒子の体積密度，d は粒径，λ は粒子の単位距離あたり線密度，K は定数，α は粒子の衝突に関係する角度である．水中の砂堆前面を滑落する粒子に式（4・5・27）が適用できるとすると，式の左辺は速度勾配をあらわし，粒径 d は剪断応力に反比例することがわかる．最大主応力面上には細粒の粒子が堆積し，粗粒の粒子はより剪断力の小さい溝の部分へ滑落する．

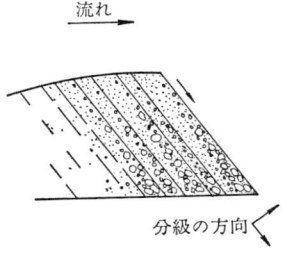

図 4-47 砂堆上の分級過程[365]．

このような滑落面上の分級過程を模式的にあらわすと，図4-47のようになる．砂堆の頂部には細粒の粒子，溝の部分に粗粒の粒子が堆積するから，試料をどの位置から採取するかによって粒径分布に影響することが明らかである．

Brush, L. M. Jr.[363] は，砂漣や砂堆の移動が斜交層理（cross bedding）を生ずることから，逆に地層中の斜交層理の厚さを測ることによってその堆積環境を推定しようと試みた．彼は次元解析法により，砂堆の比高 z/h と水理量との間の関係を

$$\frac{z}{h} = fct\left(\frac{d}{h}, \frac{v}{\sqrt{gh}}, I\right) \quad (4\cdot5\cdot28)$$

とした．z は砂堆の高さ，h は水深，v は平均流速，g は重力加速度，I は水面勾配である．$v/\sqrt{gh}$ はフルード数 F_r であり，各粒径ごとに考えれば上式は

$$\frac{z}{h} = fct(F_r, I) \quad (4\cdot5\cdot29)$$

とかける．図4-48は各粒径に対する z/h と I/F_r との関係をプロットしたもので，この図をもとに Brush は次式を導いた．

$$\frac{z}{h} = fct\left(\frac{I}{F_r}\right) \quad (4\cdot5\cdot30)$$

上式から，I と F_r との値がわかれば z を求められる．z/h は一種の相対粗度をあらわし，Darcy-Weisbach の抵抗係数 f との間にある関係を用いて推定できるが，I と v とを分離した形で知ることはできない．

5-3 河川堆積物の集合特性

地形学の分野で河川堆積物に関する研究はきわめて多く，その研究内容も複雑・多岐にわたるが大別して2種類に別れる．一つは，集合体としての河川堆積物の諸特性

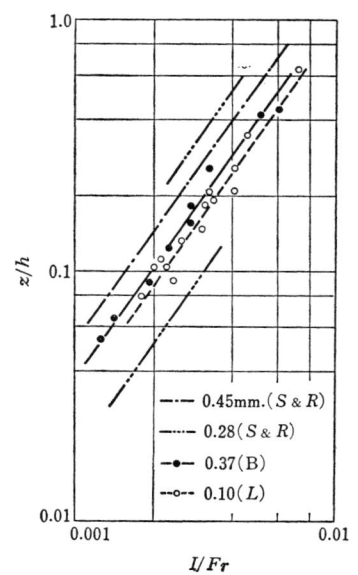

図4-48 z/h と I/F_r との関係[363]．

と堆積機構との間の因果関係を調べようとするもの，他の一つは，過去に形成された地層中の河川堆積物からその当時の堆積環境や地形形成営力を推定しようとするものである．

地質学的過去における河川営力を正当に評価するためには，現在の河川営力が堆積物の性質とどのような関係にあるかを把握する必要がある．堆積物は，それ自身の性質によって堆積する場合に位置的制約をうけ，また，同一粒径の粒子でも堆積する場所によって堆積状態はかなり異なる．前述のエネルギー・フェンスは，流水の運搬エネルギーと粒径との間の力学的関係によって，粒子が位置的制約をうけた結果である．

河川堆積物は流路ぞいに分布するが，洪水時に氾濫して，常水路から離れた場所で堆積したものは静水堆積に近い堆積相（facies）を示す．河道内に堆積した粒子は，たえず更新されて流下移動をくりかえすが，氾濫原（flood plain）上の堆積物はこれに比べて滞留時間が長い[190]．常水路にそっていても，扇状地と三角州とでは堆積物の粒径分布や分級度が異なり，それぞれ特徴的な層相を示す．これらのことについては，その方面の専門書[9~11]にもくわしい説明があるのでここでは省略する．

堆積物を構成する個々の粒子と水流との間の力学的関係を解析することは，モデル的には可能であっても，集合体としての堆積物の実態を説明するにはほど遠い．そこで，堆積物の性質をあらわすには，個々の粒子よりも粒子の集団としての特性を統計的に表示するしかない．一定の水理学的条件下では，流体抵抗や沈降速度の大きい粒子ほど堆積しやすいから，粒子の大きさ・形・比重はこれに関与する重要な要素である[241]．

堆積物の粒度分布特性 粒径の頻度分布上の特徴をあらわす指標としては，既述（本章§1-5）の平均粒径・中央粒径の他に，分級係数・歪度・尖度などがある．

（i）分級係数： これは，試料の分散の程度をあらわす2次のモーメントで，Trask, P. D.[366]の提唱した分級係数 S_0 がある．

$$S_0 = \sqrt{Q_3/Q_1} \quad \text{または} \quad S_0 = \sqrt{d_{25}/d_{75}} \quad d\,(\text{mm}) \qquad (4\cdot5\cdot31)$$

ここで Q_1 は第1四分位点の粒径（d_{75}），Q_3 は第3四分位点の粒径（d_{25}）である．粒度積算曲線は粗粒のほうから積算していくから，粒径 d を mm 単位であらわした場

合に，Trask の提唱したもとの式 $S_0=\sqrt{Q_1/Q_3}$ は統計学上の通念と逆になる．ϕ 尺度を用いた場合には，

$$QD\phi=\frac{1}{2}(\phi_{75}-\phi_{25}) \qquad (4\cdot5\cdot32)$$

が ϕ の四分偏差 (quartile deviation of ϕ) をあたえる．

Inman[173] は，分級係数として ϕ の標準偏差 σ_ϕ を提案した．

$$\sigma_\phi=\frac{1}{2}(\phi_{84}-\phi_{16}) \qquad (4\cdot5\cdot33)$$

σ_ϕ は，粒度分布曲線の両端を考慮した点ですぐれている．また次式のあたえる $PD\phi$ (percentile deviation of ϕ) は，両端の影響をうけすぎるのをさけたものである．

$$PD\phi=\frac{1}{2}(\phi_{90}-\phi_{10}) \qquad (4\cdot5\cdot34)$$

Folk & Ward[174] は，両端の物質が少ないときに σ_ϕ が高い値をとりすぎるとして，σ_ϕ を

$$\sigma_\phi'=\frac{\phi_{84}-\phi_{16}}{4}+\frac{\phi_{95}-\phi_5}{6.6} \qquad (4\cdot5\cdot35)$$

と修正した．MacCammon, R. B.[367] は，S_0 や σ_ϕ が分級係数として効果的でないとして

$$\sigma_\phi''=(\phi_{70}+\phi_{80}+\phi_{90}+\phi_{97}-\phi_3-\phi_{10}-\phi_{20}-\phi_{30})\cdot\frac{1}{9.1} \qquad (4\cdot5\cdot36)$$

を提唱した．上式は粒度分布の両端を考慮にいれるほど分級状態の表現精度が高まることを示している．その他にも，種々の偏差値を用いた分級係数が提案されている[368]ようであるが，大同小異なので省略する．

(ii) 歪度： 粒径頻度曲線が非対称分布をなすときに，その左右への歪みの程度をあらわす3次のモーメントとして，歪度 (skewness) を用いる．対称分布をなす場合には歪度 S_K は 0 であり，確率紙上に ϕ と累加%との関係をプロットした場合に直線になるはずである．

一般に，累加曲線は確率紙上で1本の直線にはならないから (図4-30) $S_K \neq 0$ である．Inman[173] は S_K を

$$S_K=\frac{M_\phi-Md_\phi}{\sigma_\phi}, \qquad \sigma_\phi=\frac{1}{2}(\phi_{84}-\phi_{16}) \qquad (4\cdot5\cdot37)$$

またはこれを修正した次式

$$S_K'=\left\{\frac{1}{2}(\phi_5+\phi_{95})-Md_\phi\right\}\Big/\sigma_\phi, \qquad \sigma_\phi=\frac{1}{2}(\phi_{84}-\phi_{16}) \qquad (4\cdot5\cdot38)$$

5. 河川の堆積作用

をあたえた. Folk ら[174] はこれをさらに修正して, 次式を提案した.

$$S_K'' = \frac{\phi_{16}+\phi_{84}-2\phi_{50}}{2(\phi_{84}-\phi_{16})} + \frac{\phi_5+\phi_{95}-2\phi_{50}}{2(\phi_{95}-\phi_5)} \quad (4\cdot5\cdot39)$$

(iii) 尖度: 頻度曲線の最尤値 (mode) を示す山の尖りぐあいを尖度 (kurtosis) であらわす. ϕ 尺度では β_ϕ であらわす. Inman[173] は4次のモーメント β_ϕ に対して, 次式をあたえた.

$$\beta_\phi = \frac{\frac{1}{2}(\phi_{16}-\phi_5)+\frac{1}{2}(\phi_{95}-\phi_{84})}{\sigma_\phi}, \qquad \sigma_\phi = \frac{1}{2}(\phi_{84}-\phi_{16}) \quad (4\cdot5\cdot40)$$

正規分布に対しては $\beta_\phi=0.65$ で, 正規分布曲線より頭が尖っていれば $\beta_\phi>0.65$ で逆の場合には $\beta_\phi<0.65$ である. Folk ら[174] は, 図的尖度 (graphic kurtosis) と称するつぎの指標を提案した.

$$K_g = \frac{\phi_{95}-\phi_5}{2.44(\phi_{75}-\phi_{25})} \quad (4\cdot5\cdot41)$$

この場合には, 正規分布曲線に対する図的尖度 K_g が 1.0 で, 頻度曲線がそれより尖っている場合には $8>K_g>1$, 頭の丸い場合には $1>K_g>0.4$ であるという.

以上の三つの指標 σ_ϕ, S_K, β_ϕ と平均粒径 M_ϕ とを用いて粒径頻度曲線の分布形の特徴をあらわせる. また, その計算に必要な値は累加曲線を作成すれば簡単に求められる. 粒径分布の1次のモーメントをあらわす指標としては, 中央粒径 Md_ϕ より平均粒径 M_ϕ のほうがすぐれている[174,368].

河川堆積物の試料を粒度分析すると, 累加曲線は確率紙上で直線になりにくい. これは, 双峰分布をなすことが多いためであるが, 山地部で粗粒の巨礫・大礫が多いときは別として, 自然状態下の河川では単峰頻度曲線 (unimodal frequency curve) になりにくい傾向がある[368~369]. 粒度分布の特性をあらわす諸指標を用いて堆積環境の相違を論じた研究も多いが[368,370,371], それほどはっきり区別できるとはかぎらない. 世界各地の河川・砂丘・海浜・湖岸などから, 267 の試料を集めて検討した Friedman, G. M.[370] の研究でも, 決定的な基準は確立していないようである.

粒子の形状特性 実際の河川堆積物中には, 不規則な形状を示す粒子が大部分をしめ, 粒径が等しくても形状が異なれば粒子の挙動も異なるはずである. とくに沈降速度に対しては, 形状因子が重要な役割をしめることから両者の相関関係を求めた例[176~181]はあるが, それ以外の問題で粒子の形状効果を実

証した研究は少ない．これは，粒子の挙動がおもに粒径に支配されていることによる．

粒子形状をあらわす指標として，現在までに提唱されたおもなものは球形率 (sphericity), 円磨度 (roundness), 扁平率 (flatness ratio) などである[369,372]．堆積粒子のような不規則形状粒子に対しては，球などの規則的形状をモデルとしてこれと比較する方法が簡単である．堆積学の分野では，これらの指標を主として運搬距離との関係で論じている．

（ⅰ）球形率： 堆積粒子の形状を球と比較して，どのくらいひずんでいるかをあらわす指標が球形率である．Wadell, H.[373] は，球形率 S_P を便宜的に次式であたえた．

$$S_P = \frac{d_n}{D} \qquad (4\cdot5\cdot42)$$

式中の d_n は名目直径 (p.88 参照)，D は粒子の外接球の直径である．不規則形状粒子の体積を求めるのはやっかいなので，Krumbein[374] は近似的に次式をあたえた．

$$S_P = \sqrt[3]{\left(\frac{b}{a}\right)^2\left(\frac{c}{b}\right)} \quad \text{または} \quad S_P = \sqrt[3]{\frac{b\cdot c}{a^2}} \qquad (4\cdot5\cdot43)$$

ここで a, b, c はそれぞれ粒子の長径・中径・短径である．Krumbein は上式の (b/a), (c/b) を測り，球形率を図から求める方法を考案した（図 4-49）．Rittenhouse, G.[375] は，計測によらずに視覚的に球形率を求める図 4-50 を考

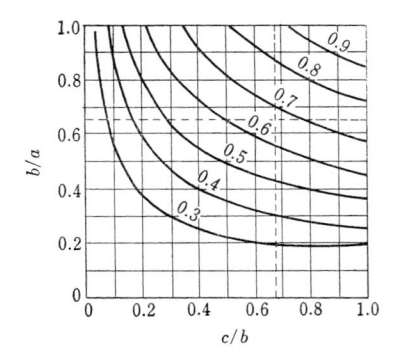

図 4-49 球形率を簡単に求める図 (Krumbein)[374].

図 4-50 視覚により球形率をきめる図 (Rittenhouse)[375].

案した．この図は，粒子の最大投影面積の断面をあらわす．Riley, N. A.[376)]は

$$S_{P'} = \sqrt{\frac{b}{a}} \quad (4 \cdot 5 \cdot 44)$$

と簡単化して球形率をあらわした．

Sneed & Folk[377)] は，Wadell[373)] の提唱した S_P が水中における礫の挙動，すなわち沈降速度を正確にあらわさないことを指摘した．Krumbein[378)] が実験的に確認したように，水中を沈降する非球形粒子はどのような姿勢にあっても，究極的には最大投影面を水平にむける傾向がある．水温・密度・重力を一定と仮定すると，粒子の沈降速度をきめるのは粒子の体積と運動方向に対する粒子の表面積である．このような観点から，Sneedら[377)] は独自の球形率 Ψ_P を提案した．粒子を回転楕円体で近似し，三軸方向の長さを a, b, c として彼らは Ψ_P を次式であたえた．

$$\Psi_P = \frac{A_S}{A_P} = \frac{(\sqrt[3]{abc})^2 \pi/4}{a \cdot b \cdot \pi/4} = \sqrt[3]{\frac{c^2}{a \cdot b}} \quad (4 \cdot 5 \cdot 45)$$

A_S は粒子と等体積の球の最大投影面積，A_P は粒子の最大投影面積である．

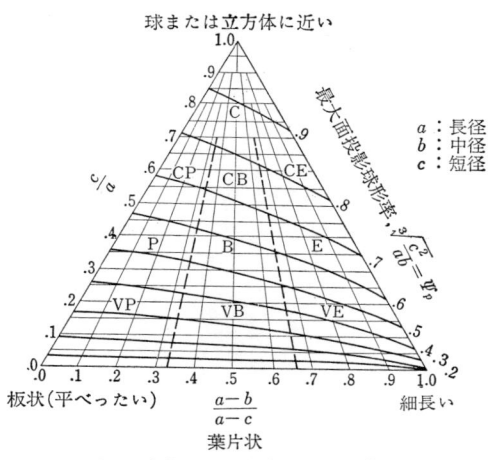

図4-51 Ψ_P の三角ダイアグラム[377)].
C：球または立方体に近い，P：板状，B：葉片状，E：細長い（V：極度にの意），破線は各形態区分の境界をあらわす．各形態の立体的モデルは図4-52(b)にある．実線は Ψ_P の等値線.

Ψ_P の値は,図 4-51 のような三角ダイアグラムを用いて求める.Sneed らは,Ψ_P が Wadell の S_P よりも粒子沈降速度 v_s や粒子の平均移動速度 $\bar{v}_g$ と高い相関関係にあることを実験的に証明した.

さらに,Zingg, Th.[379] の提案した粒子の形態区分(球状・棒状・円盤状・葉片状)の各区分領域が不均等な点(図 4-52 (a))をあらため,c/a と $(a-b)/(a-c)$ の二つの数値を用いて図 4-52 (b) のように形態を 10 階級に細分した.

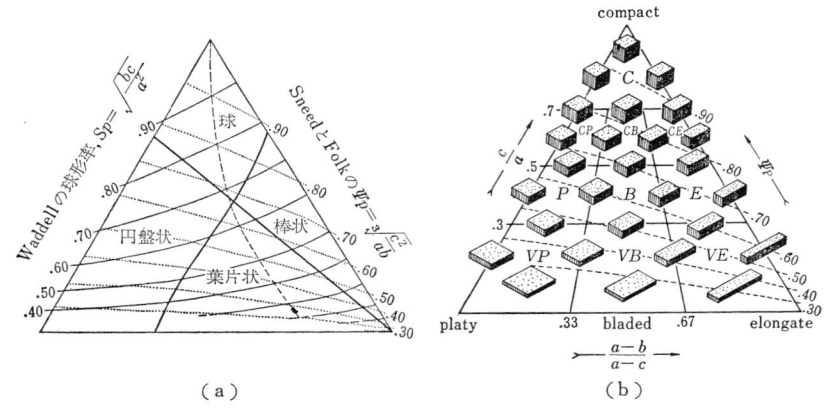

図 4-52 Zingg の形状区分.Wadell の球形率 (S_P) と Sneed らの球形率 (Ψ_P) との比較 (a) と各形態の立体的モデル (b)[877].太実線は Zingg の形状区分の境界線,細実線は S_P の,点線は Ψ_P の等値線.頂点から底辺にのびる破線は S_P と Ψ_P の値が等しい点を結んだ曲線.

各階級に属する粒子形態の立体的モデルが,図中にあらわしてある.頂点に近いほど球に近く,底辺に近いほど扁平な形状を呈することがわかる.

(ii) 扁平率: 粒子の扁平の程度をあらわす指標として,Wentworth[380] は扁平率 F を

$$F = \frac{a+b}{2c} \qquad (4\cdot5\cdot46)$$

であたえた.a, b, c は三軸方向の長さである.中山正民[381] は,礫のような粗粒の粒子に対する運動機構を考える際には,二軸方向の長さで十分であるとして

$$F' = \frac{b-c}{b} = 1 - \left(\frac{c}{b}\right) \qquad (4\cdot5\cdot47)$$

を扁平度と称した.Cailleux, A.[382] は式 (4・5・46) の F を採用し,ヨーロッ

5. 河川の堆積作用

パ諸国に普及させた．Goguel, J.[383] は

$$F''=\frac{c}{\sqrt{ab}} \qquad (4\cdot 5\cdot 48)$$

として無次元化することを提唱した．その他に，扁平率を c/b または a/c, c/ab などであらわしたものもある[384]．

(iii) 円磨度： 粒子形状を比較するのに3次元的にあつかうと複雑化するので，Wentworth[380] は2次元的に最大投影面の形状を比較することを考えた．Wadell[385] は Wentworth の考えかたを敷衍して，円磨度 X_r を次式であらわした（図4-53）．

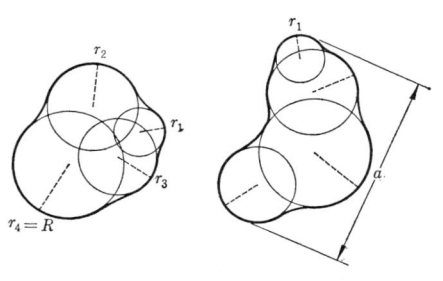

図 4-53 円磨度と曲率半径．

$$X_r=\sum\frac{(r_i/R)}{N}=\sum\frac{r_i}{RN} \qquad (4\cdot 5\cdot 49)$$

ここで r_i は，粒子の稜角ごとに求めた内接円の半径，R は最大内接円の半径，N は稜角の数である．円い粒子ほど稜角の曲率半径が大きく，その数が少ないから X_r は1.0に近づく．実際問題として，個々の粒子について稜角の数だけ曲率半径を測るのはたいへんだから，Cailleux[382] は Wadell の方法を簡略化して，最小角稜の内接円の半径 r_1 だけを測って円磨度をあらわした．すなわち

$$X_r'=\left(\frac{2r_1}{a}\right)\times 1000 \qquad (4\cdot 5\cdot 50)$$

である．Kuenen, Ph. H.[386] は，上式中に長径 a を用いることによってかなり円い礫でも円磨度が低い値をとる傾向があるとして，中径 b を用いて

$$X_r'=\left(\frac{2r_1}{b}\right)\times 1000 \qquad (4\cdot 5\cdot 51)$$

と修正した．Kaiser, K. は，上式のカッコ内を $4r_1/(a+b)$ としたほうが合理的なことを主張した[384]が，Blenk, M.[387] や Tonnard, V.[388] は Cailleux の方法がもっとも普及しており，資料が比較できるという点で式 (4・5・50) を採用している．

野外で視察によって円磨度をきめる際のひな型としては Krumbein[874] の図 4-54 が有名であるが, Powers, M. C.[389] や Shepard & Young[390] も独自の図を考案している. Wright, A. E.[391] はシルト程度の微細粒子でも, 顕微鏡下で視察による円磨度の決定が

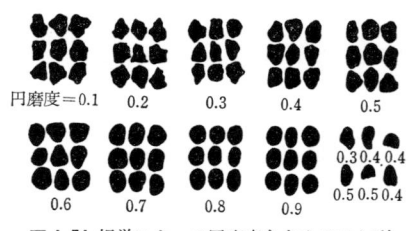

図 4-54 視覚によって円磨度をきめるひな型 (Krumbein)[874].

可能なことを報告している. 視察による円磨度の決定は, 主観がはいりやすい欠点がある. Griffiths, J. C.[372] は, 円磨度の場合には実際上の支障は少ないが, 球形率の場合に有意の差をみいだせそうなときには図 4-50 のような視覚的決定法を用いずに, 直接三軸方向の長さを計測すべきであると報告している.

（iv）形状をあらわすその他の指標: 以上のおもな指標の他に, 粒子形状をあらわす指標としては細長率[384]（elongation ratio）$E_l = b/a$, Wadell[385] の提唱した円形度（degree of circularity）C_i などがある.

$$C_i = \frac{\lambda}{L} \quad (4\cdot5\cdot52)$$

λ は粒子の最大投影面積と等面積の円の円周, L は粒子の最大投影面の外周である.

粒子の三軸方向の長さを計測し, それらの変数の組合せで粒子形状を区分する試みとしては, 前述の Zingg[379] の形状階級（shape class）がある. このほか, 粒子形状を定性的に区分した Pettijohn, F. J.[392] の区分がある. これは, おもに礫などを対象として粒子の形状を（i）角ばった（angular）,（ii）やや角ばった（subangular）,（iii）やや円い（subround）,（iv）円い（round）,（v）きわめて円い（well rounded）の 5 階級に区分したものである. Pettijohn 以外にも 4～6 階級に区分した例があるが, 表現方法は似たりよったりで大部分は円磨度を重視している[384,389,390].

粒子形状と運搬距離との関係を求めるような場合には, この種の定性的区分は役に立たないが, 野外で地層中の粒子の堆積環境を大ざっぱに河成か海成かといった程度に推定するには十分である. 一般論として供給源に近い礫ほど角

5. 河川の堆積作用

ばっているから，角礫よりは円礫のほうが遠距離の運搬をうけたと考えるのがふつうである[372,384,393].

(v) **粒子形状と運搬距離との関係**: 堆積粒子の形状が流下するにつれて変化する現象は，すでに前世紀から注目されていたらしい[386]. 礫の磨耗に関する実験は，回転ドラムを用いたものが多い[394].

Kuenen[386]は，この方法による礫の転動が実際の河川に比べて不連続になるとして，独自の実験装置を開発した．彼によると，礫質の表面上を転動する粒子の重量損失は砂質床面を転動する場合の4倍以上も大きいという．彼はまた粒子の回転性能が大きいほど転動しやすく，浮遊しにくいことを報告している[395].

一方，野外においても多くの研究者が河床礫の形状と流下距離との関係を調べたが[372]，とくにこの問題に熱心だったのは Krumbein[394,396,397] である．彼は球形率や円磨度が運搬距離の関数ではあるが，いずれも供給源から至近距離の間に急激に増大し，その後はあまり変化しないことを示した（図4-55）．

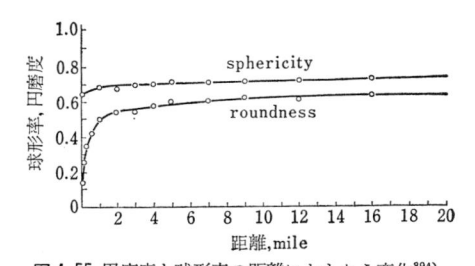

図4-55 円磨度と球形率の距離にともなう変化[394].

Sneed & Folk[377] は Colorado 川の河床礫について調べた結果，粒子形状の変化のしかたが岩石学的種類によって異なり，運搬距離よりも大きな影響をおよぼしていることを実証した．また，球形率は運搬距離よりも粒径の関数であるとのべている．この点，Pettijohn[392] も磨耗に関与する指標は円磨度だけであることを指摘している．Russel & Taylor[398] は，Mississippi 川の約1900 km の区間で石英砂の球形率と円磨度がまったく変化しないことを報告しているが，上述の理由から考えて当然であろう．Plumley, W. J.[399] は，礫や砂の運搬過程で選択運搬が大きな役割をはたすことを強調したが，粒子形状と粒径とを同時に考察した研究としては中山[400]が多摩川の河床礫の粒径別円磨度の変化から，粒子の移動形式の変化を推定した例がある．

以上のように，粒子形状は種々の要因に支配されているが，おもなものは母岩の種類・粒子自身の岩石物性・粒径・運搬距離・分級効果などである．

堆積物のファブリック　堆積物中において，個々の粒子がしめる空間的位置およびそれら相互の位置関係の全体的特徴をファブリック（fabric）とよぶ[372]．

ファブリックは元来，事象内容のうち幾何学的データとして記載可能なものに対して用いた言葉で，岩石学の分野で活用されてきた概念である．堆積学では，粒子の配列方向に規則性をみいだせる場合にこれを定向配列（orientation）とよび[401]，粒子相互の位置関係を充塡状態（packing）とよんできた[402]．ファブリックは，内容的にはこの両者を含めた概念である．

（i）定向配列：　河床堆積物の配列方向を最初に系統的に調べたのはRichter, K. らしい[403]．彼は，大礫が河床中を移動する際に長軸を回転軸とするために，長軸を流路の横断方向にむけやすいが，中礫は移動を停止した際に長軸を流下方向に平行にむけるとのべた．Krumbein[397,401]は，洪水堆積物中の礫の長軸が主流の流下方向と平行に並ぶことが多いと報告した．Schwarzacher, W.[404]，Rusnak, G. A.[405]，Potter & Mast[406]らの研究によると，砂粒程度の粒子でも流下方向に平行に並ぶ傾向があるという．

粒子の配列方向を長軸の向きで代表させると，Johansson, C. E.[403]が中礫程度の粒子について実験した結果では，配列方向の最大頻度が主流と直角方向にあらわれ，流れと平行方向にも極大を生じている．

定向配列は，流水の作用が強く働くほど明瞭になるはずである．転動中の礫は長軸を横断方向にむけやすいが，障碍物があればむきをかえる．躍動する礫は長軸のむきが一定しないが，流れと平行方向になったときに停止しやすい[407]．これは，衝突面積・回転性能から考えて当然であろう．Helley[198]は長軸を流下方向にむけやすいのは細長い礫で，横断方向にむけるのは扁平な礫であることを野外で観察した．そして，それぞれの配列方向と流れの方向とのなす角の平均値を観測した．

Johansson[403]は，礫の配列方向が河床勾配によってかわることを実験によって確かめた．彼は底面勾配の大きい，たとえば三角州の前置層に相当する部分では，流れの運動量よりも重力が粒子の配列方向を支配するとのべている．定向配列の明瞭な場合に，方向別頻度分布の尖度が大きくなることはいうまでもない．

（ii）覆瓦構造：　河床礫が屋根瓦のように積み重なっている状態を，覆瓦構造（imbricated structure）または鱗片状構造（scale structure）という．

覆瓦構造は，定向配列とともに流水の運搬強度に対応して粒子がとった姿勢

5. 河川の堆積作用

をあらわし，力学的にもっとも安定した状態で堆積しようとする傾向のあらわれである[408]．

覆瓦構造は，扁平な河床礫が累々と重なっているところではありふれた現象で，扁平な面を背面として図4-56のような状態で重なっている場合に，流れの方向の偏倚に起因する下むきの力 F_A が働く．F_A は流速 v に比例して増大するが，礫の下流側では流線の弯曲によって圧力降下をきたし，下むきの付加的な力 F_B を生ずる．

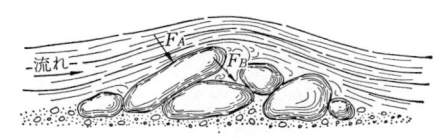

図4-56 覆瓦構造[408]．

礫がこの姿勢のまま他の礫のうえに滑動しても，F_B は作用しつづけるから転動しにくい．逆に下流側に傾斜した姿勢で静止すれば，力の方向は上むきに働いて礫をひっくりかえそうとする．したがって，図4-56の矢印 F_A の直下の状態にある礫は一般に安定している[408]．

Lane & Carlson[408] は扁平礫が球形礫より動きにくいことを，球形率別に階級区分した重量積算曲線*)（図4-57）から説明している．図から河床中にある扁平礫は，球形礫よりも重量が全般的に小さいことが明らかである．逆に，重量の小さい球形礫は河床に存在しない．

Lane らは，等しい重量の場合に扁平礫は球形礫より動きにくいために，重量の大きい扁平礫が河床にないと考えた．そして累加頻度%の等しい礫は，その移動可能性も等しいと仮定した．たとえば，50%のときに球形率 $S_P=0.5$ の扁平礫は1300 g であるが，$S_P\geqq0.8$ の球形礫は3400 g である．したがって，扁平礫は約2.5倍の重量の球形礫と等しい移動可能性を有するというのである．

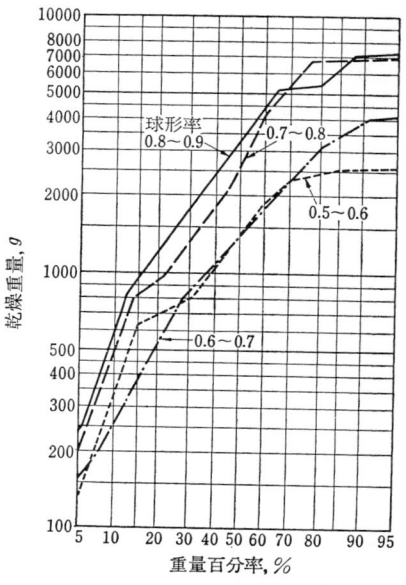

図4-57 球形率別の粒度粗成[408]．

彼らは，礫の移動に際して礫と河床面と

*) 粒径のかわりに粒子重量で大きさをあらわした

の間を充塡している砂などを除去することが先決であり，その間隙に水がはいりこんである程度長い時間作用する必要があると考えた．

一般に，覆瓦構造が顕著な場合に個々の礫の水平面に対する傾斜角 θ は $30°$ 以内にある．定向配列は流下方向と平行方向か直交方向かで，斜交方向にむくことは少ないようである．

定向配列が不明瞭になるのは θ が大きい場合に多いから，定向配列を方位別頻度分布であらわす際には θ も考慮にいれる必要がある．図 4-58(a)は，Krumbein[401] が等面積方位角投影図の下半球を用いて，長軸の方位角と傾斜角とを同時にあらわした例で，矢印は主流の流下方向をあらわす．

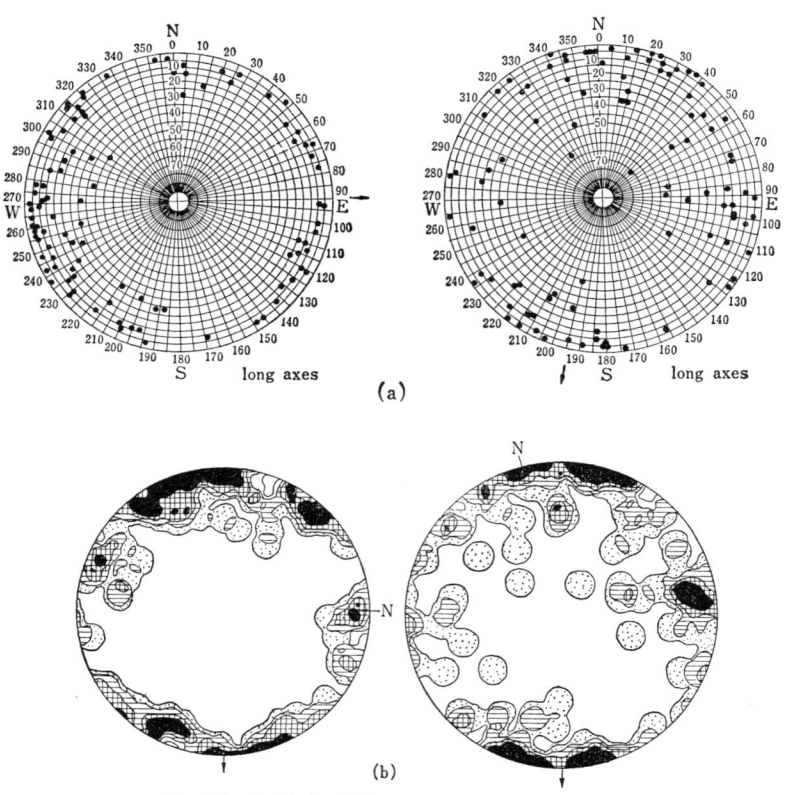

図 4-58 長軸の排列方向と傾斜角の極座標による表現（a）および petrofabric diagram[401]（b）．

これらの投影点を等密度線であらわした図 4-58(b) を, petrofabric diagram という. 堆積学では, 礫層や砂礫層中の礫の配列方向を測って堆積当時の主流の流向, すなわち古流向（paleocurrent）を堆定することがある.

(iii) 充填状態：　前述の White[211] の充填係数は, 河床表面を構成する粒子の充填状態をあらわすが, 3 次元的には空隙率（porosity）や透水度（permeability）を用いる. 空隙率は, 単位体積中にしめる空隙の割合で, 堆積当時, 粒子が流体からどのくらいの圧力をうけたかによって異なる[864]. 透水度は地下水学の分野で重要な要素で, 透水係数や透水量係数を用いて数量的にあらわせる（詳細は地下水学の専門書を参照していただきたい）[409].

5. 流路の形態と変動

　河川の流路は，それぞれ独自の幾何学的な形状をつくりだす．流路の横断形状 (channel shape)，縦断形状 (channel bed profile)，平 面 形 状 (channel form) は時間的・空間的に変化する．したがって，その幾何形状に関しては，時間的・空間的に平均したものについて論議をすすめざるをえない．

　地形学の分野では地形発達の過程に関連して，河床の縦断面 (longitudinal profile of river bed) がどのような形をとるかがこれまで論議の対象となってきた．これに関係した侵食基準面 (base level of erosion)，積平衡作用 (aggradation)，削平衡作用 (degradation)，平衡河川 (graded river) などの重要な概念は Davis[410] が規定したものであるが，河床勾配以外の形状要素に対しては Gilbert[249] をのぞいてあまり関心を示さなかった．流路の横断形状と水理量との関係を考慮した研究が活発化したのは，1950 年代以降のこと で あ る．

　河川工学の分野では，河道計画上どのような縦・横断面が安定流路 (stable channel) なのかといった問題をかかえてきた．この問題は，インドやエジプトなどで灌漑水路の安定設計基準の樹立をめざして河川工学者がとりくんだ，いわゆるレジーム理論 (regime theory) に端を発する．

　水深の浅い灌漑水路では土砂がたまると流水の疎通をさまたげるし，末端にいたるまで効率的に用水を供給するためには，勾配を侵食も堆積もおこさせないようにきめなければならない．土木技師達が当面したこのやっかい な 問 題は，とりあえず経験則によって処理するしかなかったであろう．多数の実験公式が安定水路の設計基準として提唱され，これらは一括してレジーム公式とよばれている[8]．

　結局，地形学では縦断形状，河川工学では横断形状が中心テーマとして大きな比重をしめ，平面形状に関しては蛇行流路をのぞき，論議の対象となることすらなかった．流路を縦・横断面と平面にわけて論ずること自体，2 次元的とりあつかいを前提としているが，河床変動や河床形態などの研究がすすむにつれて，流路の幾何形状を 3 次元的に考察する必要を生じつつある．しかし，問題によっては 3 次元的にとりあつかうことで現象をさらに複雑化することにな

りかねないので，ここでは便宜上，縦・横断形状と平面形状にわけて記述する．ただし，形状の変化は3次元的なものであることを念頭にいれておいていただきたい．

1. 流路の水理幾何学

前述のように，流路の横断形状と水理量との関係はレジーム理論の主要な研究課題であった．このテーマを地形学に対する命題と考えて，最初にとりくんだのは Leopold & Maddock[317] である．

彼らの研究の契機は，実験水路や灌漑水路などの固定境界面をもつ水路を研究の主対象として発達してきた水理学の基本原理が，河川の流路形状を十分に説明しえないという事情による[411]．固定床水路でえた水理学的原理が移動床水路へ適用しがたいのは，この問題にかぎらず流送土砂の場合も同じである．

流路の発達過程を支配する原理に関して，普遍的な公式はいまだに樹立されていない．この問題に対する一般式として，連続方程式とエネルギー保存の方程式とが充足されなければならないが，この二つの式だけでは流水や土砂の移動を説明するのに不十分で，地形の時間的変化をあつかうことができない．これを補うためには，確率論的論述が必要となってくる[87]．

Leopoldら[317]は，流路の幾何形状をあらわす特性値と水理量との間の関数関係を流路の水理幾何学 (hydraulic geometry) と定義した．彼らは，水理幾何学的関係式を求める目的で流速 v，水深 h，水面幅 B，水面勾配 I，粗度係数 n の五つの未知数を採用した．しかし，これらの変数間の関係式が三つしかえられなかったので，残りの条件を確率論的論述によって充足した．Q を流量とすると，五つの未知数は Q のベキ関数として次式であらわされる．

$$v \propto Q^m, \quad h \propto Q^f, \quad B \propto Q^b, \quad I \propto Q^z, \quad n \propto Q^y \qquad (5\cdot1\cdot1)$$

ここで，上式中のベキ指数 m, f, b, z, y を以下の手順で求める．第1の条件は，水流の連続方程式

$$Q = v \cdot h \cdot B \qquad (5\cdot1\cdot2)$$

から導けるもので，上式が成立するためには

$$m + f + b = 1.0 \qquad (5\cdot1\cdot3)$$

であることを要する．

第2の条件は，Manning 公式 (4・1・17) から導けるもので

$$Q^m \propto \frac{Q^{\frac{2}{3}f} \cdot Q^{\frac{1}{2}z}}{Q^y} \qquad (5・1・4)$$

が成立するためには，次式の関係を満足することを要する．

$$m = \frac{2}{3}f + \frac{1}{2}z - y \qquad (5・1・5)$$

第3の条件は，水の単位質量あたりの土砂輸送量が一様であるという仮定で，単位流量あたりの土砂の重量，すなわち土砂濃度を C_s であらわすと

$$C_s \propto \frac{(v \cdot h)^{1/2} \cdot I^{3/2}}{n^4} \qquad (5・1・6)$$

となる．C_s を一定と仮定すると次式がなりたつ．

$$\frac{1}{2}m + \frac{1}{2}f + \frac{3}{2}z - 4y = 0 \qquad (5・1・7)$$

残りの二つの方程式は，後述のエントロピーの概念[87]を適用した式 (6・1・15)，(6・1・17)，(6・1・18) から導いたものである．すなわち

$$y = -\frac{1}{2}(m + f) \qquad (5・1・8)$$

$$z = -0.53 + 0.93y \qquad (5・1・9)$$

式 (5・1・3)，(5・1・5)，(5・1・7)，(5・1・8)，(5・1・9) を連立に解き，五つの未知数に対する解を求める．理論値と実測値との関係は，表5-1 の①，②に併記した．z の値はかなり変動するが，m, f, b に関しては理論値が実測値に近いことがわかる．そこで，v, h, B の三つを採用して，Q のベキ関数としてあらわすと

$$v = \alpha Q^m, \qquad h = \beta Q^f, \qquad B = \gamma Q^b \qquad (5・1・10)$$

である．上式の関係は流路の1地点の横断面に対してだけでなく，流下方向の流量の増加に対してもなりたつ．α, β, γ は経験常数で，式 (5・1・2) から1地点については

$$\alpha \cdot \beta \cdot \gamma = 1.0 \qquad (5・1・11)$$

という関係がなりたつ．

Leopold ら[317] の研究をきっかけに，種々な地域で水理幾何学的研究がはじまり，各地での実測資料が集積するにつれて b, f, m などの値が境界面の条

表 5-1 水理幾何学的関係式におけるべき指数の値

	1地点における平均値					流下方向への平均値					出典
	水面幅 b	水深 f	流速 m	粗度 y	水面勾配 z	水面幅 b	水深 f	流速 m	粗度 y	水面勾配 z	
① 理論値	0.26	0.40	0.34			0.55	0.36	0.09	−0.22	−0.74	Leopold & Maddock[317] 1953
② 米国中西部河川	0.04	0.41	0.55	−0.20		0.50	0.40	0.10	−0.28	−0.49	Leopold & Maddock 1953 実測値
③ Brandywine 川	0.29	0.36	0.34		0.05	0.42	0.45	0.05		−1.07	Wolman[412] 1955
④ 半乾燥地域の川						0.50	0.30	0.20	−0.30	−0.95	Leopold & Miller[103] 1956
⑤ Pennsylvania 16 河川						0.55	0.36	0.09			Brush[129] 1961 16 河川の平均
Marsk 川						0.89	0.63	−0.51			〃 Pennsylvania 州中央部
Buffalo 川						0.30	0.70	0			〃
Shaver 川						0.47	0.34	0.21			〃
Sixmile 川						0.51	0.33	0.16			〃
⑥ 米国 158 河川	0.12	0.45	0.43	−0.035	0						Leopold, Wolman & Miller 1964[418]
⑦ Rhine 川 10 地点	0.13	0.41	0.43		±0						〃
⑧ 理論値						0.53	0.37	0.10	−0.22	−0.73	Langbein[419] 1963
米国中西部河川						0.50	0.40	0.10	−0.15	−0.75	Langbein 1963 実測値
⑨ 凝集性物質からなる川	0.25	0.43	0.32	−0.04							〃 理論値
〃	0.26	0.40	0.34								〃 実測値
⑩ 非凝集性物質からなる川	0.50	0.27	0.23								〃 理論値
⑪ 水路実験						—	0.58	0.42	−0.16	−0.25	Gilbert[249] 1914
⑫ 〃						0.50	0.28	0.22		0	Wolman & Brush[413] 1961
⑬ おもに灌漑水路	0.50	0.33			−0.17						Blench, T.[420] 1973 実測値
⑭ 灌漑水路のみ	0.47	0.36	0.17	+0.01	−0.12						Langbein[419] 1963 理論値
〃	0.50	0.33	0.17		−0.15						〃 実測値
⑮ 入間川 (荒川水系)						0.50	0.32	0.18			島野[421] 1970
⑯ 神流川 (利根川水系)						0.25	0.55	0.20			山辺[422] 1971 3, 4 次水流
〃						0.40	0.35	0.25			5, 6 次水流
利根川本流						0.53	0.29	0.18			7 次水流
⑰ 灌漑水路 (インド)	0.50	0.33	0.167								Lacey[259] レジーム公式
⑱ 〃 (米国)	0.50	0.30	0.20								Pettis[359] 〃

件によって異なることが明らかとなった．

Wolman[412]は，河床や河岸を構成する物質の凝集性によって横断形状が異なることを継続観測によって証明し，Q の増加にともなう従属変数 v, h, B の対応の仕方が潤辺構成物質の凝集性によって異なる具体例をあげた．たとえば，河岸が凝集性物質からなるときには横断面は方形に近く，Q の増大に対して B の増加率はわずかで，h と v の増加率が Q の増分に対応する．Wolman & Brush[413] は，水理幾何学的関係式が流送土砂量の有無によって同一断面でも異なることをみいだした．このほか，潤辺構成物質の粒径分布や植被の影響などについても注意がむけられた[414]．

Schumm[415] は，流路の横断形状をあらわす B/h 比と潤辺構成物質中のシルトおよび粘土の含有率 M との間に次式のような有意の相関関係があることをみいだした．

$$\frac{B}{h} = 255 M^{-1.08} \qquad (5\cdot1\cdot12)$$

ただし，河床変動のいちじるしい流路は除外してある．彼は M の値が小さい流路は広くて浅く，M の値の大きい流路は狭くて深いことから，M を受食性 (erodibility) をあらわす指標として重視した[416,417]．

各地の実測資料[103,129,317,412]（表5-1 の②〜⑦）をまとめた結果から，Leopold, Wolman & Miller[418] は，1地点の横断面における Q に対して

$$0.04 \leq b \leq 0.29, \quad 0.36 \leq f \leq 0.45, \quad 0.34 \leq m \leq 0.55 \qquad (5\cdot1\cdot13)$$

であり，流下方向への Q の変動に対しては

$$0.42 \leq b \leq 0.55, \quad 0.30 \leq f \leq 0.45, \quad 0.05 \leq m \leq 0.20 \qquad (5\cdot1\cdot14)$$

であるとした．Langbein が種々な場合について計算した理論値[419]（表5-1 の⑧⑨⑩⑭）と，レジーム公式（表5-1 の⑬⑰⑱）[259,420] とが良好な一致を示すのは興味深い．レジーム公式は，100種類近くあり，それらをひとつひとつ列挙する余裕はない．しかし，レジームの概念のなかに，地形学でいう平衡の概念とつうじるものがある．その意味でレジーム公式は，平衡状態下における水理幾何学的関係式である．

わが国では，埼玉県の入間川における島野の実測結果[421]，群馬県の神流川における山辺功二[422]の実測結果（表5-1 の⑮，⑯）があるにすぎない．山辺は，b, f の値を流下方向に比較した場合に，b は高次水流ほど増大し，逆に f は減少すること，m は系統的変化を示さずほぼ 0.2 前後の値をとることを報告して

1. 流路の水理幾何学

いる．

表5-1で，流下方向の変化がおもに b と f, すなわち水面幅 B と水深 h とで Q の増分に対応していること，1地点における変化の場合に比べて流速 v（指数 m）の増加率の小さいことがわかる．しかし，$m<0$ となることはまれである．主要な3要素 B, h, v の流下方向の変化を，年平均流量 $\bar{Q}_y$ の増大にともなうこれらの平均値の変化の状態であらわすと図5-1のようになる[418]．

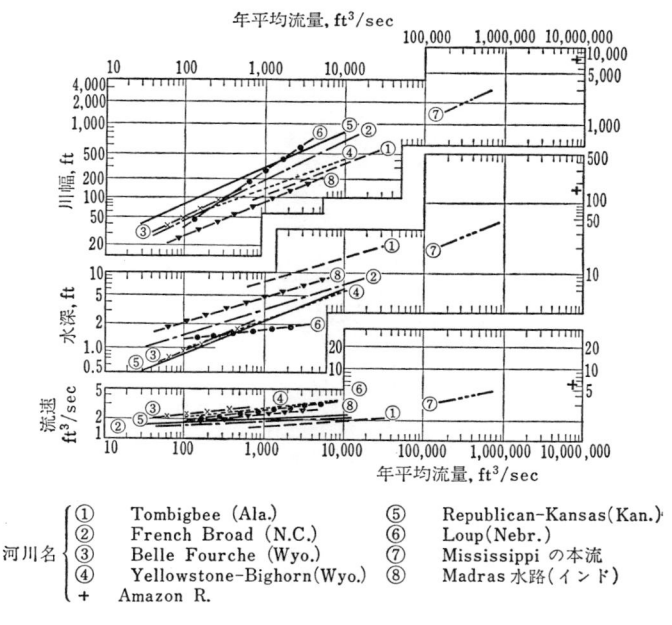

図5-1 流下方向への流量の増加にともなう水面幅・水深・流速の増加[418]．

河川名
①　Tombigbee (Ala.)
②　French Broad (N.C.)
③　Belle Fourche (Wyo.)
④　Yellowstone-Bighorn(Wyo.)
⑤　Republican-Kansas(Kan.)
⑥　Loup(Nebr.)
⑦　Mississippi の本流
⑧　Madras 水路（インド）
+　Amazon R.

図中で，各河川の個々の実測値は省略して1本の傾向線で代表させてあるが，いずれも b, f, m は正で，$\bar{Q}_y$ に比例して B, h, v が増大することが明らかである．図中の+印は Amazon 川河口から 640km 上流の Ovidos における溢流限界流量（bankfull discharge）時の実測値で，全体的な傾向線の延長上にあり，大陸の大河川が必ずしもゆったりと流れているわけではないことをあらわす．

$m>0$ が一般になりたつことは，流速が下流部では減少するという漠然とし

た認識を否定する[421]．増加率は小さいにしても流速は減少しない[103,317,413,418]．流速が勾配のみの一価関数ではないから，当然といえばそれまでであるが，実測データによる立証が貴重なゆえんである．

　Brush, L. M. Jr.[129] は，Appalachian 山地の 16 河川で年平均流量よりも年平均洪水流量と B, h, v との間の相関関係が高いことを報告している．彼は 16 河川のうち 4 河川で $m<0$ となる場合をみいだし，その原因を遷急点の存在によるとしたが，決定的な証拠を欠いたまま推察におわった．図5-2は，Brush の実測結果の一部で Q と B, h, v との関係を示したものである．

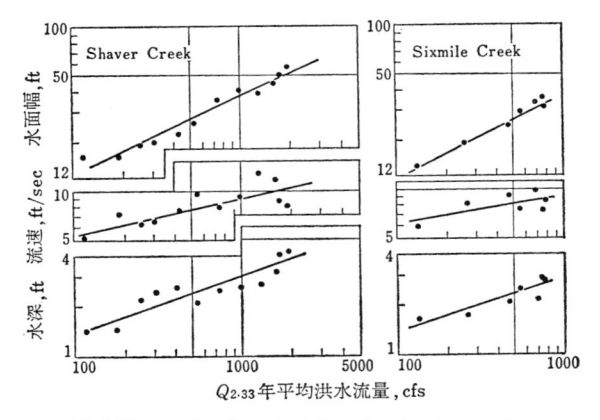

図 5-2 Shaver Creek および Sixmile Creek における流下方向の水理量の変化[129]．

　Leopold & Maddock[317] は，ベキ指数相互間に相補的関係のあることを図 5-3 のモデルで説明した．図中右側のAとCとはそれぞれ源流部における低水位と高水位の状態をあらわし，BとDとは同様に下流部における低水位と高水位の状態をあらわす．図の左側のグラフは，各地点における水理幾何学的関係を対数座標上に表現したものである．実線は，流下方向の変化を，破線は 1 地点における変化を意味する．流量 Q と水面幅 B との関係グラフでは線分 $\overline{A_0B_0}$ の勾配が 1/2 であるから，$B=\gamma Q^{1/2}$ である．

　Q と水深 h との関係は式 (5・1・13) と (5・1・14) から明らかなように，1 地点における場合と流下方向の場合とで f の値がほぼ等しい．Q と流速 v との関係は，Q と B との関係とは逆に流下方向の増加率が 1 地点における増加率より

1. 流路の水理幾何学

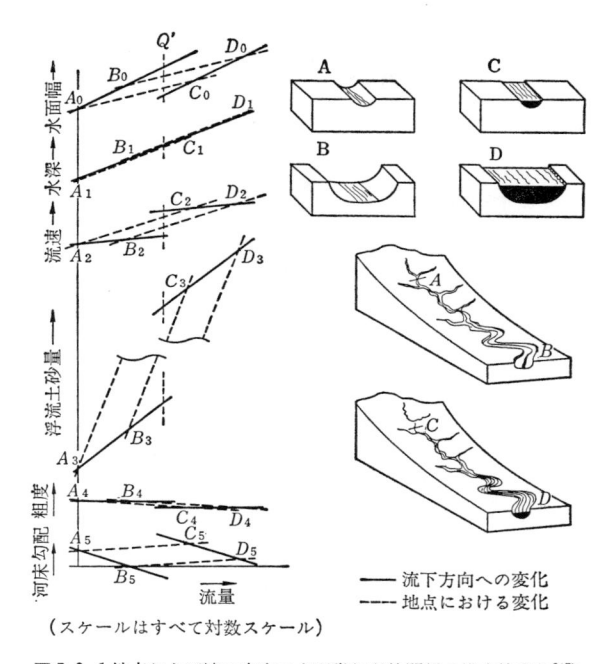

図5-3 1地点および流下方向の水理幾何学的関係の模式的変化[317].

も小さい．浮流土砂量 Q_s は，1地点における Q の増加にともなって急激に増大する例で，線分 $\overline{A_3C_3}$ の勾配は約2.5である．粗度係数 n は減少傾向にある．水面勾配 I は，1地点においてわずかに増大するが流下方向に減少する．以上の関係は，いずれも平均値に対する関係を一般化したものである．

湿潤地域の河川は流下するにつれて必然的に Q をますから，流路はこの増分をなんらかの形で収容しなければならない．h と v とが一定であれば B を増大させ，h と B とが一定のときは v を増加させるというぐあいに，流水自体が Q の変化に対応して調節をとっている．

どのような調整方法をとっても，水理量や形状の変化は同時に流路勾配の変化を要する．規模や自然条件の異なる諸河川が，流下方向への流量の増大に対応して同じような調整方法をとっていること自体，この調整作用を支配する共通の一般原則が存在することを暗示している．Langbein[423] は，その調整方法

についてベキ指数の2乗和が最小になるようなものであるという，最小分散理論 (theory of minimum variance) を展開している．

2. 流路の縦断形状

河川の流路は，上流から下流へ至るにつれて勾配を減ずるから，河床縦断面は上方にむかって凹形を呈する．この経験則は，流域の自然環境や河川の規模と無関係に成立する事実である．河床縦断面がなぜ上にむかって凹形を示すのかという疑問に答えるためには，流水が流路の勾配をどのように調整しているかを説明しなければならない．最近 Yang は熱力学・統計力学の理論を導入し，最適問題としてこの凹形性の理由をたくみに説明している（本章§4-4参照）．

河床縦断面がどのような形をとり，それがどのように変化してゆくのかは，地形発達に関連した問題である．同時に河川工学上，安定流路の縦断面がどのような形状になるかといった，設計基準の根拠としても重要な問題である[122]．河床縦断面がどのような形であれ，河床がまったくかわらないということは，自然状態ではありえない．したがって，縦断方向の河床の変化は実用上の目的からも放置できない現象で，河床変動理論の発達をうながしたのである．

2-1 平衡河川

平衡河川の定義　地形学の分野では，かなり古くから平衡 (grade, equilibrium) の概念があったようである．その概念の歴史的変遷については，谷津[424]，Howard[425] の論文にくわしい紹介がある．

河川における平衡の概念については，フランスの水理学者達のように，流水のエネルギーと河床の抵抗との力学的均衡状態をさすと考える立場と，Gilbert 流に流水の運搬能力と流送土砂量との均衡状態と考える立場とがある．前者の考えかたは，河床が侵食も堆積もうけない完全な均衡状態をさし，静的平衡 (static equlibrium) 理論とよばれる．後者の考えかたは，流路にそう一定距離の区間内で侵食量と堆積量とがほぼつりあいを保っている状態をさし，動的平衡 (dynamic equilibrium) 理論とよばれている．

上記の定義を厳密な意味で適用できる河川は，おそらく実在しないであろう[195,425]．Davis[410] は，地形発達の説明に Gilbert[19] の動的平衡の概念をとり

2. 流路の縦断形状

いれ，壮年期に達した河川の河床における侵食と堆積とはほぼつりあって，その縦断面が平滑化すると考えた．平衡状態にある河川を Davis は平衡河川 (graded river) とよび，壮年期地形をあらわす地形的特徴の一つとした．

Mackin, J. H. [426] は平衡河川の定義として，長い年月にわたって流域から供給された荷重の運搬に必要なだけの流速を生ずるように，勾配が微妙に調節されている河川であるとした．そして，なんらかの条件が変化すると，その変化の影響を吸収するように平衡の関係を変化させてゆくのが平衡河川の外見上の特徴であるとのべた．彼の論文中には，すでに河川を一つの有機的な系 (system) とみなす思想の萌芽を認めることができる点で興味深い．

Mackin 流の解釈をくだせば，大部分の河川はこのような平衡状態の達成を志向しているという意味で，平衡河川とよぶことができよう．

大部分の河川は，流量や流送土砂量などの独立変数の変化に応じて流路の形状を調整し，その縦横断形状に一種の安定性がある[195]．安定とは，厳密な意味で用いているわけではなく，前述の動的平衡を拡大解釈して正味の河床変動が少ないという意味である．

人工構造物の構築はこの意味での平衡をやぶるもので，河川は平衡状態に破綻をきたすと新たな平衡状態を達成すべく調整機能を発揮しはじめる．現実の河川は非定常流であり，厳密な意味での平衡が成立したとても瞬間的な現象であろう．以後，平衡河川とは広義の意味で用いる．

河川工学の分野では，安定流路の設計を目的として，前述のレジーム理論[3]や Lane[195] の安定河道 (stable channel) の理論が登場した．これらの理論の背景には地形学でいう平衡の概念があり，類似の現象を安定，レジーム，定常 (steady, stationary) など種々なよびかたをしている．

河川工学者は平衡状態に対する力学的解析の面で大きく貢献し，平衡勾配の理論を発展させた．以下で，地形学の分野でおもな論点となった平衡河川の縦断面形状と，河川工学の平衡勾配の理論を紹介する．

平衡河川の縦断形状　平衡河川の縦断面がどのような曲線に適合するかについては，四分円・サイクロイドの弧・双曲線・放物線など種々の論議があったようである[424]．Jones, O. T. [427] は，英国の Wales 中部を流れる Towy 川の河床縦断面を実験的に対数曲線で近似させ

$$y = -k\log_{10}(x+a) + b(x+a) + c \qquad (5\cdot 2\cdot 1)$$

をあたえた．y は海抜高度，x は基準点からの距離，a, b, c, k は定数である．Woodford, A. O.[428] も対数曲線説を支持した．

これに対して，Sternberg, H. は河床堆積物の粒径が上流から下流にむかって漸減する現象に着目して，河床の縦断形状を説明しようと試みた[429]．河床礫の重量を W とし，微少距離 dL だけ流下する間に磨耗作用をうけて，dW だけ重量が減少したとすると

$$-dW = \alpha \cdot W \cdot dL \qquad (5\cdot 2\cdot 2)$$

とおける．α は磨耗係数である．上式を積分して

$$\log_e W = -\alpha L + C \qquad (5\cdot 2\cdot 3)$$

となる．C は積分定数で，$L=0$ で $W=W_0$ とすれば

$$W = W_0 e^{-\alpha L} \quad \text{または} \quad \log_{10} W = \log_{10} W_0 - 0.434\,\alpha L \qquad (5\cdot 2\cdot 4)$$

とかける．上式を Sternberg の公式という．

Schulits, S.[430] は，河床堆積物の粒径が流下距離にともない指数的に減少するという Krumbein[431] の報告から，河床勾配 S が粒径に比例すると仮定し，Sternberg 公式中の W に S を代入して

$$S = S_0 e^{-\alpha L} \qquad (5\cdot 2\cdot 5)$$

とした．S_0 は最下流点の勾配で $L=0$ で $S=S_0$ である．L を上流にむかって正の方向にとり，dL に対する高度の増分を dz とすると

$$S = \frac{dz}{dL} = S_0 e^{\alpha L} \qquad (5\cdot 2\cdot 6)$$

であらわせる．変数分離形にして上式を積分すると

$$z - z_0 = \left(\frac{S_0}{\alpha}\right)(e^{\alpha L} - 1) \qquad (5\cdot 2\cdot 7)$$

である．$L=0$ における z_0 の高さを基準面（$z_0=0$）にとると

$$z = \left(\frac{S_0}{\alpha}\right)(e^{\alpha L} - 1) \qquad (5\cdot 2\cdot 8)$$

となる．Schulits は Rhein, Maas, Mur, Enns 川の縦断面が式 (5·2·8) に合致することを確かめたが，それぞれの河床粒径の減少が磨耗によっておこるものではないことを強調した．平衡河川に関する多数の研究結果から，Strahler[432] は平衡河川の河床高度 z と距離との間に特定の時間 t_0 に対して

2. 流路の縦断形状

$$z_0 = A_0 e^{-k_1 x} \quad (5\cdot2\cdot9)$$

の関係がなりたつと考えた．定数 A_0 は $x=0$ のときの z_0 の値であり，定数 k_1 は $x=\dfrac{1}{k_1}$ のときの z の値できまる．ある地点の任意の時間における河床の低下速度が，その地点の河床勾配に比例すると仮定すると

$$\left(\frac{\partial z}{\partial t}\right)_x = k_2 \left(\frac{\partial z}{\partial x}\right)_t \quad (5\cdot2\cdot10)$$

である．関数 $z(x, t)$ の微分 dz は

$$dz = \left(\frac{\partial z}{\partial x}\right)_t dx + \left(\frac{\partial z}{\partial t}\right)_x dt \quad (5\cdot2\cdot11)$$

であり，上式に式 (5·2·10) を代入すると $\partial z/\partial t$ の項が消去されて

$$dz = (dx + k_2 dt)\left(\frac{\partial z}{\partial x}\right)_t \quad (5\cdot2\cdot12)$$

をえる．上式は t のすべての値，とくに $t=t_0$ に対して成立する．ここで式 (5·2·9) を微分して

$$\left(\frac{\partial z}{\partial x}\right)_{t_0} = -k_1 z_0 \quad (5\cdot2\cdot13)$$

であるから，上式を式 (5·2·12) へ代入して次式をえる．

$$dz = (dx + k_2 dt)(-k_1 z) \quad (5\cdot2\cdot14)$$

上式を積分して初期条件 $x=0$, $t=t_0$ に対して $z=A_0$ とすると次式をえる．

$$\log_e z - \log_e A_0 = -k_1 x - k_1 k_2 t, \quad z = A_0 e^{-k_1(x+k_2 t)} \quad (5\cdot2\cdot15)$$

結局，A_0 は水源高度をあらわし，上式は平衡河川の縦断面を時間と距離との関数として表現したものである．高度が時間・距離にともなって指数法則にしたがって減少するといっても，t にともなう z の変化は現実の地形で検証できないから，モデル実験によるしかない．

以上のように，平衡河川の縦断面を指数式で表現できるという考えかたが一般化した．谷津[424]は，中央日本の諸河川のうちで平野部をもち，支流の流入による急激な流量の増加がないような河川として，鬼怒川，渡良瀬川，安倍川，矢作川，天竜川，木曾川，長良川，常願寺川，庄川などを選び，地形学的に平衡に達した諸河川の縦断面形が1本の指数曲線であらわせない場合のあることを指摘した（図 5-4）.

谷津は Sternberg の法則が礫質河床についてのみ適合するとして，礫質の

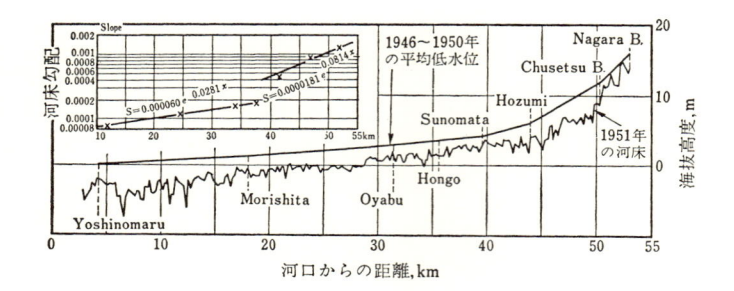

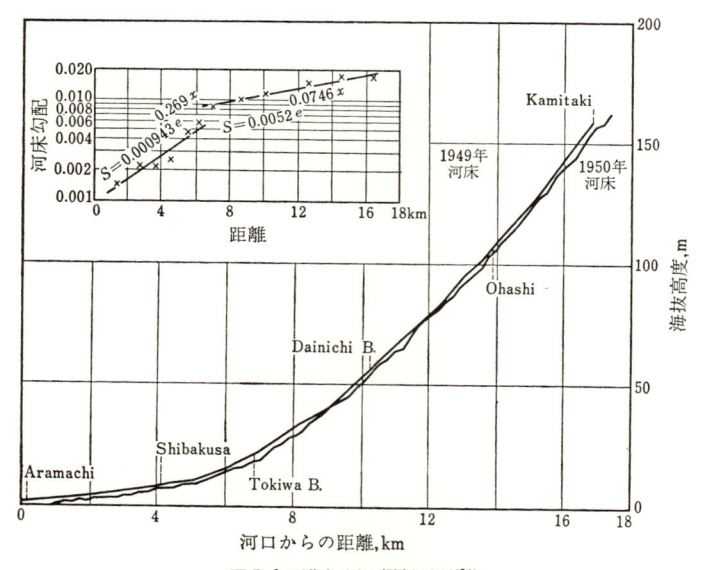

図 5-4 平衡河川の縦断面形[424]

河床区間と下流側の砂質河床の区間とにわけて2本の指数曲線で縦断面をあらわした．このような勾配の不連続の原因を，谷津[433]は粒径変化の不連続性から説明した．すなわち，河床砂礫のうち 2〜4 mm の粒径の粒子が生産されにくいため，この粒径に対応する勾配の区間が河床縦断面のうちに欠如しているか，または短いというのである．

　彼は，崩壊過程の不連続性が粒径分布のうえで 2〜4 mm の部分に極小を生じている事実を，実際に河床堆積物の粒度分析をおこなって証明した．また，河床縦断面の不連続と同様な現象が扇状地の前縁，すなわち扇端と沖積平野と

2. 流路の縦断形状

の境界付近にみられ，河床縦断面の不連続が地形的不連続と一致しないという重要な事実を指摘した[434]．

2-2 静的平衡理論

実際の河川で，厳密な意味での静的平衡がなりたたないことは前述のとおりであるが，灌漑水路ではこれに近い状態を要求するところからレジーム理論や安定河道の理論が生まれた．諸外国では流路の安定を論ずる場合に横断面を主対象とし，縦断面をとりあつかったものは比較的少ない[435]．

わが国では流路勾配の急なこともあって，安定な縦断形状をきめる必要があった．その初期の理論は，河川の各区間における静的平衡勾配とそれの連続としての安定流路の縦断形状を求めることからはじまった．

物部長穂[436] は Sternberg 公式 (5·2·4) と掃流力の概念から，次式を静的平衡勾配 i_s の式とした．

$$i_s = I_0 e^{-(\alpha/2)x} + \frac{\alpha}{6} h_0 e^{(\alpha/6)x} \qquad (5\cdot2\cdot16)$$

式中，I_0, h_0 は基準点の水面勾配および水深，x は基準点からの距離である．

安芸は[437]，鬼怒川・富士川などの実測資料から限界掃流力と平均粒径との関係を検討し，静的平衡勾配 i_s を次式であたえた．

$$i_s = I_0 \cdot 10^{5(x-x_0)/3.5b} + \frac{3.45}{3.5b} h_0 \cdot 10^{1.5(x-x_0)/3.5b} \qquad (5\cdot2\cdot17)$$

式中の I_0, h, x は前式と同じで b は定数，x_0 は基準点の距離をあらわす．市川・三野[438]は，香川県の土器川で上式を用いた際に，それまでの計算方法と逆に河口付近の粒径を基準として上流側にむかって平衡勾配を求めた．常流の領域では，下流から上流にむかって求めるのが合理的であろう．

物部や安芸の式では河幅を一定と仮定してあるが，増田重臣・河村三郎[439]は不等流の運動方程式・連続方程式・限界掃流力の条件をあたえる岩垣公式 (4·2·12) を用いて，河幅が変化する場合の静的平衡勾配をあたえる基礎方程式を誘導した．

限界掃流力を静的平衡の条件とするか否かは別として，限界掃流力の状態下での河床縦断面については杉尾捨三郎[440]，矢野・大同淳之[441]，土屋[435]をはじめ多くの研究がある．これらの研究では，水流の運動方程式・連続方程式・抵

抗法則式・限界掃流力公式・河床高度をあらわす幾何学的条件式を用いて，基礎方程式を導いている．

2-3 動的平衡理論

静的平衡理論は，河床物質を移動させないで平衡を達成しようとする考えかたであるから実状にあわない．結局，上流側から流入してきた流送土砂を全部静止させようとする設計法に無理があることがわかってきた．そこで流入する土砂にみあうだけの量を流下させることによって，ある区間の平衡を維持するという考えかたの動的平衡理論が登場する．

この考えかたは，一定区間内の侵食量と堆積量とがほぼ等しいという，地形学的な動的平衡の概念と同じである．結果としては静的平衡とかわらないが，より実態に近い考えかたでそのような区間を安定河道という[442]．

動的平衡理論では，流送土砂量の連続を満足することが平衡の条件となるから，基本条件として流路の各断面で

$$\frac{dQ_T}{dx}=\frac{dQ_S}{dx}+\frac{dQ_B}{dx}=0, \qquad Q_T=Q_S+Q_B \tag{5・2・18}$$

がなりたたなければならない．x は流下方向の距離，Q_T, Q_S, Q_B はそれぞれ各横断面における全流送土砂量，浮流土砂量，掃流土砂量である．Q_S, Q_B については多数の公式があり，どれを採択するかによって表現が異なる．

わが国の河川に対しては佐藤清一[442]が

$$Q_S=\int_0^B q_S\,dB=\int_0^B \eta \cdot h^2 \cdot I\,dB \tag{5・2・19}$$

$$Q_B=\int_0^B q_B\,dB=\gamma_S \cdot \sqrt{g} \cdot I^{3/2}\int_0^B h^{3/2}dB \tag{5・2・20}$$

$$Q_T=Q_S+Q_B=\gamma_S \cdot \sqrt{g} \cdot I^{3/2}\int_0^B h^{3/2}dB+\int_0^B \eta \cdot h^2 \cdot I\,dB \tag{5・2・21}$$

をあたえている．B は水面幅，$q_S=Q_S/B$, $q_B=Q_B/B$, h は水深，I は水面勾配，γ_S は土砂の単位重量，g は重力加速度，η は係数である．

B が十分に広い矩形断面では

$$Q_T=\gamma_S \cdot \sqrt{g} \cdot B(h \cdot I)^{3/2}+\eta \cdot B \cdot h^2 \cdot I \tag{5・2・22}$$

とあらわせる．動的平衡が成立するためには，各断面で Q_T が等しくなる（$Q_T=\text{const}$）ように断面形をきめる必要がある．

2. 流路の縦断形状

この断面形は，式（5・2・22）と不等流の運動方程式（4・1・39）および連続式（3・1・43）とを連立に解くことによってきまる．この場合に未知数は B, h, I, 流速 v, 河床勾配 i の五つで，方程式の数より一つ多いから i に一定の値をあたえて解く．動的平衡理論式には種々の形のものがあるが，基本的には同じ考えかたに基づいている．一例として，増田・河村[443]の導いた動的平衡勾配に対する基礎方程式をあげておく．

$$i_d = I_0 \left(\frac{B}{B_0}\right)^\alpha \cdot \left(\frac{d_m}{d_{m_0}}\right)^\beta - h_0 \left(\frac{B}{B_0}\right)^\gamma \left(\frac{d_m}{d_{m_0}}\right)^\delta \left[\frac{\gamma}{B} \cdot \frac{dB}{dx} + \frac{\delta}{d_m} \cdot \frac{dd_m}{dx}\right]$$
$$+ \frac{h_c^3}{h_0} \left(\frac{B}{B_0}\right)^{2\gamma} \left(\frac{d_m}{d_{m_0}}\right)^{2\delta} \left[\frac{(\gamma-1)}{B} \cdot \frac{dB}{dx} + \frac{\delta}{d_m} \cdot \frac{dd_m}{dx}\right] \quad (5 \cdot 2 \cdot 23)$$

式中 B, h, I は前式と同じである．$h_c^3 = (Q^2/gB^2)$, d_m は平均粒径，添字 0 は基準点におけるそれぞれの値である．指数 α, β, γ, δ は Brown 公式（表4-4）中の指数によってきまる．

土屋昭彦・石崎勝義[444]は，動的平衡理論を吉野川に適用した結果，河床縦断面をかなり説明できるが河床堆積物の粒径の代表性に問題があり，流量や流送土砂量を一義的にきめがたいことを指摘した．動的平衡理論が適用できるのは対象区間が短く，粒度分布や河床勾配の変化が小さい場合にかぎるとして，土屋らはこれに代わる式を導いた．以下，土屋らの論文によってその概略をのべる．

任意の断面を通過する流送土砂のうちで，河床変動に寄与するのは掃流土砂だけとみなして，浮流土砂を無視すると $Q_T = Q_B$ であるから，横断方向の距離を y とすると

$$Q_B = \int_0^B q_B dy \quad (5 \cdot 2 \cdot 24)$$

である．他の記号は式（5・2・20）と同じである．掃流土砂量公式として佐藤・吉川・芦田公式（4・3・37）を用い，一断面内における式（4・3・37）中の $\varphi \cdot F$ の値を一つの値で代表させると

$$Q_B = \frac{\varphi \cdot F}{(\sigma/\rho - 1)g} \int_0^B U_*^3 dy \quad (5 \cdot 2 \cdot 25)$$

である．式中の記号は式（4・3・37）と同じである．この断面を通過する流量 Q は

$$Q = \int_0^B \bar{u} \cdot h dy \quad (5 \cdot 2 \cdot 26)$$

であらわされる．$\bar{u}$ は鉛直方向に平均した流速である．$\bar{u}$ と U_* との関係を式（5・2・27）

のようにおけば，定数 φ_0 は抵抗法則式としてどれを採用するかにより式 (5・2・28)，(5・2・29)，(5・2・30) であらわせる．

$$\bar{u}/U_* = \varphi_0 \tag{5・2・27}$$

$$\varphi_0 = \frac{h^{(1/6)}}{\sqrt{g} \cdot n} \quad \text{(Manning 公式)} \tag{5・2・28}$$

$$\varphi_0 = \frac{C}{\sqrt{g}} \quad \text{(Chézy 公式)} \tag{5・2・29}$$

$$\varphi_0 = A_r + 5.75 \log_{10}\frac{h}{k_s} \quad \text{(対数公式)} \tag{5・2・30}$$

また，式 (4・1・22) と (4・1・25) とから $U_*^2 = g \cdot h \cdot I$ とおけるから

$$h = \frac{U_*^2}{g \cdot I_e} \tag{5・2・31}$$

であらわせる．I_e はエネルギー勾配である．上式と式 (5・2・27) を式 (5・2・26) に代入し，一断面内の係数 φ_0 を一つの値で代表させると流量 Q は

$$Q = \frac{\varphi_0}{g \cdot I_e} \int_0^B U_*^3 dy \tag{5・2・32}$$

であらわせる．掃流土砂の濃度 Q_B/Q は式 (5・2・25) と上式とから

$$\frac{Q_B}{Q} = \left\{\frac{\varphi \cdot F}{(\sigma/\rho - 1)g} \int_0^B U_*^3 dy\right\} \bigg/ \left\{\frac{\varphi_0}{g \cdot I_e} \int_0^B U_*^3 dy\right\} = \frac{\varphi \cdot F \cdot I_e}{\varphi_0(\sigma/\rho - 1)} \tag{5・2・33}$$

とかける．上式の誘導過程では断面形についてとくに仮定をおいてないから，実際河川の不規則な断面形の流れに対しても適用できる．

掃流土砂の連続の式は，次式であらわせる．

$$\frac{\partial z}{\partial t} - \frac{1}{(1-\lambda)B}\frac{\partial Q_B}{\partial x} = 0 \tag{5・2・34}$$

ここで z は河床高，x は縦断方向の距離，λ は河床堆積物の空隙率で約 0.4 である．

エネルギー勾配を河床勾配 $\partial z/\partial x$ に近似できるときは式 (5・2・33) をかきかえて

$$Q_B = Q\frac{\varphi \cdot F}{\varphi_0(\sigma/\rho - 1)} \cdot \frac{\partial z}{\partial x} \tag{5・2・35}$$

とする．上式を式 (5・2・34) に代入して，河床縦断面の基礎式

$$\frac{\partial z}{\partial t} = \frac{Q \cdot \varphi}{(1-\lambda)B\varphi_0(\sigma/\rho - 1)} \frac{\partial}{\partial x}\left(F \cdot \frac{\partial z}{\partial x}\right) \tag{5・2・36}$$

をえる．係数 F が x に対して変化しないときには，式 (5・2・36) は熱伝導の方程式と同形になる．熱伝導式の性質については，種々の境界条件についてくわしいことがわかっているので，これにアナロージさせて河床変化の性質を吟味する．

(i) 河床は基礎式の2次偏導関数 $\partial^2 z/\partial x^2$ が正であれば上昇する．(ii) 河床の上昇速度は Q/B と $\partial^2 z/\partial x^2$ の積に比例する．勾配の変換点で河床が上昇傾向にあるという経験則がこれに相当する．(iii) 上流側からつねに一定の Q_B が補給され，堆積盆が十分深ければ縦断面は全体として上昇し，一定勾配に達すれば上昇がとまる．

以上が土屋ら[444]の理論の帰結である．彼らは式（5・2・36）を用いて常願寺川の河床変動を計算し，実測値に近い結果をえたが，河床変動に 3〜4 km 波長の波が存在し，基礎式に含んでいない波動的性質が理論値に干渉していることを報告している．

波状移動の現象は利根川中流部[445]，黒部川[446]，手取川[446]でも観察されている．橋本規明[447]は，これを単一の原因で説明できないことを強調している．

3. 河床変動

3-1 河床変動の実態

河床がたえず変化していることはあらためてのべるまでもないが，その実態を把握することはそれほど簡単ではない．わが国では，明治以降の河川改修工事の進展につれて河川の縦・横断測量が実施されてきた．当初は測量時期の間隔も一定せず，その間隔も数十年におよんでいたこともあり，測量精度にも問題があったようである．

第2次大戦後，各地に水害が続出し，戦時中の濫伐による山林の荒廃とともに，河床変動がその一因となっていることが明らかになってきた．河川工事が河川の自然的性格をかえ，かえって水害を助長する結果になりかねないことを最初に指摘したのは三井嘉都夫[448]である．藤井素介・岩塚守公[449]は，高水工事が流量の増大・洪水波伝播速度の増大・河床の上昇をもたらしたとして，治山・治水対策の矛盾を指摘した．

多田・谷津・三井[450]は，渡良瀬川の河床変動と赤麻沼の堆砂量との関係を調べ，河川改修工事が河床変動の大きな原因となっていることを立証した．三井[451]は常願寺川で，本宮堰堤構築後に下流側の三角州地帯が土砂の供給を断たれて低下したことを指摘した．

ダム上流側の河床変動については，実用上の問題もあって河川工学者による研究がすすんでいたが，下流側地域に人工構造物建設の影響が波及することに関してはあまり注

意をひかなかったようである．この問題については6章§3-2でものべる．中山正民[452]は，野州川における河床変動の原因の一つとして，流送土砂量と砂利採取量との不均衡をあげている．安倍川・大井川についても同様な報告[453,454]がある．

河床変動は洪水時にいちじるしいが，洪水前後の河床高の変化を比較しても洗掘深と堆積深の総和がわかるだけで，正味の変動量をとらえたことにならない．米国では，洪水時に船上から音響測深をおこなって河床高の時間的変化を調べた例[455]がある．この方法は，日本の河川のように洪水時の流速が大きい場合には適用しにくい．このような事情もあって，わが国では利根川の栗橋でγ線の密度変化から河床変動を推定した例[456]をのぞくと，洪水期間中の河床高の時々刻々の変化を調べた報告はみあたらない．

Lane & Borland[457]は，Rio Grande 川および Colorado 川における洪水時の最大洗掘深が水位上昇高の約2倍になることを報告している（図5-5）．また，一般に流量観測地点として狭窄部断面を選ぶ傾向があるために，平行して実施される河床変動量の調査結果も上・下流にわたる区間の代表値とならず，狭窄部以外の断面の平均変動量の10倍も大きい値となることもあるという．Straub[458]も狭窄部断面における洗掘が局所的なもので全川におよばないとの結論をえている．

図5-5はアリゾナ州 Yuma における Colorado 川の変動のようすをあらわしたものである[457]．最大洗掘深が最高水位に対応し，水位の低下とともに河床がふたたび埋めもどされてゆく過程がわかる．したがって，減水後の河床高を増水前のそれと比較しても正味の変動量とはならない．

出水による河床の最大洗掘深を知るために，河床にあらかじめ埋設物をおき，出水後にその流失状況を調べた例はわが国でも若干ある．それらの調査によると最大洗掘深は利根川の川俣で約 1.5m[437]，富士川の鰍沢で約 8m[437]，栃木県の熊川で約 1.5m[277]である．

3-2 河床変動の理論

水理学者の間では，河床変動の機構を数学的・力学的解析によって説明しようとする試みが以前からあった．この問題は，河床構成物質が土砂などの受食性の大きい物質からなる場合に，時間的・空間的変化が激しいことから限界掃流力や限界侵食流速の概念をうみ，さらに流送土砂量の問題へと発展する．

3. 河床変動

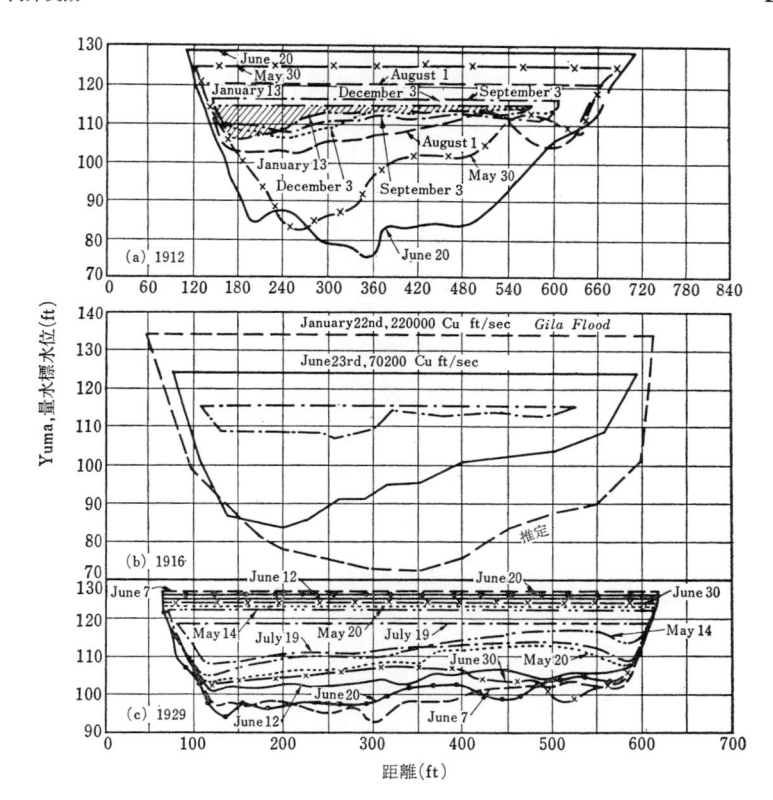

図 5-5 Colorado 川の河床変動[457].

前述の平衡理論も，河床変動をいかに抑止または定常状態におくかの問題であり，河床に発生する砂漣・砂堆・砂礫堆などの一連の波状地形の形成は河床が変化していることを如実にあらわす．これらの波状地形の発生・移動条件については後節でのべるが，本来は同列に論ずべき性質のものである．

ここではこれらのミクロな河床変動には深入りをせず，主として縦横断測量の結果を比較しても有意の差を認めることができるような，マクロな河床変動をとりあつかうことにする．

初期の河床変動理論 河床変動を最初に解析的にあつかったのは Exner, F. M. であろう[459]．彼が提唱した河床変動の基礎方程式は，河幅 B の変化と

砂堆の移動による河床高ηの変化を余弦波形で近似させたものである．縦断方向の幾何形状をあらわす基礎式は，砂堆の波長をλとして

$$\eta = A_0 + A_1 \cos \frac{2\pi}{\lambda}\left[x - \frac{\epsilon Qt}{B(z-\eta)^2}\right] \quad (5\cdot3\cdot1)$$

である．A_0, A_1, ϵ は定数，zは水面高度，xは流下方向の距離，tは時間，Qは流量である．上式は実際の形状にある程度近似したが，平面形状をあらわす理論式は現実離れのしたものとなった．しかし，関連した諸問題がほとんど未解明の状態にあった当時としては，画期的な試みであった．

岩垣の理論式　　河床変動に関する理論的研究が本格的にはじまったのは，Anderson, A. G.[460]や岩垣[461]の研究以後のようである．岩垣の提唱した特性曲線法による解析法は応用範囲も広く，代表的な図的解法としてくわしい紹介もある．その適用例の詳細は文献[462]にゆずり，ここでは岩垣の理論の概要をのべる．岩垣が導いた河床変動の基礎方程式は，以下の六つの式を連立に解いたものである．

（ⅰ）不等流の運動方程式

$$\frac{dh}{dx} = i - \frac{d}{dx}\left(\frac{v^2}{2g}\right) - \frac{U_*^2}{gR} \quad (5\cdot3\cdot2)$$

xは流下方向の距離，hは水深，iは河床勾配，vはx軸に垂直な断面内の平均流速，Rは径深，gは重力加速度である．

（ⅱ）不等流の連続式

$$\frac{d}{dx}(A\cdot v) = 0 \quad \text{または} \quad A\cdot v = Q = \text{const} \quad (5\cdot3\cdot3)$$

Aは流積，Qは流量である．

（ⅲ）流送土砂量公式（Brown 公式を変形）

$$q_T = \alpha' U_*(U_*^2 - U_{*c}^2), \quad \alpha' = \frac{Kd}{\{(\sigma/\rho - 1)gd\}^m} \quad (5\cdot3\cdot4)$$

q_Tは単位幅，単位時間あたりの流送土砂量，U_*, U_{*c} はそれぞれ摩擦速度および限界摩擦速度，dは河床物質の平均粒径，σ, ρ はそれぞれ粒子および水の密度，K, m は常数で$K=10$, $m=2$ とすれば Brown 公式と一致する．

（ⅳ）流送土砂量の連続式

$$\frac{\partial z}{\partial t} + \frac{1}{B(1-\lambda)} \cdot \frac{\partial(q_T \cdot B)}{\partial x} = 0 \quad (5\cdot3\cdot5)$$

式中の記号 z, B, は式 (5・2・34) と同じである．

3. 河床変動

（ⅴ）河床勾配 i をあらわす式

$$i = i_0 - \frac{\partial z}{\partial x} \tag{5・3・6}$$

ここで i_0 は基準面の河床勾配である．

（ⅵ）流れの抵抗法則式（Manning 型の $\dfrac{U_*^2}{gR} = \dfrac{n^2 v^2}{R^{4/3}}$ を採用）

$$U_* = \frac{\sqrt{g} \cdot n \cdot Q}{h^{7/6} \cdot B} \tag{5・3・7}$$

n は Manning の粗度係数である．幅の広い矩形断面に対しては $R \fallingdotseq h$, $v = (Q/BR)$ として導いたものである．

未知量は U_*, h, v, i, q_T, z であるから，各式に適当な条件をあたえてこれをきめる．まず，式 (5・3・4) と (5・3・7) とを用いて，式 (5・3・5) 中の $\partial(q_T \cdot B)/\partial x$ の値を計算する．

$$\frac{\partial B}{\partial x} \cdot q_T = \frac{(\alpha' \cdot n^{2m+1} \cdot g^{m+(1/2)} \cdot Q^{2m+1})}{B^{2m+1} \cdot h^{7/6}} \left(\frac{1}{h^{7/3}} - \frac{1}{h_k^{7/3}} \right)^m \frac{\partial B}{\partial x} \tag{5・3・8}$$

$$B \frac{\partial q_T}{\partial x} = \left(\frac{\alpha' \cdot n^{2m+1} \cdot g^{m+1/2} \cdot Q^{2m+1}}{B^{2m+1} \cdot h^{13/6}} \right) \left(\frac{1}{h^{7/3}} - \frac{1}{h_k^{7/3}} \right)^{m-1} \frac{7}{6} \left\{ \left(\frac{1}{h^{7/3}} - \frac{1}{h_k^{7/3}} \right) + \frac{2m}{h^{7/3}} \right\} \cdot B \tag{5・3・9}$$

となるから α' m を一定と仮定すると式 (5・3・5) は

$$\frac{\partial z}{\partial t} = A' \left(B' \frac{\partial h}{\partial x} + C' \frac{dB}{dx} \right) \tag{5・3・10}$$

ただし，

$$A' = \frac{\alpha' \cdot n^{2m+1} \cdot g^{m+(1/2)} \cdot Q^{2m+1}}{(1-\lambda) B^{2m+1} \cdot h^{13/6}} \left(\frac{1}{h^{7/3}} - \frac{1}{h_k^{7/3}} \right), \quad B' = \frac{7}{6} \left\{ \left(\frac{1}{h^{7/3}} - \frac{1}{h_k^{7/3}} \right) + \frac{2m}{h^{7/3}} \right\}, \quad C' = \frac{2m}{B \cdot h^{4/3}}$$

となる．h_k は土砂が移動する限界水深であって

$$h_k = \left(\frac{n \cdot g^{1/2} \cdot Q}{B \cdot U_{*c}} \right)^{6/7} \tag{5・3・11}$$

であらわされる．式 (5・3・10) における $\partial h/\partial x$ として式 (5・3・2) を，また i として式 (5・3・6) を用いて式 (5・3・10) をかきなおすと

$$\frac{\partial z}{\partial t} + A' \cdot B' \frac{\partial z}{\partial x} = A' \left[B' \left\{ i_0 - \frac{d}{dx} \left(\frac{v^2}{2g} \right) - \frac{U_*^2}{gR} \right\} + C' \frac{dB}{dx} \right] \tag{5・3・12}$$

である．この関係を特性式であらわすと

$$\frac{dx}{dt} = A' B' \tag{5・3・13}$$

$$\frac{dz}{dt} = A' \left[B' \left\{ i_0 - \frac{d}{dx} \left(\frac{v^2}{2g} \right) - \frac{U_*^2}{gR} \right\} + C' \frac{dB}{dx} \right] \tag{5・3・14}$$

であり，式 (5・3・13) のあらわす特性曲線上で，式 (5・3・14) が成立することを示す．基準面を河床面にとって i_0 を i におきかえると，式 (5・3・14) はさらに

$$\frac{dz}{dt} = A'\left(B'\frac{dh}{dx} + C'\frac{dB}{dx}\right) \qquad (5・3・15)$$

とかきなおせる．上式中の dz, dt, dx を Δz, Δt, Δx であらわし，式 (5・3・4) 中の α', K, m などの砂礫の特性を示す値と Q, B, 河床縦断面が既知であれば Δt 時間内の Q, h, n を一定と仮定して Δt 時間後の河床高 Δz を求めることができる．

その際に Δx 間の B, dB/dx, h, dh/dx, n の値はそれぞれ平均値を用いる．B を一定と仮定すると $(dB/dx)=0$ だから，式 (5・3・15) は次式のようになる．

$$\frac{dz}{dt} = A'\cdot B'\frac{dh}{dx} \qquad (5・3・16)$$

土砂が掃流形式で移動している場合には $U_* > U_{*c}$ であるから，Q および n が一定ならば式 (5・3・11) からつねに $h > h_k$ である．したがって A' と B' とはつねに正で，式 (5・3・16) から dh/dx と dz/dt とは符号が等しく $dh/dx=0$ のときは $dz/dt=0$ となる．$A'B'$ の値は $h=h_k$ でないかぎりつねに正であるから，式 (5・3・13) から $dx/dt>0$ がつねに成立し，ある断面から出発した特性曲線は，x の正の方向（流下方向）にむかう．

図 5-6 (A) は，河床縦断面と水面形をあたえた場合の x〜t 平面および z〜x 平面における特性曲線表示の例である．x〜t 平面では，$t=0$ で点 a から出発した特性曲線が $t=\Delta t$ 時間後に点 a' に達する．特性曲線の傾斜は h が増すにつれて $\Delta x/\Delta t$ が小さくなるから，水深の増大にともない急になる．z〜x 平面では z の基準面を河床面にとってあるから，$t=0$ のときの河床面は山の形をあらわす．

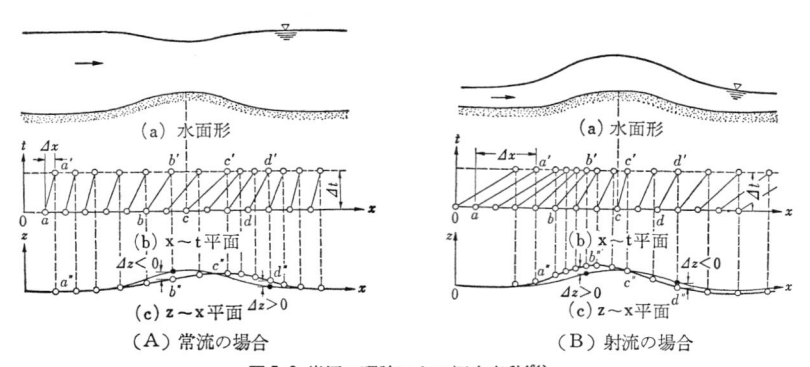

図 5-6 岩垣の理論による河床変動[461]．

3. 河床変動

点aでは$dh/dx=0$であるから式(5・3・16)から$\Delta z=0$となる．ゆえに，点aのΔt時間後の位置をあらわす点a''では河床の変動がない．点bでは$dh/dx<0$だから$\Delta z<0$となり，図のように点b''で河床が低下する．

逆に点dでは$dh/dx>0$だから$\Delta z>0$となり，点d''で河床が上昇する．点cでは$dh/dx=0$だから$\Delta z=0$となるが，Δt時間後のΔxが他の地点に比べて大きいので，Δx間の平均をとればdh/dxの平均値は0よりも大きくなり，点c''ではΔzが0より少し大きい．図5-6(A)は常流の場合の河床変動をあらわし，山がしだいに下流にむかって移動し，かつ下流側が急傾斜になって砂堆に似た形へと変形していくことがわかる．

図5-6(B)は射流の場合で，底面形状は図5-6(A)と同じだが水面形が異なる．山の上・下流で等流であると仮定すると，山の頂部で水深が最大となり，x〜t平面における特性曲線の傾斜は図のように等流部分で緩，山の頂部で最も急になる．この場合には常流の場合と逆に，河床の変形はしだいに上流へむかって進行することになり，反砂堆 (p.240参照) の移動に相当する．

岩垣の方法を用いて，大井川の千頭貯水池上流側の堆砂縦断面を算出した吉良・玉井佐一[462]の研究によると，解析の範囲内では計算値と実測値とがかなり一致するという．しかし，横断面を矩形と仮定したこと，浮流土砂量を考慮しなかったこと（吉良らは掃流土砂量公式を用いた）のために，下流部で計算値と実測値との差が大きくなる傾向があることを認めた．また，Δxを細かくとれば精度は高まるが煩雑になるとしている．

粒径分布を考慮した河床変動理論 最近では，河床堆積物の粒径分布を考慮にいれた河床変動の理論的研究が河村三郎[463]，芦田・道上[262]，平野[223,261]らによって進められている．一例として，平野[261]が導いた基礎式を紹介する．

(i) 不等流の運動方程式： 式(5・3・2)を偏微分記号になおして

$$\frac{\partial h}{\partial x}+\frac{\partial z}{\partial x}+\frac{\partial}{\partial x}\left(\frac{v^2}{2g}\right)+\frac{U_*^2}{gh}=0 \qquad (5 \cdot 3 \cdot 17)$$

とする．記号は式(5・3・2)と同じである．径深Rのかわりに水深hを用いる．

(ii) 流送土砂の連続式： 全粒径と粒度別とに対する連続式を河床上昇の場合

$$\frac{\partial z}{\partial t}=\frac{1}{(1-\lambda)B}\cdot\frac{\partial(q_B\cdot B)}{\partial x}+\frac{a}{(1-\lambda)}\frac{\partial \lambda}{\partial t} \qquad (5 \cdot 3 \cdot 18)$$

$$\frac{\partial i_b}{\partial t}=\frac{1}{a(1-\lambda)B}\left\{\frac{\partial(i_B\cdot q_B\cdot B)}{\partial x}-i_b\frac{\partial(q_B\cdot B)}{\partial x}\right\} \qquad (5 \cdot 3 \cdot 19)$$

と河床低下の場合

$$\frac{\partial z}{\partial t} = -\frac{1}{(1-\lambda_0)B} \cdot \frac{\partial(q_B \cdot B)}{\partial x} + \frac{1}{(1-\lambda_0)}\left\{a \cdot \frac{\partial \lambda}{\partial t} + (\lambda - \lambda_0)\frac{\partial a}{\partial t}\right\} \quad (5\cdot3\cdot20)$$

$$\frac{\partial i_b}{\partial t} = \frac{-1}{a(1-\lambda)B}\left\{\frac{\partial(i_B \cdot q_B \cdot B)}{\partial x} - i_{b_0}\frac{\partial(q_B \cdot B)}{\partial x}\right\} + (i_b - i_{b_0})\left(\frac{1}{1-\lambda}\cdot\frac{\partial \lambda}{\partial t} - \frac{1}{a}\frac{\partial a}{\partial t}\right)$$

$$(5\cdot3\cdot21)$$

とにわけている．ここで λ および λ_0 は，それぞれ砂礫が更新される交換層およびその直下の砂礫層の空隙率，i_b, i_B, i_{b_0} はそれぞれある粒径階級の粒子が交換層中，掃流土砂中，交換層直下の砂礫層中にしめる割合，a は交換層の厚さである．他の記号は式 (5・2・34) と同じである．

(iii) 粒径別掃流土砂量公式として式 (4・3・41) を用いる．

(iv) 粒径別限界掃流力公式として式 (4・2・15) を用いる．

上記の諸式を $\xi = x/h_0$, $\zeta = z/h_0$, $\eta = h/h_0$, $\omega_B = q_B/q_{B_0}$, $b_* = B/B_0$, $\tau = q_{B_0}\cdot t/(1-\lambda)h_0^2$, $\alpha = a/h_0$, $\varphi_* = \varphi/\varphi_0$ とおいて無次元化する．添字 0 は計算の基準点における量をあらわす．まず式 (5・3・17) は

$$\frac{\partial \eta}{\partial \xi} + \frac{\partial \zeta}{\partial \xi} + \frac{v_0^2}{gh_0}\cdot\frac{\partial}{\partial \xi}\left(\frac{1}{2b_*\eta^2}\right) + \frac{I_0}{\varphi_*b_*^2\eta^3} = 0$$

とかきなおせる．I_0 は基準点の勾配，$\varphi = v/U_*$ である．式 (4・3・41) を変形して

$$\omega_B = \frac{1}{(\varphi_*b_*\eta)^3}\int_0^1 F\left(\frac{U_*^2c_i}{U_*^2}\right)di_b \quad (5\cdot3\cdot22)$$

$$\frac{U_*^2c_i}{U_*^2} = \kappa_1 \cdot \frac{\tau_{*c_m}}{\tau_{*0}}\cdot\frac{di}{d_{m_0}}(\varphi_*b_*\eta)^2 \quad (5\cdot3\cdot23)$$

ここで $\tau_{*c_m} = U_*^2 c_m/(\sigma/\rho-1)gd_m$, $\tau_{*0} = U_*^2{}_0/(\sigma/\rho-1)gd_{m_0}$, $\kappa_1 = \tau_{*c_i}/\tau_{*c_m}$ である．

λ および a の時間的変化を無視すると，式 (5・3・18), (5・3・19), (5・3・20), (5・3・21) から以下の諸

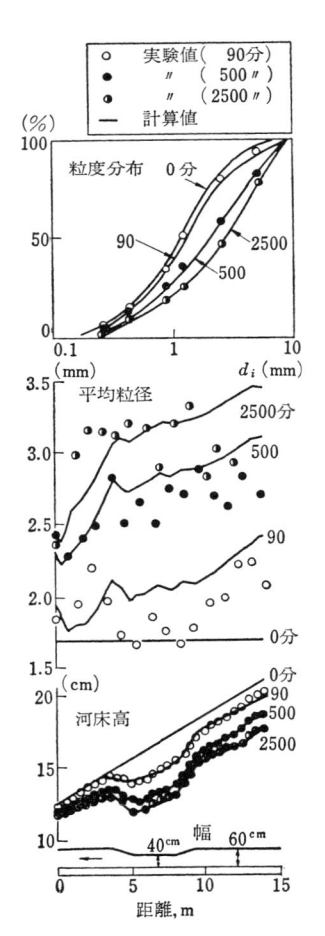

図 5-7 平野の河床変動理論による計算値と実験値の比較[261].

式をえる．

$$\frac{\partial \zeta}{\partial \tau} = \frac{1}{b_*} \frac{\partial(\omega_B \cdot b_*)}{\partial \xi} \tag{5・3・24}$$

$$\alpha \frac{\partial i_b}{\partial \tau} = (i_B - i_b)\frac{\partial \zeta}{\partial \tau} - \omega_B \frac{\partial i_B}{\partial \xi} \tag{5・3・25}$$

$$\alpha \frac{\partial i_b}{\partial \tau} = (i_B - i_{b_0})\frac{\partial \zeta}{\partial \tau} - \omega_B \frac{\partial i_B}{\partial \xi} \tag{5・3・26}$$

上記の3式を用いて計算した理論値と実験値とを比較すると，図5-7のように両者はかなりの一致を示す．図は流路幅が途中で狭くなる場合の例である．

その他の理論　芦田和男[464]は，岩垣[461]の特性曲線法による解析に手間がかかることから流れを近似的に等流とし，流送土砂量に佐藤・吉川・芦田[221]公式（4・3・37）を用いて次式のような拡散型の基礎方程式を導いた．

$$\frac{\partial z}{\partial t} = K \frac{\partial^2 z}{\partial x^2} \tag{5・3・27}$$

ここで，係数Kは常数に近い値とみなして次式であらわす．

$$K = \frac{21}{20} \cdot \frac{1}{1-\lambda} \cdot \varphi \cdot F \frac{q}{(\sigma/\rho - 1)a} \tag{5・3・28}$$

式中の記号は式（4・3・37）と同じでqは単位幅あたり流量，aはv/U_*である．式（5・3・27）は土屋・石崎[444]の導いた式（5・2・36）と同形で江崎一博[465]も同様な基礎式を導いている．

その他，Kennedy, J. K.[466], Reynolds, A. J.[467], 林　泰造[468]などのように，砂漣や砂堆の移動との関係で河床変動を掃流形式の移動によるものと仮定して論じた研究がある．河床変動を解析する際には，（i）河床の縦断形状と流れとの関係，（ii）流れと流送土砂量との関係，（iii）底面の縦断形状と流送土砂量との関係の三つの基本的因子間の関係を考慮している．

（i）は流れの基礎方程式，（ii）は掃流土砂量公式としてなにを採択するかで扱いかたが異なるが，（iii）は流送土砂の連続の公式を用いるので研究者による相違はない．

従来の河床変動理論は，縦断方向の河床高の変化をおもにとりあつかってきたが，最近では，河床変動の基礎方程式に側岸侵食量式を追加して横断方向の河床の変動機構を考慮にいれた研究[469~473]がすすみつつある．

横断方向の変化や粒径分布を考慮した理論的とりあつかいは現象が複雑なこ

ともあって，まだ統一的な計算法が確立していないようである[471,472)]．堆積物の粒径分布は時間的にも空間的にも変化するから，縦断方向の粒径分布をあらわしても河床勾配が一定という仮定はなりたたないし，分級効果を考慮すると流送土砂量の連続式が成立しない可能性もある[485)]．河床が粗粒の混合砂礫からなる場合に，従来の掃流土砂量公式や限界掃流力理論が適用できるかどうかの問題も残っている．ダムの上・下流の河床変動をあつかった理論的研究に関しては後述する．

3-3 ダムの築造にともなう河床変動

河川の流路にダムなどの人工構造物を築造した場合，河川の調整機能が働いて新たな平衡状態になるように河床の幾何形状がかわる．これは，局部的基準面 (local base level) の出現にともなう必然的な現象である．貯水ダムの建設は貯水容量の確保を目的としたものであるから，貯水池容量の減少は発電・給水・洪水調節能力の低下につながる[474)]．

貯水池の機能低下という経済的損失に加えて，ダム建設による上流側の河床上昇と下流側の河床低下は，社会問題にまで発展した例もある[474~476)]．その具体例は6章§3-2でのべることにして，ここではダムの上・下流側の河床変動について考察する．

貯水池の堆砂量　わが国の河川は総じて流域内の土砂生産量が多く[474,476)]，これらが大量に貯水池内へ流入して堆積するために，その堆砂防除 (desilting) 策が論議されてきた．諸外国でも共通の悩みはあるようだが，日本の貯水池は貯水池原容量に対する年間の堆砂量，すなわち年堆砂率 r_s が平均して 1.887% となり，欧米のおもな貯水池の平均値 $r_s = 0.729\%$ に比べて貯水池寿命が短いという，経済効果の面で劣悪な状態にある[474)]．

貯水池の堆砂現象に関与する因子は，原貯水容量・貯水池形態などの貯水池自体の特性によるものと，堆砂の供給源としての流域の性質によるものとがある．これらの因子中には，植被・地質・岩石などの量化しにくいものを含み，貯水位の時間的変動のように複雑な時系列を示すものもあるから，堆砂量と諸因子間の関係は統計的に求めるしかない[474)]．

たとえば，Witzig, B. J.[477)] は原貯水容量 C (acre-feet) の流域面積 A (sq. mile) に対する比 C/A を用いて，単位面積あたりの堆砂量，すなわち比堆砂

表 5-2 米国における大容量貯水池の堆砂量[458]

貯水池名	おもな流入河川名	所在地 州名	築造年	有効集水域 (km^2)	築造当時の貯水容量 (10^4 トン)	年堆砂率 (%)
1. Mead (Hoover dam)	Colorado	Nev.	1935	434100	3808750.0	0.350
2. Texoma (Denison dam)	Red	Tex.	1942	75200	714094.9	0.435
3. Kentucky	Tennessee	Ky.	1946	18500	350959.4	0.226
4. John H. Kerr	Roanoke	Va.	1952	19140	342287.8	0.295
5. Texarkana	Sulphur	Tex.	1954	8350	323506.8	<0.001
6. Elephant Butte	Rio Grande	N.M.	1915	67250	321129.4	0.387
7. Ozarks (Bagnell dam)	Osage	Mo.	1931	36100	254390.7	0.323
8. Norris	Clinch	Tenn.	1936	7300	251149.6	0.038
9. Sardis	Little Tallahatchie	Miss.	1937	3770	191339.4	0.073
10. Norfork	Norfork	Ark.	1943	4600	190193.7	<0.001
11. Cherokee	Holston	Tenn.	1941	3840	190080.4	0.048
12. Douglas	French Board	〃	1943	7400	184268.3	0.085
13. Roosevelt	Salt	Ariz.	1914	14980	182235.0	0.237
14. Fontana	Little Tennessee	N.C.	1944	3700	177342.9	0.031
15. Santa Carlos	Gila	Ariz.	1928	30900	154476.4	0.239
16. Watts Bar	Tennessee	Tenn.	1946	7600	145674.5	0.096
17. Pickwick	〃	〃	1938	5190	137762.5	0.070
18. Wheeler	〃	Ala.	1936	13050	136749.3	0.272
19. Guntersville	〃	〃	1940	6600	133748.7	0.138
20. Pathfinder	North Platte	Wyo.	1909	8600	128741.8	0.102

量 V_s' (acre-feet/sq. mile-year) を

$$V_s' = K_1(C/A)^{0.83} \qquad (5\cdot3\cdot29)$$

であらわした．K_1 は流域によって異なる係数である．鶴見[478]は日本の 116 の発電用貯水池の堆砂資料から

$$V_s' = K_2(C/A)^{0.8} \quad (\mathrm{m}^3/\mathrm{km}^2\text{-year}) \qquad (5\cdot3\cdot30)$$

をえた．K_2 は Witzig の K_1 より変動範囲が大きい．

Brown[479]は，貯水池内に流入する土砂の総量に対する堆砂量の比を捕捉効率 (trap efficiency) E_T (%) とよび，これと C/A 比との関係を次式であらわした．

$$E_T = 100\left\{1 - \frac{1}{1+K_3(C/A)}\right\} \quad (\text{acre-feet/sq. mile}) \qquad (5\cdot3\cdot31)$$

一方，Brune, G. M.[480] は C/A よりも平均年流入水量 I_q との比をとった C/I_q のほうが，E_T との間に高い相関があることをみいだした．吉良は[481]年平均堆砂率 r_s (%) と上記の C/A，C/I_q との関係を次式であらわした．

表 5-3 日本の発電用貯水池の比堆砂量[484]

ダム名	水系名	比堆砂量 ($\mathrm{m}^3/\mathrm{km}^2$-year)	流域面積 (km^2)	年堆砂率 (%)	原貯水容量 ($10^3\mathrm{m}^3$)
① 黒部川第四	黒部川	8541	202.9	0.87	199285
② 大森川	吉野川	6679	21.5	0.26	18254
③ 穴内川	〃	5506	52.7	0.63	46260
④ 畑薙第一	大井川	5427	318.0	1.61	107400
⑤ 雨　畑	富士川	4604	99.7	3.30	13650
⑥ 井　川	大井川	3600	459.3	1.10	150000
⑦ 高根第二	木曾川	3589	173.0	5.36	11927
⑧ 上椎葉	耳　川	3104	292.2	0.99	91500
⑨ 三　浦	木曾川	2980	73.5	0.35	62216
⑩ 水　窪	天竜川	2585	172.3	1.47	29981
⑪ 品　木	利根川	2332	30.9	4.32	1668
⑫ 奥只見	阿賀野川	2320	481.1	0.19	601000
⑬ 魚梁瀬	奈半利川	2253	117.1	0.29	104625
⑭ 長　沢	吉野川	2206	70.0	0.48	31900
⑮ 渡　川	小丸川	2070	143.1	0.93	31900
⑯ 小見野々	那賀川	1640	271.3	2.66	16750
⑰ 一つ瀬	一つ瀬川	1613	445.9	0.28	261315
⑱ 風　屋	熊野川	1398	546.0	0.38	130716
⑲ 大白川	庄　川	1373	46.9	0.45	14200
⑳ 二　川	有田川	1370	220.8	1.00	30100

3. 河床変動

$$r_s = 0.14 \, (C/A)^{-0.420}, \quad r_s = 0.214 \, (C/I_q)^{-0.473} \quad (5\cdot3\cdot32)$$

上式から概算した日本の貯水池寿命 $Y_s(=100/r_s)$ は，約53年であるという[474]．後に，吉良[482]は内外の273のダムについて検討した結果，C/A より C/I_q のほうが r_s と高い相関を有することをみいだした．一般に r_s は C に反比例する傾向がある．米国の大容量貯水池の堆砂資料[483]から r_s を求めてみると，表5-2のようになる．わが国の貯水池について吉良[482]，石川晴雄・浅田宏[484]の資料から比堆砂量 V_{s}' の多い順に列挙すると，表5-3のようになる．

石川らが指摘しているように，堆砂総量の経年変化は図5-8のような成長曲線をえがくから，r_s や V_{s}' の大小だけで流域内の土砂生産量を直接比較しがたい面もあるが，いちおうのめやすにはなる．吉良[482]，石川ら[484]によると，わが国では天竜川・黒部川・庄川・大井川などの諸河川に建設した貯水池の

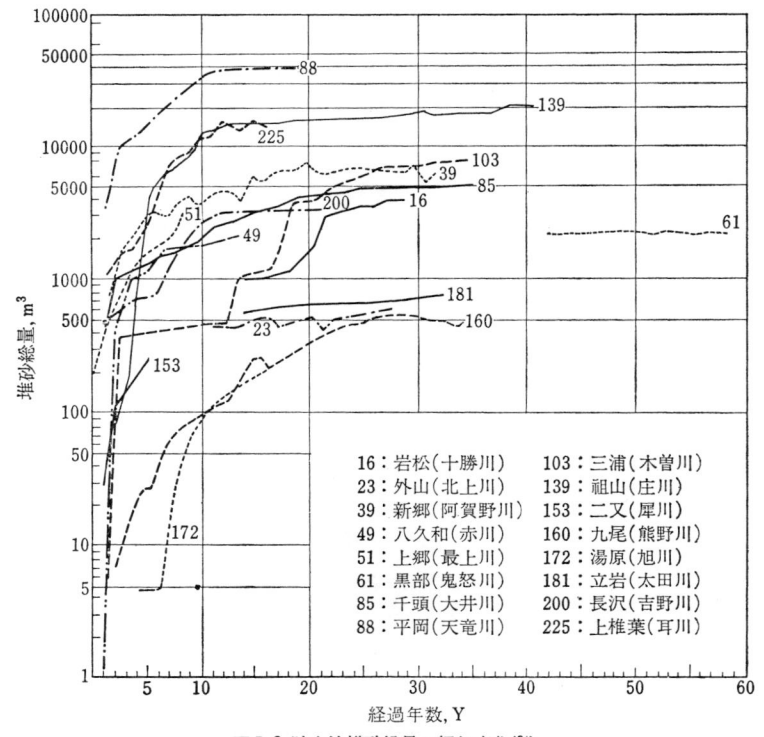

図 5-8 貯水池堆砂総量の経年変化[484].

V'_s が大きいという．以上の諸河川で土砂の生産が活発であり，地形が急峻なことは明らかである．

地形や地質の影響を考慮した研究として，田中治雄・石外 宏[485]，渡辺和衞[486] 石外[487] などの研究がある．地形はともかくとして，地質・岩石の影響は定量化が困難であり，田中[485]のいうように地形的因子を媒介とした間接的なものであろう．

貯水池内の堆砂量の予測は，一般的な意味での流域からの流出土砂量を推定する方法とかわらない．流域内の諸要素の多重相関解析により，堆砂量の算定を試みた例はいくつかあるが，一例として江崎[465]が最上流部の貯水池28を選んで求めた関係式をあげておく．

$$V_s = 8.85\ I_q \cdot S^2 + 7.83\ I_q \cdot \frac{A_d}{A} \cdot D \qquad (5 \cdot 3 \cdot 33)$$

式中，V_s は期間内の堆砂量（m³），I_q は期間中の洪水流入量（m³），S は貯水池流入端付近の平均河床勾配，A_d は崩壊地面積（km²），A は流域面積（km²），D は崩壊地の平均傾斜である．江崎は式 (5・3・33) の右辺第1項を掃流土砂量，第2項を水理量に規制されない wash load の量をあらわすものと仮定している．

砂防ダムについては，山岡 勲[488]が堆砂勾配 i_s と旧河床勾配 i_0 との関係を検討して，$i_s/i_0 \fallingdotseq 1/2$ がほぼ妥当な平均値であることをみいだし，この関係から貯砂容量 V_s を

$$V_s = \frac{1}{2} \frac{1}{(i_0 - i_s)} b \cdot H^2 \qquad (5 \cdot 3 \cdot 34)$$

であらわした．b は堆砂平均幅，H は堰堤の高さである．

貯水池内の堆砂分布　　貯水池へ流入した水流は，流速の減少と乱れの減衰のためにこれまで運んできた荷重を堆積する．流入土砂が貯水池内でどのように分布するかは，土砂の粒径・貯水池への流入量・貯水池からの流出水量，貯水池の大きさと形・貯水池水位の変動によってきまる[489]．

一般に，背水（backwater）の上流端，すなわち流入点付近には粗粒の土砂が堆積し，細粒土砂はその前方に，さらに細粒の物質は密度流（density current）によって貯水池の中のほうへ運ばれる．流入点付近には徐々に三角州（delta）が形成され（図5-9），流入点から上流側の河床は積平衡作用をう

3. 河床変動

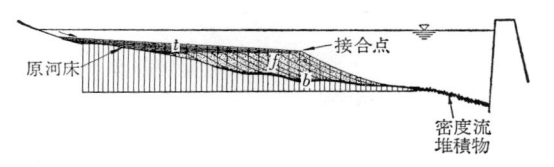

図5-9 貯水池内の三角州の内部構造[489]．t：頂置層，f：前置層，b：底置層

けて上昇する．大部分の貯水池で三角州の頂置層（topset beds）の勾配はもとの河床勾配の約1/2である[489]．

前置層（foreset beds）の勾配は，頂置層のそれの平均6.5倍で水中の安息角に等しい[489]．頂置層と前置層との間の接合点（pivot point）の位置は，三角州の部分の流路勾配と貯水位の変動状況によってきまり，その高度は最多頻度の水位標高とほぼ一致するらしい[489]．三角州の上流端は，満水位標高より高くなることはない．頂置層・前置層は掃流土砂の堆積領域に属し，粗粒の砂礫などからなることも多いが，底置層（bottomset beds）は浮流土砂の堆積領域に属し，微細なシルトや粘土からなる[489〜491]．

流量・流送土砂量・貯水位に大幅な変動がなければ，三角州はこの形を保ちながらほぼ水平に前進して，徐々に貯水池の深い部分を埋めてゆく．この過程は堆砂の進行を意味し，地形学的観点からは三角州の成長過程に関連した現象として興味深い．井口[492]は，相模湖貯水池の測深データから三角州前縁（delta front）の前進速度を146〜163 m/year と推算し，前進速度に影響する因子のうち出水の規模と頻度・湖面水位との間に対応関係をみいだした．

また，貯水池水位が極端に変動した1958年5月の異常渇水時（満水面標高から -15 m）と同年9月の狩野川台風による出水時に現地調査をおこなった．その結果，低水位時に頂置層の部分で掃流形式の移動が活発化しおり，そのときの掃流力の計算値 U_*/U_{*c} は洪水時とほぼ同程度の値であるが，継続時間から考えて洪水時より低水時における頂置層の変形が大きいとのべている．掃流力が大きくなったのは，水位が15 mも降下して水面勾配が過急になったためと説明している．この種の現象はよほどの好機にめぐまれないかぎりみいだせないが，洪水時にのみ三角州の前縁が移動するという，漠然とした想像を否定した意味で貴重な成果である．

流入土砂のうち微細な物質は密度流を誘発し，ほぼ水平に堆積する．この現

象は水温・浮流土砂濃度・電解質濃度などに差異（密度差）があれば生ずるが，貯水池内における密度流の存在は，Groover & Howard[493]が有名なMead湖で認めたのが最初であろう．

Howard[494]によると，Mead湖では混濁した流入水が貯水池内を浮遊したままとおりぬけ，沈澱せずにダム下流側へ放出されることもあるらしい．Mead湖では1937年以来密度流の観測が続行されているが，1952年末までに約 $1704 \times 10^9 m^3$ の土砂が堆積し，その約65％（体積比）は密度流が運んだ物質からなるという[494]．

Groover ら[493]の報告以後，各地の貯水池で密度流の存在が確認されたが，その堆積の過程はともかくとして，堆積機構については未解明な部分が多い[337]．

ダム上流側の堆砂の過程や形状については，多数の理論的・実験的研究がある[440,441,475~497]．それらの研究では，堆砂による河床高の変化を前述の平衡勾配や河床変動の理論を用いてとりあつかったものが多い．堆砂現象を解析する場合，浮流土砂を含めて考えるとやっかいなので，大部分の研究は掃流土砂による堆積過程だけを論じてきた．

砂防ダムの場合には浮流形式の堆砂量を無視できるとしても，大容量貯水池ではこれを考慮にいれる必要がある．しかし，浮流土砂による河床変動を解析した例は少ない．これは，浮流土砂の濃度や量に関する適確な算定式が確立していないうえに，それらが時間的・空間的に変化するからである．

この点について芦田[490]は電算機による数値実験をおこなった結果，ダムの満水面標高より高い部分の堆砂，いわゆる背砂に関しては浮流土砂の堆積による河床変動が問題にならないことを明らかにした．貯水池内の三角州より前面の浮流堆砂領域を含めて考えた理論的解析は少ないようである．芦田[498]は，浮流土砂による河床変動を浮上する粒子と沈降する粒子との差として次式を導いた．

$$\frac{\partial z}{\partial t} = \frac{1}{1-\lambda} v_s (C_0 - C_s) \qquad (5\cdot3\cdot35)$$

z は河床高，t は時間，λ は空隙率，v_s は沈降速度，C_0 は底面付近の任意の地点の平衡状態に対する浮流濃度，C_s は底面付近の浮流濃度である．芦田は浮流土砂による堆砂実験の結果[499]と比較して，式 (5・3・35) が第1近似と

3. 河床変動

して十分適用できるとのべている.

ダム下流側の河床低下　ダム下流側の河床が流送土砂の補給を断たれるために低下する現象は，経験的に知られている．河床低下は無限に進行するわけではなく，新たな平衡勾配に達すれば止むはずである．河床低下が終了したときの河床縦断面は，上流側からの土砂の補給がないという意味で静的平衡の状態にある.

ダム下流側の河床低下は，各国で発生しているようである．Einstein[500] は，この問題に関する研究の重要性を力説しているが，上流側の堆砂の問題に比べてこれまではあまり論議の対象とならなかった．これは，地形学的には削平衡作用の過程に属する現象として重要である.

河床低下をあらわす理論式としては，Tinney, E. R.[501] の導いた次式がある.

$$\frac{\partial z}{\partial t} = -\frac{7}{3}\psi \cdot \gamma_s^{-1} \cdot A_0 h^{-10/3}(2A_0 \cdot h^{-7/3} - \tau_c \gamma_s^{-1})\left(\frac{\partial z}{\partial x} + A_0 h^{-10/3}\right) \bigg/ (q^2 \cdot g^{-1} \cdot h^{-3} - 1) \quad (5 \cdot 3 \cdot 36)$$

ここで z は河床高, x は流下方向の距離, t は時間, γ_s は土砂の比重, h は水深, q は単位幅流量, g は重力加速度, τ_c は限界掃流力, ψ, A_0 は常数である.

Miller, C. R.[502] は Tinney[501] の解析的方法を評価し，河床低下の予測が精度の高いものになれば河床上昇の予測にも利用できるとのべたが，その前提として実測資料による検討の必要性を強調した.

河床低下の場合に，河床表面が洗掘されるにつれて細粒物質が流去し，粗粒の粒子だけが残って摩擦抵抗を増大させ，河床低下をはばむような現象を生ずる．これを armouring という．armouring の効果をどのように評価するかはむずかしい問題で，最近はこれを考慮した研究[223,247,261,463,503] がすすみつつある.

河村・Simons[503] は，Tinney[501] の理論を修正して次式を導いた.

$$\frac{\partial z}{\partial t} = \frac{2\beta}{(1-\lambda)d_s}U_*^3(U_*^2 - U_{*c}^2)\left(\frac{1}{6d_s}\cdot\frac{\partial d_s}{\partial x} + \frac{7}{3y}\frac{\partial y}{\partial x} + \frac{2}{B}\frac{\partial B}{\partial x}\right)$$

$$(5 \cdot 3 \cdot 37)$$

ここで y は横断方向の距離, d_s は土砂の代表粒径, $\beta=10/\{(\sigma/\rho-1)g\}^2$, σ, ρ は土砂および水の密度, U_* は摩擦速度, U_{*c} は限界摩擦速度, B は水面幅, 他の記号は前式と同じである. 水面と河床の縦断形状, B, d_s の値が既知であれば, 式 (5・3・37) から河床低下率 $\partial z/\partial t$ を計算によって求めることができる. 河村らは U_* のなかに armouring 効果を考慮した係数を導入しているが, この係数 C_a と分級係数 σ_ϕ との積は x 軸方向に一定と仮定した. 河床低下が終了したときには $\partial z/\partial t=0$ で $U_*=U_{*c}$ となる. ネブラスカ州の Milburn ダム下流の河床縦断面の実測値と河村ら[503]の計算結果は, きわめて良好な一致を示した.

以上のように, ダムの築造はその上・下流側の河床変動を誘発するが, 大量の崩壊土砂や火山噴出物が流路を堰止めた場合にも類似の効果を河床におよぼす. わが国では, 火山活動にともなって堰止湖 (dammed lake) を生じた例が多い. 最近の例では, 明治21年の爆発により磐梯山が檜原川・長瀬川を堰止めて, 檜原湖・小野川湖・秋元湖などを形成した. 上高地の大正池は, 大正4年の焼岳の噴出物が梓川を堰止めた結果である.

これらの局部的基準面の出現にともなう河床変動を調べた例はみあたらないが, 自然湖の場合にも下流側の河床が低下し, 上流側の河床が上昇することにかわりはない. しかし, 地質学的時間尺度でみれば, これは一時的現象で湖や滝はいずれ消失する.

4. 流路の平面形状

流路の平面形状を Leopold & Wolman[504]は流路パターン (channel pattern) とよび, (i) 直線 (straight) 流路, (ii) 網状 (braided or anatomising) 流路, (iii) 屈曲 (sinuous) または蛇行 (meandering) 流路の三つの基本型にわけた. 現実の流路はこれらの複合型や漸移型からなるが, 短距離の区間について考えれば上記の基本型のいずれかに帰属する.

流路パターンは固定的なものではなく, 同一河道区間でも洪水時の流路と低水時の流路とで異なる. 流路パターンは, 諸種の水理量, 河床や河岸を構成する物質の受食性などに支配され, 一義的にはきまらない. 自然河川における三つの基本型の相互関係を以下にのべる.

4-1 直線流路

自然河川において, 短い区間をとれば直線状の流路であっても, 流路幅の10

4. 流路の平面形状

倍以上の距離にわたって直線流路が連続することはまれである．ペンシルバニア州の Valley Creek のように，流路が比較的直線状であってもその最大水深を連ねた線，すなわち谷線（Talweg）は図5-10のように屈曲している．直線

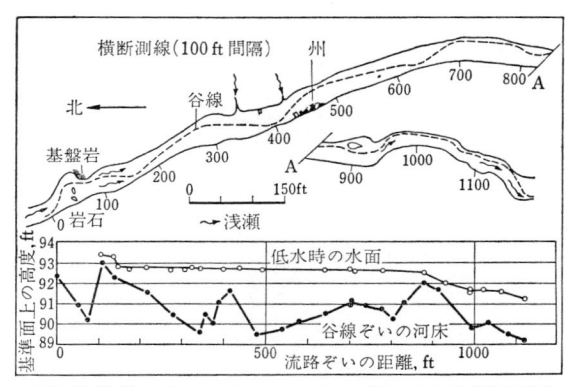

図5-10 Valley Creek（ペンシルバニア州）の平面と縦断面[504].

流路は，水深のいちような平坦な河床からなるわけではなく，屈曲した流路と同様に渕と早瀬が連続する．直線流路は，谷線が直線になることを意味しないのである．

斜面上を流れる水流は最大傾斜方向に流下するはずであるが，緩勾配の沖積河道では自然のままにまかせれば，流路の大部分が屈曲するか網状流をなし，直線コースをとらない傾向がある．Wolman[412]が指摘したこの事実は，説明を要するであろう．直線流路は，網状流路や蛇行流路に比べると水理学的に不安定なのである[505,506]．蛇行流路が水理学的に直線流路よりも安定している理由については，本章§4-4 でのべる．

4-2 網 状 流 路

網状流路とは，低水時にいくつかの州・川中島によって水流がわかれて分流路を形成し，これらがふたたび合流して網目模様の平面形を示すもので，洪水時には州や川中島（以後，島という）が水没して1本の流路となるものをいう[504,505,509]．これに対して，三角州や扇状地上の分岐流路（branching channel）は，分派した流路が洪水時にも単一流路（single channel）を形成しないという点で区別することがある[508,509]．

網状流路を網状流でない区間と区別する一般的な基準は確立していない．従来の区分はかなり視覚にたよる面が多かったために，網状流路を定量的に記載した文献も少なく，Brice[507]や Howard, Keetch & Vincent[510] のものをのぞいてはみあたらない．Leopold ら[504]は砂州（bar）から発達して水面上に露出し，植生によって位置が定着した島（islands）の存在を網状流路の特徴とした．

砂州と島とを区別する唯一の基準は，植生の有無である[507]．島は植生をもち，高水時にも水面上に露出していることがある．一方，砂州は植生をもたず，低水時には水面上にあっても高水時には水没する．網状流路の平面形（図 5-11）は砂州と島の分布に依存し，島が多いほど流路が固定化し，安定した網状流路を形成する．

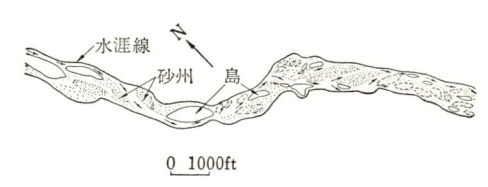

図 5-11 網状流路の平面形[507].

Brice[507] は，砂州の間を流れる網状流を一時的網状流（transient braided stream），島の周囲を流れるものを安定した網状流（stabilized braided stream）とよんだ．そのいずれの場合に対しても有効な指標として，彼は網状流示数（braiding index）B.I. を提唱した．距離 L の河道区間における砂州や島の長軸の長さの総計を $\sum l$ とすると，B.I. は

$$\text{B.I.} = \frac{2\sum l}{L} \tag{5・4・1}$$

である．$2\sum l$ は，砂州や島の周辺長を長軸の長さのほぼ 2 倍と仮定したからである．ネブラスカ州の Loup 川では，B.I.<1.5 になると網状流の様相を呈さなくなることから，Brice はこの値の付近に網状流の形成限界があると考えた．図 5-11 の区間の B.I. は 2.7 である．

最近，Howard ら[510] は網状流路の平面形を位相数学のグラフ理論を適用して，節点（node）と枝路（link）とであらわした（図 5-12）．中州の上・下流では，流路が分岐するか合流するかのいずれかであるから，これらの分・合流点を節点とよび，節点間の流路を枝路とよぶ．

図のように適当な間隔で流路を分割し，両端の境界線が節点上を通過しない

4. 流路の平面形状

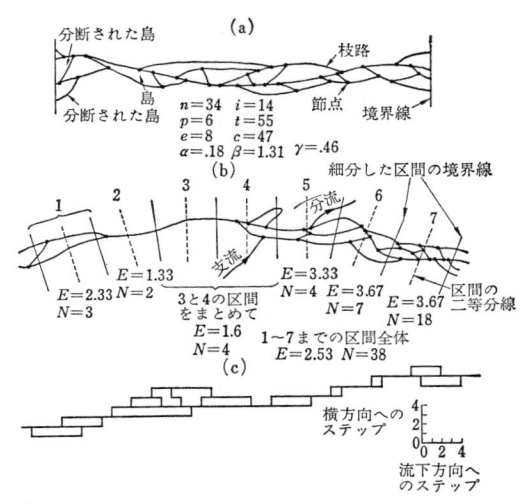

図 5-12 網状流路のトポロジー[510]. (a) 幾何形状の定義と諸特性値. (b) 区間ごとの E(横断線によって分断される枝路の平均の数) と N(各区間内において上流側の区間から流入してくる枝路の数と区間内において分断されない枝路の数の和) の値. 3 の区間のように,枝路が 1 本の場合には下流側の区間とまとめて数える. 矢印のついた水流(流入してくる支流や分派してそれきりもどってこない分流) は,節点と枝路を構成しない. 網状流路ではないから無視する. (c) 網状流路のシミュレーション.

ようにする. 境界線で分断されたものも含めて枝路の総数を t, 分断された枝路の数を e, 分断されない完全な枝路の数を c, 分断されない中州の数を i, 境界線で分断された中州の数を p, 節点の総数を n とするとグラフ理論から

$$i = t - (n+e) + 1, \quad e = p + 2, \quad c = t - e \tag{5.4.2}$$

がなりたつ. 自然の流路で 3 本の流路が同時に合流することはまれであるから

$$t = 1 + 3i + 2p, \quad n = 2i + p \tag{5.4.3}$$

がなりたつ. 分割した区間の距離が $i \gg p$ であるくらいに十分長いと

$$n \approx \frac{2}{3} t \tag{5.4.4}$$

である. グラフ理論の提唱する三つの指標を採用すると

$$\alpha = \frac{t - (n+e) + 1}{2(n+e) - 5}, \quad \beta = \frac{t}{n+e}, \quad \gamma = \frac{t}{3(n+e) - 2} \tag{5.4.5}$$

であり, α は所与の節点の数に対して可能最大限な中州の数の i に対する比,

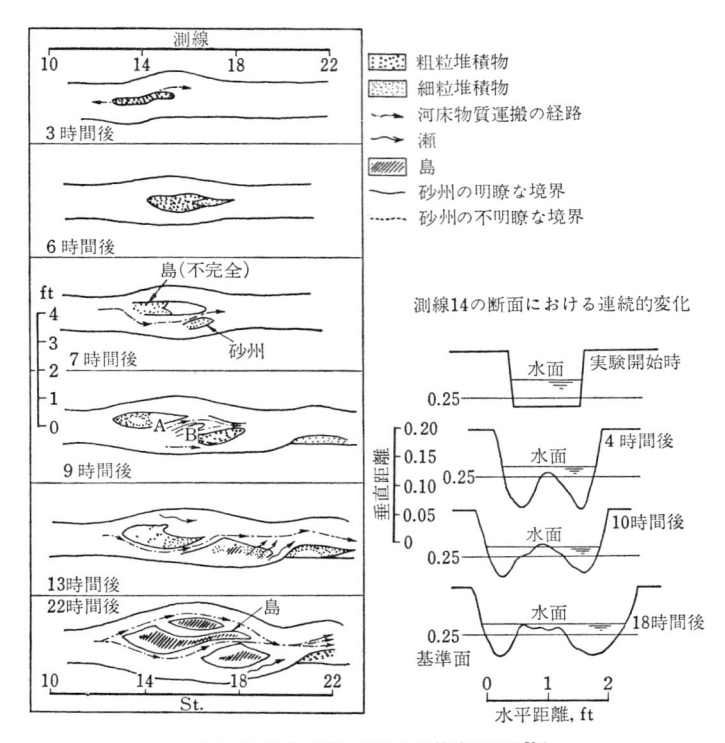

図 5-13 実験水路における網状流の発生[504].

γ は所与の節点の数に対して可能最大限な枝路の数の t に対する比をあらわす. $i \gg p$ で $n \gg e$ であれば $\alpha \to 1/4$, $\beta \to 3/2$, $\gamma \to 1/2$ であるという. 図 5-12 では, ほぼこれらの値に近い.

Leopold ら[504], Krigström, A.[511], Fahnestock, R. K.[512] などの研究によると, 低水時に水流を分岐させる中州は, 単一流路の中央部に粗粒の砂礫が堆積することによって生ずるという点で見解が一致している. 河床の受食性が大きいことも条件である.

Leopold ら[504] は, 実験水路の中央部に発生した高まりが発達して水面上に露出し, 中州となって水流を分岐させる過程を確認した (図 5-13). 中州が成長するにつれて流積が減少するから, 同一流量を維持するためには, 側刻と下刻によって流積の減少を補う必要がある. 水面幅と水深とは相補的関係にある

4. 流路の平面形状

から，両者の増加の割合は一方が大きければ他方は小さくてすむはずである．

自然河川でも実験水路でも，分流路の勾配は単一流路の区間の勾配より大きい．網状流区間の河床勾配は単一流路区間のそれより急であり，網状流の発生は過負荷状態の荷重を水流が置き去りにした結果である．このことから従来，網状流路は積平衡作用が進行しつつある過程をあらわすという解釈[513]が一般的であった．しかし，Leopoldら[504]の研究により，網状流路の形成が必ずしも積平衡作用のみによるものではなく，堆積による流積の減少を補う意味での侵食がおこっていることが明らかになった．

このほか，Friedkin, J. F.[514], Mackin[515], Fahnestock[512], Schumm[416,516] Stricklin, F. L. Jr.[517] などの研究も従来の説明に対して否定的であり，網状流路も蛇行流路と同様に上流側から供給される流送土砂量と流量に対応して，水理量や河床の幾何形状の調整をおこないながら定常状態を志向しているという認識[317]が，しだいに確固としたものになりつつある．

ワシントン州の White 川で Fahnestock[512] が調べた例では，夏季の融雪洪水によって流路が 8 日間に約 130 m も移動し，中州自体も更新され，分流路の数も流量の変化に応じてたえず増減があった．ワイオミング州の Green 川で Leopold ら[504] が調査した結果は，任意の流量に対して一定の限界勾配 I_c が存在し，それ以下では網状流が発生せず，それ以上では蛇行流が生じないこと

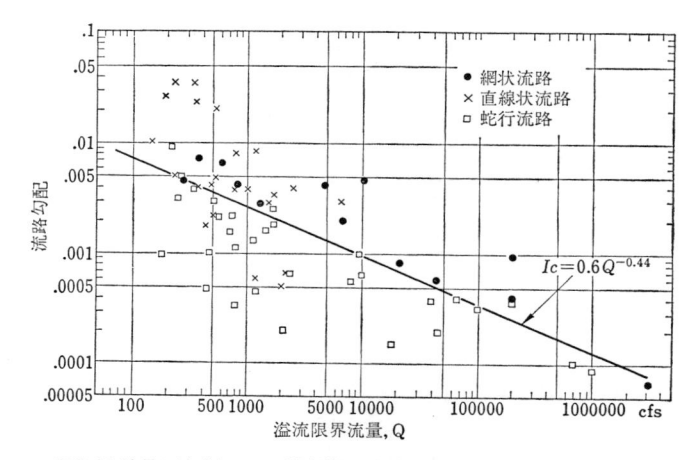

図 5-14 流量と流路勾配との関係[504]．太線は網状流と蛇行流との境界線．

$I_c = 0.6 Q^{-0.44}$

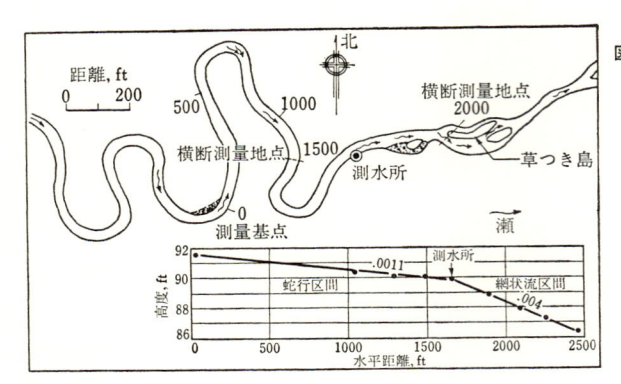

図 5-15 Cotton Wood 川の平面形と縦断形[504].

を示している（図 5-14）．

同州の Cotton Wood 川の平面形状と縦断形状をあらわした図 5-15 では，蛇行流路から突然に網状流路に移行している．この間に支流の流入はないから，流量と流送土砂量は変化しない．この事実は，流量や堆積物の粒径などの独立変量と流送土砂量・水深・水面幅・水面勾配・流速・粗度などの従属変量との間のつりあいで，流路の平面形状が網状流路にも蛇行流路にもなりうることを意味している[504]．

Shen & Vedula[518] は，堆積傾向にある流路では掃流力が時間とともに減少すると考えた．上流側から土砂の補給があれば流路は河岸を側刻して水面幅をまし，そのために水深が浅くなって単一流路を維持できなくなり，網状流を形成するというのである．掃流土砂量を Q_B，単位幅あたりの掃流土砂量を q_B，水面幅を B とすると

$$\frac{\partial Q_B}{\partial t} = \frac{\partial (q_B \cdot B)}{\partial t} = q_B \frac{\partial B}{\partial t} + B \frac{\partial q_B}{\partial t} \quad (5 \cdot 4 \cdot 6)$$

である．t は時間をあらわす．上式の両辺を Q_B でわってかきなおすと次式となる．

$$\frac{1}{q_B} \cdot \frac{\partial q_B}{\partial t} = \frac{1}{Q_B} \cdot \frac{\partial Q_B}{\partial t} - \frac{1}{B} \cdot \frac{\partial B}{\partial t} \quad (5 \cdot 4 \cdot 7)$$

q_B は掃流力 τ に依存し，$\partial q_B/\partial t < 0$ ならば $\partial \tau/\partial t < 0$ のはずである．Shen ら[518]は，実験によって河岸の側刻がおこなわれている場合には $\partial \tau/\partial t < 0$ であること，長時間（258 時間）経過した後に実験水路中に網状流を生じたことを

報告している．上流側からたえず土砂の補給があって，$\partial \tau/\partial t < 0$ であれば網状流を形成するであろうが，実際の河川で $\partial \tau/\partial t < 0$ となることを彼らは証明していない．

Howard ら[510]は，米国の74河川について網状流路の形態特性と水理量との間の関係を多重回帰分析によって求めた．形態特性としては過剰枝路示数 (excess segment index) Ei $(=E-1)$*) と単位距離 (mile) あたりの枝路の数 N_l とを採用し，勾配 G，年平均洪水流量 Q_f (cu. ft/sec)，年平均流量に対する Q_f の比 Rq などとの間に有意の相関関係をえた．

$$Ei = 0.24 G^{0.41} Q_f^{0.29} \quad (5\cdot 4\cdot 8)$$
$$Ei = 1.9 Rq^{-0.21} G^{0.24} \quad (5\cdot 4\cdot 9)$$

式 (5・4・8) は，勾配と流量が大きいほど網状流路を形成しやすいという前述の Leopold ら[504]の見解を裏付け，式 (5・4・9) は流量の変動性が大きいほど網状流になるとする Fahnestock[512] の説に対して，Rq が Ei と負の相関関係にあることをあらわしている．

網状流路が沖積河道に形成され，分流路の位置や数が流れの状態によって異なることは，局地的な岩盤の露出や峡谷の存在などの地質学的制約によるものではなく，流れの状態の変化に基づく局所的な堆積と流送土砂の量的変化に起因することをあらわす．これに関与する因子はきわめて多く，時間的にも変化するので一般法則を確立することは困難であるが，Howard らは分・合流をランダムプロセスとしてとりあつかい，網状流路のシミュレーションを試みた．図 5-12(c) はその一例である．

4-3 蛇行流路の形態的特徴

蛇行流路の平面形状は正弦波形に似ていることから，その形態的特徴をあらわす諸種の特性値が提案されてきた[505,508]．そのおもな名称を図 5-16 に示す．蛇行波長 (meander length)，蛇行振幅 (amplitude) または蛇行幅 (meander width)，蛇行帯幅 (meander belt width)，蛇行半径 (mean radius of curvature)，蛇行帯軸 (axis of meander belt) などについては，説明する必要もないであろう．蛇行幅と蛇行帯幅とは，時に混同するおそれがあるから注意を要するが，流路を1本の線とみなした場合には両者の差は問題にならない．

*) E は横断線で分割される枝路の平均の数．

図5-16 蛇行流路の形態をあらわす特性値.

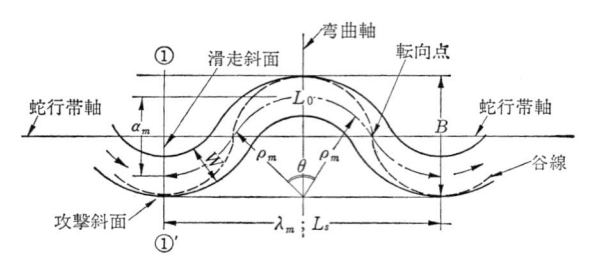

a_m, A：蛇行振幅（蛇行幅）　L_0：蛇行流路の長さ（—·—）
B：蛇行帯幅　　　　　　　　L_s：蛇行軸にそう直線距離
W：流路幅　　　　　　　　　λ_m：蛇行波長
ρ_m：蛇行半径　　　　　　　θ：弯曲部の中心角

流路の弯曲部 (bend) では，側刻によって凹岸寄りに渕を生じ，対岸の凸岸では土砂が堆積して寄州を生ずるから横断面は非対称な形状を示す．凹岸を攻撃斜面 (undercut slope)，凸岸を滑走斜面 (slip-off slope) とよぶ．谷線はつねに攻撃斜面側にかたよるから，相隣る弯曲部の間には，必ず主流が対岸へむきをかえる転向点 (crossing, cross over, inflection point) が存在する．

以上のような蛇行流路の形態的特徴に関する記述は，フランスの Garonne 川の観測結果に基づく有名な Fargue, O の経験法則[519] 中に，すでにまとまった形でみられる．

実際の河川の流路は，多少屈曲しているのがふつうである．Leopold ら[504] は，流路の屈曲の程度をあらわす幾何学的指標として，谷の長さに対する谷線の長さの比であらわした屈曲度 (sinuosity) S を提案し，不規則な屈曲を示すものを屈曲流路，多少とも規則的に屈曲し $S>1.5$ のものを蛇行流路と定義した．しかし，後に $S=1.12$ の蛇行流路をみつけて屈曲度だけでは分類基準として不適当なことを認めた[505]．

同様な指標として，Lane は谷の長さに対する流路の長さの比を屈曲比 (tortuosity ratio) とよび r_t であらわした[507]．Brice[507] は，S や r_t のかわりに屈曲示数 (sinuosity index) S_i を提唱した．S_i は，蛇行帯軸の長さに対する流路の長さの比である（図5-17(a)）．

これは，S や r_t が谷の長さに対する比をとっているために，流路の個々の曲率が同じでも蛇行帯軸が弯曲していると，異なった値となる欠点を補う意図

4. 流路の平面形状

から提案したものである．測定対象区間のとりかたによって S_i も異なる可能性があるが，Brice は $1.05 \leq S_i \leq 1.30$ を屈曲流路，$S_i > 1.30$ を蛇行流路とした．つぎに，流路の対称性をあらわす指標として以下の三つを提案している（図5-17(a)）．

$$l = 100 - \frac{100 \times \sigma_l}{\bar{l}}, \quad h = 100 - \frac{100 \times \sigma_h}{\bar{h}}, \quad F = \frac{100 \times \sigma_F}{\bar{F}} \quad (5\cdot4\cdot10)$$

ここで，l は流路の一つの弧が切る蛇行帯軸の長さ，h は弧の高さ，F は形状比で l/h に等しい．σ_l, σ_h, σ_F はそれぞれの標準偏差を，$\bar{l}$, $\bar{h}$, $\bar{F}$ は平均値をあらわす．規則的かつ対称的な弧の連続する区間では，上記の指標が100％になる．トルコの Bu-yuk Menderes 川[*]（図5-17(b)）について Brice が計測した結果は $l=70\%$, $h=66\%$, $F=67\%$ と意外に低い値を示し，流路の対称性を重視した Leopold ら[504] の分類にしたがうと，いわゆる蛇行流路の相当数が該当しないことになりかねない．

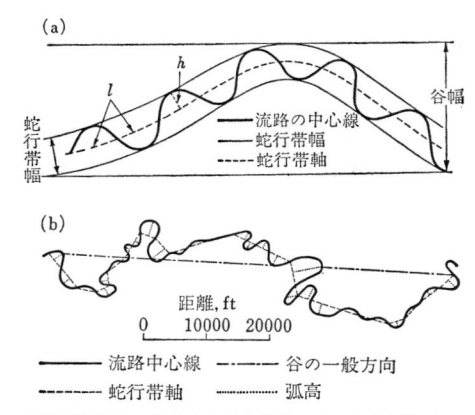

図5-17 流路の屈曲度と対称性をあらわす指標(a)と Buyuk Menderes 川の屈曲度と対称性(b)．

蛇行流路の対称性を迅速かつ簡単に表現する方法はないから，流路形態の分類は視覚的にならざるをえない．流路形状が時間的・空間的に変化する以上，これらの指標に厳密な分類基準としての意義をもたせようとするほうが無理なのである．このようなわけで，以下でいう蛇行流路は屈曲流路も含んでいる．本書では，沖積平野における自由蛇行（free meander）のみをとりあつかう．

蛇行流路の形状特性値相互間および水理量との間の関係をあらわした約50種の経験式や理論式を，主として Zeller, J.[520] の資料その他[505,521~524] をもとに整理して表5-4に一括した．同形の式が多い場合には代表的なものだけをあ

---

[*] meander の語源となった川．

表5-4 蛇行流路の種々な形状特性値と水理量との関係

提唱者	式 形	一般式	係数 K, ベキ指数 n
Dury, G. H. [521]	$\lambda_m = 54.0\,Q_1^{0.50}$	$\lambda_m = K_1 Q^{n_1}$	$K_1: 50\sim100,\ n_1 \fallingdotseq 0.50$
Speight, J. G. [522]	$\lambda_m = 17.0\,B^{1.01}$	$\lambda_m = K_2 B^{n_2}$	$K_2: 3\sim17,\ n_2 \fallingdotseq 1.0$
Leopold & Wolman [504]	$\lambda_m = 4.7\,\rho_m^{0.98}$	$\lambda_m = K_3 \rho_m^{n_3}$	
C. B. I. India [520]	$\alpha_m = 29.5\,Q_2^{0.50}$	$\alpha_m = K_4 Q^{n_4}$	$K_4: 20\sim150,\ n_4 \fallingdotseq 0.5$
Bates, R. A. [523]	$\alpha_m = 10.4\,B^{1.04}$	$\alpha_m = K_5 B^{n_5}$	$K_5: 1\sim20,\ n_5 = 1.0$
Inglis, C. [520]	$\alpha_m = 1.7\,\lambda_m^{1.06}$	$\alpha_m = K_6 \lambda_m^{n_6}$	
Makkaveev, V. M. [520]	$\rho_m = 4.3\,Q_3^{0.61}$	$\rho_m = K_7 Q^{n_7}$	
Leopold & Wolman [504]	$\rho_m = 2.31\,B^{1.0}$	$\rho_m = K_8 B^{n_8}$	$K_8: 2\sim3$
Makkaveev, V. M. [520]	$\rho_m = K' \cdot d_m^{2/3} \cdot H^{5/3}$	$\rho_m = K_9 \cdot H^{n_9}$	$K_9 = K' \cdot d_m^{2/3}$
Ferguson, C. [524]	$B = 4.88\,Q_4^{0.5}$	$B = K_{10} Q^{n_{10}}$	$K_{10}:$ 不定, $n_{10}: 0.04\sim0.50$

λ_m: 蛇行波長, α_m: 蛇行振幅, ρ_m: 蛇行曲率半径, B: 流路幅, H: 水深, d_m: 河床平均粒径, Q_1: 年洪水流量, Q_2: 溢流限界流量, Q_3: 50年洪水流量, Q_4: 平均流量
(以上 m, sec 単位)

げ, 一般式の係数 K とベキ指数 n についてその範囲や平均値を記入してある.

蛇行波長 λ_m と流量 Q または水面幅 B との関係, 蛇行振幅 α_m と流量 Q または水面幅 B との関係をあらわした式はかなりあるが, 流量の代表値としてなにを採択するかによって経験常数が異なる. Carlston[525]は代表流量として年平均流量 Q_0, 溢流限界流量 Q_2, 最大流量生起月の平均値 Q_5 を用いた場合の λ_m と, それぞれの関係を次式であらわした (図 5-18).

$$\lambda_m = 106.1\,Q_0^{0.46} \qquad \sigma = 11.8\%$$
$$\lambda_m = 8.2\,Q_2^{0.62} \qquad \sigma = 25.0\% \quad \text{(ft, cu. ft/sec)} \qquad (5\cdot4\cdot11)$$
$$\lambda_m = 80.0\,Q_5^{0.46} \qquad \sigma = 15\%$$

ここで, σ は上記の回帰式に対する実測値の標準偏差をあらわす. 表5-4でも明らかであるが, λ_m, α_m はともに Q の約1/2乗に比例するから K, K' を比例定数として

$$\lambda_m = K\sqrt{Q}, \qquad \alpha_m = K'\sqrt{Q} \qquad (5\cdot4\cdot12)$$

とおける. Inglis, C. によると $\alpha_m/\lambda_m \fallingdotseq 2.5$ であるという[526]. Schumm[527]は K の値が大幅に異なる場合でも, 流路構成物質のシルトと粘土の含有率 $M(\%)$ を導入すれば良好な相関関係をえることができるとして, 次式をあたえた.

$$\begin{aligned}\lambda_m &= 1890\,Q_0^{0.34}/M^{0.74} \quad (r=0.96,\ \sigma=0.16\ \text{log unit})\\ \lambda_m &= 234\,Q_1^{0.48}/M^{0.74} \quad (r=0.93\ \ \sigma=0.19\ \text{log unit})\end{aligned} \qquad (5\cdot4\cdot13)$$

Q_0 は年平均流量, Q_1 は年洪水流量, r は相関係数, σ は対数単位の標準偏

4. 流路の平面形状

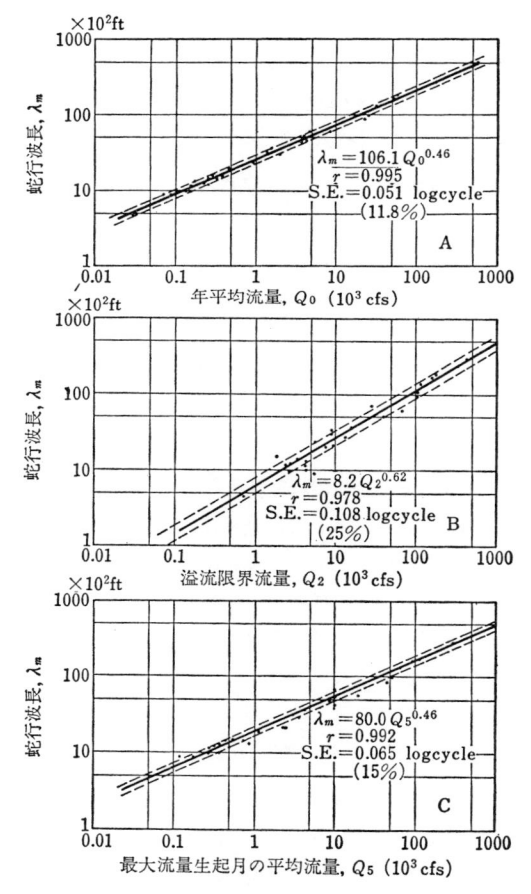

図5-18 蛇行波長と年平均流量（A），溢流限界流量（B），最大流量生起月の平均流量（C）との関係[525]．

差である．また，Great Plains の諸河川について 55 地点 での調査結果から，屈曲率 S と前述の M との間に次式のような実験的関係式をえた[516].

$$S = 0.94 M^{0.25} \quad (r=0.91, \quad \sigma=0.06 \text{ log unit}) \quad (5\cdot4\cdot14)$$

記号 r, σ は前式と同じである．

現実の蛇行流路の形成には多数の要素が複雑に関与するから，表5-4 のような変数間の関係は理論式も含めて一義的にはきまらない．そこで，条件を単純

化した水路実験によって，変数間の関係を求める試みも古くからあった．

蛇行実験は Exner[528] が最初におこなって以来，多くの研究者が水路実験を重ねてきた．それらのうちで，Friedkin[514]の研究は膨大な実験データをもとに蛇行現象の複雑な側面をある程度明らかにし，克明な現象論的記述をおこなっている点で後述の木下良作[529〜532]の実験的研究と同様に重要である．その全貌を紹介するゆとりはないが，Friedkin[514] のえた結論のうちでとくに重要な点を抽出すると，以下のようである．

蛇行流路区間の水深と水面幅とは河岸構成物質の受食性に依存し，河岸が側刻をうけやすい場合には水面幅が拡大し，水深は浅くなるから網状流を形成しやすく，下流側の河床勾配を急にする．また，側刻により河岸から供給された物質は河道に堆積して砂州を形成する．河岸が侵食されにくい場合は水面幅は狭く水深が増大し，河床勾配は緩となる．

この指摘は，沖積河道にみられる現象と合致する．彼は，典型的蛇行区間とされている Mississippi 川の下流部でも蛇行流路の連続からなるわけではなく，Cairo から Baton Rouge までの流路総延長の約20% は網状流路と蛇行流路の漸移型からなることをのべている．また，蛇行は下流にむかって正弦波形で波及し，流量・流送土砂量が大きいほど急速に蛇行が発達しその規模も大きくなるが，蛇行の振幅・波長が極限をこえると切断（cut off）現象がおこることものべている．

4-4 蛇行成因論

蛇行流路の発生原因については諸説があるが，現在のところ定説はないようである．このうちには，蛇行現象そのものに対する成因論と蛇行の発達過程まで含めた論議とがある．以下に，そのおもな説を紹介する．

河岸侵食説　　Davis[533]は，流路の局所的障害によって水流が乱れ，対岸にむかった流れが河岸を交互に侵食して蛇行が発達すると説明した．Friedkin は，蛇行にとって唯一の要因は河岸侵食であるとのべ，Matthes, G. H.[514] も同様な見解を示した．しかし，Zeller[515] が示したように土砂を伴わない氷河の上でも蛇行流路が発生する．この事実は，河岸と河床との間の物質の交換を前提とした Friedkin[514] や Matthes[534] の説では説明がつかない．

転向力説　　Eakin, H. M[536] は，地球自転に伴う転向力に原因を求めた．これは，北半球ではコリオリ（Coriolis）の力が働いて流路の右岸が侵食されやすいという，Baer の法則が成立するか否かの問題である[537]．Exner[528] はこ

4. 流路の平面形状

れを実験的に証明しようとしたが果たせなかった．Einstein は，水流に働くコリオリの力 F_c を次式であらわした[537]．

$$F_c = 2V\omega \sin\varphi \qquad (5\cdot4\cdot15)$$

式中，V は平均流速，ω は地球自転の角速度，φ は緯度である．上式から $\varphi=0°$ で $F_c=0$ だから赤道付近では水流が蛇行しないことになり，事実とあわない．もっとも，最近になって Kabelac, O. W.[538] や Neu, H. A.[539] などは F_c を再評価している．Kabelac[538] によると，イタリーの Po 川で洪水時に流速 1 m/sec，流量 10000 m³/sec あたりの遠心力が 100 kg に達するというが，蛇行流路の幅は 0.001m～1000 m におよぶ[535] から，大河川は別として小規模な蛇行には影響しないであろう．

過剰エネルギー説　Jefferson, M. S. W.[540]，Schoklitsch[541] らは，流水に過剰なエネルギーが付加されると，平衡勾配に達しようとして水流が左右にふれて流路を延長すると考えた．この説は一時期かなりの支持を集めた[196,542]が，現在では棄却された．これは成因論というより蛇行の発達過程をあらわすもので，平衡を維持するだけならば屈曲する必然性がない．また，弯曲部でエネルギー損失が大きいという Shukry, A.[543] の支持的見解に対して，Prus-Chacinski, T. M.[544] や Ippen & Drinker ら[545] は，否定的な結論をくだしている．

局所擾乱説　これは，水面の横方向の振動やラセン流（helicoidal flow または spiral flow）などの水流の不規則な移動に起因するという考えかたの総称で，おもなものはつぎの二つである．

（i）セイシュ（seiche）説：　Werner, P. W.[546] は，蛇行の発端を何らかの原因で生じた局部的な擾乱が河川の横断方向に伝播する水面の横振動（transverse oscillation）を誘発し，これが両岸に交互に反射して振動が下流側に波及することがあるとした．この現象は一種のセイシュであるからセイシュ説とよばれたが，横振動説ともいう．最近では Anderson, A. G.[547] の研究がある．林[468] はこの説が部分的に正しいことを認めた．

（ii）ラセン流説：　ラセン流は，2 次流（secondary flow）とよばれる流れと直交方向の速度成分が大きいときに発達する流れで，その存在そのものはすでに 1876 年に Thomson がみいだしていた[519]．わが国では，藤芳義男[548] のラセン流理論が有名である．彼は，ラセン流の発生原因を河床面における摩擦熱

に求めたが，Einstein & Li[549)]は乱れによる瞬間的圧力差に起因すると考えた．Tanner, W. F.[550)]は，土砂をともなわない場合にもラセン流が発生することを，ガラス板を用いた実験からみいだした．

　Einstein & Shen[551)]をはじめとする多くの研究に[552)～555)]によってラセン流が発生することは確実となった．しかし，これらはいずれも直線流路における発生機構を解析したもので，発生後のラセン流としだいに変化する境界面との関係についてはふれていない．Scheidegger[537)]はラセン流説を支持しながらも，その数学的解析はほとんど不可能に近いとのべている．Zeller[535)]は層流と乱流の遷移領域でも蛇行流が発生し，二次流が乱れと結びついていないことを報告した．

　砂礫堆説　　以上の諸説では，蛇行の発生に対して河岸の側刻を前提としたものが多い．木下[529)]は両岸を固定した硬い直立壁の実験水路でも，水路床の局所的な洗掘と堆積によって形成される交互砂礫堆が水流を蛇行させるという事実を明らかにした．これは，それまでの側刻を要因とする考えかたを修正する画期的発見であった．

　木下[530,531)]は，河床における砂礫堆の形成が水流を蛇行させる要因であると考えて実験をかさね，石狩川の流路に酷似したモデルを実験的に発生させることに成功した．また，東日本諸河川の実測および写真判読結果をあわせて，河道の蛇行形態を以下のように分類した（図5-19）．

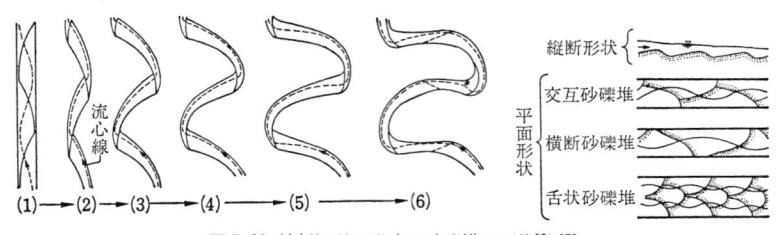

図5-19　蛇行河道の発達と砂礫堆の形状[531,576)]．

（ⅰ）直線河道で砂礫堆が形成され，水流のみが蛇行するもの
（ⅱ）砂礫堆二つごとに河道が1蛇行するもの（蛇曲河道）
（ⅲ）上記（ⅱ）の蛇行が強まり，1蛇行中に砂礫堆を三つ以上含むもの（迂曲河道）

（iv）前記の三者とは別種のさらに長波長の蛇行（屈曲流路）

（i）は側壁を固定した直線実験水路だけでなく，直線改修河道・人工水路などでもみられる現象で，砂礫堆が横方向に並ぶ複列蛇行と1列しかない単列蛇行とにわかれる．(ii) は (i) と異なり，側壁が侵食されやすい場合で，沖積河道でもっともふつうの形である．(iii) はおもに自然河川でみられ，(ii) の流路の蛇行振幅が増大して弯曲の度を強め変形がやまないもので，砂礫堆の分裂によって新たな砂礫堆を生ずる．木下はこの原因を一種のブロッキング（blocking）現象によると考えた．(iv) はおもに扇状地でみられ分岐河道が多い．(i) から (iii) までは蛇行の発達系列をあらわすが，(iv) は砂礫堆を形成する蛇行波長とは別種のゆるやかな蛇行で，Smart & Surkan[126]のいう wandering に相当する．

以上の形態上の差異はおもに水面幅Bと平均水深 h_m との比 B/h_m によってきまる．木下は (ii) と (iii) の区別を重視し，蛇曲河道はその全区間が下流側へ等速度・等方向で移動するが，迂曲河道は異方向・異速度の変形を展開し，究極的には流路の切断を誘発する不安定な形態であるとのべている．

また，B/h_m がきわめて大きい場合には舌状砂礫堆（linguoid bar）が形成され，網状流区間の河床形態がこれらの集合体に他ならないことを指摘した．これは水面上の形態では区別されていても，網状流路と蛇行流路の形成機構が本質的に類似しているという，Friedkin[514] や Leopold & Wolman[504] の見解を立証した点で重要である．

木下の一連の研究[277,529~532]によって，砂礫堆の形成が自由蛇行の発生に関与する有力な原因であることが明らかになった．このことは，以後の蛇行成因論に大きな影響をおよぼした．

流れの不安定説　パキスタンでは，灌漑水路で流れのフルード数 F_r が 0.3 をこえないように設計してあるらしい[556]．これは $F_r \geq 0.3$ で側刻がはじまり，蛇行流路を生ずることが経験則として知られているからで，この意味では流れの不安定が蛇行の発生条件となっている．足立昭平[557]はこの考えかたに微少振動の理論を適用し，後に若干の理論的修正をほどこし[558]，微少変動の安定限界を次式であたえた．

$$\frac{r}{\alpha} = -\left(1+\frac{1}{F_r^2}\right) - \sqrt{\left(1+\frac{1}{F_r^2}\right)\frac{2}{F_r^2}} \qquad (5\cdot4\cdot16)$$

$$\frac{\beta}{\alpha} = \left(1+\frac{8}{F_r^2}\right) - \left(3-\frac{4}{F_r^2}\right)\sqrt{\left(1+\frac{2}{F_r^2}\right)\frac{2}{F_r^2}} \qquad (5\cdot4\cdot17)$$

ここで α は微少振動の流下方向の数, β は流路の中心から横断方向に y だけ離れた地点における振動の位相差, γ は振動数, F_r はフルード数をあらわす. 河床面がなんらかの原因によって攪乱されたときに正弦波形の微少振動を生じ, そのような攪乱に対する河床面の不安定性が蛇行流を発生させるとする考えかたは, 足立[557]以来, Callander, R. A.[559], 林[468], 鮎川 登[560]などによって理論的に論じられている.

これらの研究は局所的な洗掘と堆積の結果, 河床に発生する種々な規模の波動的性質をもった微地形の形成条件を, 境界面の不安定性の問題としてとりあつかった Kennedy[466], Reynolds, A. J.[467] らの研究と軌を一にする. 不安定説による理論的解析では, 一定のフルード数に対して境界面が安定・不安定となる条件を実験データと照合して検討している. 図 5-20 はその一例で, 林[468]

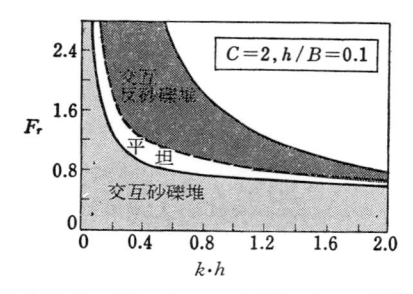

図 5-20 林の理論による交互砂礫堆の発生領域[468].

がフルード数 F_r と $k \cdot h$ (k は波数, h は水深) との関係により不安定領域, すなわち砂礫堆の発生領域を図示したものである.

河床に波状の微地形が発生し, 境界面が不安定となる要因として Kennedy[466], Reynolds, A. J.[467] は局所的な流速と掃流土砂量との間の遅れの距離を, Callander[559]は河床形態と水理量との間の位相差を, 椿・斉藤 隆[561]は流速分布の非対称性と砂移動の非平衡性を, 林[468]は掃流土砂量の非対称性をそれぞれあげている.

最小エネルギー消費率の法則 これはYang[562]が自身の提唱した法則[119]を蛇行の成因に適用したもので, 定常状態を志向する河川は, 流下経路に沿う水の単位質量・単位時間あたりの位置エネルギー消費率が最小となるようなコースを流路に選ぶという理論である. この理論は, Langbein & Leopold[506]の最小仕事の原理に似ているが, Langbein らが総位置エネルギー消費を最小

4. 流路の平面形状

にすると考えたのに対し，エネルギー消費の時間的割合を最小にすると考えている点で異なる．Yang[562]の理論は応用性があるので，以下にその骨子を紹介する．

落差 z の区間の流路に沿う位置エネルギー損失を ΔH，この区間を単位質量の水が流下する所要時間を Δt とすると，上記の法則は次式であらわされる．

$$\frac{\Delta H}{\Delta t} = \frac{Kz}{\Delta t} = \varPhi(Q, S_V, C_S, G, \cdots) = 最小 \qquad (5\cdot4\cdot18)$$

式中，K は位置エネルギーと落差の換算定数，Q は流量，S_V は谷床勾配，C_S は土砂濃度，G は地質学的制約因子をあらわす．$\varPhi$ は関数記号である．河口地点をのぞいて $\Delta H/\Delta t > 0$ であり，一定の落差 z をもつ区間で $\Delta H/\Delta t$ の値を最小にするためには，流路を延長しなければならない．水源と河口を結ぶ，可能なあらゆるコースのうちで直線コースは一定落差に対する最短距離であるから，$\Delta H/\Delta t$ は直線流路で最大となる．$\Delta H/\Delta t$ を最小にするコースは蛇行流路しかない．自然河川で，直線流路が滅多に存在しない理由はここにある．

式 (5・4・18) 中の G，S_V，C_S，G などは独立変数で，$\varPhi$ の値はこれらの変数に依存する．流路勾配や水面幅などは従属変数で，自然河川は $\Delta H/\Delta t$ の値

図 5-21 Yang の理論における半円形のモデル断面[562]．

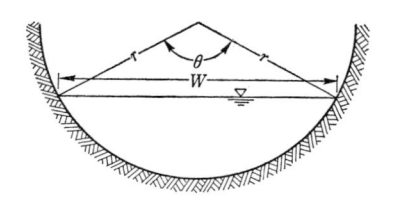

を最小にするように，これらの従属変数を調節する．式 (5・4・18) は，水の単位質量あたりについて考えているから，河川の規模・流送土砂の有無と無関係に適用できる．

流路の横断面を図 5-21 のように半径 r，中心角 θ の弧であらわす．一定流量 Q と一定粗度に対して，図 5-21 の断面における平均流速 V は

$$V = \frac{2Q}{r^2(\theta - \sin\theta)} \tag{5・4・19}$$

である．Manning 公式から n を粗度係数，S を流路勾配とすると

$$V = \frac{1.49}{n}\left[\frac{r(\theta - \sin\theta)}{2\theta}\right]^{2/3} S^{1/2} \tag{5・4・20}$$

とかきなおせる．上式と式 (5・4・19) とから流路勾配示数 $\alpha_1 S$ を

$$\alpha_1 S = \frac{(2\theta)^{4/3}}{(\theta - \sin\theta)^{10/3}}, \quad \alpha_1 = \left(\frac{1.49\,r^{8/3}}{2Qn}\right)^2 \tag{5・4・21}$$

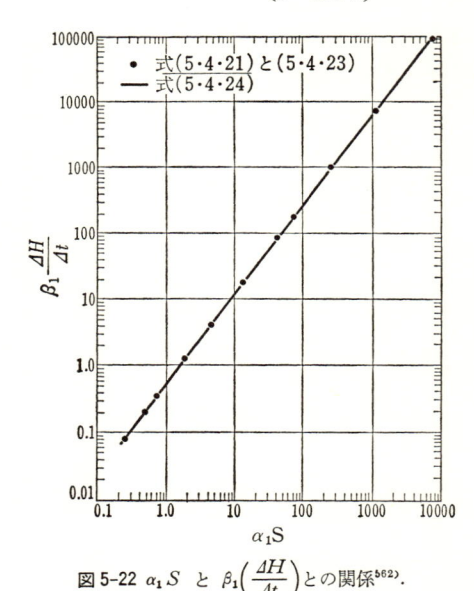

とあらわせる．距離 L の区間を単位質量の水が通過する所要時間 Δt は

$$\Delta t = \frac{L}{V} = \frac{Lr^2(\theta - \sin\theta)}{2Q} \tag{5・4・22}$$

である．式 (5・4・18)，(5・4・21)，(5・4・22) から位置エネルギー消費係数 $\beta_1(\Delta H/\Delta t)$ は

$$\beta_1\left(\frac{\Delta H}{\Delta t}\right) = \frac{(2\theta)^{4/3}}{(\theta - \sin\theta)^{13/3}},$$

$$\beta_1 = \frac{(1.49)^2 r^{22/3}}{8Q^3 n^2 \cdot K} \tag{5・4・23}$$

である．上式と式 (5・4・21) とから，θ をパラメーターとして $\alpha_1 S$ と $\beta_1 = \Delta H/\Delta t$ との関係をあらわすと図 5-22 のようになり，両者の関係は対数座標上で直線回帰式であらわせる．

図 5-22 $\alpha_1 S$ と $\beta_1\left(\dfrac{\Delta H}{\Delta t}\right)$ との関係[562]．

$$\log_e\left(\beta_1 \frac{\Delta H}{\Delta t}\right) = -0.654 + 1.354 \log_e(\alpha_1 S) \tag{5・4・24}$$

上式によると $\Delta H/\Delta t$ を最小にするためには S を減少させなければならない．これは，流路の蛇行によって達成できる．流路幅 W も調節可能な量である．流路幅示数 $\alpha_2 W$ も同様にして

4. 流路の平面形状

$$\alpha_2 W = \sin\left(\frac{\theta}{2}\right), \quad \alpha_2 = \frac{1}{2r} \qquad (5\cdot4\cdot25)$$

とおける．また

$$\theta = 2\sin^{-1}\left(\frac{W}{2r}\right) \qquad (5\cdot4\cdot26)$$

である．一定流量・一定勾配に対する位置エネルギー消費係数 $\beta_2(\Delta H/\Delta t)$ は式 (5・4・18) と式 (5・4・22) とから

$$\beta_2\left(\frac{\Delta H}{\Delta t}\right) = \frac{1}{\theta - \sin\theta}, \quad \beta_2 = \frac{r^2}{2QKS} \qquad (5\cdot4\cdot27)$$

上式と式 (5・4・25) とから，θ をパラメーターとして $\alpha_2 W$ と $\beta_2(\Delta H/\Delta t)$ との関係をあらわすと図 5-23 のようになる．式 (5・4・26) と (5・4・27) とから $\Delta H/\Delta t$ と W との間の関係は

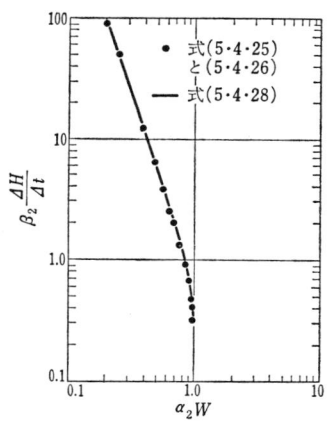

図 5-23 $\alpha_2 W$ と $\beta_2\left(\frac{\Delta H}{\Delta t}\right)$ との関係[562]．

$$\beta_2\left(\frac{\Delta H}{\Delta t}\right) = 1/2\left[\sin^{-1}\left(\frac{W}{2r}\right) - \left(\frac{W}{2r}\right)\sqrt{1 - \left(\frac{W}{2r}\right)^2}\right] \qquad (5\cdot4\cdot28)$$

であらわせる．上式と式 (5・4・27) とから，$\Delta H/\Delta t$ を最小にするためには流路幅を増大させる必要があることになる．

流量の変化は式 (5・4・18) 中の $\varPhi$ の値をかえるから，河川はそれに対応して S や W を調節しなければならない．流積 A は図 5-21 の場合，次式であらわせる．

$$A = \frac{r^2}{2}(\theta - \sin\theta) \qquad (5\cdot4\cdot29)$$

一定流路勾配に対する流量示数 $\alpha_3 Q$ は，式 (5・4・20) と (5・4・29) とから

$$\alpha_3 Q = \frac{(\theta - \sin\theta)^{5/3}}{\theta^{2/3}}, \quad \alpha_3 = \frac{2^{5/3} n}{1.49\, r^{8/3} S^{1/2}} \qquad (5\cdot4\cdot30)$$

である．式 (5・4・18)，(5・4・22)，(5・4・30) から位置エネルギー消費係数 $\beta_3(\Delta H/\Delta t)$ は

$$\beta_3\left(\frac{\Delta H}{\Delta t}\right) = \frac{(\theta - \sin\theta)^{2/3}}{\theta^{2/3}}, \quad \beta_3 = \frac{n}{1.49K}\left(\frac{2}{r}\right)^{2/3}\left(\frac{1}{S}\right)^{3/2} \qquad (5\cdot4\cdot31)$$

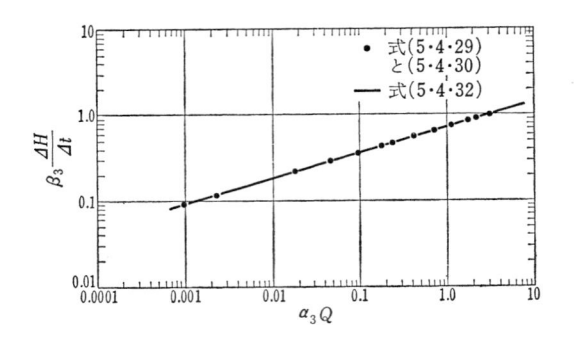

図5-24 $\alpha_3 Q$ と $\beta_3\left(\dfrac{\Delta H}{\Delta t}\right)$ との関係[506].

であり,上式と式 (5・4・30) とを用いて $\alpha_3 Q$ と $\beta_3(\Delta H/\Delta t)$ との関係をあらわすと,図5-24のようになる.両者の間の回帰直線の式は

$$\log_e\left(\beta_3 \frac{\Delta H}{\Delta t}\right) = -0.329 + 0.299 \log_e(\alpha_3 Q) \qquad (5・4・32)$$

である.上式から Q の増加は $\beta_3(\Delta H/\Delta t)$ の増加,つまり式 (5・4・18) 中の Φ の値が増大することがわかる.

ここまでは,流路勾配・流路幅・流量などの重要な因子が,水の単位質量あたりの位置エネルギー消費率とどのように関係しているかを個別に検討した.しかし,現実にはこれらが相互に関係し,いずれか一つの変化が他の因子にも影響する.河川は全体としての $\Delta H/\Delta t$ を最小にしようと調節をとっているはずだから,これらの相互関係を式 (5・4・18), (5・4・19), (5・4・20), (5・4・22), (5・4・26), (5・4・29) から求めると次式をえる*).

$$\frac{\Delta H}{\Delta t} = 0.963 K n^{-0.6} r^{-0.4} S^{1.3} Q^{0.4} \left[\sin^{-1}\left(\frac{W}{2r}\right)^{-0.4}\right] \qquad (5・4・33)$$

$$= \Phi[Q, S_V, C_S, G, \cdots] = 最小$$

上式は半円形の断面に対して導いたものであるから,係数や指数の値は実際河川に適用した場合に異なるであろう.しかし,$\Delta H/\Delta t$ が S, Q の減少,W の増大にともなって減少するという結論は,いかなる断面形状の河川に対してもあてはまるはずである.

*) 式 (5・4・24), (5・4・32) で他の変数を一定と仮定する.

4. 流路の平面形状

　上記の結論を Yang は，1地点における S, C_S, W, Q などの間の相互関係に適用できることを実測値を用いて証明した．さらに，流下方向の変化を考えて，河口では $S=0$, $V=0$, $W\to\infty$, $\Delta H/\Delta t=0$ のはずであるから，$\Delta H/\Delta t$ を流下距離 x について微分し，これを0とおけば次式をえる．

$$\frac{d}{dx}\left(\frac{\Delta H}{\Delta t}\right)=K\frac{d}{dx}(SV)=K\left[S\frac{dV}{dx}+V\frac{dS}{dx}\right]=0 \quad (5\cdot4\cdot34)$$

　$\Delta H/\Delta t$ が流下方向に減少するためには，S が減少するか，W が増加するかの二とおりの調節のしかたがある．実測値によると，V は流下方向に微増する．式 (5・4・34) を満足するためには，dV/dx の正の値が dS/dx の負の値をともなわなければならない．このことが縦断面が凹形になる理由である．緩勾配地域で蛇行流が発生しやすいという傾向は，Stall & Fok[153]のみいだした，屈曲度が次数に比例して増加するという事実を説明する．

　式 (5・4・33) の ϕ の値は，河口でも0にはならない．このことは，流路幅と屈曲度とが無限に増加しない理由でもある．ϕ は流下方向に減少するがその変化の詳細は未解明で，これが解明されれば流路の自己調整機能をより明確に理解できようと，Yang はのべている．

　以上の他，統計解析によって蛇行流路の特性に影響する諸因子間の関係を求めた試みも多いが，Snyder & Stall[563] の指摘しているように，蛇行形成機構の解明には役に立たない．

4-5 蛇行流路のシミュレーション

　蛇行流路を，円弧や正弦波形として近似させた例は多い．それらは，単に幾何学的相似性だけを追求したわけではなく，弯曲部における形状と水理量との関係を解明することを目的としていたようである[564]．

　とくに，弯曲部における水深・流速などの分布については，はやくから野外および実験水路で観察がおこなわれてきた．その結果，弯曲部において流水に遠心力が働き，攻撃斜面側の水位が高まり，二次流を生じていることが明らかになった．この場合の水面上昇高 Δz は，断面平均流速を V とすると，

$$\Delta z=\frac{V^2}{g}\int_{\rho_1}^{\rho_2}\frac{1}{\rho}d\rho=\frac{V^2}{g}\log_e\frac{\rho_2}{\rho_1} \quad (5\cdot4\cdot35)$$

であらわされる[564]．式中 g は重力加速度，ρ_1, ρ_2 はそれぞれ攻撃斜面および

滑走斜面に沿う曲率半径である．Leopold, Bagnold, Wolman & Brush[565]によると，蛇行流路の平均曲率半径 ρ_m と水面幅 B との比 B/ρ_m は上式の $\log_e(\rho_2/\rho_1)$ の値にほぼ等しいから

$$g\frac{\varDelta z}{V^2} = \frac{B}{\rho_m} \tag{5・4・36}$$

とおける．Leopold & Wolman[505]は，自然河川において ρ_m/B 比が 2.0～3.0 の値をとることを報告している．

Bagnold[566]は直径 d，曲率半径 R の円管で彎曲度 (R/d) が 2.0～3.0 のときに抵抗係数が最小になり，開水路に対してもこの法則を適用できるとしながらも，ρ_m/B 比が同様な値をとることの説明と考えるのは早計であるとしている．横断形状の不規則な自然河川で，実際に抵抗係数が最小になることを確かめる必要があるし，かりに実証できたとしても，自然の流路がなぜ抵抗係数を最小にする方向に志向するのか，その物理的機構の説明を要するとのべている．

このように，弯曲部の水理に関して未解明な点が残っていることもあって，決定論的研究よりは確率論的手法により蛇行流路のシミュレーションをおこなう研究が先行している[570]．以下にいくつかの例を紹介する．

最小分散理論　Leopold & Wolman[505]は，前述の ρ_m/B 比と同様に，蛇行波長 λ_m と ρ_m との間にも一定の比例関係があることをみいだした（表 5-4）．Langbein & Leopold[506]は，これらの関係が河川の規模と無関係に相似なことに注目し，幾何形状をあらわす特性値間には一定の法則性があり，個々の要素自体は決定論的であっても諸要素が複合して蛇行流路を形成する際には，それらの影響がランダムとしか解しようのないあらわれかたをすると考えた．彼らは，蛇行流路を2点間 A，B を結ぶあらゆる可能な経路のうちで，最大の確率をもった軌跡であるとした．この経路は，酔歩モデルによってきめることができる．

河川の流路ぞいに，微少距離 dS だけすすむ間に以前の進行方向から角 $d\varphi$ だけ偏倚する確率を p とし，確率分布を正規誤差分布と仮定すると

$$dp = C\exp\left\{-\frac{1}{2}\left(\frac{d\varphi/dS}{\sigma}\right)^2\right\} \tag{5・4・37}$$

4. 流路の平面形状

である．C は $\int dp = 1.0$ としたときの値，σ は標準偏差である．

von Schelling, H.[567] の理論によると，弧長 S は次式の楕円積分であらわされる．

$$S = \frac{1}{\sigma} \int \frac{d\varphi}{\sqrt{2(\alpha - \cos\varphi)}} \qquad (5\cdot 4\cdot 38)$$

φ は線分 $\overline{AB}$ からの方位角とする．α は積分定数で，基準線 $\overline{AB}$ からの方位角の最大値を ω とすると $\alpha = \cos\omega$ とおける．一定距離の2点間の最大頻度軌跡に対する一般条件は，von Schelling[567] により次式を満足することを要する．

$$\sum \frac{\Delta S}{\rho_2} = 最小 \qquad (5\cdot 4\cdot 39)$$

式中，ΔS は経路に沿う単位距離，ρ は ΔS の曲率半径（$=\Delta S/\Delta\varphi$）である．ゆえに

$$\sum \frac{(\Delta\varphi)^2}{\Delta S} = 最小 \qquad (5\cdot 4\cdot 40)$$

とかける．上式は方位角の偏差の平方和，すなわち分散が最小になることをあらわす．流路が規則的に対称ならば，$\sum \Delta\varphi = 0$ となる．式 (5・4・40) を満足する曲線として，次式を用いる．

$$\frac{d\varphi}{dS} = \alpha\sqrt{2\left\{1 - \cos\omega\left[1 - \left(\frac{\varphi}{\omega}\right)^2\right]\right\}} \qquad (5\cdot 4\cdot 41)$$

ここで ω と φ とは蛇行軸からの偏倚角で，流下方向を 0 rad. とする．上式を積分して次式をえる．

$$\varphi = \omega \sin\frac{S}{M} 2\pi, \qquad M = \frac{2\pi}{\sigma} \cdot \frac{\omega}{\sqrt{2(1-\cos\omega)}} \qquad (5\cdot 4\cdot 42)$$

M は蛇行流路に沿う2点間の距離で，蛇行の1波長に等しい．$\omega = 2.2$ rad. でループとなり切断するから $\omega \leqq 2.2$ rad. である．ω に種々な値をあたえたときの曲線（図 5-25(a)）と $\omega = 110°$ のときの φ の変化を相対距離 S/M に対してプロットした図 5-25(b) から，流路の平面形は正弦波形をあらわさないが，式 (5・4・42) のあたえる φ の変化が正弦波形をあらわすことがわかる[*]．相対距離 $S/M = 0.5$ と 1.0 で $\varphi = 0$，$S/M = 0.25$ と 0.75 で $\varphi = \omega$ である．図の $\varphi \sim S/M$

---

[*] その意味で，この曲線を sine generated curve とよぶ．

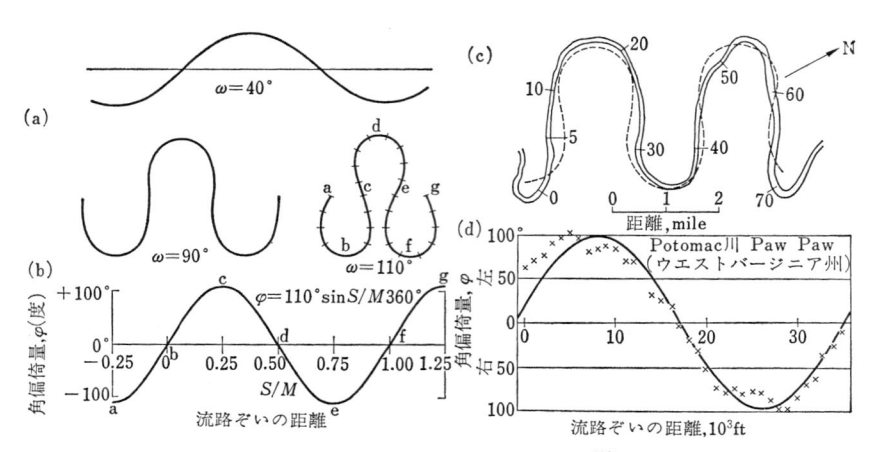

図 5-25 蛇行流路に沿う角偏倚量の変化[506].
（a）式 (5·4·42) 中の ω の種々な値に対する平面形，（b）$\omega=110°$ のときの角偏倚量 φ の変化，（c）Potomac 川, Paw Paw（ウエスト・バージニア州）付近の流路の平面形，（d）これに沿う φ の変化（×印）.

曲線の接線勾配 $d\varphi/dS$ は蛇行半径 ρ_m の逆数であるから，ρ_m は彎曲部で比較的一様に変化することになる.

図 5-25(c) は Potomac 川の Paw Paw 付近の蛇行流路の平面形で，この区間について計測した距離にともなう φ の変化（図 5-25(d) の×点）を正弦波形で近似させた例である．図 5-25(d) の実線に対応する流路が，図 5-25(c) の破線である．

蛇行流路が平衡またはこれに近い状態にあるということに異論はないようである．Leopold & Wolman[505] は，蛇行流路が単位距離あたりのエネルギー消費率を，できるだけ一様化しようとするあらわれであると考えた．また，Leopold & Langbein[87] は河川の挙動に諸種の特性値の変化を最小限にくいとめようとする傾向のあることをみいだした．Leopold & Langbein[506] の論文で，この考えかたは最小分散の理論として登場する．一つの水理量が減少すると，これに対応して他の量が増加しこれを補う．

蛇行流路では，直線流路よりも水深の変化がいちじるしい．これにともない水面勾配も変化し，水深と水面勾配との積を一定に保つことにより，底面剪断力と摩擦抵抗係数の変動を小さくする．変動量の分散を最小にすることは，物

4. 流路の平面形状

理的仕事を最小にすることである[423]．これを最小仕事の原理という．この意味で，Leopold & Wolman[505] は蛇行流路が直線流路より安定していると説明した．

Langbein ら[506]の最小分散理論に基づくシミュレーションを，Thakur & Scheidegger[568]は，χ^2 テストと正規確率紙に φ をプロットすることによって正規誤差法則にしたがうことを証明した．

Thakur らは，流路に沿う角の偏倚 $\alpha_i = d\varphi/dS$ を図5-26のようにしてきめた．流路

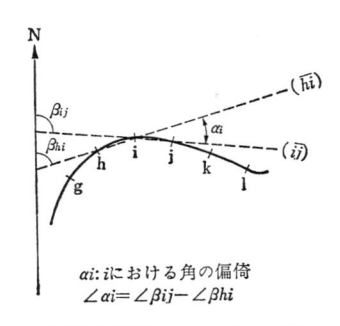

図 5-26 角偏倚量 α_i のきめかた[568]．

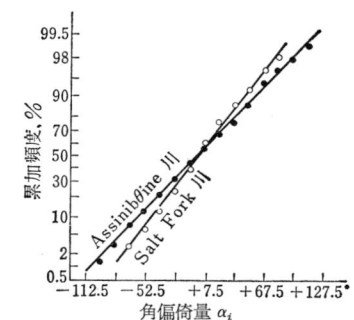

図 5-27 Assiniboine 川と Salt Fork 川の α_i の分布[568]．

ぞいにとった等間隔の各点における角の偏倚 α_i は，時計まわりの方向を正とすると

$$fct(\alpha_i) = fct(d\varphi/dS) = \frac{1}{\sigma\sqrt{2\pi}} \exp\left\{-\frac{1}{2}\frac{(\alpha_i-\mu)^2}{\sigma^2}\right\} \quad (5\cdot4\cdot43)$$

である．μ, σ は，Gauss 分布のそれぞれ平均値と標準偏差をあらわし，$\mu = \sum_{i=1}^{N} \alpha_i/N$，$\sigma = \left[\sum_{i=1}^{N}(\alpha_i-\mu)^2 \Big/ (N-1)\right]^{1/2}$ である．Thakur らは，カナダ中央部の Assiniboine 川や米国イリノイ州の Salt Fork 川で α_i の頻度分布図を作成し，15°ごとに区分した相対頻度（%）の累加値を正規確率紙上にプロットして図5-27をえた．この図から，α_i が第1近似として Gauss 分布にしたがうことが明らかである．

拘束条件を加えた蛇行流路のモデル　　Surkan & Kan[569] は，Langbein ら[506] のランダムモデルが蛇行の1波長程度の短い区間についてしか検討していないこと，長い区間をとった場合に蛇行振幅・波長・波数（周期）が規則的になりすぎて現実の流路にあわないことを指摘した．

Surkan ら[569]は，方位角 φ，曲率 $\Delta\varphi$，曲率の変化 $\Delta\Delta\varphi$ の区間ごとの相関係数，推移確率，曲率の標準偏差 $\sigma_{\Delta\varphi}$ などを現実の蛇行流路について調べ

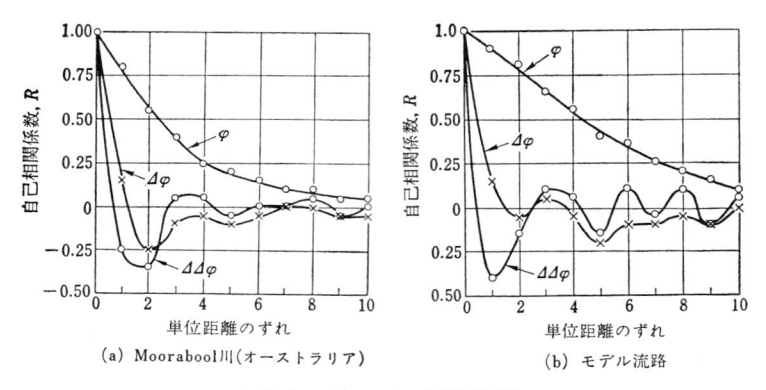

図5-28 (a) Moorabool川（オーストラリア）　(b) モデル流路

図 5-28 $\Delta\varphi$, $\Delta\Delta\varphi$ の自己相関係数[569].

た．ある区間における φ, $\Delta\varphi$, $\Delta\Delta\varphi$ の値は，単位距離の整数倍だけずらせた距離の区間におけるそれらの値との間に，図 5-28(a)のような関係がある．

実際の蛇行流路でこれらの値は遠距離になれば相関がなくなるが，至近距離では有意の相関関係にあり，かつ，隣接する区間の φ, $\Delta\varphi$, $\Delta\Delta\varphi$ がけっして無関係ではないことを示している．また，$\sigma_{\Delta\varphi}$ は図 5-29 のように φ によって異なり，$\varphi=0$ 付近で $\sigma_{\Delta\varphi}$ が最小値をとる傾向がある．この点に関しては，Langbein ら[506] も ρ_m の変化について言及しているが図示はしなかった．

これらの関係を考慮して，Surkan らは酔歩モデルに偏向性をもたせた．図 5-30 は，そのような拘束条件をあたえて作成したモデル流路で，現実の蛇行流路によく似ている．このモデルの φ, $\Delta\varphi$, $\Delta\Delta\varphi$ の自己相関係数の距離にともなう変化も，現実の流路のあらわす関係と似ている（図 5-28(b)）．

Surkan ら[569] の研究は，方位角や曲率の変化がまったくランダムと仮定した Langbein ら[506] の確率論的考えかたに，平均流下方向（$\varphi=0$）

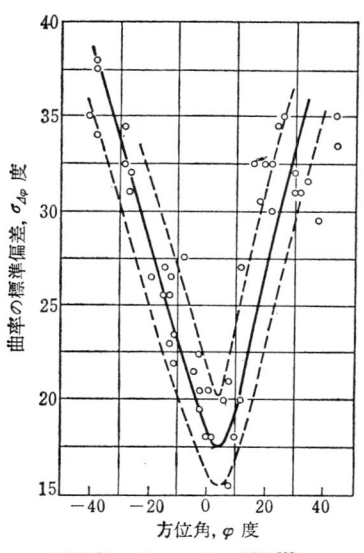

図 5-29 φ と $\sigma_{\Delta\varphi}$ との関係[569].

4. 流路の平面形状

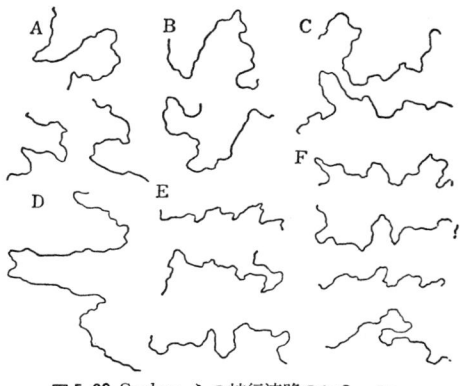

図 5-30 Surkan らの蛇行流路のシミュレーションモデル[569].

の偏向性をもたせる必要のあることを明らかにした点で意義がある．このような決定論的要素とランダム現象とが，ほぼ同程度に現実の蛇行流路の形態に影響をおよぼしているのであろう[570].

円弧を用いたモデル　Chitale, S. V.[508]は，半径 ρ_m の円の中心を相互に距離 d だけずらして，図 5-31 のような組合せで蛇行流路を近似させた．彼は屈曲率 (L_0/L_s, 図 5-31) に関係する幾何学的指標を検討し，インドにおける 42 のおもな河川のデータから，つぎのような多重回帰式をえた．

$$\frac{L_0}{L_s} = 1.429 \left(\frac{d_m}{D}\right)^{-0.077} \cdot I_*^{-0.052} \cdot \left(\frac{B}{D}\right)^{-0.065} \quad (5\cdot4\cdot44)$$

式中の d_m は河床物質の平均粒径，D は平均水深，I_* は 10^4 ft あたりの河床勾配，B は水面幅である．また

$$\frac{\alpha_m}{B} = 48.299 \left(\frac{B}{D}\right)^{-0.471} \cdot I_*^{-0.453} \cdot \left(\frac{d_m}{D}\right)^{-0.050} \quad (5\cdot4\cdot45)$$

をえた．α_m は蛇行振幅をあらわす．式 (5・4・44) と (5・4・45) から

$$\frac{L_0}{L_s} = 1.145 \left(\frac{\alpha_m}{B}\right)^{0.134} \quad (5\cdot4\cdot46)$$

を導いている．

蛇行波長の統計解析　以上の研究をつうじて，蛇行波長が蛇行流路の幾何形状をあらわす重要な指標であることが明らかになっ

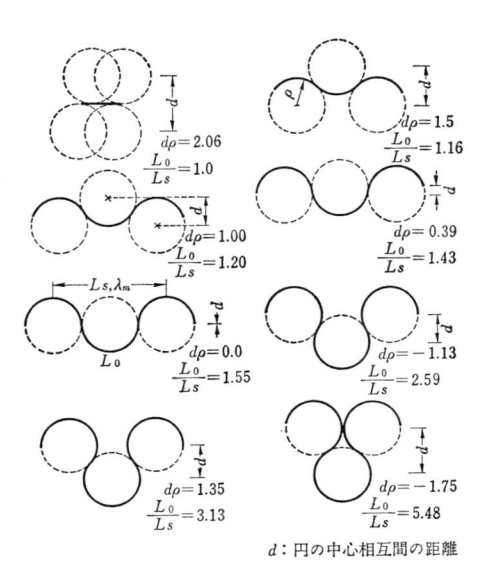

d : 円の中心相互間の距離

図 5-31 円弧を用いた蛇行流路のシミュレーション[508].

た．しかし現実の蛇行流路では，区間のとりかたによって蛇行波長 λ_m がかなり変化する[522]．

従来，蛇行流路の解析には単一の卓越した蛇行波長を想定し，それがノイズによって乱されているという説明をしたものが多い．これに対して Hjulström[571] や Schumm[516] は同一河川で2種類の異なった卓越波長成分が，同時に存在しうることを指摘した．Speight, J. G.[522] は，ニューギニア島の Angabunga 川を対象として，蛇行流路の時系列解析をおこなった．彼は，流路にそって 300 ft 間隔にとった区分点で，基準軸に対する各点の接線方向の方位角を変量としてスペクトル密度を求め，これを蛇行強度（meander intensity）と定義した．

図 5-32 は，蛇行強度と 10^5 ft あたりの周波数 $\nu(=1/\lambda_m)$ との関係をあらわ

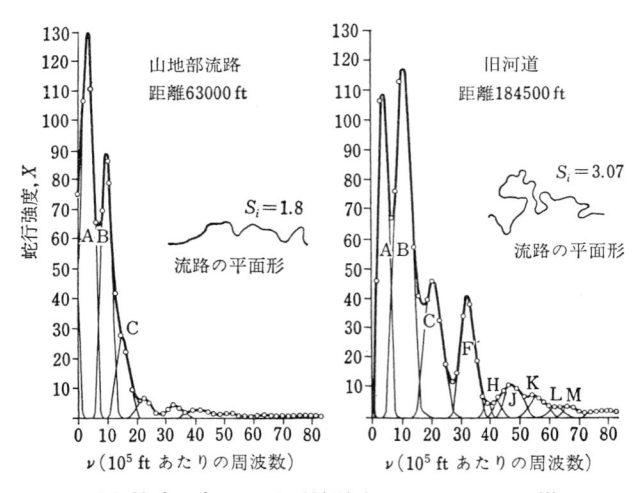

図 5-32 Angabunga 川の蛇行流路とパワースペクトル[522]．
S_i は流路の屈曲示数, $\nu=1/\lambda_m$．

した例で，蛇行波長を一つのモードで代表できないことがわかる．Dury, G. H.[521] のえた λ_m と溢流限界流量 Q_b との関係式，$\lambda_m=30Q_b^{0.5}$ (ft, sec) から求めた卓越波長は図中のCのピークに相当する．視覚的に卓越波長をきめた研究ではCのピークを採用しやすいが，これより低周波数の成分の密度が大きいことがわかる．

Speightは種々の区間のスペクトル密度を求めた結果，いずれの場合にもBのピークがもっとも安定していることから，CのピークよりBのピークを卓越波長とすることを提案した．

蛇行波長の統計的解析をおこなった研究はほかにもある[568~570]．しかし，現実の流路の大部分は，地形・地質学的制約下にあり，これに地域差も加わるので，蛇行波長に関する一般的な法則はまだ確立していない．

以上にのべたように，蛇行流路の形態と形成機構に関しては，まだ統一的見解や分類基準が確立していない．蛇行現象は，古くて新しい問題なのである．

5. 河床形態

5-1 河床形態の分類

河床の表面形態を河床形態（bed form, bed configuration）という．河床が非凝集性の土砂粒子からなる場合にその表面が平坦なことはまれで，局所的な洗掘と堆積の結果，凹凸を生じていることが多い．移動床の場合に規模の差こそあれ，多少とも波動的性質をもった起伏を有するのがふつうである．このような形態を一括して砂波（sand waves）とよぶ[161]．

堆積学的には，流体に接する境界面がおもに砂質表面の場合に生ずる波状の地形を砂波といい，風成・海成のものまで含む．ここでは，河成の砂波すなわち河床砂波だけをあつかう．

河床砂波を流下方向の縦断形状・規模（波長 λ と波高 η）などによって分類すると，表5-5のようになる[572~576]．砂漣（sand ripples）は最小規模の砂波で，構成物質の平均粒径が0.6 mmをこえるとほとんど発生しない[574]．砂堆（sand dunes）は砂漣より規模が大きいが，砂礫堆（bars, dunes）よりは小さい[572,574]．砂礫堆は水流の蛇行を促進するが，砂堆にそれだけの影響力はない．砂礫堆と水流の蛇行との関係についてはすでにのべた．

河床物質が礫を含まない場合に，同規模のものを砂州とよぶことにする．砂堆と砂礫堆の表面には，砂漣が共存することもある．河床砂波の大きさの上限ははっきりしないが，波高 $\eta=10$m，波長 $\lambda=200$m におよぶものが観察されている[455,575]．本書では，この種の大規模な砂波を砂浪（sand waves）とよんで区別することにする．

表 5-5 河床砂波の分類[572,576]

名　称	大きさ	形態（縦断面）*）	備　考
砂　漣	$\lambda_1 < 30\text{cm}$ $\eta_1 < 3\text{cm}$	非対称三角形 上流側に緩，下流側に 急斜面（水中安息角）	平均粒径 0.6mm 以下 下流へ移動
砂　堆	$\lambda_1 < \lambda_2 < \lambda_3$ $\eta_1 < \eta_2 < \eta_3$	砂漣に同じ	砂質河床で一般的，下流へ 移動
砂礫堆 （砂州）	$\lambda_3 \geqq B$ $\eta_3 \fallingdotseq H$	砂漣に同じ	粗粒の礫を含む場合でも形 成される，下流へ移動
砂　浪	$\lambda_4 > \lambda_3$ $\eta_4 > \eta_3$	断面は一定しない 対称的な三角形もある	$\lambda_4 > 15\eta_4$ 下流へ移動
反砂堆	$\lambda_5 = \dfrac{2\pi V^2}{g}$ $\eta_5 = fct\,(H, V)$	ほぼ正弦波形，対称的 断面，η/λ 比が大	上流側へ移動するか静止 （定常波）$F_r > 1.0$

*）表 5-6 参照
記号 λ_1：砂漣の波長　η_1：砂漣の波高　λ_2：砂堆の波長　η_2：砂堆の波高　λ_3：砂礫堆の波長　η_3：砂礫堆の波高　B：水面幅　H：水深　λ_4：砂浪の波長　η_4：砂浪の波高　λ_5：反砂堆の波長　η_5：反砂堆の波高　V：流速　F_r：フルード数　g：重力加速度

　砂漣・砂堆・砂礫堆などは，波形が実質の移動をともなって下流側へ伝播する．その移動速度は流速よりはるかにおそいが，その表面を構成する堆積粒子はたえず更新されている．これに対して，上流側へ移動するものを反砂堆あるいは遡上砂堆（antidunes）といい[249]，停止状態にある反砂堆を定常波（standing waves）とよぶ．以上のような用語に対する従来の概念規定はきわめてあいまいで，分類基準も確立してない[576]．表 5-5 は一種の試案である．

　河床砂波の発生原因や発達機構については，移動床水路に関する命題として古くから理論的・実験的研究がすすめられてきた．その結果，砂波が水理学的条件の変化にともない，一連の発達系列にしたがって変形してゆくという点で，ほぼ見解が一致している[576]．

　Simons, Richardson & Nordin[573]は，河床形態・土砂運搬様式・流れに対する抵抗の状態（粗度）・河床砂波と水面波との位相（phase）の関係などが相似な場合には流れの状況も相似であると考えて，流れの領域（flow regime）によって表 5-6 のような区分をおこなった．

　流れの領域は，フルード数の変化の範囲に応じて表 5-6 のように三つの領域にわかれる．F_r の小さい低領域では流れに対する抵抗が大きく，土砂の移動も少ない．個々の粒子は砂漣や砂堆の背面をはいあがり，頂部をこえて前面に滑落し，波形が移動してふ

表 5-6 河床形態の発達系列[578,576]

流れの領域 (flow regime)	河床形態			河床物質濃度 (p.p.m.)	運搬様式	粗　度	底面と水面と の位相の関係
		縦断形	平面図				
低領域 (常流) (lower flow regime)	1. 砂　漣			10〜200	個別運搬	形状抵抗 が卓越	逆位相
	2. 砂漣をともなう砂堆			100〜1200			
	3. 砂　堆			200〜2000			
遷移領域 (transitional)	4. 砂堆の減 衰と消失 (3と5との漸移形)			1000〜3000			位相不明瞭
高領域 (射流) (upper flow regime)	5. 平滑河床			2000〜6000	連続的, 集合運搬	粒子抵抗 が卓越	同位相
	6. 反砂堆			2000 以上			
	7. 瀬と淀			2000 以上			

たたび露出するまでは静止する．この点は，風成砂丘の掃流形式の移動と似ている．

F_r がやや増大した遷移領域では，砂堆が発生したり消失したりする．低領域から高領域へ移行する際には砂堆が波高を減じ，波長を増大させて水深をます．$F_r>1$ の高領域では流れに対する抵抗が小さく，土砂の移動が活発化する．さらに反砂堆が発生し，不安定になると崩壊するが，これが崩壊するまでは底面が水面の重力波と同位相となり，相互に干渉効果をおよぼす．

以上の区分は，平坦な底面（plane bed）から通水を開始し，流体力の増大にともない，砂漣・砂堆・漸移形（transition, washed out dunes）・平滑河床（smoothe bed）・反砂堆・瀬（chutes）と淀（pools）の順に発達する河床形態の変化系列を観察した結果に基づいている．

砂漣と砂堆　Simons ら[573]のいう低領域は常流の状態下にあり，砂質床の河川で射流の状態下にはいる場合は少ないから，現実の河床で普遍的な底面の微地形は砂漣と砂堆である．砂漣は前述のように 0.6 mm 以下の細粒の粒子によって形成され，これより粗粒の粒子は砂堆を形成するが，砂堆の頂部（crest）と溝（trough）の部分とでは粒径が異なる．流れが境界面から剝離する付近では，粒子の分級作用がおこなわれる．Jopling, A. V.[577] は，剝離帯（separation zone）の存在が斜交層理（cross laminae）の形成要因であることを実験的に証明した．

一般に，砂堆の波長 λ は波高 η の 10 倍以上ある．目崎茂和[578]は，η/λ 比と抵抗係数 $f(=2g/C^2)$ との間に次式の関係をえた．

$$f = 0.136 \left(\frac{\eta}{\lambda}\right)^{0.54} \quad (5\cdot5\cdot1)$$

目崎は，河床上に砂堆だけが発達する場合に f が粒径と無関係であること，すなわち形状抵抗が卓越することを千葉県養老川の実測データから確かめた．

砂漣の発生・発達が細粒物質からなる場合にかぎられていることは，粒子に働く粘性力の影響が大きいことを暗示すると同時に，砂堆に対して粘性力の影響がないことを示唆している[570]．層流状態下で砂漣が発生しないという事実は，砂漣が流れの乱れと密接な関係をもっていることを想像させる[235]．

砂礫堆　地形学において砂礫堆という語が定着したのは，荒川における小峯 勇[579] の研究以後のようである．それ以前は，移動礫（砂）州[581,582]，漂砂堆[582]など種々な用語があった．ヨーロッパでも bars, dunes (Dünen), banks

5. 河床形態

(Bänke) など種々なよびかたがあり，航路水深の維持に支障をきたす存在として早くから注目されてきたらしい[580]．

Penck, A.[193] は，砂礫堆の比高を河床堆積物の厚さに等しいと考えて，Donau 川の河床礫層の厚さを約 4 m とみつもった．左右両岸に交互に規則的配置を示す砂礫堆が交互砂礫堆 (alternate bars) で，前述の舌状砂礫堆は Allen, J. R. L.[583] の命名による．木下[532]はこれをウロコ状 dune とよんだ．

木下[529~532]が主対象とした交互砂礫堆は明瞭な前縁をもつが，前縁の不明瞭な交互砂礫堆については Allen[584] がまとめている．交互砂礫堆は，前縁が明瞭であろうと否とを問わず蛇行流路の形成要因として注目を集め，舌状砂礫堆が網状流路を形成することも確認された[509]．

木下[530,532]は，実験により砂礫堆が形成される範囲を明らかにした．形成領域は水面幅 B，粒径 d_m を一定とすれば図 5-33 のようにあらわされる．R_e は

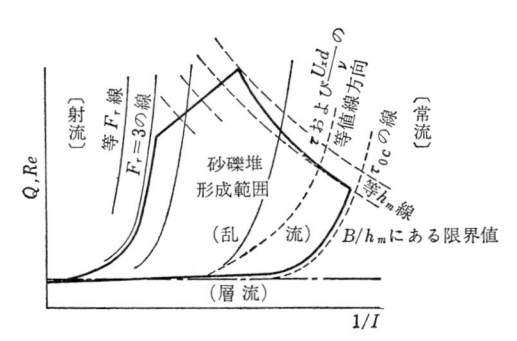

図 5-33 砂礫堆の形成限界[530,532]．

レイノルズ数，I は水面勾配，τ_0 は底面剪断力である．平均水深 h_m と B との比 $B/h_m<10$ では砂礫堆が形成されない．

均一粒径の砂についておこなった実験結果から，木下[532] は砂礫堆の前進速度 v_d と砂礫堆の長さ l との関係を次式であらわした．

$$\sqrt{\frac{g \cdot l}{u_m}} = \sqrt{19.8 - 130 \log_{10}\left(\frac{v_d}{U_* - U_{*c}}\right) - 8.5 \times 10^{-1.3 f'(B/h_m)}}$$

(5・5・2)

式中，g は重力加速度，u_m は平均流速，U_*，U_{*c} はそれぞれ摩擦速度および限界摩擦速度，f' は流れの抵抗係数である．芦田・塩見靖國[585] は v_d を理

論的に

$$\left(\frac{v_d}{U_*}\cdot\frac{B}{d_m}\right)\bigg/\left\{\frac{U_*^2-U_{*c}^2}{(\sigma-\rho)gd_m}\right\}=\frac{K}{1-\lambda}\varphi(F_r) \qquad (5\cdot5\cdot3)$$

であらわした. d_m は平均粒径, σ, ρ はそれぞれ土砂および水の密度, λ は空隙率, K は係数, $\varphi(F_r)$ はフルード数の関数形をあらわす. 他の記号は前式と同じである. 村本嘉雄・田中修市・藤田裕一郎[470]は砂礫堆の比高 η, 長さ l, 移動速度 v_d, 水面幅 B との間の関係を実験的に導いたが, これらの特性値が確率論的要素に支配されて変動することをみいだした. 図 5-34 は l と B との関係をあらわす.

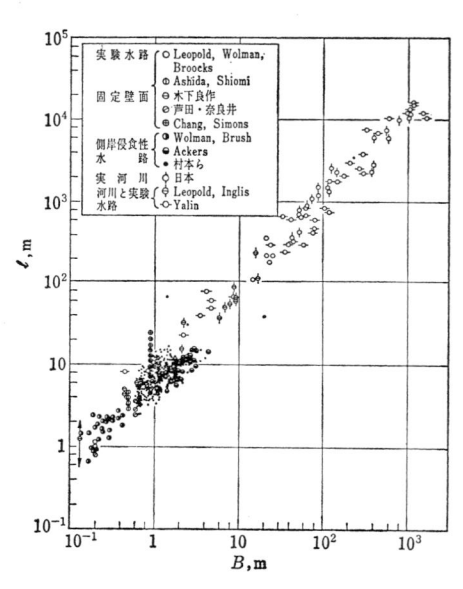

図 5-34 砂礫堆の長さと水面幅との関係[470].

反砂堆 反砂堆は, 自由水面をもたない閉管路中では発生しないことから, 水面波の影響をうけて発生するものと考えられている[570]. 反砂堆の発生には射流の領域にはいることを要するから, 実験水路ではともかくとして, 野外での実測例は少ない. Rio Grande 川や Colorado 川では波長 10～20 ft, 波高 2～3 ft の反砂堆が確認されている[586].

砂浪 Carey & Keller[455] は Mississippi 川での音響測深の結果から波高 40 ft, 波長 600～700 ft の波状起伏の存在を報告した. これは, 通常の砂堆とは規模が桁違いで砂浪の部類に属する. 砂漣や砂堆と異なり, 砂浪の断面は必ずしも上流側に緩, 下流側に急な非対称三角形を示さず, 対称的な場合もある[572]. Visher, G.S.[586] は Columbia 川, San Juan 川などでも同様な砂浪が発達していることを報告している.

5-2 砂漣・砂堆に関する理論

砂波に関する基礎式 砂漣や砂堆に関する理論的考察は, Exner の河床変

5. 河床形態

動の基礎方程式[451]（式5・3・1）にはじまる．Liu, H. K,[587] は Exner の基礎式から出発して，砂漣の発生には（i）流れが土砂を運搬しうることと，（ii）流れと移動床との境界面（interface）が不安定になることを要するとした．そして二つの条件に対して，流体の抗力と粒子の抵抗とのつりあい状態をあらわす式から，二つの無次元量を含む次式を導いた．

$$\frac{U_*}{v_s} = \phi\left(\frac{U_* d}{\nu}\right) \qquad (5\cdot5\cdot4)$$

ここで U_* は剪断速度，v_s は沈降速度，d は粒径，ν は動粘性係数である．$U_* d/\nu$ は洗掘力を規定すると同時に，境界面の不安定性をあらわす指標であり，U_*/v_s は粒子の移動可能性をあらわす指標である．式（5・5・4）のあらわす砂漣の発生限界曲線と実験値との関係は図5-35 のようになり，Shields

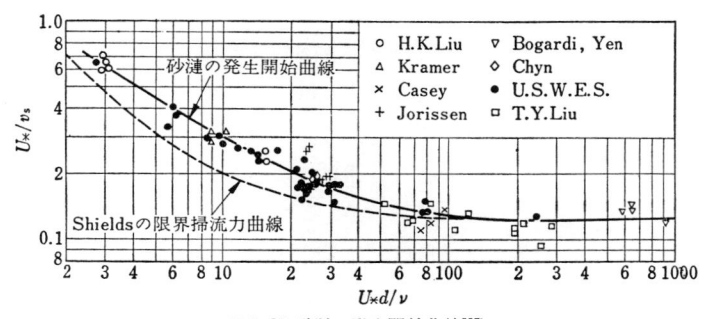

図 5-35 砂漣の発生開始曲線[587]．

曲線が参考までに記入してある．図から $U_* d/\nu > 100$ になると，粒子の移動と同時に砂漣が発生することがわかる．

Anderson[460] は，表面波に起因する流速変動のために河床が変動すると考えたが，Chien[220]は砂堆の大きさに比べて表面波が非常に小さいことを実験的に確かめた．松梨順三郎は，流速変動より砂の運動機構自体のなかに河床変動の必然性があるとしている．

河床に砂堆が形成されている場合に粒子は砂堆上を移動するが，砂堆自身も上流側斜面の侵食と下流側斜面の堆積により徐々に下流側へ移動する．この場合の基礎方程式は，流送土砂の連続式（5・2・34）から2次元平面の場合には

$$\frac{dz}{dt} - \frac{1}{(1-\lambda)}\frac{dq_B}{dx} = 0 \qquad (5\cdot5\cdot5)$$

とかきなおせる．記号は式 (5・2・34) と同じである．砂堆の頂部の高さを δ，砂堆の波形伝播速度を U_D とすると

$$\delta = x - U_D \cdot t \qquad (5\cdot5\cdot6)$$

であらわせる．上式と式 (5・5・5) とから次式をえる．

$$-U_D \frac{dz}{d\delta} - \left(\frac{1}{1-\lambda}\right) \frac{dq_B}{d\delta} = 0 \qquad (5\cdot5\cdot7)$$

上式を積分して q_B についてかくと

$$q_B = (1-\lambda) U_D \cdot z + C_0 \qquad (5\cdot5\cdot8)$$

をえる[588]．C_0 は積分定数である．

砂漣・砂波の統計的解析　砂漣や砂堆の波動的性質に着目して，その運動機構・変形の過程を波高・周期・伝播速度などであらわそうとした試みはかなりあるが，矢野・芦田・田中[589]は砂漣が必ずしも周期性をもたず，マルコフ性の強いものもあり，推計学的プロセスと解すべきことを主張した．

Nordin & Algert[590] は，砂漣の形状・伝播をマルコフ過程と考えてスペクトル解析をおこなった．芦田・田中[591]は，すべてをマルコフ過程で処理することに疑問をいだき，周期性の存在も認めてスペクトル解析をおこなった．その結果，砂漣の場合には周期性が強いが，砂堆ではランダム性が卓越することを報告した．また，砂堆の伝播速度 U_D と波長 L との間に

$$U_D = C_1 \sqrt{L} \qquad (5\cdot5\cdot9)$$

の関係をみいだした．C_1 は定数で，砂堆の規模によって異なる．芦田らは砂漣の波長 L および波高 H を，それぞれの平均値 $\overline{L}$ および $\overline{H}$ でわって無次元化した指標 $\lambda_0(=L/\overline{L})$，$\eta_0(=H/\overline{H})$ の確率密度関数をそれぞれ

$$P(\lambda_0) = \frac{\pi}{2} x_0 \exp\left\{-\frac{\pi}{4} \lambda_0^2\right\}, \qquad P(\eta_0) = \frac{\pi}{2} \eta_0 \exp\left\{-\frac{\pi}{4} \eta_0^2\right\} \qquad (5\cdot5\cdot10)$$

であらわし，これから H が $\overline{H}$ より大きい砂波の平均値 η_m を

$$\eta_m = \int_m^\infty \eta_0 \cdot P(\eta_0) d\eta_0 \Big/ \int_m^\infty P(\eta_0) d\eta_0 \qquad (5\cdot5\cdot11)$$

とした．上式を用いて，海波の有義波高 ($\eta_{1/3} = 1.57$) に相当する $\eta_{1/3}$ の値を求めると，$\eta_{1/3} = 1.597$ でほぼ一致する．また，測定値の標準偏差 σ との関係は，Nordin ら[570]のえた $\eta_{1/3} = 3\sigma$ と同じ結果をえたという[592]．

5. 河床形態

運動学的波の理論 Langbein & Leopold[593] は，砂波の移動に対して独特のモデルを考えた．河床砂波の表面を構成する粒子はたえず移動し，それによって堆積面を更新するが砂波の波形はかわらない．このような波形は力学系における波動とは異なり，その性質を連続方程式と流速の関係式であらわせる波で，運動学的波（kinematic waves）とよばれる．この波は物体または粒子の輸送量，すなわち単位時間あたりの流入量（flux）と単位距離あたりの量，すなわち線密度との関係できまる．

これは自動車交通の流れに似ている．ある地点の単位時間あたり通過台数が flux で，単位距離あたりの台数が線密度である．線密度の逆数が平均車間距離になる．交通が渋滞すれば線密度は増大し，高速運転時に車間距離を十分にとることは自明の理である．

自動車交通の場合の flux と線密度の関係は，図 5-36 のようになる．線密度が 0 に近づくか，極端に大きいかすると flux は 0 に近づくはずで，車の平均時速を v，平均線密度を K とすると，

$$v = v_0 \left[1 - \left(\frac{K}{K'}\right)\right] \qquad (5 \cdot 5 \cdot 12)$$

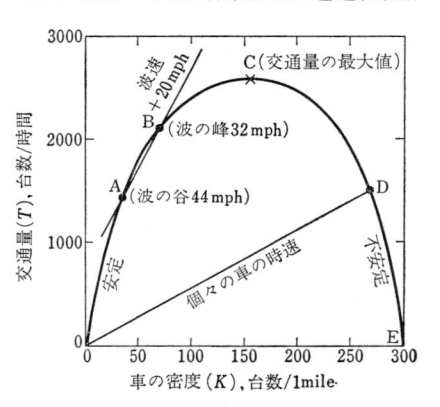

図 5-36 自動車の交通量と線密度[593]．

である．v_0 は許容最大時速，K' は最大線密度である．v と K との積は平均交通量であるから，これを T であらわすと

$$T = vK = v_0 K \left[1 - \left(\frac{K}{K'}\right)\right] \qquad (5 \cdot 5 \cdot 13)$$

である．上式は図中の点 C を T の最大値とする 2 次の放物線をあらわし，最大交通量に対応する線密度を求めると $K=150$ 台/哩 である．T が最大値に達してない場合に，点 A では K の増大とともに T も増大するが，点 D では K の増大とともに T が減少する．T/K は速度をあらわすから，図 5-36 で原点から曲線

上の任意の点，たとえばDへひいた直線の勾配はその地点における車の平均時速に等しい．

交通の流れは，場所によって線密度の大なところと小なところを生じ，このくりかえしは道路にそう一種の疎密波と考えることができる．密度の大な部分は波の峰，小な部分は谷に相当する．峰と谷との間には交通量の差 ΔT があり，波形は $\Delta T/\Delta K$ の速度ですすむ．その速度は，図5-36で曲線上の2点を結ぶ弦の勾配に等しい．図中の A，B 2点間では 20 mph である．

谷（A）における車の時速は44 mph，峰（B）では32 mph であり，$\Delta T/\Delta K>0$ であるから波はAからBへすすむ．点Cでは接線勾配が水平だから定常波となり，点Dでは $\Delta T/\Delta K<0$ であるから波は逆むきになる．これは，交通渋滞が後方へ波及してくる現象に相当する．

このような flux と線密度との関係を土砂の移動に適用するために，T を単位幅，単位時間あたりに通過する粒子の重量，W を単位面積内で移動中の粒子の総重量とすると，式（5・5・13）と同様に考えて

$$T = v_0 W\left(1 - \frac{W}{W'}\right) \qquad (5 \cdot 5 \cdot 14)$$

とかける．Wは面積密度をあらわす[*]．W' は $T\to 0$ のときの値で，砂堆の比高が水を堰きとめる状態に対応する．v_0 は $T\to 0$ のときの粒子の移動速度で，水深と粒径とを一定と仮定すれば流速の関数である．

水路実験の結果によると，浮流土砂量を無視すれば掃流土砂の移動層の厚さは砂堆の高さの1/2で，単位体積あたり重量は 100 lbs/ft³ である．この結果を利用して，$W'=50$ lbs/ft² とし，式（5・5・14）を変形して

$$\frac{T}{v_0} = W\left(1 - \frac{W}{50}\right) \qquad (5 \cdot 5 \cdot 15)$$

とすると，上式の両辺で次元が等しい．v_0 は流速によって異なるが，流速と v_0 との間の回帰式から v_0 をきめて実験値をプロットすると，図5-37

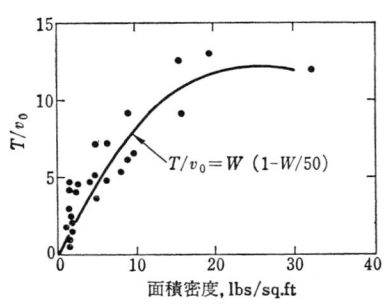

図 5-37 T/v_0 と W との実験的関係[593]．

[*] 線密度 K と区別するために W を用いる．

5. 河床形態

のようになる．

つぎに砂堆のモデルを考える．常流の場合，砂堆の峰で流速 (v_0) が大きく，谷では小さい．それゆえに，谷と峰とで輸送量が異なるから，図5-38(a)のように $T \sim K$ 曲線はべつべつになる．砂堆の伝播速度は弦 1〜2 の勾配 $\Delta T / \Delta K$ であり，$\Delta T / \Delta K > 0$ であるから，下流側にむかって前進する．T の増大につれて弦はグラフ上を上昇し，その勾配が急になる．砂堆の高さは弦の水平成分に等しいから v_0 が増大すると減少し，砂堆の高さが0になれば平滑な底面を生じる．

射流の状態下では，図5-38(b)のように峰のほうが谷より水深が大きく，流速は峰よ

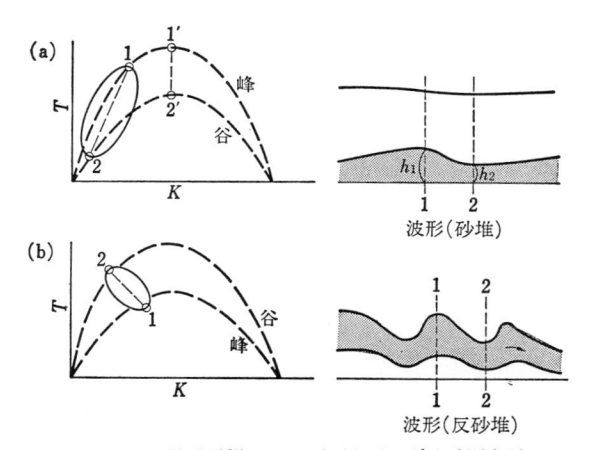

図 5-38 $T \sim K$ 曲線[593]．(a) 常流領域，(b) 射流領域．

り谷の部分で大となる．弦の勾配は水平（定常波）か負（反砂堆）となり，$\Delta T / \Delta K < 0$ の場合は上流にむかって移動する．T は峰より谷で大きいから砂堆の高さは増大し，しだいに不安定となり，ついには崩壊する．

砂堆の伝播速度を C とし，K のかわりに面積密度 W を用いると

$$C = \frac{\Delta T}{\Delta K} = \frac{T_1 - T_2}{W_1 - W_2} \qquad (5 \cdot 5 \cdot 16)$$

である．W_s を粒子の単位体積重量とすると，$W_1 - W_2 = W_s(h_1 - h_2)$ で $(h_1 - h_2) = h$ は砂堆の平均振幅であるから，式 (5・5・16) をかきなおして

$$CW_s h = T_1 - T_2 \qquad (5 \cdot 5 \cdot 17)$$

をえる．輸送量の差 $(T_1 - T_2)$ は上式の左辺から求まる．

式 (5・5・13) は河床礫の移動にも適用できる．Rio Grande 川の小支流で，配置間隔を種々（粒径の整数倍）にかえて礫を設置し，出水後の移動状況を調べ，一定の大きさ（重量）の礫が 100% 流出するのに必要とした単位幅あたり流量を粒子間隔の関数としてあらわしたのが，図 5-39 である．粒子間隔が大きい（線密度が小さい）ほど動きや

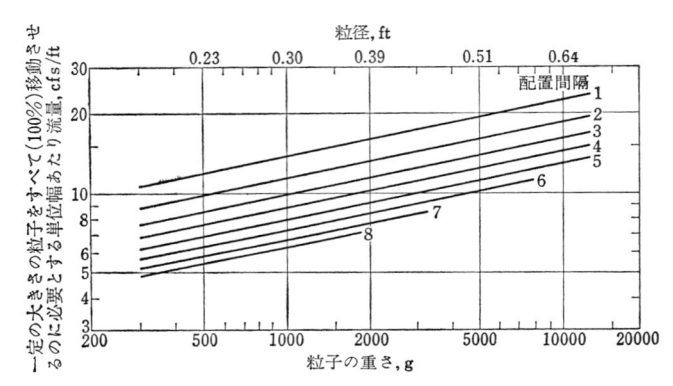

図 5-39 粒子の大きさ，流量と粒子の配置間隔との関係[593]．

すいことがわかる．この場合にも，粒子の移動速度が線密度に反比例するという原理がなりたっている．

5-3 河床形態の形成領域区分

以上のように，河床形態と水理量との関係は理論的・実験的に追求され，かなりの成果があがっている．しかし，河床形態の区分・定義はまちまちで，実験範囲やパラメーターとしてなにを採択するかによって，形成領域の区分も異なる[573,576]．河床形態の形成機構に関する理論的解析は，いまだ完成していない[576,594]．そこで，これに重要な影響をおよぼすと考えられる変数を次元解析によって求めると，

$$\phi\left(\frac{H}{B}, I, \frac{d_\sigma}{H}, \frac{U_*d}{\nu}, \frac{V}{\sqrt{gH}}, \frac{U_*}{v_s}, \frac{U_*^2}{(\sigma/\rho-1)gd}\right)=0 \quad (5・5・18)$$

である[594]．ここで H は水深，B は水面幅，I は水面勾配，d_σ は粒径 d の標準偏差，U_* は摩擦速度，ν は動粘性係数，V は平均流速，v_s は沈降速度，σ は粒子密度，ρ は流体密度，g は重力加速度である．

従来，河床形態の形成領域区分をおこなった研究の大多数は，式 (5・5・18) の無次元量あるいはこれらを組合せた無次元量のうちの二つをパラメーターと

5. 河床形態

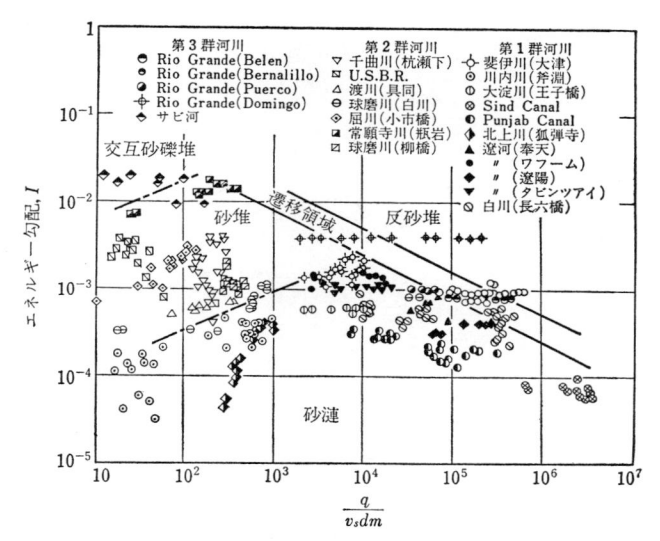

図 5-40 杉尾の方法による河床形態区分[598].

表 5-7 河床形態の区分基準

提案者	無次元パラメーター	
Liu[587] (1957), Albertson ほか[601] (1958)	U_*/v_s	$U_* d/\nu$
Liu & Hwang[596] (1959)	U_*/v_s	$v_s \cdot d/\nu$
Garde & Albertson (1959)[603]	τ_*	F_r
杉尾捨三郎[595] (1960)	τ_*	I
Bogardi, J. L.[597]	gd/U_*^2	d
Simons & Richardson[574] (1961)	$\tau \cdot V$	d
Garde & Ranga Raju[599] (1963)	$I/(\sigma/\rho-1)$	R/d
Znamenskaya[602] (1965)	V/v_s	F_r
Engelund & Hansen[600] (1967)	V/U_*	F_r
井口昌平・鮎川 登[594] (1967)	τ_*	$I/\{(\sigma/\rho-1)d/B\}$
杉尾捨三郎[598] (1969)	I	$q/v_s \cdot d$
鮎川 登[604] (1970)	U_*^2/U_{*c}^2	$I\sqrt{g \cdot B}/U_{*c}$
池田 宏[509] (1972)	U_*/U_{*c}	$I \cdot B/H$
芦田和男・道上正規[247] (1972)	τ_*	R/d

記号
 U_*:摩擦速度 v_s:沈降速度 d:粒径 ν:動粘性係数 τ^*:掃流力 τ を無次元化したもの (=$U_*^2/(\sigma/\rho-1)gd$) F_r:フルード数 I:水面勾配
 g:重力加速度 V:平均流速 R:径深 B:水面幅 U_{*c}:限界摩擦速度
 H:水深 σ:粒子の密度 ρ:水の密度 q:単位幅あたり流量

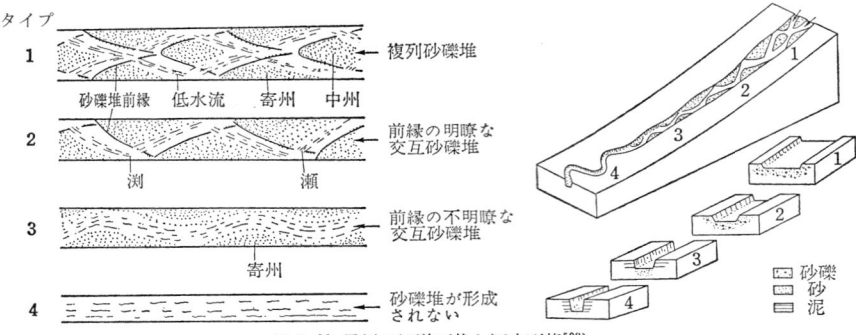

図 5-41 思川の河道形状と河床形態[509].

して用いてきた．表 5-7 は諸家の採用した無次元パラメーターを一括したものである．自然河川の河床形態の区分として，実測データの豊富な杉尾[598] の区分図を図 5-40 に示す．井口昌平・鮏川[594]は，従来の 2 次元的にとりあつかった区分では 3 次元形態，とくに砂礫堆の形成領域区分が明示できないとして，流路の横断形状を考慮した指標（表 5-7）を提唱している．

形成領域の区分をおこなった研究は，大部分が一定流量・勾配・水面幅・粒径の条件下での実験水路における河床形態を対象としている．この点で混合粒径からなり，水理量の変動が大きい実際河川への適用にはなお問題が残っている．

このような水路実験から，実際河川への適用にむかう方法とは逆に，池田宏[509,603]は野外での観察・調査結果をもとに実際河川の河床形態を帰納的に区分し，これを水路実験によって確かめた．以下にその概要を記す．

まず，自然河川で観察した河床形態を一連の変化系列としてとらえ，栃木県の思川を典型例として，河道を図 5-41 のような四つのタイプにわけた．つぎに，河床形態を区分する無次元量として，流れの特性をあらわす U_*/U_{*c} と河道形状示数 (channel form index) と称する $I \cdot B/H$ の二つを次元解析により導いた．水路実験のデータ（図 5-42(a)）および実測データ（図 5-42(b)）を，U_*/U_{*c} と $I \cdot B/H$ の二つの無次元パラメーターを用いて区分した結果はほぼ一致し，実際河川のような非定常流のもとでも溢流限界流量時の水理量を採用すれば，河床形態の大局的な区分が可能なことを立証した．

図 5-42(b) から，同一の河川でも洪水や渇水などにより U_*/U_{*c} や $I \cdot B/H$ の相対的な増加率が個々の変数間で異なり，形成領域区分をこえるほど U_*/U_{*c} や $I \cdot B/H$ の値を大きく変えた場合に，タイプの異なる河床形態が形成される可能性のあることが想像できる．池田はこの種の具体例として，常願寺川・大井川のように複列砂礫堆の卓

5. 河床形態

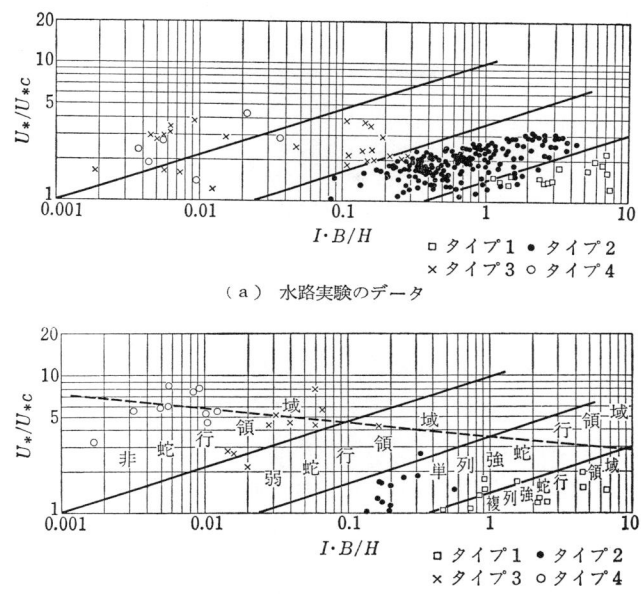

(a) 水路実験のデータ

(b) 実際河川のデータ

図 5-42 U_*/U_{*c} と $I \cdot B/H$ との関係[509].

越する河道に単列砂礫堆が共存すること，木曾川・阿武隈川のような弱蛇行領域に属する河川や，小櫃川・思川最下流部のような非蛇行領域においても，低水時には交互砂礫堆が形成されることをあげている．

　池田は，河道の平面形状が必ずしも3次元的な水流の蛇行性と一致しないこと，たとえば砂礫堆が形成されない弱蛇行領域の区間で，河道の平面形状がかえって蛇行している事実に注目した．そして，河道の平面形状と水流の水理学的条件との関係に対する従来の考えかたは，再考を要するとのべている．これは，砂礫堆の形成を河道における蛇行の発生条件としてきた考えかたでは蛇行現象全般を説明しえないという重要な結論に達する．

　完全に平坦な水路床面などというものはありえないし，実験水路における形成領域区分が，実際の河川の河床形態を区分する際の基準とはなりがたいであろう．実際河川の河床形態の変動特性がすべて解明されたわけではないにしても，非定常流の状態下における河床形態が変形する可能性をもったものであることを立証した池田の研究は注目に値する．

6. 河川による地形進化

1. 地形進化におけるエントロピー

　流域内の地形進化のプロセスを研究する際に，種々の現象は複雑な形で錯綜しているから，個々の微細な要素ばかり追求すると群盲象をさぐるの状態になりかねない．実際問題として，微細な事象を詳細に追跡することはむずかしいし，このような条件下では斜面形や河川などの発達過程を個別にとらえるのではなく，それらの複合した効果を考えなければならない．Davis[605]が地形を集合体として研究する立場をとったのは，その意味では正鵠をえている[606]．

　地形発達に影響をおよぼす因子は無数に近く存在し，それらの因子がいっしょになって地形の集合体におよぼす影響は，まったく偶発的としかうつらない．このようなランダム現象は，推計学的方法で処理するしかない問題であろう[607]．

　物理現象が発生する場合に，2種類の別個の系統的構成，すなわち開放系 (open system) と閉鎖系 (closed system) とを認めることができる．Hall & Fagen は，系 (system) を物体間および物体の属性間に相互関係をもつ一連の物体と定義している[87]．系内の一部分でおこった変化が有機的につながっている他の部分へ波及するという意味で，河川流域も一種の系と考えることができる[87]．

1-1 閉鎖系

　閉鎖系は弧立系ともいい，明瞭な境界をもち，その境界をこえて物質やエネルギーの出入がまったくないものをいう．閉鎖系の一つの特色は，一度消費したら再生されない一定の自由エネルギーをもっていることで，エネルギー消費によって最大エントロピー (entropy) の状態にむかって非可逆的に進行する[87]．エントロピーとは，エネルギーが物理的仕事を遂行できなくなる程度をあらわす[607]．最大エントロピーとは，自由エネルギーが最小となった状態に対応する．

　閉鎖系の簡単な例は，完全に密封されて外界と隔離された容器中の気体であ

1. 地形進化におけるエントロピー

る[606]. はじめに,容器内の気体の温度が等しくない場合には温度傾度を解消しようとして,高温な気体の部分から低温の部分にむかって非可逆的な熱の流れが生じる.当初は自由エネルギーが最大でエントロピーが最小であるが,熱の流れを生じると系内における質量とエネルギーの分布をしだいに平均化し,同時に自由エネルギーとこのエネルギーが仕事を逐行する能力を減少させる.系が閉鎖しているかぎりはエントロピーの増大が進行し,最大エントロピーの状態,つまり容器内の気体がすべて等しい温度になり一種の平衡状態に達するまでは継続される.

Kelvin 流にいえば,エネルギーの最低の状態にむかう連続的低下である[87]. これは熱力学の第2法則にほかならない.絶対温度Tにおける閉鎖系内で,比熱Cの物体の単位質量あたりの熱エネルギーをEとすると,単位質量内での微少変化は

$$dE = CdT \qquad (6\cdot1\cdot1)$$

である.Tは所与の状態で,絶対零度上に存在するエネルギーの確率pの関数である. Brillouin 流に,熱力学の第2法則をありそうにもない状態からより蓋然性の高いものにむかう自然の性向と解釈すると,エントロピーと確率とは実質的に同義語になる[87]. 熱力学の第2法則は

$$\phi = \int \frac{dE}{T} \qquad (6\cdot1\cdot2)$$

であらわされる.ϕは熱力学的エントロピーである.単位質量あたりについては

$$\phi = C\int \frac{dE}{T} = C'\int \frac{dp}{p} = C' \log_e p + \text{const} \qquad (6\cdot1\cdot3)$$

である.C'は適当な単位をつけた比熱である.抽象的な意味でのϕは上式で定義され,一つの閉鎖系内で種々の独立事象が生起する確率を$p_1, p_2, \cdots, p_n$とすると

$$\phi = C \sum \log_e p \qquad (6\cdot1\cdot4)$$

として定義される.

地形発達についての Davis の見解[605]は,閉鎖系の概念と似たところがある.地形輪廻説で隆起による原面の出現は,一定量の位置エネルギーをあたえ,地表面の削剥低下が進行するにつれて系内のエネルギーが減少し,準平原

期には自由エネルギーが最小，すなわち最大エントロピーの状態に達する．閉鎖系内では系の初期条件，とくにエネルギーの状態が最終的平衡状態を決定するという固有の性質がある．すなわち，閉鎖系の状態は初期の状態と経過時間の関数であり，これは時間的・歴史的基盤の上に立脚する Davis の研究方法とかわらない．

閉鎖系は，最大エントロピーの状態で究極的な平衡状態に達するが，Davis のいう平衡の概念[410]は輪廻の途中で出現する点でやや場違いの感がある．もっとも，Davis は当初から平衡の考えかたをもっていたわけではなく，Gilbert のアイデア[19]を借用したらしい．閉鎖系内で，ひととおりの進化が完了しないうちに平衡状態が成立することは考えがたい．この点で，Davis は一種の自己矛盾をおかしている[87]．

1-2 開放系

開放系は，いろいろな意味で閉鎖系とは対照的な概念である．開放系は系の維持と保存のために，エネルギーと物質の供給を必要とし，閉鎖系内では不可能な重要な性質を有する．すなわち，定常状態に達することが可能であり，その状態下では開放系自体の形状の調整によって，エネルギーと物質の出入が等しくなる[606]．

これは，貯水槽にたえず上から一定量の水を給水し，下から等しい量の水を排水して水面を一定に維持しているようなものである．給水をやめれば，水が下から排出されて系は存立しえないし，給水と排水を同時にとめれば閉鎖系と同じ状態になる*)．定常状態を保つためには，給水量に応じて排水口の大きさがかわる必要がある．一般に，河川流域を含めて開放系内では外界からの質量とエネルギーの供給量が変化すると，これに応じて系内で自己調整がおこなわれて定常状態を維持する．

Gilbert[19]は，すでに地形発達の過程における自己調整作用の重要性を認識していた．水系内の1本の水流におこった変化は，同一水系に所属する他の水流にもその影響が波及し，流域全体におよぶまでは止まないという彼の認識は，野外での鋭い観察に基づいている．このような変化に対応した形状の調整は，

---

*) したがって，閉鎖系はエルギーと物質の出入が 0 であるような開放系の特別の場合と考えることもできる．

開放系の内部で自発的におこなわれる．自己調整機能は，とくに洪水時などに発揮される．流量は降水に由来する点で系外から付加された質量とエネルギーである．洪水時に増大した流量や流送土砂量に対処するため，河川は侵食や堆積をおこなって河床勾配を調節したり，流路の横断面の形状をかえていく．

自己調整作用の原理を地学的に敷衍したのは Mackin[426] である．Davis は，輪廻説中に平衡の概念をとりいれた際に河床勾配以外の諸要素を無視したが，縦断形状が横断形状より流量の変化を吸収するという保証は何もない[412,606]．前述のように，平衡状態は定常状態へむかう調整作用の具現であり，その意味ではつねに平衡状態が存在し[608]，地形輪廻説[605]のいうような壮年期の地形的特徴とはなりえない[87]．

流域内の相互調整によって生じた地形は，物質とエネルギーの流れに支配される．Chorley[609] のいう地形計測の法則は，地形学におけるこの種の相関関係の一局面をあらわしたものであろう．諸々の相互に調整をうけた形態要素は，一つの開放系内で諸要素の最適規模に関する法則性を暗示している．たとえば，Gilbert[19] の分水界移動の法則や Schumm[27] の水流保持定数がその例であり，流路の水理幾何学もこの法則の支配下にある．

以上のように，開放系における定常状態は時間とは無関係であり，形状が変化しないというような静止的様相を呈するものでもなく，系内を通過する物質とエネルギーの流れの中で，動的なつりあいを維持しているというだけのことである．開放系が定常状態を志向しているかぎり，何らかの変化をうけざるをえないのであって，この変化はエネルギーの状態の変化とともに，系内における構成要素の変化をもともなう．

時間の経過とともに地表面を構成する物質は除去され，地形要素とくに起伏は連続的に変化するが，Davis[410,605]の仮定したように，すべての幾何学的形態要素が連続的変化をうけるとはかぎらない．Schumm[27]が指摘したように，流域内の形態要素は地形発達の初期に急速に変化するが，その後はほとんど一定値をとる傾向がある．

開放系の別の特徴は系内に負のエントロピー，すなわち自由エネルギーを導入できるという点で，閉鎖系と違って最大エントロピーへの志向によって規制されることがない[606]．開放系は，構成物質が連続的に変化するなかでも系の

組織と形状の規則性を維持する.

　流域内の形状要素は，エネルギーの時間的変動につれて変化する．この時間周期はきわめて短いこともあり，河川の横断面形などは流量の変動に応じて，日単位・時間単位で変化する．このような定常状態へむかっての絶え間のない調整は，流域全体の平均起伏量の減少をともなう変化と重合するが，一般的な起伏の減少は必ずしもその他の地形要素の幾何形状の変化とは同調しない．

　Strahler[184]や Horton[67]が指摘したように，水系密度は起伏の変化や経過時間をあまり反映しない．ある種の地形要素の幾何形状は時間的にほとんど変化しないこともあり，定常状態下では地形要素の幾何形状や大きさが，ある最適値の周辺に密集する傾向がある．Strahler[51]の斜面勾配一定の理論は，この一面をあらわしている．水系密度の例は，時間の経過が必然的に地形に痕跡を残すという考えかたが必ずしも通用しないことを明示している．

　開放系のもつ重要な特徴の一つとして，初期の状態が異なっていても究極的には類似した結果に到達しうるという可能性をあげることができる．この等終末性の概念は，地形学的作用の多変数的性質を強調したものである．地形輪廻説では大部分の遷急点を多輪廻性のものとして説明してしまうが，ことはそれほど単純ではない．

　多数の原因が同時に作用して一つの結果を生ずる場合に，地形学者はその処理に当惑して，ややもすれば単一の原因できまると説明するか，少数の原因を不当に重視し，他の原因に目をつぶって説明してきたきらいがある．自然現象の多変数的性質を調べるに際して，この伝統的悪習を断たなければならない．Davis 自身は帰納的方法をとったにもかかわらず，その後継者や信奉者が彼の説をきわめて演繹的に紹介したことは，地形学の正常な進歩にとって不幸なできごとであった．

1-3　地形進化の熱力学的モデル

　開放系や閉鎖系の概念は，境界問題と空間単位相互間の関係および結合の問題をとりあつかっている点で，ある意味では地理的研究の核心にふれる問題である．一般的な系の理論（general system theory）を地形学へ導入したのは Strahler[32]，Culling, W. E. H.[610]，Hack[608]などであるが，河川地形に前述のエントロピーの概念を導入したのは Leopold & Langbein[87]である．彼ら

1. 地形進化におけるエントロピー

は以下にのべるように，エントロピー理論を流路の発達過程の説明に用いた．

熱力学におけるエントロピーは閉鎖系として処理できるが，系としての河川は開放系である．閉鎖系ではエネルギー損失も付加もおこらないが，流域では降水によるエネルギー付加があり，対流・伝導・輻射などによる熱損失は流域からのエネルギー損失となる．

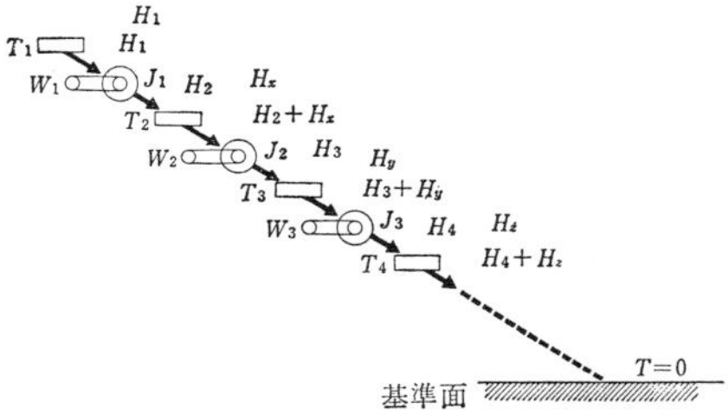

開放系としての河川流域におけるエントロピー発生の方程式をえるために，図6-1のような熱力学的モデルを考える．このモデルは，熱源Hと絶対温度Tをもつ貯留槽との間に働く熱機関Jからなり，単位時間Δtに各熱機関がなした仕事Wは制御装置に伝達され，熱として消費される．Δt 時間に熱機関 J_1 のおこなった仕事の量 W_1 は

$$\frac{W_1}{\Delta t}=\frac{H_1}{\Delta t}\cdot\frac{T_1-T_2}{T_1}=q_1(T_1-T_2) \tag{6・1・5}$$

図6-1 河床縦断面の熱力学的モデル[87]．

であらわされ，式の左辺は Carnot, S. の熱効率に移流熱量をかけたものに等しい．貯留槽 T_2 に伝達される熱量 H_2 は

$$H_2=[H_1-W_1]=H_1\cdot\frac{T_2}{T_1}=q_1\cdot T_2\cdot\Delta t \tag{6・1・6}$$

であらわされる．温度レベル T_2 で熱量 q_2T_2 の付加があるものとすると，熱機関 J_2 に運ばれる総熱量は H_2+H_x で，熱機関 J_2 が単位時間におこなう仕事は

$$W_2=(H_2+H_x)\frac{T_2-T_3}{T_2}=(q_1+q_x)(T_2-T_3)\Delta t \tag{6・1・7}$$

である．J_2 により T_3 に伝達される熱量は

$$H_3=H_2+H_x-W_2=(H_2+H_x)\frac{T_3}{T_2} \tag{6・1・8}$$

となる．ゆえに，各貯留槽に伝達される熱量は貯留槽と熱源の絶対温度の割合に比例して減少する．熱機関 J_1 が遂行し，制御装置によって消失した仕事 W_1 を絶対温度 T_1 で除した商は，エントロピーの発生または系からのエント

ロピーの単位流出量をあらわす．単位時間あたりのエントロピーの変化は

$$\frac{W_1}{\varDelta t} = \frac{1}{T_1}\left(\frac{\varDelta \phi}{\varDelta t}\right)_1 \tag{6・1・9}$$

であり，式 (6・1・5) から $W_1/\varDelta t \cdot T_1 = q_1(T_1-T_2)/T_1$ であるから，

$$\left(\frac{\varDelta \phi}{\varDelta t}\right)_1 = q_1 \frac{T_1-T_2}{T_1} \tag{6・1・10}$$

である．同様にして，熱機関 J_2 では

$$\left(\frac{\varDelta \phi}{\varDelta t}\right)_2 = \frac{W_2}{\varDelta t \cdot T_2} = (q_1+q_x)\frac{T_2-T_3}{T_2} \tag{6・1・11}$$

である．したがって，一般に dt 時間に温度差 dT のとなりあう二つの熱機関の間の距離 dx を流体が流れるとすると，エントロピーの増分は

$$\frac{d\phi}{dt} = q \cdot \frac{dT}{dx} \cdot \frac{1}{T} \tag{6・1・12}$$

であるから，単位流量のあたりのエントロピーは

$$\frac{d\phi/dt}{q} = \frac{dT}{dx} \cdot \frac{1}{T} \tag{6・1・13}$$

となる．上式の右辺は熱力学的モデルにおいて，もっとも蓋然性の高いエネルギー分布をあらわすものと解釈できる．

式 (6・1・13) は，河川の系と若干の類似点をもつ．すなわち，dx は最上流部で H_1 の全水頭をうけ，下流端で H_2 の水頭をもって終わる河道区間の距離に対応し，温度差 dT は水頭差 $\varDelta H$（$=H_1-H_2$）に似ている．河川の場合は式 (6・1・13) に対応させて次式の関係がなりたつものとする．

$$\frac{d\phi'/dt}{Q} = \frac{dH/dx}{H} \tag{6・1・14}$$

式中，ϕ' は系としての河川について考えた特殊な意味でのエントロピー，H は基準面上の高度または総位置エネルギー，Q は河川の流量である．式 (6・1・14) は，単位流量あたりのエントロピーの変化をあらわすから，支流の流入が式の関係をかえることはない．

一つの開放系内で，単位体積あたりのエントロピーの生産量は，系に課せられた条件と両立しうる範囲内で最小値をとるといわれている．これは，定常状態下では最小限の仕事しかしないことを意味する．この原理を河川の場合にあ

1. 地形進化におけるエントロピー

てはめて考えると，河川は水理学的に不定であり，河床の縦横断面を最大確率に基づいて形成する．流路は，最大確率を有するという系に課せられた条件に応じるように水理量相互の内部調整をおこなう能力を保有し，この調整に要する仕事を最小限にする傾向がある．

定常状態下にある一つの系において，もっとも確率の高いエネルギー分布はエントロピーの総和が最大であるような分布であるという．p_i を確率としてこの関係をあらわすと，

$$\sum_{i=1}^{n} \log_e p_i = 最大 \qquad (6 \cdot 1 \cdot 15)$$

である．確率の定義から

$$\sum_{i=1}^{n} p_i = 1.0, \qquad 0 \leq p_i \leq 1.0 \qquad (6 \cdot 1 \cdot 16)$$

のはずであり，上式と式 (6・1・15) を同時に満足させるには，

$$p_1 = p_2 = \cdots = p_n \qquad (6 \cdot 1 \cdot 17)$$

であることを要する．

流路ぞいの単位距離あたりのエネルギー分布の確率を

$$p_1 \propto \frac{dH_1}{dx} \cdot \frac{1}{H},\ p_2 \propto \frac{dH_2}{dx} \cdot \frac{1}{H},\ \cdots,\ p_n \propto \frac{dH_n}{dx} \cdot \frac{1}{H} \qquad (6 \cdot 1 \cdot 18)$$

とすると，これらの確率の積は $p_1 = p_2 = \cdots = p_n$ のときに最大となり，かつ $dH_1/dx \cdot H = dH_2/dx \cdot H = \cdots = dH_n/dx \cdot H$ である．すなわち，$dH/dx \cdot H$ が流路ぞいの単位距離において等しく，一定値をとる．したがって，単位流量あたりのエントロピーの時間的変化率（式 6・1・14 の左辺）も一定のはずである．以上のことから

$$\frac{dH}{dx} \cdot \frac{1}{H} = \text{const} \qquad (6 \cdot 1 \cdot 19)$$

であり，これを積分すれば

$$H = ae^{-bx} + c \qquad (6 \cdot 1 \cdot 20)$$

となる．$a,\ b$ は定数で，積分定数 c は基準面の高度をあらわす．負の符号は，x の増加方向に H が減少することを意味する．dH/dx は河床勾配 S をあらわすから

$$\frac{d\phi/dt}{Q} = \frac{S}{H} = \frac{dH}{H \cdot dx} \propto \log_e p \qquad (6 \cdot 1 \cdot 21)$$

である．確率 p は，河川が基準面に近づくにつれて失った高度（水頭）の流域全体の高度（全水頭）に対する割合をあらわす．なお，S はエネルギー勾配でもある．

式（6·1·20）は，河川という開放系におけるエネルギー分布の縦断面が指数曲線を示し，この断面が距離と無関係な条件のもとで最大確率の断面に対応していることをあらわす．ただし，一度動きはじめた流水と土砂とは引続いて移動し，距離的制約をうけず，移動中の質量損失はないものと仮定しておく．

3章§3-4 でのべたように，Yang[119]は Leopold & Langbein[87]の導入したエントロピーの概念を用いて式（3·3·34）を誘導した．その誘導過程を以下に記す．

一つの流域内で，ω 次水流の水の単位質量あたりの位置エネルギー損失量の平均値を H_ω，ω 次水流区間の平均落差を Z_ω とする．全流域については

$$H = \sum_{\omega=1}^{\Omega} H_\omega = \text{const} \qquad (6\cdot1\cdot22)$$

$$Y_\Omega = \sum_{\omega=1}^{\Omega} Z_\omega = \text{const} \qquad (6\cdot1\cdot23)$$

である．ここで Ω は流域最高次数，Y_Ω は流域相対高度で式（6·1·23）は式（3·3·39）と同型である．エネルギーと落差の換算定数を K とすると

$$H_\omega = KZ_\omega \qquad (6\cdot1\cdot24)$$

であり，式（6·1·2）における絶対温度 T を高度 Y_Ω に，熱エネルギー E を位置エネルギー H に等しいというアナロジーから，エントロピー ψ を次式で定義する．

$$\psi = \int \frac{dH}{Y_\Omega} = \int K \frac{dZ}{Y_\Omega} \qquad (6\cdot1\cdot25)$$

したがって，ω 次の水流区間については次式がなりたつ．

$$\psi_\omega = \int \frac{dH_\omega}{Z_\omega} = K \int \frac{dZ_\omega}{Z_\omega} \qquad (6\cdot1\cdot26)$$

ω 次水流区間で位置エネルギーが損失する確率 p_ω は

$$p_\omega = \frac{H_\omega}{H} = \frac{KZ_\omega}{KY_\Omega} = \frac{Z_\omega}{Y_\Omega} \qquad (6\cdot1\cdot27)$$

であらわされる．式（6·1·26）へ上式を代入すると

$$\psi_\omega = K \int \frac{dp_\omega}{p_\omega} = K \log_e p_\omega + \text{const} \qquad (6\cdot1\cdot28)$$

である．式（6·1·15）と（6·1·16）とを同時に満足する条件としてあたえた式（6·1·17）

1. 地形進化におけるエントロピー

から

$$\frac{Z_1}{Y_\Omega}=\frac{Z_2}{Y_\Omega}=\cdots=\frac{Z_\Omega}{Y_\Omega}, \qquad Z_1=Z_2=\cdots=Z_\Omega \qquad (6\cdot1\cdot29)$$

でなければならない．すなわち，動的平衡状態に達した水系の流域内における次数別平均落差 Z_ω は，相互に等しくなければならない．したがって，任意に抽出した次数の異なる二つの水流の平均落差比はつねに1である．

$$\frac{Z_\omega}{Z_{\omega+1}}=\frac{Z_\omega}{Z_{\omega+2}}=\cdots=1 \qquad (6\cdot1\cdot30)$$

上式は，前述の式（3・3・34）と同じである．

1-4 河床縦断面の酔歩モデル

以上のような熱力学的アナロジーによって，河床縦断面の形状を確率上の問題として推計学的にとりあつかえる．ここではその一例として，Leopold & Langbein[87] の考えた酔歩モデルを紹介する．

図6-2 のように地表面上のある高度を出発点とし，水流は単位距離だけ移動するが，1回のステップで2方向の選択を許すものとする．すなわち，単位高度だけ下方へ移動する確率を p，同一高度上を右へ移動する確率を q とする．両者は二者択一的であるから，$(p+q)=1.0$ である．エネルギー消費率が基準面上の高度に比例するという条件は，下方へ移動する確率 p を基準面上の高度に比例させておき，酔歩が基準面に到達したときに下方へむかう確率を0になるようにしてあることで，モデル中にくみこんである．図6-2 で，酔歩の出発点は基準面上5の単位高度にある．高度は0を含め六つあるから，下方へむかう1歩の確率は $H/6$ で，高度とともに減少し，$H=0$ のときには $p=0$ となる．そこで，以下のような手順で酔歩をすすめる．

5枚の白いカードと6枚の黒いカードを用意する．白いカードの枚数は，基準面上の単位高度（5）をあらわす．白カード5枚と黒カード1枚の計6枚のカードをよく切ってから1枚を抽出し，白カードをひいたときは予備の黒カードととりかえ，1回のステップで単位高度だけ下方にすすむ．黒カードをひいたときには同一単位高度上を右へすすむ．白カードをひく確率，すなわち単位高

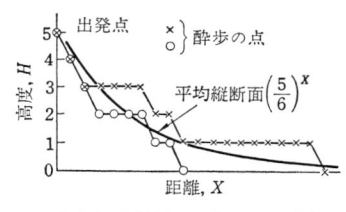

図6-2 河床縦断面の酔歩モデル[87].

度だけ下方へ移動する確率は，カード総数（6枚）中にしめる白カードの割合が減少するにつれて減少するはずである．白カードがなくなって6枚とも黒カードになったときに，酔歩は基準面に到達している．

表6-1は，このモデルによってえた種々の高度と距離における酔歩の相対頻

表6-1 任意の高度における酔歩の相対頻度（％）

単位高度 (H)	単位距離（x）										
	0	1	2	3	4	5	6	7	8	9	10
5	100	17	3								
4		83	42	17	6	2					
3			55	56	39	24	14	7	3	2	1
2				27	46	50	45	37	29	20	14
1					9	23	36	45	50	52	50
0						1	5	11	18	26	35
平均高度[*]	5.0	4.17	3.48	2.90	2.42	2.02	1.68	1.40	1.17	0.98	0.81

[*] 式 (6・1・31) から求めた値

度（％）[*] をあらわし，図6-2の線は，このような試行の結果を例示したものである．これらの試行において可能なあらゆる経路の平均的位置をあらわす方程式は，次式のようになる．

$$H = 5\left(\frac{5}{1+5}\right)^x \qquad (6・1・31)$$

式 (6・1・21) の右辺を積分すると，次式をえる．

$$H \infty H_0(p)^x \qquad (6・1・32)$$

式中，H_0 は出発点の基準面上の高度で式 (6・1・31) を一般化した値，p は式 (6・1・31) 中の $5/(1+5)$ またはより一般化した形で $H/(1+H)$ に相当する．

河床縦断面は，流路の長さに制限がないときにもっとも指数形になりやすく，基準面を漸近線とする．山地部の源流におけるように，流路の長さに対する制約が基準面による制約よりもいちじるしく大きいときには，垂直方向の低下の確率は高度よりもむしろ距離に関係して下流方向に減少する．ゆえに前述の場合とは逆に，両者の関係を交換して次式をえる．

$$x = L(p)^H \qquad (6・1・33)$$

式中，x は水源からの距離，L は流路の全長，$p = L/(1+L)$，H は $x = L$ なる

[*] $H=5$ で $x=2$ を経由する酔歩は $1/6 \times 1/6 = 1/36 \fallingdotseq 3\%$ である．

1. 地形進化におけるエントロピー

地点の高度からの比高をあらわす．式 (6・1・33) も指数形をとるが，断面はこの基準面に対して漸近線とならない．式 (6・1・33) は

$$H \propto \log_e p \frac{x}{L} \qquad (6 \cdot 1 \cdot 34)$$

とかきなおせる．Hack は，上式で定義された縦断形を河川の源流部でみいだした．

縦断面形状に距離的制約がおよぼす効果は，酔歩モデルで説明がつく．この場合に，酔歩の経路は一定の距離内で基準面に達していなければならない．単位距離 10 までに基準面に達する酔歩の経路は，表 6-1 によると 35% で，そのような経路の酔歩の頻度分布は表 6-2 のようになり，その頻度から算出した平均

表 6-2 単位距離 10 以内に基準面に達する酔歩の頻度分布

単位高度 (H)	単位距離 (x)										
	0	1	2	3	4	5	6	7	8	9	10
5	35.0	4.7	0.6								
4		30.3	12.0	3.5	0.7						
3			22.4	18.0	9.3	3.8	1.2	0.2			
2				13.5	19.0	16.4	10.3	5.0	1.6		
1					6.0	13.8	18.5	18.8	15.4	8.7	
0						1.0	5.0	11.0	18.0	26.3	35.0
平均高度	5.0	4.13	3.37	2.72	2.15	1.66	1.22	0.85	0.53	0.25	0

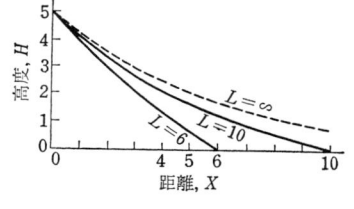

図 6-3 距離を制約した場合の酔歩モデル[87]．

高度は，図 6-3 の中央の曲線になる．比較のために，距離の制約がない場合 ($L=\infty$) と制約がよりきびしい場合 ($L=6$) とを併記してある．距離に制約をもうけたときには縦断曲線と基準面とは接線にはならず，両者の交わる角度は距離的制約が短いほど大きい．

つぎに，酔歩モデルの単位距離 4 と 5 との間に一時的または局部的基準面を設け，その吸収率を75%とすると図 6-4 のようになる．ここでいう吸収率とは，流量や流送土砂量の75%を吸収するという意味ではなく，一時的基準面が下流側におよぼす影響の伝達に関していう．このような場合の縦断面は，上流部で上方にむかって凸な断面形を示す．

平均的あるいはもっとも確率の大きい河床縦断面が指数曲線であらわされることは，それからの偏倚がそれだけ確率的におこりにくいと同時に，確率論的現象ではないことを意味する．つまり，なんらかの決定論的要素，たとえば岩石の制約とか，地形的事変が原因になる．縦断面上の不連続は，制約因子の規模に応じて長時間持続することもあるし，短時間で消失することもあるが，湖・滝・早瀬の存在は地形学的な時間尺度からみれば一時的現象にすぎない．

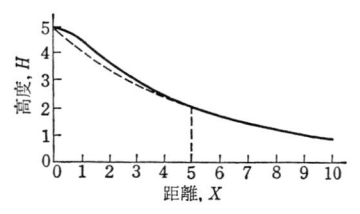

図 6-4 縦断面における吸収媒体の影響[87]．

酔歩モデルを用いたランダム試行の結果が，長時間かかって達成された自然河川の特徴的形態と符合することは，注目すべきことである．河川という一つの開放系が，偽平衡状態に達するのに地質学的に長大な時間を必要としないということは地形論廻説の考えかたとは相反するが，Hack の見解とは一致する．

Leopold らは，モデルに課した制約因子の条件をかえることによって異なる結果をえたことから，地形の進化は本質的に力学的平衡あるいは偽平衡状態を維持しながら，制約因子の性質が時間的に変化してゆく過程であるという作業仮説を導いている．

2. 流域斜面の発達に関する理論

山地における谷の発達でもっとも面倒な問題は，谷の横断形状すなわち，斜面形の変化を説明することである．斜面形の変化の過程は地形学における基本的問題の一つである．この問題に関する文献も膨大な数に達するので，それらの詳細は他書にゆずり，ここでは最近のおもな理論的研究の一部を紹介する．

斜面形の発達過程に対しては Penck, W.[611]以来，種々な数学的モデルによる説明が試みられてきた[612〜614]．初期のモデルでは，2次元平面における高度 z の時間 t にともなう変化率 $\partial z/\partial t$（削剝の速度）を，(i) 斜面傾斜と無関係に等速度ですすむ，(ii) 高度 z の関数形である，(iii) 斜面傾斜 $\partial z/\partial x$ に比例するの三通りの考えかたがあり，それぞれに応じて

2. 流域斜面の発達に関する理論

$$(\text{i})\frac{\partial z}{\partial t}=-\kappa, \quad (\text{ii})\frac{\partial z}{\partial t}=-\kappa z, \quad (\text{iii})\frac{\partial z}{\partial t}=-\kappa\frac{\partial z}{\partial x} \qquad (6\cdot2\cdot1)$$

であらわされる．κ は比例定数，x は水平距離である．これらの式はいずれも線型で，初期条件として $x=0$ で $z=z_0$ をあたえれば簡単に解が求まるが，いずれも斜面が直線になる点でモデルとしては簡単にすぎる．

Scheidegger[614] は，斜面の低下速度が鉛直方向の変化率 $\partial z/\partial t$ であらわされているのに，現実の斜面では風化の影響が斜面の接線方向と垂直に働くから，斜面上に働く力を鉛直方向の成分に補正すべきであると考えて，図 6-5 から

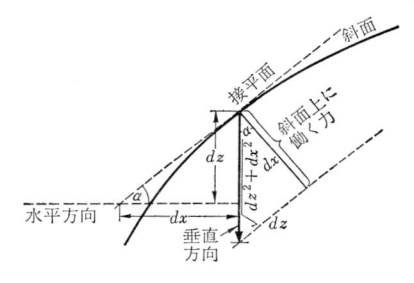

図 6-5 Scheidegger の斜面発達モデル[614]．

$$\frac{\partial z}{\partial t}=-\sqrt{1+\left(\frac{\partial z}{\partial x}\right)^2}\cdot\kappa\frac{\partial z}{\partial x}+F(x,z) \qquad (6\cdot2\cdot2)$$

を導いた．κ は比例定数，$F(x,z)$ は地殻運動の影響を考慮した項である．竹下敬司も，同様な非線型方程式を導いている[612]．

これに対し，平野[58]は 2 次元山体に関して次式の線型モデルを提唱した．

$$\frac{\partial z}{\partial t}=a\frac{\partial^2 z}{\partial x^2}-b\frac{\partial z}{\partial x}-cz+F(x,t) \qquad (6\cdot2\cdot3)$$

式中 z, x, t は前式と同じ記号を用いてある．平野は a を従順化係数，b を後退係数，c を削剥係数と称した．$F(x,t)$ は内的作用の影響をあらわす項である．式

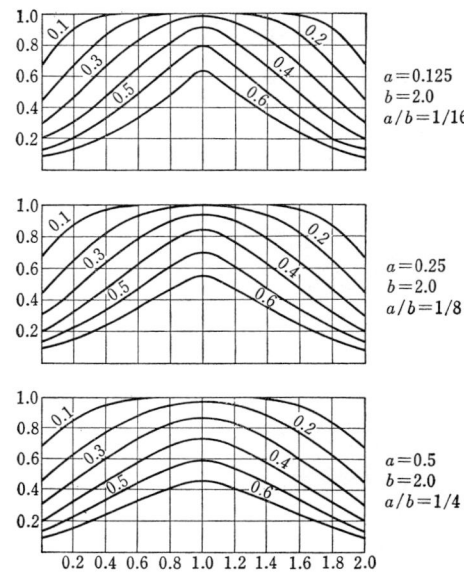

図 6-6 平野のモデルによる河間地の侵食過程[613]．

(6・2・3) を河間地の侵食過程に適用する際に，原面の隆起が瞬間的におこると考えれば，右辺第 4 項を初期条件でおきかえることができ，第 3 項の c を無視できる程度に小さいとする[615]．河谷の中心を $x=0$ とし，分水界までの距離を $x=l$ とすると，式 (6・2・3) は

$$\frac{\partial z}{\partial t} = a\frac{\partial^2 z}{\partial x^2} - b\frac{\partial z}{\partial x}, \qquad 0<x<l \qquad (6・2・4)$$

とかきなおせる．平坦面が z_0 だけ隆起したときの初期条件は

$$z=z_0, \qquad t=0 \qquad (6・2・5)$$

であり，分水界において充足すべき境界条件は

$$\frac{\partial z}{\partial x}=0, \qquad x=l \qquad (6・2・6)$$

である．河川による下刻の速さを河床高度に比例すると仮定すると，$x=0$ で $\partial z/\partial t = -\kappa t$（$\kappa$ は比例定数）とかけるから，これを積分して初期条件 (6・2・5) から積分定数を z_0 とすると

$$z = z_0 \cdot e^{-\kappa t} \qquad (6・2・7)$$

をえる．上式は，河床高度をあたえる境界条件式である．以上の条件を満足する解を求めた結果は図 6-6 のようになり，斜面変化の過程をあらわす曲線群は式 (6・2・3) 中の係数 a，b の大きさによって異なることがわかる．平野[613,616]は a，b の物理的意義を検討し，a は土壌匐行（soil creep）を主とし，風化や雨洗なども含めた作用に対応し，b は流水の作用に対応すると説明している．

さらに平野[613]は，3 次元山体の場合についても斜面発達の基礎方程式を導いている．底面を長方形で近似できる山体に対しては

$$\frac{\partial z}{\partial t} = a\left(\frac{\partial^2 z}{\partial x^2} + \frac{\partial^2 z}{\partial y^2}\right) + b\left(\frac{\partial z}{\partial x} + \frac{\partial z}{\partial y}\right) \qquad (6・2・8)$$

である．式中の記号は式 (6・2・4) と同じである．初期条件として

$$z_0 = 1.0; \qquad 0<x<x_0,\ 0<y<y_0 \qquad (6・2・9)$$

をあたえ，分水界が山体の中央部にあって，境界条件

$$\frac{\partial z}{\partial x}=0,\ x=0; \qquad \frac{\partial z}{\partial y}=0,\ y=0 \qquad (6・2・10)$$

が満たされている場合に，平野が求めた式 (6・2・8) の解は

2. 流域斜面の発達に関する理論

$$z = \frac{1}{4}\left\{\text{erf}\frac{x-x_0+bt}{\sqrt{4at}} - \exp\left(\frac{bx_0}{a}\right)\text{erf}\frac{x+x_0+bt}{\sqrt{4at}}\right\} \times \text{erf}\left\{\frac{y-y_0+bt}{\sqrt{4at}}\right.$$
$$\left. - \exp\left(\frac{by_0}{a}\right)\text{erf}\frac{y+y_0+bt}{\sqrt{4at}}\right\} \qquad (6\cdot2\cdot11)$$

である. erf は誤差関数をあらわす. 底面が正方形の山体に対して $a=0.25$, $b=2.0$ としたときの理論解から, 山体の時間的変化を等高線で表示したのが図6-7である.

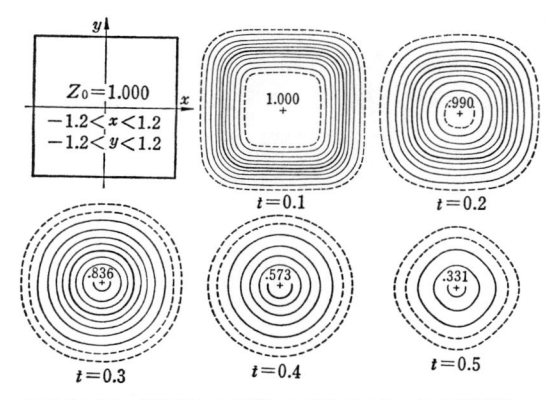

図6-7 平野の理論解から計算した3次元山体の侵食過程[618].

Culling[617] は, 土壌層が厚く発達した斜面で土壌匍行による侵食に対して, 次式のような拡散型の方程式を適用した.

$$\frac{\partial z}{\partial t} = \kappa \frac{\partial^2 z}{\partial x^2} \qquad (6\cdot2\cdot12)$$

κ は拡散係数, 他の記号は式 (6・2・1) と同じである. Culling は, 複雑な境界条件をもった現実の地形発達を予測する際に生ずる問題は, 数値解析によって解くしかないとのべている.

ソビエトでは, Devdariani, A. S.[618] が斜面発達の基礎方程式として

$$\frac{\partial z}{\partial t} = \frac{\partial}{\partial x}\left\{\kappa(x)\frac{\partial z}{\partial x}\right\} + F(x,t) \qquad (6\cdot2\cdot13)$$

を導いた. κ は流量と河床の岩石の性質によってかわり, x の関数である. $F(x,t)$ は構造運動の速さをあらわす.

これまでにのべた基礎式は, 拡散または熱伝導方程式に基づくものが多いが,

Scheidegger[423] は式 (6・2・2) に拡散項を加えた式のほかに，電信方程式と同型の次式を提案している．

$$\frac{\partial^2 z}{\partial t^2} - \frac{\kappa}{\beta}\frac{\partial^2 z}{\partial x^2} + \frac{1}{\beta}\frac{\partial z}{\partial t} = 0 \qquad (6\cdot2\cdot14)$$

式中 β, κ は比例定数，他の記号は式 (6・2・1) と同じである．上式は，斜面構成物質に由来する粒子の移動が時間の関数であるような場合に対して適用する．

以上のように，斜面発達の基礎方程式は2階偏微分方程式が多い．平野は，自身の提唱したモデル関数を六甲山地[619]・生駒山脈[56]・養老山脈[57]・比良山脈[620] などの断層山地の平均的斜面形に適用し，式 (6・2・3) が現実の斜面形に対する第1近似として十分なことを立証した．平野は式 (6・2・3) 中の従順化係数 a と後退係数 b の定量化が可能なことを実証[57,620]し，平衡斜面形から地盤運動の性質を推定できることを示唆した[621]．

成層火山体の斜面に対しては，水谷武司[622,623]が曲率の項を含まない次式を提案している．κ, S を比例定数とすると

$$\frac{\partial z}{\partial t} = \kappa x\left(\frac{\partial z}{\partial x} + S\right) \qquad (6\cdot2\cdot15)$$

である．水谷は，羊蹄山[622]・男体山[623]・岩木山[623]で理論値が計測値と合致すると報告している．

斜面発達に対する数学的モデルは，当初の幾何学的相似という目的がほぼ達成されたこともあって，しだいに斜面を構成する物質の岩石物性や地盤運動の影響をあらわす自由項の解明といった方向にむかいつつあるようである[613]．岩石の風化に対する抵抗性を考慮した数学的モデルとしては，Ahnert, F.[624]のモデルがある．

3. 地形進化と人間活動

河川の作用による地形の改変過程は，地表面上で休むことなく進行している地形発達の過程を代表するものである．その意味で Davis[605] は，河川の作用による地形進化の過程を正規輪廻 (normal cycle) とよんだ．

河川の流域が人類に居住適地を提供し，諸種の恩恵をあたえると同時に，時には災害をもたらし，人間活動を制約してきたことは歴史の教えるところであ

る．河川そのものは無意志的性格の存在であるにせよ，河伯という尊称をうんだ背景には，自然現象に対する素朴な威怖感が往時のひとびとの間にあったのであろう．

近代的土木技術の発達にともない，人類は河川に対しても容赦なく大規模な改変を加えてきた．ソビエトの自然改造計画，米国の T.V.A. 計画などの成功に刺激されて，わが国でも河川流域の総合開発事業がすすめられてきたことは周知のことである．このような人工的改変に対して，河川が自己調整機能を発揮して変化する[87]のは当然のことである．

以下で，地形進化の過程およびそれに人工的な干渉（改変）を加えた場合の河川の反応が，人間活動におよぼす影響について考察してみる．

3-1 地形進化の過程が人間活動におよぼす影響

洪水や渇水，河床変動や流路変更などは，人間にとって好ましくない現象であるが，河川にしてみれば地形進化の過程でたどる自然のなりゆきでしかない．一方で，Nile 川の定期的氾濫がデルタ地帯に肥沃な耕土をもたらしたことは周知の事実である．

1958年の狩野川洪水は多大な被害をもたらしたが，荒巻・高山[625]は洪水堆積土を分析した結果，土地改良効果のあがっていることをみいだした．この洪水により，浸水・流失した家屋は氾濫原上に建った新興住宅に多かった．元来，経験的に住宅地に不適として集落が立地していなかった，それだけ条件の悪い，しかし安価な土地に被害家屋が立地していたことが被災の一因である．氾濫原が，河川の現に進行しつつある地形変化の場であることを警告したとも思えるが，大都市周辺の宅地開発にこの悲惨な教訓は生かされていない．

河川を常水路に封じこめておいて，氾濫原を占居しておきながら加害者あつかいをするのはあたらない．そもそも，人間のほうが不法侵入をおかしているからである．

元来，沖積平野は現在の河川の作用によって形成途上にある，いわば未完成の地形面である．その構成物質は完新世の堆積物からなるから，未凝固でいわゆる軟弱地盤を構成する．基礎地盤として不適当なことはいうまでもないが，これに対処する工法が進歩しているために，それほど大きな問題にはならない．地盤沈下現象は，地下水の過剰揚水という人為的原因によるものであるか

ら，人間自身が解決すべき問題である．しかし，河川による地形進化の過程を中断することは不可能である．静態としてあつかえる地盤と異なり，動態としての河川はいかなる形の施工に対しても反応し，究極目標を遂行しようとする．

わが国のように，地形が全般に急峻で地形変化のポテンシャルが大きい地域では，地形進化の過程に逆行する工事計画のほうに無理があるとみるべきであろう．富士山の大沢崩れは，霊峰富士の美観をそこねる現象としてその防止対策が国会で論議されたようであるが，これなどはその最たる例である．有名なMississippi 川の捷水路工事が難航したのも，定常状態の達成を志向した蛇行流路の形成を阻止しようとしたからで，前述のように直線流路は水理学的に安定していないのである．

木下[531]は，石狩川の捷水路工の可否を論じたなかで，全般的には洪水流過能力の増大・蛇行防止に効果のあったことを認め，とくに下流部の三角州地帯では積極的にすすめることを支持している．しかし，彼は中流部の流路変遷がいちじるしく，河岸が非凝集性物質からなる区間での捷水工は問題が多いとしている．蛇行流路の性格を克明に分析したうえでの結論であるだけに傾聴に値する．河川の特殊な性格に呼応して，それぞれの地方で独自の工法を採用した例はあるが，同一河川で蛇行区間の形態によって工法をかえる必要のあることを理由づけた例は少ない．本来，この種の工法に対する参考資料や助言は地形学者が提供すべき性質のもので，一地形学徒として自責の念にかられる．

3-2 河川の人工的改変にともなう変化

地形進化の時間的尺度は，長大なものであっても，開放系としての河川が系の一部分に加えられた条件の変化に対して示す反応は，必ずしも緩慢ではない．しかも，新たな平衡状態の達成をめざした河川の自己調節作用の影響は局所的にとどまることなく，全川に波及する[87]．ダムの建設や河川改修工事などの人工的地形改変が誘発する諸種の変化は，この意味で避けがたい現象であるが，それらのうちで人間活動に不利益をもたらすものについて考えてみる．

（i）河床の上昇と低下： ダム建設に基因する河床変動は，土木工学の分野でも論議されてきた（5章§3-3）が，研究の焦点はダム上流側の堆砂現象と下流側のごく短い区間における河床洗掘とにあてられてきた．

構造物の機能維持という観点からはそれで十分であろうが，わが国のように

3. 地形進化と人間活動

流域に人口が密集していると,その上・下流への影響を広域的に考慮する必要がある.前述(5章§3-1)のように,地理学者の一連の研究は,明治以降の河川改修工事やダムの構築がかえって河川災害を助長したという矛盾を指摘した.河川工学の分野でも高橋 裕[626]は,明治以降,大規模な河川改修工事をおこなった河川では例外なく洪水流量が増大したことを卒直に認めている.

高橋[626]によると,利根川の栗橋付近では,明治25年洪水流量 3750 m^3/sec から現在の計画高水流量が 14000 m^3/sec に達しているという.連続堤による治水方式をとらざるをえなかった社会的・経済的背景もあるのであって,明治以前は遊水池的性格をそなえていた沿岸の低湿な氾濫原(後背湿地)にまで開田がすすみ,人口が集積するにつれて氾濫を許さない治水方式を期待するようになった結果でもある.堤防間に封じこまれた洪水流が,上流から運んできた土砂を減水時に堤外地に堆積して河床を高め,堤内地より河床が高くなった天井川的性格の河川がいったん破堤した場合の内水氾濫は,始末のわるいものとなった.

ダム建設により上流側の地域で河床が上昇し,浸水被害をうけやすくなるという問題も生じた.長野県の伊那盆地最下流部に位置する飯田市川路部落はこの例である[476].この部落は天竜峡に近く,もともと氾濫しやすい自然条件にあったが,1934年泰阜ダム完成後は以前にもまして氾濫が頻発し,十数年後には天竜川ぞいの桑園が氾濫堆積物の下に埋没してしまった.このため農民と中部電力との間に紛争がつづいた.

河床の昇降により,既存の農業用水取入口が埋没したり浮きあがったりして取水機能の低下をまねいた例もある[627].これは必ずしも人為的原因によるとはかぎらず,自然的原因による場合もある.

もっとも極端でかつ悪質なのは,砂利採取による河床低下で,護岸の根固め工,橋脚などをおびやかした例も少なくないようである.低下量も自然の場合,多くて年間10 cm程度であるのに比べて,1 m以上になったところがめずらしくない[627].砂防ダムや山間部にある貯水池の粗粒の堆砂を採掘することだけ許可して,平野部の河川における採取を全面的に禁止すれば,堆砂防除にもなるであろう.やや酷かもしれないが,橋梁の安全までおびやかす無神経さに対してはやむをえないであろう.

貯水池建設・分水路工などはそれなりの効用をもたらすが，着工当初には予想もしなかった工事の影響があらわれ，そのために工事完了後も新たな事態の対処に追われつづけた例がある．

(ii) 水温低下現象： 人工貯水池内には温度成層が形成されるため，底層から取水した場合にダム下流への放流水温が低下する[628]．下流側に灌漑用水の取入口があれば水稲の成育に影響することから，社会問題にまで発展した．表層取水施設などの対策を講じた貯水池では，いちおうの解決をみたが，金銭的補償で済ませた場合には問題が再燃したらしい[629]．山形県の荒沢ダム（赤川水系）・岡山県の湯原ダム（旭川水系）では，この問題をめぐって農民と電力側との対立がかなり激化したと聞いている．

(iii) 海岸侵食： これは，水温問題のようにまったく予期しえない事態ではないにしても，工事の影響が意外に早くあらわれた例である．井上春雄[630]によると，大河津分水路（新信濃川）完成後の旧川下流部への流送土砂量は年間 $2 \times 10^6 \mathrm{m}^3$ で，工事完成前の約 1/4 に激減し，これにともない新潟市付近の海岸侵食が激化したという．

大河津分水路工事の計画は江戸時代からあったようであるが，分岐点の上・下流側で地域住民の利害が対立したこともあって，着工までに百年くらいかかったらしい[631]．工事完成後，旧川ぞいの水田地帯の排水困難，新潟港の港湾としての機能低下（航路水深の維持が困難），海岸侵食などの諸種の問題を生じた．一方で，新信濃川河口付近の海岸は前進している．

荒巻[632]は，富山湾岸・湘南海岸・宮崎県の延岡市付近の海岸で海岸侵食が激化した原因を，ダムの構築により下流への流送土砂の補給が杜絶したためであるとしている．

欧米諸国では，ダムなどの建設による人為的要因による河床変動を，災害として論じたものはみあたらない．ダムサイト付近に人家が密集していないこと，利水施設の設置方式が異なるために被害をうけることが少ないのであろう．加えて河川の自然的性格も異なる．

モンスーン・アジアの諸河川の流量・流送土砂量は世界的にみても多い（表 2-1，図 4-46）のであるが，日本の諸河川の流域平均起伏比は総じて大きく，流域内の土砂生産を活発化させている．しかも，河床勾配の急な山地部の区間

が流路延長の大半をしめ，緩勾配となる平野部の区間が一般に短い．その狭小な平野部に，人口・産業が高度に集約化しているから，ことがやっかいなのである．

大陸の諸河川に比べて山地から平野への移行が急なことは，それだけわが国の治水対策をむずかしくしている[626]．河床勾配の不連続な部分は，扇状地が象徴するように河床変動が激しく，流路も不安定だからである．

以上の諸問題は，高度の先進工業国中で唯一の水田農業を主体としている，わが国独特の社会・経済構造に由来する不可避的現象である．人間の欲求が多様化した近代社会において，八方まるくおさまる式の河川総合開発計画を成功させることは，とうてい不可能である．日本の複雑な気象・地形条件からして，集中豪雨の予想も適確にだせない現状では完全な意味での洪水統御など望めない．

従来の河川流域開発計画では，とかくバラ色の未来を強調しすぎた感がある．地域住民の協力をえたいための苦肉の策であろうが，期待が大きければ失望も大きい．災害は発生しないにこしたことはないが，堤防やダムが絶対的なものでないことを一般に周知徹底させる必要がある．

治水と利水との問題については，社会・経済史的側面からの徹底的究明を試みた小出 博の好著[631]があるので，これにゆずることにする．ひとことつけくわえれば，治水は洪水流量，利水は渇水流量を対象とするから，日本のように流量の変動幅が大きい自然条件のもとで両者の調和をとることはきわめてむずかしい．これは，社会体制の変革でかたづくような単純な問題ではあるまい．

河川の人工的改変，とくに人工貯水池の建設がそれなりの利益をもたらしたことは事実であるが，エネルギー資源にとぼしいわが国では，乱開発によって貴重な水資源まで涸渇させることのないようにしたい．経済成長にともなう用水需要の増大はとまる気配もないが，このまま放置すれば需給のアンバランスが慢性化することにもなろう．そろそろ利水需要にブレーキをかける時機ではなかろうかと考える．

水資源という言葉が登場して久しいが，日本人一般の心情として，水はありあまっているものという錯覚が根強く残っているのではなかろうか．

菅原正巳[633]のいうように，開発という名目での環境破壊を最小限にくいと

めてネゲントロピーの回復をはかることが，つぎの世代に対するわれわれの義務とさえ思われる．国土のせまいわが国ではなおさらのことで，観念論的な自然保護論からではなく，自然の生態系の破壊が限度をこせば，人間自身の居住環境の破壊につながるという意味で，流域の開発にあたっては慎重を期したい．

　経済成長や生活水準の向上が破局をむかえる方向に驀進したのでは，なにもならない．地形進化の過程も含めて，自然の摂理に対する認識を深め，これとの調和をはからないかぎり，人類は破滅の道をたどるしかないであろう．

引用文献

略記号

Amer. J. Sci.　American Journal of Science
Ann. A. A. G.　Annals of the Association of American Geographers
Bull. G. S. A.　Bulletin Geological Society of America
Bull. I. A. S. H.　Bulletin of the International Association of Scientific Hydrology
Bull. Amer. Assoc. Petrl. Geol.　Bulletin of the American Association of Petroleum Geologists
地理評　地理学評論
地質雑　地質学雑誌
土研報　建設省土木研究所報告
土論集　土木学会論文集
土会誌　土木学会誌
Geogr. Rev.　Geographical Review
Geol. Mag.　Geological Magazine
Geogr. Ann.　Geografiska Annaler
J. Geol.　Journal of Geology
J. Hydrl.　Journal of Hydrology
J. G. R.　Journal of Geophysical Research
J. Sed. Petrl.　Journal of Sedimentary Petrology
J. Fl. Mech.　Journal of Fluid Mechanics
九大流体工研報　九州大学流体工学研究所報告
九大流体力研報　九州大学流体力学研究所報告
九大応力研報　九州大学応用力学研究所所報
京大防研年報　京都大学防災研究所年報
農土研　農業土木研究
O. N. R. Tech. Rept.　Office of Naval Research Technical Report

Proc. A. S. C. E. HY.　Proceedings of the American Society of Civil Engineers, Journal of the Hydraulic Division
Proc. A. S. C. E. W. W.　Proceedings of the American Society of Civil Engineers, Journal of the Waterways and Harbours Division
Rev. Mod. Phys.　Reviews of Modern Physics
Rept. Res. Inst. App. Mech. Kyushu Univ.　Report of Research Institute for Applied Mechanics Kyūshū University
Rev. Géomorph. Dynam.　Revue de Géomorphologie Dynamique
Sov. Hydrl.　Soviet Hydrology Selected Papers
資源研彙報　資源科学研究所彙報
Trans. A. G. U.　Transactions American Geophysical Union
Trans. A. S. C. E.　Transactions American Society of Civil Engineers
東教大地理研報　東京教育大学地理学研究報告
U. S. G. S. Prof. Paper　United States Geological Survey Professional Paper.
U. S. G. S. Bull.　United States Geological Survey Bulletin
U. S. G. S. Wat. Sup. Paper　United States Geological Survey Water Supply Paper.
W. R. R.　Water Resources Research
Zeitschr. f. Geomorph. N. F.　Zeitschrift für Geomorphologie. Neu Folge

1章

1) 野満隆治（瀬野錦蔵訂補）(1959)：新河川学. 318p., 地人書館.
2) 安芸皎一 (1955)：河川工学. p. 1., 共立出版.
3) Lane, E. W. (1955)：The importance of fluvial morphology in hydraulic engineering. Proc. A. S. C. E., 81 Paper 745, 1-17.
4) 椹根 勇 (1973)：水の循環. p. 119, 共立出版.
5) 山本荘毅編 (1972)：水文学総論. pp. 2-3., 共立出版.
6) 高橋純一 (1932)：河川地理学. 91p., 岩波書店.
7) Schumm, S. A. (1972)：River morphology. pp. 1-2, Dowden, Hutchinson & Ross, Stroudburg.

8) 山本荘毅・榧根 勇 (1971)：扇状地の水循環—環境システム論序説—. 151p, 古今書院.
9) 矢沢大二・戸谷 洋・貝塚爽平 (1971)：扇状地. 318p, 古今書院.
10) 井関弘太郎 (1972)：三角州. 226p, 朝倉書店.
11) 中野尊正 (1956)：日本の平野. 320p, 古今書院.
12) 籠瀬良明 (1972)：低湿地—その開発と変容—. 316p, 古今書院.
13) 町田 貞 (1963)：河岸段丘. 244p, 古今書院.
14) Gregory, H. E. (1918): A century of geology-steps of progress in the interpretation of land forms. Amer. J. Sci., **46**, 104-117, 127-131.
15) 三野与吉 (1959)：自然地理学研究法. pp.173-174, 朝倉書店.
16) Leopold, L. B., Wolman, M. G. & Miller, J. P. (1964): Fluvial processes in geomorphology. 522p, Freeman & Co.

2章

17) UNESCO (1956): Glossary of hydrologic terms used in the Asia and the Far East. p.7, 13, U. N. Flood control series, No.10., Bangkok.
18) 山本荘毅 (1959)：地下水調査法. p.189, 古今書院.
19) Gilbert, G. K. (1877): Report on the geology of Henry mountains, Utah. U. S. Geol. Surv. Rocky Mtn. Reg., 160p.
20) Thornbury, W. D. (1954): Principles of geomorpholgy. pp.151-153, John Wiley & Sons.
21) Smith, T. R. & Bretherton, F. P. (1972): Stability and the conservation of mass in drainage basin evolution. W. R. R., **8**, 1506-1529.
22) Todd, D. K. (1970): The water encyclopeadia. p.119, Water Infomation Center.
23) 東京天文台編 (1972)：理科年表. pp.地21-地24, 丸善.
24) Sherman, L. K. (1932): The relation of hydrographs of runoff to size and character of drainage basins. Trans. A. G. U., **13**, 332-339.
25) Horton, R. E. (1932): Drainage basin characteristics. Trans. A. G. U., **13**, 350-361.
26) Miller, V. C. (1953): A quantitative geomorphic study of drainage basin characteristics in the Clinch mountain area, Virginia and Tennessee. Dept. Geol. Columbia Univ., Tech. Rept. No.3, pp.27-130.
27) Schumm, S. A. (1956): The evolution of drainage systems and slopes in badland at Perth Amboy, New Jersey. Bull. G. S. A., **67**, 597-646.
28) Chorley, R. J., Malm, D. E. G. & Pogorzelski, H. A. (1957): A new standard for estimating drainage basin slopes. Amer. J. Sci., **255**, 138-141.
29) Morisawa, M. E. (1958): Measurement of drainage basin outline form. J. Geol., **66**, pp.587-591.
30) 吉野正敏 (1961)：小気候. pp.44-45, 地人書館.
31) Imamura, G. (1937): Past glaciers and the present topography of the Japanese Alps. Science Reports of Tokyo Bunrika Daigaku, Sct. C, **2**, No.7, 1-61.
32) Strahler, A. N. (1952): Hypsometric (Area-altitude) analysis of erosional topography. Bull. G. S. A., **63**, 1117-1142.
33) 市川正巳 (1961)：渥美半島における山塊の Hypsometric Analysis について. 東教大地理研報, No. V, 110-138.
34) 村野義郎 (1962)：山地における砂石の生産に関する研究. 土研報, No. 114, 1-46.
35) 山本荘毅編 (1968)：陸水. pp.127-129, 共立出版.
36) 丸安隆和・杉本幸治・田中慶太郎 (1971)：大規模な住宅市街地の開発のための写真測量の系統的利用に関する考察. 写真測量, **10**, No.3, 32-47.
37) Chorley, R. J. (Ed.) (1972): Spatial analysis in geomorphology. pp.23-41, Methuen & Co.
38) Smith, G. H. (1935): The relative relief of Ohio. Geogr. Rev., **25**, 272-284.
39) Hammond, E. H. (1964): An analysis of properties in landform geography; an application to broad-scale landform mapping. Ann. A. A. G., **54**, 11-19
40) 三野与吉編 (1952)：自然地理の調べ方. pp.25-26, 古今書院.
41) Dury, G. H. (1951): Quantitative measurement of available relief and depth of dissection. Geol. Mag., **88**, 339-343.
42) Glock, W. S. (1932): Available relief as a factor of control in the profile of a

landform. J. Geol., **40**, 74-83.
43) Pannekoek, A. J. (1967): Generalized contour maps, summit level maps and streamline surface maps as geomorphological tools. Zeitsch. f. Geomorph., N. F., **11**, 169-182.
44) Spiridonov, A. L. (1956): Geomorphologische Kartographie. S. 65-67.
45) 岡山俊雄（1932）：山岳形に関する二，三の問題．岩波講座地理学第18回配本，p. 40.
46) Maner, S. B. (1958): Some factors affecting sediment delivery rate in the Red Hill physiographic area. Trans. A. G. U., **39**, 669-675.
47) 多田文男（1934）：山頂の高度と起伏量との関係並に之より見たる山地の開析度について．地理評，**10**, 939-967.
48) 平野昌繁（1971）：HRT（起伏量）ダイアグラムによる侵蝕度の量的表現．地理評，**44**, 628-638.
49) Hormann, K. (1969): Geomorphologische Kartenanalyse mit Hilfe elektronischer Rechenanlagen. Zeitschr. f. Geomorph., N. F., **13**, 75-98.
50) Piper, D. J. W. & Evans, I. S. (1967): Computer analysis of maps using a pencil follower. Geographical Articles (Cambridge), No. 9, pp. 21-25.
51) Strahler, A. N. (1950): Equilibrium theory of erosional slopes approached by frequency distribution analysis. Amer. J. Sci., **248**, 673-696, 800-814.
52) Tricart, J. et Muslin, J. (1951): L'étude statistique des versantes. Rev. Géomorph. Dynam., **2**, 173-182.
53) England, C. B. (1971): Quantitative slope aspect determination. J. Hydrl., **12**, 262-268.
54) 田浦秀春（1972）：河川の流域における崩壊土砂量の数的解析方法の一案．PASCO Engineering Manuals, No. 13, 1-28.
55) 高山茂美（1968）：河川の流域特性について．立正大学人文科学研究所年報，No. 6, 67-74.
56) 平野昌繁（1969）：生駒山脈西面の開析谷．地理評，**42**, 266-278.
57) ―――― (1969）：養老山脈の斜面形と地盤運動．地質雑，**75**, 615-627.
58) ―――― (1966）：斜面発達，とくに断層崖発達の数学的モデル．地理評，**39**, 324-336.

3章

59) 五百沢智也（1972）：登山者のための地形図読本．p. 163, 山と渓谷社.
60) 高山茂美（1972）：地形図の縮尺が水流の次数区分に及ぼす影響について．地理評，**45**, 112-119.
61) Morisawa, M. E. (1957): Accuracy of determination of stream lengths from topographic maps. Trans. A. G. U., **38**, 86-88.
62) Scheidegger, A. E. (1966): Effect of map scale on stream orders. Bull. I. A. S. H., **11**, 56-61.
63) Yang, C. T. & Stall, J. B. (1971): Note on the map scale effect in the study of stream morphology. W. R. R., **7**, 709-712.
64) Melton, F. A. (1959): Aerial photographs and structural geomorphology. J. Geol., **67**, 356-370.
65) Howard, A. D. (1967): Drainage analysis in geologic interpretation. Bull. Amer. Assoc. Petrl. Geol., **51**, 2246-2259.
66) Zernitz, E. R. (1932): Drainage patterns and their significance. J. Geol., **40**, 498-521.
67) Horton, R. E. (1945): Erosional development of streams and their drainage basins —Hydrophysical approach to quantitative morphology. Bull. G. S. A., **56**, 275-330.
68) Scheidegger, A. E. (1965): The algebra of stream order numbers. U. S. G. S. Prof. Paper, 525B, 187-189.
69) Shreve, R. L. (1966): Statistical law of stream numbers. J. Geol., **74**, 17-37.
70) Melton, M. A. (1959): A derivation of Strahler's channel ordering system. J. Geol., **67**, 345-346.
71) Shreve, R. L. (1967): Infinite topologically random channel networks. J. Geol., **75**, 178-186.
72) Woldenburg, M. J. (1966): Horton's laws justified in terms of allometric growth and steady states in open systems. Bull. G. S. A.., **77**, 431-444.

73) Haggett, P. & Chorley, R. J. (1972): Network analysis in geography. pp. 92-99, Edward Arnold.
74) Morisawa, M. E. (1963): Distribution of stream-flow direction in drainage patterns. J. Geol., **71**, 528-529.
75) Judson, S. & Andrews, G. W. (1955): Pattern and form of some valleys in the driftless area, Wisconsin. J. Geol., **63**, 328-336.
76) 田中真吾 (1959): 山地の開析. 自然地理学研究法 (三野与吉編). p.157, 朝倉書店.
77) Howard, A. D. (1971): Optimum angles of stream junction; geometric stability to capture and minimum power criteria. W. R. R., **7**, 863-873.
78) Lubowe, J. K. (1964): Stream junction angles in the dendritic drainage pattern. Amer. J. Sci., **262**, 325-339.
79) Morisawa, M. E. (1964): Development of drainage systems on an upraised lake floor. Amer. J. Sci., **262**, 340-354.
80) Bowden, K. L. & Wallis, J. R. (1964): Effect of stream-ordering technique on Horton's laws of drainage composition. Bull. G. S. A., **75**, 767-774.
81) Maxwell, J. C. (1955): The bifurcation ratio in Horton's law of stream numbers. Trans. A. G. U., **36**, 520.
82) Morisawa, M. E. (1962): Quantitative geomorphology of some watersheds in the Appalachian plateau. Bull. G. S. A., **73**, 1025-1046.
83) 榧根 勇 (1971): 自然地理学の理論について—水流次数に関する研究を中心として. 東教大地理研報, No. XV, 71-84.
84) Melton, M. A. (1957): An analysis of the relations among elements of climate, surface properties and geomorphology. O. N. R. Tech. Rept., No. 11, 1-102.
85) Sharp, W. E. (1970): Stream order as a measure of sample source uncertainty. W. R. R., **6**, 919-926.
86) ——— (1971): An analysis of the laws of stream order for Fibonacci drainage pattern. W. R. R., **7**, 1548-1557,
87) Leopold, L. B. & Langbein, W. B. (1962): The concept of entropy in landscape evolution. U. S. G. S. Prof. Paper, 500-A., 1-20.
88) Schenck, H. Jr. (1963): Simulation of the evolution of drainage-basin networks with a digital computer. J. G. R., **68**, 5739-5745.
89) 榧根 勇・島野安雄 (1974): 偏向性をもたせた酔歩モデルによる水系網のシミュレーション. 東教大地理研報, No. XVIII, 39-52.
90) Scheidegger, A. E. (1967): A stochastic model for drainage patterns into an intramontane trench. Bull. I. A. S. H., **12**, (1), 15-20.
91) Liao, K. H. & Scheidegger, A. E. (1968): A computer model for some branching type phenomena in hydrology. Bull. I. A. S. H., **13**, (1), 5-13.
92) Tokunaga, E. (1972): Topologically random channel networks and some geomorphological laws. Geogr. Rept., Tokyo Metropolitan Univ., No. 617, 39-49.
93) Shreve, R. L. (1963): Horton's law of stream numbers for topologically random networks. Trans. A. G. U., **44**, 44-45.
94) ——— (1969): Stream lengths and basin areas in topologically random channel networks. J. Geol., **77**, 397-414.
95) Leopold, L. B., Wolman, M. G. & Miller, J. P. (1964): Fluvial processes in geomorphology. p. 138, Freeman.
96) Smart, J. S. (1967): A comment on Horton's law of stream numbers. W. R. R., **3**, 773-776.
97) Giusti, E. V. & Schneider, W. J. (1965): The distribution of branches in river networks. U. S. G. S. Prof. Paper, 422G, 1-10.
98) Scheidegger, A. E. (1966): Stochastic branching processes and the law of stream orders. W. R. R., **2**, 199-203.
99) ——— (1968): Horton's law of stream order number and a temperature analogue in river nets. W. R. R., **4**, 167-171.
100) ——— (1968): Horton's law of stream numbers. W. R. R., **4**, 655-658.
101) Scheidegger, A. E. (1967): Random graph patterns of drainage basins. I. A. S. H. General Assembly of Bern Transactions, volume "Hydrologic aspects of waters."

102) Morisawa, M. E. (1968): Streams, their dynamics and morphology. pp. 155-161, McGraw Hill.
103) Leopold, L. B. & Miller, J. P. (1956): Ephemeral streams; hydraulic factors and their relation to the drainage net. U. S. G. S. Prof. Paper, 282-A, 1-36.
104) Chorley, R. J. (1957): Illustrating the law of morphometry. Geol. Mag., **94**, 140-150.
105) Wisler, C. O. & Brater, E. F. (1959): Hydrology. p. 51, John Wiley & Sons.
106) Maxwell, J. C. (1960): Quantitative geomorphology of the San Dimas experimental forest, California. O. N. R. Tech. Rept., No. 19, 1-95.
107) Strahler, A. N. (1957): Quantitative analysis of watersheds geomorphology. Trans. A. G. U., **38**, 913-920.
108) Broscoe, A. J. (1959): Quantitative analysis of longitudinal stream profiles of small watersheds. O. N. R. Tech. Rept., No. 11, 1-102.
109) Scheidegger, A. E. (1968): Horton's laws of stream lengths and drainage areas. W. R. R., **4**, 1015-1021.
110) Smart, J. S., Surkan, A. J. & Considine, J. P. (1967): Digital simulation of channel networks. I. A. S. H., General Assembly of Bern, Symposium on river morphology, Publ., No. 75, 87-98.
111) Melton, M. A. (1958): List of sample parameters of quantitative properties of land forms: their use in determining the size of geomorphic experiments. O. N. R. Tech. Rept., No. 16, 1-17, Dept. Geol., Columbia Univ.
112) Smart, J. S. (1968): Statistical properties of stream length. W. R. R. **4**, 1001-1014.
113) Dacey, M. F. (1970): Lengths of stream for an independent event model. W. R. R., **6**, 341-344.
114) James, W. R. & Krumbein, W. C. (1969): Frequency distribution of stream link length. J. Geol., **77**, 544-565.
115) Liao, K. H. & Scheidegger, A. E. (1969): Theoretical stream lengths and drainage areas in Horton nets of various orders. W. R. R., **5**, 744-746.
116) Ghosh, A. K. & Scheidegger, A. E. (1970): Dependence of stream link lengths and drainage areas on stream order. W. R. R., **6**, 336-340.
117) 島野安雄 (1973): Link magnitude 方式による水系網について. 日本地理学会 1973 年春季大会予稿集 (4) 94-95.
118) Scheidegger, A. E. & Langbein, W. B. (1966): Probability concepts in geomorphology. U. S. G. S. Prof. Paper, 500-C, 14p.
119) Yang, C. T. (1971): Potential energy and stream morphology. W. R. R., **7**, 311-322.
120) Fok, Y. S. (1971): Law of stream relief in Horton's stream morphological system. W. R. R., **7**, 201-203.
121) Ranalli, G. & Scheidegger, A. E. (1968): A test of the topological structure of river nets. Bull. I. A. S. H., **13**, (2), 142-153.
122) Hack, J. T. (1957): Studies of longitudinal stream profiles in Virginia and Maryland. U. S. G. S. Prof. Paper, 294B, 45-97.
123) Gray, D. M. (1961): Interrelationships of watershed characteristics. J. G. R., **66**, 1215-1223.
124) Leopold, L. B., Wolman, M. G. & Miller, J. P. (1965): Fluvial processes in geomorphology. p. 145, W. H. Freeman & Co.
125) Hack, J. T. (1965): Postglacial drainage evolution and stream geometry in the Ontogonan area, Michigan. U. S. G. S., Prof. Paper, 504B, 40p.
126) Smart, J. S. & Surkan, A. J. (1967): The relation between mainstream length and area in drainage basins. W. R. R., **3**, 963-974.
127) 坂口 豊 (1965): 流域の発達と日本島流域の特性. 地理評. **38**, 74-91.
128) 榧根 勇 (1972): 流域の面積と主流の長さとの関係について. 地理評, **45**, 588-590.
129) Brush, L. M. Jr. (1961): Drainage basins, channels and flow characteristics of selected streams in central Pennsylvania. U. S. G. S. Prof. Paper, 282F, 145-181.
130) Morgan, R. P. C. (1971): A morphometric study of some valley systems on the

English chalklands. Transaction and Papers, Institute of British Geographers, No. 54, 33-44.
131) 大竹義則 (1972): 河川の小流域の地形計測的研究. 地理科学の諸問題, pp. 173-179.
132) 山本荘毅編 (1968): 陸水. p. 123, 共立出版.
133) Melton, M. A. (1958): Geometric properties of mature drainage systems and their representation in an E_4 phase space. J. Geol., **66**, 35-54.
134) Strahler, A. N. (1958): Dimensional analysis applied to fluvially eroded landforms. Bull. G. S. A., **69**, 279-300.
135) Smith, K. G. (1950): Standards for grading texture of erosional topography. Amer. J. Sci., **248**, 655-668.
136) Smart, J. S. & Moruzzi, V. L. (1971): Computer simulation of Clinch mountain drainage networks. J. Geol., **79**, 572-584.
137) Smart, J. S. (1972): Quantitative characterization of channel network structure. W. R. R., **8**, 1487-1496.
138) Morisawa, M. E. (1968): Streams, their dynamics and morphology. p. 158, McGraw Hill.
139) Ghose, B. Pandy, S., Singh, S. & Lal, G. (1967): Ouantitative geomorphology of the drainage basins in the central Luni basin in western Rajasthan. Zeitschr. f. Geomorph., N. F, **11**, 146-160.
140) Smith, K. G. (1958): Erosional processes and landforms in Badlands National Monument, South Dakota. Bull. G. S. A., **69**, 975-1008.
141) Chorley, R. J. & Morgan, M. A. (1962): Comparison of morphometric features, Unaka mountains, Tennessee and North Carolina, and Dartmoor, England. Bull. G. S. A., **73**, 17-34.
142) Chorley, R. J. (1972): Spatial analysis in geomorphology. p. 387, Methuen & Co.
143) Carlston, C. W. (1966): The effects of climate on drainage density and streamflow. Bull. I. A. S. H., **11**, (3), 62-69.
144) Carlston, C. W. (1963): Drainage density and streamflow. U. S. G. S. Prof. Paper, 422-C, 1-8.
145) Creager, W. P., Justin, J. D. & Hinds, J. (1945): Engineering for dams. Vol. I, p. 125, John Wiley & Sons.
146) 花沢正男 (1960): 本邦河川の流出量分布について. 電力気象連絡会彙報, **11**, (2), 91-102.
147) 西沢利栄 (1970): 流量と流域の相似性について. 地理評, **43**, 527-534.
148) 枝川尚資 (1972): 流量と流域の相似性に関する検討. 地理評, **45**, 442-445.
149) Morisawa, M. E. (1959): Relation of morphometric properties to runoff in the Little Mill Creek, Ohio, drainage basin. O. N. R., Tech. Rept., No. 17, 1-9.
150) Melton, M. A. (1958): Correlation structure of morphometric properties of drainage systems and their controlling agents. J. Geol., **66**, 442-460.
151) Wong, S. T. (1963): A multivariate statistical model for predicting mean annual flood in New England. Ann. A. A. G., **53**, 298-311.
152) 山辺功二 (1968): 神流川流域における流量と水温の観測. 水温の研究, **12**, 10-15.
153) Stall, J. B. & Fok, Y. S. (1967): Discharge as related to stream system morphology. I. A. S. H., General Assembly of Bern., Symposium on river morphology., Publ., No. 75, 224-235.

4章
154) 佐藤清一 (1962): 水理学. 412p., 森北出版.
155) 椿 東一郎・荒木正夫 (1962): 水理学演習 上・下. 632p., 森北出版.
156) 本間 仁・安芸皎一編 (1962): 物部水理学. 660p., 岩波書店.
157) Chow, V. T. (1959): Open channel hydraulics. 680p., McGraw Hill.
158) 岡本哲史 (1953): 応用流体力学. pp. 112-113. 誠文堂新光社.
159) Prandtl, L. (1957): Führer durch die Strömungslehre. S. 112-115, Friedrich Vieweg, Braunschweig.
160) Leliavsky, S. (1955): An introduction to fluvial hydraulics. pp. 40-41, Constable.
161) Lane, E. W. et al. (1947): Report of the subcommittee on sediment terminology. Trans. A. G. U., **28**, 936-938.
162) 石原藤次郎・本間 仁 (1958): 応用水理学 中 I. pp. 7-10, 丸善.

163) Wentworth, C. K. (1922): A scale of grade and class terms for clastic sediments. J. Geol., **30**, 377-392.
164) Krumbein, W. C. (1936): Application of logarithmic moments to size frequency distribution of sediments. J. Sed. Petrl., **6**, 35-47.
165) Krumbein, W. C. & Pettijohn, F. J. (1938): Manual of sedimentary petrography. pp. 77-90. Appleton Century-Crofts.
166) 谷津栄寿 (1950): 堆積物研究における試料の取方についての二, 三の問題. 地理評, **24**, 23-26.
167) 寿円晋吾 (1965): 多摩川流域における武蔵野台地の段丘地形の研究 — 段丘傾動量算定の一例—(その二). 地理評, **38**, 591-612.
168) Kellerhals, R. & Bray, D. I. (1971): Sampling procedure for coarse fluvial sediments. Proc. A. S. C. E., HY8, 1165-1180.
169) 中山正民 (1973): 河川堆積物の調査. 現代地理調査法 II (尾留川正平ほか5名編). p. 230, 朝倉書店.
170) 三野与吉編 (1952): 自然地理の調べ方. pp. 94-103, p. 124, 古今書院.
171) Wolman, M. G. (1954): A method of sampling coarse river bed material. Trans. A. G. U., **35**, 951-956.
172) Leopold, L. B. (1970): An improved method for size distribution of stream gravel. W. R. R., **6**, 1357-1366.
173) Inman, D. L. (1952): Measures for describing the size distribution of sediments. J. Sed. Petrl., **22**, 125-145.
174) Folk, R. L. & Ward, W. C. (1957): Brazos river bar; a study in the significance of grain size parameters. J. Sed. Petrl., **27**, 3-26.
175) Shepard, F. P. (1963): Submarine geology. pp. 123-125., Harper & Row.
176) Lamb, H. (1959): Hydrodynamics. 6th ed., pp. 580-617., Cambridge Univ. Press.
177) 椿 東一郎 (1951): 乱流中における砂泥の運動に就いて. 九大流体力学研報告, **7**, (4), 39-50.
178) McNown, J. S. & Malajka, J. (1950): Effect of particle shape on settling velocity at low Reynolds number. Trans. A. G. U., **31**, 74-82.
179) 鶴見一之 (1932): 沈降速度の理論及び実験. 土会誌, **18**, 1059-1094.
180) 久宝 保 (1953): 静水中における砂利の転動あるいは沈降速度について. 土会誌, **38**, 129-132.
181) 吉良八郎 (1957): 砂レキ粒子の形状因子と沈降速度との関係について. 農土研, **25**, 138-187.
182) Rubey, W. W. (1933): Settling velocities of gravel, sand and silt particles. Amer. J. Sci., **25**, 325-338.
183) 野満隆治 (瀬野錦蔵補訂) (1959): 新河川学. pp. 221-223., 地人書館.
184) Fairbridge, R. (1968): The encyclopeadia of geomorphology. p. 456, p. 888., Rheinhold & Co.
185) Louis, H. (1961): Allgemeine Geomorphologie. S. 61, Walter de Gruyter, Berlin.
186) Morisawa, M. E. (1968): Streams, their dynamics and morphology. p. 67, McGraw Hill.
187) 石原藤次郎・本間 仁 (1957): 応用水理学 上. pp. 67-68, 丸善.
188) Hjulström, F. (1935): Studies of the morphological activity of rivers as illustrated by the river Fyris. Bull. Geol. Institute of Uppsala, **25**, 221-527.
189) Bloom, A. 著 (榧根 勇訳) (1970): 地形学入門. p. 120, 共立出版.
190) Wolman, M. G. & Leopold, L. B. (1957): River flood plains—some observations on their formation, U. S. G. S. Prof. Paper (282-C), 87-109.
191) Graf. W. H. (1971): Hydraulics of sediment transport. pp. 83-122., McGraw Hill.
192) 鶴見一之 (1929): 砂礫の運動. 土会誌, **15**, 139-186.
193) Penck, A. (1894): Morphologie der Erdoberflache. Bd. I. S. 278-286, J. Engelhorn, Stuttgart.
194) Fortier, S. & Scobey, F. C. (1926): Permissible canal velocities. Trans. A. S. C. E., **89**, 940-984.
195) Lane, E. W. (1955): Design of stable channels. Trans. A. S. C. E., **120**, 1234-1260.
196) Hjulström, F. (1942): Studien über das Mäander-Problem. Geogr. Ann., **17**, 233-269.

197) Sundborg, Å (1956): The river Klarälven, a study of fluvial processes. Geogr. Ann., **38**, 127-316.
198) Helley, E. J. (1969): Field measurement of the initiation of large bed particle motion in Blue creek. U. S. G. S. Prof. Paper, 562G., 19p.
199) Neil, C. R. (1967): Mean velocity criterion for scour of coarse uniform bed material. Proc. I. A. H. R. 12th Congress, C. S. U. Fort Collins, vol. 3, pp. 46-54.
200) Chow, V. T. (1959): Open channel hydraulics. p. 168, McGraw Hill.
201) Kramer, H. (1935): Sand mixtures and sand movement in fluvial models. Trans. A. S. C. E., **100**, 798-838.
202) Tiffany, J. B. & Bentzel, C. E. (1935): A discussion on "Sand mixtures and sand movement in fluvial models." by H. Kramer. Trans. A. S. C. E., **100**, 861-867.
203) 岩垣雄一 (1956): 限界掃流力に関する基礎的研究 (I), 限界掃流力の流体力学的研究. 土論集, (41), 1-21.
204) Chang, Y. L. (1939): Laboratory investigation of flume traction and transportation. Trans. A. S. C. E., **104**, 1246-1284.
205) 安芸皎一・佐藤清一 (1939): 砂粒河床模型実験の基本に関する研究並に限界掃流力に関する研究. 土木試験所報告, (48), 23-64.
206) 境 隆雄 (1946): 河床砂礫に対する限界掃流力に就いて. 土会誌, **31**, (2), 1-8.
207) Leliavsky, S. (1955): An introduction to fluvial hydraulics. pp. 45-46. Constable.
208) Shields, A. (1936): Anwendung der Aehnlichkeitsmechanik und der Turbulenzforschung auf die Geschiebebewegung. Mitteilungen der Preußischen Versuchsanstalt für Wasserbau und Schiffbau, (26), 5-26.
209) Bogardi, J. L. (1965): European concepts of sediment transportation. Proc. A. S. C. E., **91**, HY1, 29-54.
210) Ippen, A. T. & Verma, R. P. (1953): The motion of discrete particles along the bed of a turbulent stream. Proc. I. A. H. R. & A. S. C. E., 5th Congr, Joint Meeting, Minneapolis, pp. 7-20.
211) White, C. M. (1940): The equilibrium of grains on the bed of a stream. Proc. Royal Society of London, Ser. A., **174**, 322-338.
212) Ward, B. D. (1969): Relative density effect on incipient bed movement. W. R. R., **5**, 1090-1096.
213) Egiazaroff, J. V. (1965): Calculation of nonuniform sediment concentrations. Proc. A. S. C. E., **91**, HY4, 225-247.
214) Kalinske, A. A. (1947): Movement of sediment as bed load in rivers. Trans. A. G. U., **28**, 615-620.
215) 栗原道徳・椿 東一郎 (1948): 限界掃流力に就いて. 九大流体工研報, **4**, (3), 1-26.
216) 土屋義人 (1963): 混合砂礫の限界掃流力について. 土論集, (98), 1-8.
217) 岩垣雄一・土屋義人 (1956): 限界掃流力に関する基礎的研究 (II), 砂面上におかれた礫の限界掃流力について. 土論集, (41), 22-38.
218) Zeller, J. (1963): Einführung in den Sedimenttransport offener Gerinne. Schweiz. Bauzeitung, **81**, 597-602.
219) Schoklitsch, A. (1962): Handbuch des Wasserbaues, Bd. I., S. 155-176., Springer, Wien.
220) Chien, N. (1954): The present status of research on sediment transport. Proc. A. S. C. E., Separate No. 565, 1-33.
221) 佐藤清一・吉川秀夫・芦田和男 (1957): 河床砂礫の掃流運搬に関する研究. 土研報, (98), 13-30.
222) Grass, A. J. (1970): Initial instability of fine bed sand. Proc, A. S. C. E., **96**, HY3, 619-632.
223) 平野宗夫 (1971): Armouring を伴う河床低下について. 土論集, (195), 55-65.
224) 田畑茂清・市ノ瀬栄彦 (1970): 大礫の限界掃流力に関する実験的研究. 第25回土木学会年次講演会講演概要, pp. 237-238.
225) 浅田 宏・石川晴雄 (1968): 回流水路による混合砂礫の流送実験. 第23回土木学会年次講演会講演概要, pp. 327-330.
226) 浅田 宏 (1973) 山地河川の流砂量および河床変動の実用的計算手法について. 土論集, (216), 37—46.

227) Kellerhals, R. (1967): Stable channels with gravel paved pebbles. Proc. A. S. C. E., **93**, WW1, 63-84.
228) Benedict, B. A. & Christensen, B. A. (1972): Hydrodynamic lift on a stream bed. in "Sedimentation" edited by H. W. Shen., 5〜1-5〜17.
229) 井口正男・高山茂美 (1971)：渓流河川の河床礫の移動について（そのⅢ）―限界掃流力に関する研究―. 東教大地理研報, (XV), 35-45.
230) Lane, E. W. & Kalinske. A. A. (1939): The relation of suspended to bed material in rivers. Trans. A. G. U., **20**, 637-641.
231) Einstein, H. A. & El Samni, E. S. (1949): Hydrodynamic forces on a rouge wall. Rev. Mod. Phys., **21**, 520-524.
232) Yalin, M. S. (1972): Mechanics of sediment transport. pp. 74-110., Pergamon, Oxford.
233) Vanoni, V. A. et al. (1966): Sediment transportation mechanics; Initiation of motion (Progress report of task committee). Proc. A. S. C. E., **92**, HY2, 291-314.
234) Christensen, B. A. (1972): Incipient motion on cohesionless channel banks. in "Sedimentation" edited by H. W. Shen, 4〜1-4〜22.
235) Einstein, H. A. (1950): The bed load function for sediment transportation in open channel flows. U. S. Dept. Agr., Soil Conservation Service, Technical Bulletin (1026), 1-71.
236) 高山茂美 (1965)：新潟県海府浦付近の渓流河川の流送土砂礫に関する研究 第一報. 地理評, **38**, 29-41.
237) 野満隆治（瀬野錦蔵訂補）(1959)：新河川学. pp. 182-187., 地人書館.
238) 半谷高久 (1967)：水質調査法. pp. 50-60, 丸善.
239) U. N. E. S. C. O. (1953): The sediment problem. pp. 63-72, Bangkok.
240) Graf, W. H. (1971): Hydraulics of sediment transport. pp. 126-139, McGraw Hill.
241) Rouse, H. (Ed) (1950): Engineering hydraulics. pp. 774-799, John Wiley & Sons.
242) 永井荘七郎 (1943)：流砂に関する研究第1編. 土会誌, **29**, 343-370.
243) O'Brien, M. P. & Rindlaub, B. D. (1934): The transportation of bed load by streams. Trans. A. G. U., **15**, 593-598.
244) 椿 東一郎 (1951)：水路床砂礫の掃流量に就いて. 九大流体力研報, **7**, (4), 25-38.
245) Shinohara, K. & Tsubaki, T. (1959): On the characteristics of sand waves formed upon the beds of the open channels and river. Rept. Res. Inst. App. Mech. Kyushu Univ., **7**, (25), 15-45.
246) Meyer-Peter, E. & Müller, R. (1948): Formulas for bed-load transport. Intern. Assoc. for Hydraulic Structure Research, 2nd meeting, Stockholm, Sweden, pp. 39-64.
247) 芦田和男・道上正規 (1972)：移動床流れの抵抗と掃流砂量に関する基礎的研究. 土論集, (206), 59-69.
248) Bagnold, R. A. (1966): An approach to the sediment transport problem from general physics. U. S. G. S. Prof. Paper, (422-I), 1-37.
249) Gilbert, G. K. (1914): Transportation of débris by running water. U. S. G. S. Prof. Paper, (86), 1-263.
250) 中山秀三郎 (1923)：自成水路内の砂の運動に関する模型実験報告. 土会誌, **10**, 269-296.
251) MacDougall, C. H. (1933): Bed sediment transportation in open channels. Trans. A. G. U., **14**, 491-495.
252) Meyer-Peter, E., Favre, H., & Einstein, H. A. (1934): Neuere Versuchsresultate über den Geschiebetrieb, Schweizerische Bauzeitung, **103**, (13), 147-150.
253) Barekyan, A. S. (1962): Discharge of channel forming sediments and elements of sand waves. Sov. Hydrl., (2), 128-130.
254) 篠原謹爾・椿 東一郎 (1957)：河床砂礫の移動機構に関する一考察. 九大応力研報, (10), 85-94.
255) Colby, B. R. (1963): Fluvial sediments. —a summary of source, transportation, deposition and measurement of sediment discharge. U. S. G. S. Bull., (1181-A), 47p.
256) Graf, W. H. (1971): Hydraulics of sediment transport. pp. 150-159., McGraw Hill.
257) Yalin, M. S. (1963): An expression for bed load transportation. Proc. A. S. C. E., **89**, HY3, 221-250.

258) Kalinske, A. A. (1942): Criteria for determining sand transport by surface creep and saltation. Trans. A. G. U., **23**, pt. II., 639-643.
259) Abbett, R. W. (1956): Bed load movement. American Civil Engineering Practice, Vol. II., pp. **15**～15-15～74, John Wiley & Sons.
260) 佐藤清一・吉川秀夫・芦田和男 (1958)：河川の土砂流送に関する研究．土研報, (101), 1-16.
261) 平野宗夫 (1972)：混合砂礫の河床変動と平衡河床に関する研究．土論集，(207), 51-60.
262) 芦田和男・道上正規 (1971)：混合砂礫の流砂量と河床変動に関する研究．京大防研年報, (14B), 258-273.
263) 篠原謹爾・薄 慶治 (1952)：阿蘇谷渓流の流砂量推定について．九大応力研報, (3), 36-57.
264) Nordin, C. F. Jr. & Beverage, J. P. (1965): Sediment transport in the Rio Grande, New Mexico. U. S. G. S. Prof. Paper, (462F), 1-35.
265) 井口正男・目崎茂和 (1973)：河床砂礫の平均粒径について．日本地理学会1973年春季大会予稿集，(4), 16-17.
266) 岸 力・福岡捷二 (1966)：河床粒子の saltation の機構と流砂量．土木技術資料 (土木学会北海道支部)，(22), 113-120.
267) 土屋義人・角野 稔 (1967)：水流による砂粒の運動機構に関する実験．京大防研年報, (10B), 97-107.
268) 大同淳之 (1968)：掃流砂礫が流れの流速分布におよぼす影響について．京大防研年報，(11B), 75-81.
269) 矢野勝正・土屋義人・青山俊樹 (1969)：掃流砂れきの saltation に関する実験．京大防研年報, (12B), 491-502.
270) 土屋義人・渡戸健介・青山俊樹 (1969)：水流による砂れきの saltation の機構．京大防研年報. (12B), 475-490.
271) 高山茂美 (1965)：渓流河川の河床礫の移動について（そのI）．東教大地理研報, (IX), 169-188.
272) ─── (1966)： ─── （そのII）．東教大地理研報, (X), 113-126.
273) 矢野勝正・土屋義人・道上正規 (1968)：砂れきの流送機構の確率過程としての特性について．京大防研年報, (11B), 61-73.
274) Kennedy, V. C. & Kouba, D. L. (1970): Fluorescent sand as a tracer of fluvial sediment. U. S. G. S. Prof. Paper, (562-E), 1-13.
275) Hubbel, D. W. & Sayre, W. W. (1964): Sand transport studies with radioactive tracers. Proc. A. S. C. E., **90**, HY3, 39-68.
276) Lean, G. H. & Crickmore, M. J. (1966): Dilution method of measuring transport of sand from a point source. J. G. R., **71**, 5843-5855.
277) 木下良作 (1954)：熊川捷水路の河状変化と礫状沈下試験について．栃木県砂防委託調査報告, pp. 50-60, 栃木県.
278) 深田守作・渡辺景隆・新井重三 (1960)：荒川における流出土砂量について．新砂防, (37), 24-27.
279) 多田文男・谷津栄寿・三井嘉都夫 (1953)：渡良瀬川における土砂の堆積について．第3報．資源研彙報, (39), 54-59.
280) ─── (1957)： ───．流砂移動に関する研究その 2. 資源研彙報, (45), 10-22.
281) 建設省関東地方建設局 (1960)：第3回利根川水系砂防調査報告書．pp. 166-185.
282) 岩塚守公・町田 洋・小池一之 (1964)：富士山大沢に見られる砂礫移動の特性．水利科学, (36), 52-70.
283) 高山茂美 (1964)：桂川の四方津付近における河床変動について．東教大地理研報, (VIII), 105-126.
284) Graf, W. H. (1971): Hydraulics of sediment transport. pp. 161-189, McGraw Hill.
285) Fleming, G. & Poodle, T. (1970): Particle size of river sediments. Proc. A. S. C. E., **96**, HY2, 431-439.
286) 野満隆治（瀬野錦蔵補訂）(1959)：新河川学，pp. 203-207., 地人書館.
287) Straub, L. G. (1932): Hydraulics and sedimentary characteristics of rivers. Trans. A. G. U., **13**. 375-382.
288) O'Brien, M. P. (1933): Review of theory of turbulent flow and its relation to sediment transportation. Trans. A. G. U., **14**, 487-491.

289) Hayami, S. (1938) Hydrological studies on the Yangtze river, China II. A theory of silt transportation by running water. J. Shanghai Sci. Inst. Sect. I, **1** (9) 175-198.
290) Rouse, H. (1937): Modern conceptions of the mechanics of fluid turbulence. Trans. A. S. C. E., **102**, 463-505.
291) Vanoni, V. A. (1941): Some experiments on the transportation of suspended load. Trans. A. G. U., **22**, 608-621.
292) ——— (1946): Transportation of suspended sediments by water. Trans. A. S. C. E., **111**, 67-133.
293) ——— (1953): Some effect of suspended sediments on flow characteristics. Proc. 5th., Iowa. Hydrl. Conf., pp. 137-158.
294) Lane, E. W. & Kalinske, A. A. (1941): Engineering calculations of suspended sediments. Trans. A. G. U., **22**, 603-607.
295) Anderson, A. G. (1942): Distribution of suspended sediments in natural streams. Trans. A. G. U., **23**, pt. II, 678-683.
296) Colby, B. R. & Hembree, C. H. (1955): Computations of total sediment discharge Niobrara river near Cody, Nebraska. U. S. G. S. Wat. Sup. Paper (1357), 1-187.
297) Ismail, H. M. (1952): Turbulent transfer mechanism and suspended sediments in closed channels. Trans. A. S. C. E., **117**, 409-446.
298) Nordin, C. F. Jr. & Dempster, G. R. (1963): Vertical distribution of velocity and suspended sediments, middle Rio Grande, New Mexico. U. S. G. S. Prof. Paper, (462B), 20p.
299) 合田 健 (1954): 浮遊物の輸送機構に関する一研究. 土会誌, **39**, 48-52.
300) Carstens, M. R. (1952): Accelerated motion of spherical particles. Trans. A. G. U., **33**, 713-721.
301) Matyukhin, V. J. & Prokofyev, O. N. (1966): Experimental determination of the coefficient of vertical turbulent diffusion in water for settling particles. Sov. Hydrl., (3), 310-316.
302) Jobson, H. E. & Sayre, W. W. (1970): Vertical transfer in open channel flow. Proc. A. S. C. E., **96**, HY3, 703-724.
303) Vanoni, V. A. & Nomicos, G. N. (1960): Resistance properties of sediment laden streams. Trans. A. S. C. E., **125**, 1140-1175.
304) 椿 東一郎 (1955): 浮流流砂が流れに及ぼす影響について. 土会誌, **40**, 449-458.
305) 志村博康 (1957): 浮流流砂を有する水流の諸特性について. 土論集, (46), 22-29.
306) 日野幹雄 (1963): 固体粒子を浮遊した流れの乱流構造の変化. 土論集, (92), 11-20.
307) Scheidegger, A. E. (1961): Theoretical geomorphology. 2nd ed., pp. 189-192.
308) Einstein, H. A., Anderson, A. G. & Johnson, J. W. (1940): A distinction between bed load and suspended load in natural rivers. Trans. A. G. U., **21**, pt. II., 628-633.
309) 合田 健 (1950): 開水路における浮遊流砂の分布について. 土会誌, **35**, 449-454.
310) Kalinske, A. A. (1940): Suspended material transportation under non-equilibrium conditions. Trans. A. G. U., **21**, 613-617.
311) Campbell, F. B. & Bauder, H. B. (1940): A rating curve method for determining silt discharge of stream. Trans. A. G. U., **21**, 603-607.
312) 堂腰 純 (1953): 河川流送浮泥について. 農土研, **21**, 21-30.
313) 吉川秀夫 (1952): 浮遊流砂量に関する二, 三の考察. 土研報, (83), 25-37.
314) 荒巻 孚 (1956): 洪水時の溶・浮流物質の研究. 地理評, **29**, 662-666.
315) 荒巻 孚・沢野亮一 (1957): 荒廃山地が河床堆積物および運搬物質に与える影響. 地理評, **30**, 548-563.
316) Graf, W. H. (1971): Hydraulics of sediment transport. pp. 235-237, McGraw Hill.
317) Leopold, L. B. & Maddock, T. Jr. (1953): The hydraulic geometry of stream channels and some physiographic implications. U. S. G. S. Prof. Paper, (252), 1-56.
318) 吉川秀夫 (1954): 洪水時の河川浮遊流砂量の変化について. 土研報, (87), 97-101.
319) 荒巻 孚 (1958): 洪水減水時の浮流物の濃度変化. 地理評, **31**, 24-32.
320) 菅谷重二 (1954): 洪水時の河川浮遊流砂量の変化について. 水害の研究, 第3輯, 13-28.
321) Heidel, S. G. (1956): The progressive lag of sediment concentration with flood

waves. Trans. A. G. U., **37**, 56-66.
322) 谷津栄寿・貝塚爽平 (1951): 関東地方主要河川の溶浮流物質に関する予察的研究. 資源研彙報, (25), 38-45.
323) Wilson, L. (1972): Seasonal sediment yield patterns of United States rivers. W. R. R., **8**, 1470-1479.
324) Nordin, C. F. Jr. (1963): A preliminary study of sediment transport parameters, Rio Puerco, near Bernado, New Mexico. U. S. G. S. Prof. Paper, (462C), 1-21.
325) Bondurant D. C. (1951): Sedimentation studies at Conchas reservoir in New Mexico. Trans. A. S. C. E., **116**, 1283-1295.
326) Colby B. R. & Scott, C. H. (1965): Effect of water temperature on the discharge of bed material. U. S. G. S. Prof. Paper, (462-G), 25p.
327) Holeman, J. N. (1968): The sediment yield of major rivers of the world. W. R. R., **4**, 737-747.
328) 荒巻孚 (1968): 河川. 山本荘毅編「陸水」, p.172. 共立出版.
329) Anderson, H. W. (1954): Suspended sediment discharge as related to streamflow, topography, soil and land use. Trans. A. G. U., **35**, 268-281.
330) Lustig, L. K. & Brush, R. D. (1967): Sediment transport in Cache creek drainage basin in the Coast ranges west of Sakramento, California. U. S. G. S. Prof. Paper, (562-A), 36p.
331) Collier, C. R. (1963): Sediment characteristics of small streams in southwestern Wisconsin 1954-1959. U. S. G. S. Wat. Sup. Paper, (1669B), 34p.
332) Benedict, P. C. & Matejka, D. Q. (1952): The measurement of total sediment load in alluvial streams. Proc. 5th Hydrl. Conf., State Univ. of Iowa., pp. 263-286.
333) 中村三郎 (1957): 流出土砂の測定. 工学研究, 6, 279-283.
334) Tricart, J. (1961): Observations sur le charriage des matériaux grossiers par les cours d'eau. Rev. Géomorph. Dynam., **12**, 3-15.
335) Nizery, A. et Bradeau, G. (1953): Variation de la glanulometrie de charriage dans une section de rivière. Proc. I. A. H. R. & A. S. C. E., 5th Congress., Joint meeting, Minneapolis, pp. 49-60.
336) Frécaut, R. (1966) Les transports solides du fond des cours d'eau; techniques et possibilités des méthods de mesure directs. Revue de Geogr. de l'est, **6**, 321-327.
337) 細井正延 (1951): 流送砂泥の問題. 土会誌, **36**, 48-51.
338) Lane, E. W. & Borland, W. M. (1951): Estimating bed load. Trans. A. G. U., **32**, 121-123.
339) 菅谷重二 (1955): 十津川流域治山事業計画調査報告書. 48p., 大阪営林局.
340) ——— (1958): 物部川水文調査報告書. 56p., 高知営林局.
341) Twenhofel, W. H. (1939): Principles of sedimentation. pp. 205-207, McGraw Hill.
342) 高山茂美 (1965): 新潟県海府浦付近の渓流河川の流送土砂礫に関する研究 (第二報). 地理評, **38**, 415-425.
343) 石原藤次郎・本間仁 (1958): 応用水理学 中 I. pp. 32-33, 丸善.
344) Colby, B. R. & Hubbel. D. W. (1961): Simplified methods for computing total sediment discharge with the modified Einstein procedure. U. S. G. S. Wat. Sup. Paper, (1593), 17p.
345) Schroeder, K. B. & Hembree, C. H. (1956): Application of the modified Einstein procedure for computation of total sediment load. Trans. A. G. U., **37**, 197-212.
346) Hubbel, D. W. & Matejka, D. Q. (1959): Investigation of sediment transportation Middle Loup river at Dunning, Nebraska. U. S. G. S. Wat. Sup. Paper, (1476), 123p.
347) Einstein, H. A. (1964): River sedimentation in "Handbook of applid hydraulics" edited by V. T. Chow., p. 17~60., McGraw Hill.
348) Chang. F. M., Simons, D. B. & Richardson, E. V. (1967): Total bed-material discharge in alluvial channels. Proc. 12 th Congress, I. A. H. R. C. S. U. Fort Collins, vol. I, pp. 132-140.
349) Laursen, E. M. (1958): The total sediment load of streams. Proc. A. S. C. E., **84**, HY1, Paper 1530, 36p.

350) Garde, R. J. & Albertson, M. L., Bondurant, D. C., Bogardi, J. L. (1958): Discussion "The total sediment load of streams" by E. M. Laursen. Proc. A. S. C. E., **84**, HY6, Paper 1856, 59-79.
351) Bishop, A. A. Simons, D. B. & Richardson, E. V. (1965): Total bed material transport. Proc. A. S. C. E., **91**, HY2 175-191.
352) Graf, W. H. & Acaroglu, E. R. (1968): Sediment transport in conveyance systems; Part I., Bull. I. A. S. H., **13**, (2), 20-39.
353) Stall, J. B, Rupani, N. L. & Kandaswamy, P. K. (1958): Sediment transport in Money creek. Proc. A. S. C. E., **84**, HY1, Paper 1531, 27p.
354) Raudkivi, A. J. (1967): Loose boundary hydraulics. pp. 86-94, Pergamon, Oxford.
355) 貝塚爽平 (1969): 地形進化の速さ, 西村嘉助編「自然地理学Ⅱ」. p. 178, 朝倉書店.
356) Douglas. I. (1964): Intensity and periodicity in denudation processes with special reference to the removal of material in solution by rivers. Zeitschr. f. Geomorph., N. F., **8**, 453-473.
357) Stoddart, D. R. (1969): World erosion and sedimentation, in "Introduction to fluvial processes" edited by Chorley, R. pp. 8-15., Methuen.
358) Strakhov, N. M. (1967): Principles of lithogenesis. Vol. I., p. 14, 245., Oliver Boyd, Edinburgh.
359) Douglas, I. (1967): Man, vegetation and the sediment yield of rivers. Nature, **215**, 925-928.
360) Corbel, J. (1964): L'érosion terrestre, étude quantitative. Annals de géographie, **73**, 385-412.
361) ――― (1959): Vitesse de l'érosion Zeitschr. f. Geomorph., N. F., **3**, 1-28.
362) Scheidegger, A. E. (1965): On the dynamics of deposition. Bull. I. A. S. H., **10**, (2), 49-57.
363) Brush, L. M. Jr. (1965): Sediment sorting in alluvial channels. American Society of Economic Paleontologists & Mineralogists, Special Publ., No. 12, 25-33.
364) Allen, J. R. L. (1970): Physical processes of sedimentation, an introduction. p. 87, John Allen & Unwin.
365) Bagnold, R. A. (1954): Experiments on a gravity-free dispersion of large solid spheres in a Newtonian fluid under shear. Proc. Roy. Soc. London, Ser. A, **225**, 49-63.
366) Trask, P. D. (1930): Mechanical analysis of sediments by centrifuge. Economic Geology, **25**, 581-599.
367) MacCammon, R. B. (1962): Efficiencies of percentile measures for describing the mean size and sorting of sedimentary particles. J. Geol., **70**, 453-465.
368) King, C. A. M. (1967): Techniques in geomorphology. pp. 274-291, Edward Arnold.
369) Sundborg, Å (1967): Some aspects on fluvial sediments and fluvial morphology 1, general views and graphic methods. Geogr. Ann., **49**, Ser. A., 333-343.
370) Friedman, G. M. (1961): Distinction between dune, beach and river sand from textural characteristics. J. Sed. Petrl., **32**, 211-216.
371) Shepard, F. P. (1964): Criteria in modern sediments useful in recognizing ancient sedimentary environments. in "Development in sedimentology" (edited by Van Straaten, L. M. J. U.), Vol. I, pp. 9-25.
372) Griffiths, J. C. (1967): Scientific methods in analysis of sediments. pp. 109-146, McGraw Hill.
373) Wadell, H. (1933): Sphericity and roundness of rock particles. J. Geol., **41**, 310-331.
374) Krumbein, W. C. (1941): Measurement and geological significance of shape and roundness of sedimentary particles. J. Sed. Petrl., **11**, 64-72.
375) Rittenhouse, G. (1943): A visual method of estimating two dimensional sphericity, J. Sed. Petrl., **13**, 79-81.
376) Riley, N. A. (1941): Projection sphericity. J. Sed. Petrl., **11**, 94-97.
377) Sneed, E. D. & Folk, R. L. (1958): Pebbles in the lower Colorado river, Texas. A study in particle morphogenesis. J. Geol., **66**, 114-150.
378) Krumbein, W. C. (1942): Settling velocity and flume behaviour of non-spherical

particles. Trans. A. G. U., **23**, 621-633.
379) Zingg, Th. (1935): Beitrag zur Schotteranalyse. Schweizer Mineralogie u. Petermanns Mitteilungen, **15**, 39-140.
380) Wentworth. C. K. (1919): A laboratory and field study of cobble abrasion. J. Geol., **27**. 507-521.
381) 中山正民 (1950) : 駿河湾岸の海浜礫に関する二, 三の事象について (予報). 地理評, **23**, 127.
382) Cailleux, A. (1952): Morphoskopische Analyse der Geschiebe und Sandkörner und ihre Bedeutung für die Paläoklimatologie. Geologische Rundschau, **40**, 11-19.
383) Goguel, J. (1953): A propos de la mesure des galets et de la définition des indices. Rev. de Géomorph. Dynam., **21**, 115-118.
384) Köster, E. u. Leser, H. (1967) : Geomorphologie I, Bodenkundliche Methoden, Morphometrie und Granulometrie. S. 59-82., Georg Westermann, Braunschweig.
385) Wadell, H. (1935): Volume, shape and roundness of quartz particles. J. Geol., **43**, 250-280.
386) Kuenen, Ph. H. (1956): Experimental abrasion of pebbles 2. Rolling by currents. J. Geol., **64**, 336-368.
387) Blenk, M. (1960): Ein Beitrag zur morphometrischen Schotteranalyse. Zeitschr. f. Geomorph, N. F., **4**. 202-242.
388) Tonnard, V. (1963): Critères des sensibilités appliquées aux indices de forms des grains de sable, in "Development in sedimentology", edited by Van Straaten, L. M. J. U., Vol. I, pp, 410-416.
389) Powers, M. C. (1953): A new roundness scale for sedimentary particles. J. Sed. Petrl., **23**, 117-119.
390) Shepard, F. P. & Young, R. (1961) : Dis inguishing between beach and dune sands. J. Sed. Petrl., **31**, 196-214.
391) Wright, A. E. (1957): Three dimensional shape analysis of fine grained sediments. J. Sed. Petlr., **27**, 306-312.
392) Pettijohn, F. J. (1957): Sedimentary rocks. pp. 60-66, 422-423., Harper & Bros.
393) Beal, M. A. & Shepard, F. P. (1956): A use of roundness to determine depositional environments. J. Sed. Petrl., **26**, 49-60.
394) Krumbein, W. C. (1941): The effect of abrasion on the size, shape and roundness of rock fragments. J. Geol., **49**, 482-520.
395) Kuenen, ph. H. (1963): Pivotability studies of sand in a shape sorter, in "Development in sedimentology", edited by Van Straaten, L. M. J. U., Vol. I., pp. 207-215.
396) Krumbein, W. C. (1940): Flood gravels of San Gabriel canyon, California. Bull. G. S. A., **51**, 639-676.
397) ——— (1942): Flood deposits of Arroyo Seco, Los Angels county, California. Bull. G. S. A., **53**, 1355-1402.
398) Russel, R. D. & Taylor, R. E. (1937): Roundness and shape of Mississippi river sands. J. Geol., **45**, 225-267.
399) Plumley, W. J. (1948): Black hill terrace gravels; a study in sediment transport. J. Geol., **56**, 526-577.
400) 中山正民 (1954): 多摩川における礫の円磨度について. 地理評, **27**, 497-506.
401) Krumbein, W. C. (1939): Preferred orientation of pebbles in sedimentary deposits. J. Geol., **47**, 673-706.
402) Graton, L. C. & Frazer, H. J. (1935): Systematic packing of spheres — with particular relation to porosity and permeability. J. Geol., **43**, 785-909.
403) Johansson, C. E. (1963): Orientation of pebbles in running water, A laboratory study. Geogr. Ann., **45**, 85-112.
404) Schwarzacher, W. (1951): Grain orientation in sands and sandstones. J. Sed. Petrl., **21**, 162-172.
405) Rusnak, G. A. (1957): The orientation of sand grains under condition of "unidirectional" fluid flow, I. Theory and experiment. J. Geol., **65**, 384-409.
406) Potter, P. E. & Mast, R. (1963): Sedimentary structures, sand shape fabrics and permeabiliy I. J. Geol., **71**, 441-471.

407) Mortensen, H. u. Hövermann, J. (1957): Schotterbewegungen im Wildbach. Petermanns Geographische Mitteilungen, Erganzungs Heft, 262, S. 43-52.
408) Lane, E. W. & Carlson, E. J. (1954): Some observations on the effect of particle shape on the movement of coarse sediments. Trans. A. G. U., 35, 453-462.
409) 山本荘毅 (1962): 地下水探査法. pp. 36-37, 地球出版.

5章

410) Davis, W. M. (1954): Geographical essays. (edited by Johnson, D. W.), pp. 381-412. Dover Publication (reprint).
411) Langbein, W. B. (1964): Geometry of river channels. Proc. A. S. C. E., 90, HY2, 301-312.
412) Wolman, M. G. (1955): The natural channel of Brandywine creek, Pennsylvania. U. S. G. S. Prof. Paper, (500A), 20p.
413) Wolman, M. G. & Brush, L. M. Jr. (1961): Factors controlling the size and shape of stream channels in coarse noncohesive sands. U. S. G. S. Prof. Paper, (282G), 183-210.
414) Brice, J. C. (1964): Channel patterns and terraces of the Loup river in Nebraska. U. S. G. S. Prof. Paper, (422D), 41p.
415) Schumm, S. A. (1960): The effect of sediment type on the shape and stratification of some modern fluvial deposits. Amer. J. Sci., 258, 177-184.
416) ―――― (1960): The shape of alluvial channels in relation to sediment type. U. S. G. S. Prof. Paper, (352B), 17-30.
417) ―――― (1961): Effect of sediment characteristics on erosion and deposition in ephemeral streams, U. S. G. S. Prof. Paper, (352C), 31-70.
418) Leopold, L. B., Wolman, M. G., & Miller, J. P. (1964): Fluvial processes in geomorphology. pp. 242-244., W. H. Freeman.
419) ―――― (1964): ――――. p. 271.
420) Blench, T. (1973): Regime problems of rivers formed in sediment. in "Environmental impact on rivers", edited by H. W. Shen, 5~1-5~31.
421) 椹根 勇 (1973): 水の循環. pp. 128-129, 共立出版.
422) 山辺功二 (1971): 水流の水理幾何についての一考察. 水温の研究, 15, (2), 31-37.
423) Scheidegger, A. E. & Langbein, W. B. (1966): Probability concepts in geomorphology. U. S. G. S. Prof. Paper. (500C), 14p.
424) 谷津栄寿 (1954): 平衡河川の縦断面形について (I). 資源研彙報, (33), 15-24.
425) Howard, A. D. (1965): Geomorphological systems — equilibrium and dynamics. Amer. J. Sci., 263, 302-312.
426) Mackin, J. H. (1948): Concept of the graded river. Bull. G. S. A., 95, 463-511.
427) Jones, O. T. (1942): Longitudinal profiles of the upper Towy drainage system. Quarterly Journal of Geological Society of London, 80, 568-609.
428) Woodford, A. O. (1951): Stream gradients and Monterey sea valley. Bull. G. S. A., 62, 799-852.
429) Leliavsky, S. (1955): An introduction to fluvial hydraulics. pp. 5-6., Constable.
430) Schulits, S. (1941): Rational equation of river bed profile. Trans. A. G. U., 36, 655-663.
431) Krumbein, W. C. (1937): Sediments and exponential curves. J. Geol., 45, 576-601.
432) Strahler, A. N. (1952): Dynamic basis of geomorphology. Bull. G. S. A., 63, 923-938.
433) 谷津栄寿 (1954): 平衡河川の縦断面形について (2). 資源研彙報, (34), 14-21.
434) ―――― (1954): ―――――――― (完). 資源研彙報, (35), 1-6.
435) 土屋義人 (1962): 流路の安定形状に関する研究. 京大防研年報, (5A), 192-211.
436) 物部長穂 (1933): 水理学. pp. 260-262, 岩波書店.
437) 安芸皎一 (1951): 河相論. pp. 79-86, p. 41, 岩波書店.
438) 市川正巳・三野与吉 (1958): 香川県土器川下流の底質と平衡勾配について. 東教大地理研報, (II), 1-16.
439) 増田重臣・河村三郎 (1960): 河川の静的平衡勾配について. 土論集, (70), 17-25.
440) 杉尾捨三郎 (1963): ダム上流部の堆砂形状について. 土論集, (93), 31-39.

441) 矢野勝正・大同淳之 (1958)：砂防ダムの堆砂勾配について (第2報). 京大防研年報, (2), 51-57.
442) 佐藤清一 (1957)：河道の設計について—流砂量の観点からみた—. 土会誌, **42**, (4), 1-7.
443) 増田重臣・河村三郎 (1960)：流砂ある河川における平衡勾配について. 土論集, (70), 8-16.
444) 土屋昭彦・石崎勝義 (1969)：河川の縦断形状に関する研究. 土研報, (136), 1-12.
445) 高山茂美 (1958)：利根川本川中流部の河床変化. 地理評, **31**, 486-495.
446) 渡辺 豊 (1950)：富山湾岸侵蝕調査報告書. p.206.
447) 橋本規明 (1957)：新河川工法, pp.209-210, 森北出版.
448) 三井嘉都夫 (1956)：河川改修等に伴う河床変化. 資源調査会資料, No.46, 15-22.
449) 藤井素介・岩塚守公 (1956)： 災害の地理学的研究—とくに水害について—. 地理評, **29**, 636-652.
450) 多田文男・谷津栄寿・三井嘉都夫 (1952/53)：渡良瀬川の土砂の堆積について, 第1報, 第2報. 資源研彙報, (25), 31-37, (31), 78-85.
451) 三井嘉都夫 (1955)：常願寺川における堰堤の堆砂と河床の変化について. 資源研彙報, (37), 28-38.
452) 中山正民 (1965)：野洲川における河床変動と砂利採取との関係. 大阪学芸大紀要, Ser. A., (13), 139-149.
453) 松本繁樹 (1964)：安倍川下流部の最近の河床低下. 地理評, **37**, 548-559.
454) ——— (1965)：大井川下流部における最近の河床変動と砂利採取. 地理評, **38**, 630-642.
455) Carey, W. C. & Keller, M. D. (1957): Systematic changes in the bed of alluvial rivers. Proc. A.S.C.E., **83**, HY4, Paper 1331, 24p.
456) 有泉 昌・近藤 紀・森 芳徳 (1965)：γ線密度計による河床洗掘調査. 土研報, (123), 1-22.
457) Lane, E. W. & Borland, W. M. (1953): River bed scour during flood. Trans. A. S.C.E., **119**, 1069-1079.
458) Straub, L. G. (1934): Effect of channel contraction works upon regimen of movable bed streams. Trans. A.G.U., **15**, pt. II, 454.
459) Leliavsky, S. (1955): An introduction to fluvial hydraulics. pp. 24-33, Constable.
460) Anderson, A. G. (1953): The characteristics of sediment waves formed by flow in open channels. Proc. 3rd. Midwestern Conf. on Fluid Mech., Univ. of Minn., pp. 379-395.
461) Iwagaki, Y. (1956): On the analysis of mechanism of river bed variation by characteristics, Memoirs, Fac. of Eng., Kyoto Univ., **18**, (3), 163-171.
462) 吉良八郎・玉井佐一 (1961)：特性曲線法による貯水池堆砂機構に関する解析. 農土研, **28**, 323-330.
463) 河村三郎 (1971)：Armour coat の生成に関する研究. 第15回水理講演会講演集, pp. 77-82.
464) 芦田和男 (1969)：河床変動に関する研究—下流端水位低下による河床変動—. 京大防研年報, (12B), 1-11.
465) 江崎一博 (1966)：貯水池の堆砂に関する研究. 土研報, (129), 55-84.
466) Kennedy, J. K. (1963): The mechanics of dunes and antidunes in erodible-bed channels. J. Fl. Mech., **16**, pt. 4, 521-544.
467) Reynolds, A. J. (1965): Waves on the erodible bed of an open channel. J. Fl. Mech., **22**, pt. 1, 113-133.
468) 林 泰造 (1970)：河川蛇行の成因についての研究. 土論集, (180), 61-70.
469) 芦田和男・村本嘉雄・奈良井修二 (1971)：河道の変動に関する研究 (2) —安定流路の形成と形成過程—. 京大防研年報, (14B), 275-297.
470) 村本嘉雄・田中修市・藤田裕一郎 (1972)：河道の変動に関する研究 (3) —流路変動の一次元解析と蛇行流路の形成過程. 京大防研年報, (15B), 385-404.
471) 芦田和男 (1963)：断面変化部における河床変動に関する研究 (I). 京大防研年報, (6), 312-326.
472) 矢野勝正・土屋義人・道上正規 (1969)：沖積河川における河床砂れきの特性の変化について. 京大防研年報, (12B), 463-473.
473) 芦田和男・村本嘉雄・塩入淑史 (1970)：河道の変動に関する研究 (1) —流路の変動過程に関する実験. 京大防研年報, (13B), 243-260.
474) 吉良八郎 (1963)：貯水池の滞砂に関する水理学的研究. 香川大農学部紀要, (12), 1-190.
475) 石井素介 (1962)：天竜川におけるダムと水害—飯田市川路地区を中心に—. 地理評, **35**, 645.
476) 荒巻 孚 (1958)：ダムの堆積. 地理, **3**, 1205-1210.

477) Witzig, B. J. (1943): Sedimentation in reservoirs. Proc. A. S. C. E., **69**, 793-815.
478) 鶴見一之 (1954): 貯水池堆砂量の一算法. 土会誌, **39**, 143-145.
479) Brown, C. B. (1943): Discussion of "Sedimentation in reservoirs" by B. J. Witzig. Proc. A. S. C. E., **69**, 1439-1499.
480) Brune, G. M. (1953): Trap efficiency of reservoirs. Trans. A. G. U., **34**, 407-418.
481) 吉良八郎 (1956): 貯水池堆砂率の一算法. 農土研, **23**, 333-338.
482) ─── (1971): 貯水池の堆砂問題について. 土論集, (193), 23-33.
483) Spraberry, J. A. (1964): Summary of reservoir deposition surveys made in the United States through 1965. U. S. Dept. Agr. Misc. Publ., No, 964, 61p.
484) 石川晴雄・浅田 宏 (1970): 発電用貯水池土砂堆積状況に関する調査報告書. 電力中央研究所技術第二研究所報告, 土木 72019, 28p.
485) 田中治雄・石外 宏 (1951): 貯水池の堆砂量と集水区域の地形及び地質との関係について (第1報). 土論集, (36), 173-177.
486) 渡辺和衞 (1959): 宮崎県耳川上流地域の荒廃状況と上椎葉貯水池の堆砂. 地質調査所月報, **10**, 1093-1104.
487) 石外 宏 (1966): 貯水池の堆積土砂量について. 応用地質, **7**, 173-190.
488) 山岡 動 (1962): 堰における堆砂の進行過程とその形状について. 北海道開発局土木試験所月報, (104), 1-28.
489) Borland, W. M. (1971): Reservoir sedimentation. in "River mechanics", Vol. II, edited by H. W. Shen, 29~1-29~38.
490) 芦田和男 (1966): ダム堆砂に関する研究. 京大防研年報, (10B), 109-119.
491) 高山茂美 (1967): 山形県八久和貯水池の堆砂について. 資源研彙報, (69), 34-45.
492) 井口正男 (1967): 相模湖における堆砂, とくに三角州の発達について. 東教大地理研報, (XI), 207-226.
493) Groover, N. C. & Howard, C. S. (1938): The passage of turbid water through lake Mead. Trans. A. S. C. E., **103**, 720-790.
494) Howard, C. S. (1953): Density current in lake Mead. Proc. Minnesota Intern. Hydrl. Conv., I. A. H. R. & A. S. C. E., pp. 355-368.
495) Harrison, A. S. (1952): Deposition at the head of reservoirs. Proc. 5th. Hydrl. Conf. Sta. Univ. of Iowa, pp. 199-225.
496) 矢野勝正・芦田和男・田中佑一郎 (1963): ダムの背砂に関する研究 (II)─ダム上流部の河床変動について. 京大防研年報, (6), 266-286.
497) ─── (1964): ─── (III), 一背砂の遡上について─. 京大防研年報, (7), 365-392.
498) 芦田和男 (1970): 浮流砂に関する河床変動について. 京大防研年報. (13B), 261-270.
499) 矢野勝正・芦田和男・大同淳之・前田武志 (1964): 浮遊流砂による貯水池の堆砂に関する研究. 京大防研年報, (7), 348-364.
500) Einstein, H. A. (1961): Needs in sedimentation. Proc. A. S. C. E., **87**, HY2, 1-6.
501) Tinney, E. R. (1962): The process of channel degradation. J. G. R., **67**, 1475-1480.
502) Miller, C. R. (1962): Discussion of paper by E. Roy Tinney "The process of channel degradation". J. G. R., **67**, 1481-1483.
503) Komura, S. & Simons, D. B. (1967): River bed variation below dams. Proc. A. S. C. E., **93**, HY4, 1-14.
504) Leopold L. B. & Wolman, M. G. (1957): River channel patterns—braided, meandering and straight. U. S. G. S. Prof. Paper, 282B, 1-85.
505) ─── (1960): River meanders. Bull. G. S. A., **71**, 769-794.
506) Langbein, W. B. & Leopold, L. B. (1966): River meanders and the theory of minimum variance. U. S. G. S. Prof. Paper, (422H), 15p.
507) Brice, J. C. (1964): Channel patterns and terraces of the Loup river in Nebraska. U. S. G. S. Prof. Paper, (422D), 41p.
508) Chitale, S. V. (1970): River channel patterns. Proc. A. S. C. E., **96**, HY1, 201-221.
509) 池田 宏 (1972): 沖積河道の河床形態に関する地形学的研究. 科学技術庁資源調査所資料, 冶山 871, 河川 4, 274p.
510) Howard, A. D., Keetch M. E. & Vincent, L. C. (1970): Topological and geometrical properties of braided streams. W. R. R., **6**, 1674-1688.
511) Krigstöm, A. (1962): Geomorphological studies of sandur plains and their braided rivers in Iceland. Geogr. Ann., **44**, 328-346.

512) Fahnestock, R. K. (1963): Morphology and hydrology of a glacial stream—White river, Mt. Ranier, Wash.—. U. S. G. S. Prof. Paper, (422A), 67p.
513) Cotton, C. A. (1942): Geomorphology, an introduction to the study of landforms. pp. 194-195, Whitcombe & Tombs, Wellington.
514) Friedkin, J. F. (1945): A laboratory study of the meandering of alluvial rivers. U. S. Wat. Exp. Sta. Vicksburg, Mississippi, War. Dept., Corps of Engineers, U. S. Army. Part. I., 18p.
515) Mackin, J. H. (1956): Cause of braiding by a graded river. Bull. G. S. A., **67**, 1717-1718.
516) Schumm, S. A. (1963): Sinuosity of alluvial rivers of the Great Plains. Bull. G. S. A., **74**, 1089-1100.
517) Stricklin, F. L. Jr. (1961): Degradational stream deposits of the Brazos river, central Texas. Bull. G. S. A., **72**, 19-36.
518) Shen, H. W. & Vedula, S. (1969): A basic cause of a braided channel. Proc. 13th, Congress, I. A. H. R., Kyoto, pp. 201-205.
519) Leliavsky, S. (1955): An introduction to fluvial hydraulics. pp. 109-129, Constable.
520) Zeller, J. (1967): Flußmorphologische Studie zum Mäanderproblem. Geographica Helvetica, **22**, 57-95.
521) Dury, G. H. (1965): Theoretical implication of underfit streams. U. S. G. S. Prof. Paper, (452C), 43p.
522) Speight, J. G. (1965): Meander spectra of the Angabunga river. J. Hydrl. **3**, 1-15.
523) Bates, R. A. (1939): Geomorphic history of Kickapoo region, Wisconsin. Bull. G. S. A., **50**, 819-880.
524) Leliavsky, S. (1955): An introduction to fluvial hydraulics. pp. 133-135, Constable.
525) Carlston, C. W. (1965): The relation of free meander geometry to stream discharge and its geomorphic implication. Amer. J. Sci., **263**, 864-885.
526) Graf, W. H. (1971): Hydraulics of sediment transport. p. 261, McGraw Hill.
527) Schumm, S. A. (1967): River metamorphosis., Proc. A. S. C. E., **95**, HY1, 255-273.
528) Exner, F. M. (1927): Zur Wirkung der Erddrehung auf Flußlaufe. Geogr. Ann., **9**, 173-180.
529) 木下良作 (1957): 河床における砂礫堆の形成について —蛇行の実態の一観察—. 土論集, (42), 1-21.
530) ――― (1959): 砂礫堆の実験的研究 (1) 砂礫堆の形成条件について. 新砂防, (26), 1-10.
531) ――― (1961): 石狩川河道変遷調査, 基礎編. 138p., 科学技術庁資源局.
532) ――― (1962): ―――, 参考編. 174p., 〃 .
533) Davis, W. M. (1903): The development of river meanders. Geol. Mag., **10**, 145-148.
534) Matthes, G. H. (1941): Basic aspects of stream meanders. Trans. A. G. U., **22**, 632-636.
535) Zeller, J. (1967): Meandering channels in Switzerland. I. A. S. H. General Assembly of Bern. Symposium on river morphology, Publ. No. 75, 174-186.
536) Eakin, H. M. (1911): The influences of earth's rotation upon lateral erosion of streams. J. Geol., **18**, 435-447.
537) Scheidegger, A. E. (1961): Theoretical geomorphology. p. 228, pp. 240-242, Springer.
538) Kabelac, O. W. (1957): Rivers under influence of terrestrial rotation. Proc. A. S. C. E., **83**, WW1, Paper 1208, 16p.
539) Neu, H. A. (1967): Transverse flow in a river due to earth's rotation. Proc. A. S. C. E., **93**, HY5, 149-165.
540) Jefferson, M. S. W. (1902): Limiting width of meander belts. National Geographical Magazine, **13**, 373-384.
541) Schoklitsch, A. (1962): Handbuch des Wasserbaues. Bd. l, S. 210-216, Springer.
542) Von Engeln, O. D. (1953): Geomorphology. p. 142, MacMillan.
543) Shukry, A. (1950): Flow around bend in an open flume. Trans. A. S. C. E., **115**, 751-779.
544) Prus-Chacinski, T. M. (1966): Discussion on "Critical analysis of open channel

resistance." by H. Rouse. Proc. A. S. C. E., **92**, HY2, 389-393.
545) Ippen, A. T. & Drinker, P. A. (1962): Boundary shear stresses in curved trapezoidal channels. Proc. A. S. C. E., **88**, HY5, 143-179.
546) Werner, P. W. (1951): On the origin of river meanders. Trans. A. G. U., **32**, 892-902.
547) Anderson, A. G. (1967): On the development of stream meanders. Proc. 12th Cong., I. A. H. R. Fort Collins., pp. 370-378.
548) 藤芳義男 (1949): 河川の蛇行と災害. 250p., 佐々木図書.
549) Einstin, H. A. & Li, H. (1958): Secondary currents in straight channels. Trans. A. G. U., **39**, 1085-1088.
550) Tanner, W. F. (1960): Helicoidal flow; a possible cause of meandering. J. G. R., **65**, 993-995.
551) Einstein, H. A. & Shen, H. W. (1964): A study on meandering in straight alluvial channels. J. G. R., **69**, 5239-5247.
552) Tracey, H. J. (1965): Turbulent flow in a three-dimensional channel. Proc. A. S. C. E., **91**, HY6, 9-35.
553) Shen, H. W. & Komura, S. (1968): Meandering tendencies in straight alluvial channels. Proc. A. S. C. E., **94**, HY4, 997-1016.
554) Liggett, J. A., Chiu, C. L. & Miao, L. S. (1965): Secondary currents in a corner. Proc. A. S. C. E., **91**, HY6, 99-117.
555) Chiu, C. L. & McSparren, J. E. (1966): Effect of secondary flow on sediment transport. Proc. A. S. C. E., **92**, HY5, 57-70.
556) Shen, H. W. (1971): Stability of alluvial channels. in "River mechanics" vol. I. edited by H. W. Shen, p. 16〜26.
557) 足立昭平 (1957): 蛇行の発生過程に関する研究. 土木学会水理研究会講印刷, pp. 9-10.
558) ───── (1967): 蛇行発生に関する微小振動の考察. 第11回水理講演会講演集, pp. 19-24.
559) Callander, R. A. (1969): Instability and river channels. J. Fl. Mech. **36**, pt. 3, 465-480.
560) 鮏川 登 (1970): 河川蛇行の発生限界に関する研究. 土論集, (181), 67-76.
561) 椿 東一郎・斉藤 隆 (1967): 流れによる Sand Wave の発生限界. 九州大学工学集報, **40**, (5), 741-748.
562) Yang, C. T. (1971): On river meanders. J. Hydrl., **13**, 231-253.
563) Snyder, W. H. & Stall, J. B. (1965): Mean, models, methods and machines in hydrologic analysis, Proc. A. S. C. E., HY2, 85-99.
564) Chow, V. T. (1959): Open channel hydraulics. p. 448, McGraw Hill.
565) Leopold, L. B., Bagnold, R. A., Wolman, M. G., & Brush, L. M. Jr. (1960): Flow resistance in sinuous and irregular channels. U. S. G. S. Prof. Paper., (282D), 111-134.
566) Bagnold, R. A. (1960): Some aspects of the shape of river meanders. U. S. G. S. Prof. Paper, (282E), 135-144.
567) Von Schelling, H. (1951): Most frequent particle paths in a plane. Trans. A. G. U., **32**, 222-226.
568) Thakur, T. R. & Scheidegger, A. E. (1968): A test of the statistical theory of meander formation. W. R. R., **4**, 317-329.
569) Surkan, A. J. & Kan, J. V. (1969): Constrained random walk meander generation. W. R. R., **5**, 1343-1352.
570) 石原藤次郎編 (1972): 水工水理学, pp. 187-217, 丸善.
571) Hjulström, H. (1949): Climatic changes and river patterns. Geogr. Ann. **31**, 83-89.
572) Kennedy, J. F. et al (1966): Nomenclature for bed forms in alluvial channels. Report of the task force on bed forms in alluvial channels, Proc. A. S. C. E., **92**, HY3, 51-64.
573) Simons, D. B., Richardson, E, V., & Nordin, C. F. Jr. (1965): Sedimentary structures generated by flow in open channels. Society of Economic Paleontologists and Mineralogists, special publ. No. 12, 34-52.
574) Simons, D. B. & Richardson, E. V. (1961): Forms of bed roughness in alluvial

575) Langbein, W. B. (1942): Hydraulic criteria for sand waves. Trans. A. G. U., **23**, 615-618.
576) 林 泰造ほか5名 (1972): 移動床流れの粗度と河床形状. 土会誌, **57**, 増刊号 10-18.
577) Jopling, A. V. (1964): Laboratory study of sorting processes related to flow separation. J. G. R., **69**, 3404-3418.
578) 目崎茂和 (1973): 千葉県養老川安須における河床形態. 地理評, **46**, 516-532.
579) 小峯 勇 (1952): 荒川における砂礫堆の分布と形態について. 地理評, **25**, 111-116.
580) 井口昌平・吉野文雄 (1967): 河床形態の研究の過程について—特に 20 世紀初頭までの研究について—. 生産研究, **19**, (1), 1-7.
581) 三野与吉 (1952): 天井川堤防欠潰の要因と対策, 香川県財田川の場合. 内田先生記念論文集下巻, pp. 391-396, 帝国書院.
582) 君島八郎 (1944): 地表水. pp. 359-360, 丸善.
583) Allen, J. R. L. (1968): Current ripples; their relation to patterns of waters and sediment motion. pp. 41-42, North Holland.
584) Allen, J. R. L. (1969): On the geometry of current ripples in relation to stability of fluid flow. Geogr. Ann., **51**, Ser. A, 61-96.
585) 芦田和男・塩見靖国 (1966): 水路における砂礫堆の水理特性について. 京大防研年報, (9), 457-477.
586) Visher, G. S. (1965): Fluvial processes as interpreted from ancient and recent fluvial deposits. Society of Economic Paleontologists & Mineralogists special publ., No. 12, 116-132.
587) Liu, H. K. (1957): Mechanics of sediment ripple formation. Proc. A. S. C. E., **83**, HY2, 1-23.
588) Simons, D. B., Richardson, E. V. & Nordin, C. F. Jr. (1965): Bed load equation for ripples and dunes. U. S. G. S. Prof. Paper, (462H), 9p.
589) 矢野勝正・芦田和男・田中佑一郎 (1965): 砂漣に関する実験的研究(第1報). 京大防研年報, (8), 271-280.
590) Nordin, C. F. Jr. & Algert, J. H. (1966): Spectral analysis of sand waves. Proc. A. S. C. E., **92**, HY5, 95-114.
591) 芦田和男・田中佑一郎 (1966): 砂漣に関する実験的研究 (第2報). 京大防研年報, (9), 445-456.
592) ─────── (1967): ─────── (第3報). 京大防研年報, (10B), 121-132.
593) Langbein, W. B. & Leopold, L. B. (1968): River channel bars and dunes—Theory of kinematic waves. U. S. G. S. Prof. Paper, (422L), 20p.
594) 井口昌平・鮎川 登 (1967): 移動床形態の区分とくに砂礫堆の形成限界について. 第11回水理講演会講演集, 13-18.
595) 杉尾捨三郎 (1960): 移動床をもつ流れの水路床状態の区分について. 土論集, (71), 7-13.
596) Liu, H. K. & Hwang, S. Y. (1959): Discharge formula for straight alluvial channels. Proc. A. S. C. E., **85**, HY11, 65-97.
597) Bogardi, J. (1961): Some aspects of the application of the theory of sediment transportation to engineering problems. J. G. R., **66**, 3337-3346.
598) 杉尾捨三郎 (1969): 河川の平均流速公式と河床面形態との関係について. 土論集, (171), 25-33.
599) Garde, R. J. & Ranga Raju, K. G. (1963): Regime criteria for alluvial streams. Proc. A. S. C. E., **89**, HY6, 153-164.
600) Engelund, F. & Hansen, E. (1967): A monograph on sediment transport in alluvial streams. 62p, Teknik Forlag.
601) Albertson, M. L., Simons, D. B. & Richardson, E. V. (1558): Discussion of "Mechanics of sediment ripple formation" by Liu. Proc. A. S. C. E., **84**, HY1, 1-9.
602) Znamenskaya, N. S. (1965): The use of the laws of sediment dune movement in computing channel deformations, Sov. Hydrl., (5), 415-432.
603) 池田 宏 (1973): 実験水路における砂礫堆とその形成条件. 地理評, **46**, 435-451.
604) 鮎川 登 (1972): 実験水路における交互砂州(砂れき堆)の形成条件. 土論集, (207), 47-60.

6章

605) Davis, W. M.（水山高幸・守田 優訳）(1969)：地形の説明的記載．pp. 19-74, 大明堂．
606) Chorley, R. J. (1962): Geomorphology and general system theory. U. S. G. S. Prof. Paper, (500B), 10p.
607) 高山茂美 (1972)：地形進化におけるエントロピーについて．専修大学自然科学紀要, (5), 1-14.
608) Hack, J. T. (1960): Interpretation of erosional topography in humid temperature regions. Amer. J. Sci., **258**, Ser. A, 80-97.
609) Chorley, R. J. (1957): Illustrating the laws of morphometry. Geol. Mag., **94**, 140-149.
610) Culling, W. E. H. (1957): Multicyclic streams and the equilibrium theory of grade. J. Geol., **65**, 259-274.
611) Penck, W.（町田 貞訳）(1972)：地形分析．401p, 古今書院．
612) 平野昌繁 (1969)：斜面発達モデルの比較検討．新砂防, (73), 1-6.
613) ────── (1971)：数学モデルを用いた斜面発達問題へのアプローチ．人文研究, **22**, 583-605.
614) Scheidegger, A. E. (1961): Mathematical models of slope development. Bull. G. S. A., **72**, 37-50.
615) 平野昌繁 (1966)：斜面発達の数学的モデルに関する若干の補足．地理評, **39**, 606-617.
616) Hirano, M. (1968): A mathematical model of slope development. J. Geosciences, Osaka City Univ., **11**, 13-52.
617) Culling, W. E. H. (1960): Analytical theory of erosion. J. Geol., **68**, 336-344.
618) Devdariani, A. S. (1967): A plane mathematical model of the growth and erosion of an uplift. Soviet Geography. **8**, 183-198.
619) 平野昌繁 (1967)：断層崖の2次元地形計測とその結果の解釈 ──六甲山地を例として──．地球科学, **21**. 11-21.
620) Hirano, M. (1972): Quantitative morphometry of fault scarps with reference to the Hira mountains, central Japan. Japanese Journal of Geology and Geography, **16**, 85-100.
621) 平野昌繁 (1972)：平衡形の理論．地理評, **45**, 703-715.
622) 水谷武司 (1970)：羊蹄火山体の開析と斜面発達．地理評, **43**, 32-44.
623) ────── (1970)：成層火山体の初期開析過程．地理評. **43**, 297-309.
624) Ahnert, F. (1966): Zur Rolle der elektronische Rechenmachine und des mathematischen Modells in der Geomorphologie. Geographische Zeitschrift, **54**, 118-133.
625) 荒巻 孚・高山茂美 (1960)：狩野川の氾濫による洪水堆積土とその理化学性．地理評, **33**, 43-54.
626) 高橋 裕 (1966)：災害．安芸皎一・多田文男編「水資源ハンドブック」, pp. 456-461. 朝倉書店．
627) 三井嘉都夫 (1968)：河床変動と水利用．地理評, **41**, 99-102.
628) 新井 正・西沢利栄 (1974)：水温論．296p, 共立出版．
629) 高月豊一 (1962)：水温利用に関する研究（ダム築造に伴う水温変化対策を中心として）．40p, 河川水温調査会．
630) 井上春雄 (1958)：新潟海岸の波蝕．信州大学論文集．**9**, 199-210.
631) 小出 博 (1970)：日本の河川 ──自然史と社会史──．248p, 東大出版会
632) 荒巻 孚 (1971)：海岸．pp. 401-402, 犀書房．
633) 菅原正巳 (1972)：水資源とネゲントロピー．山本荘毅編「水文学総論」, pp. 183-210, 共立出版．

索 引

ア

armouring	209
Einstein	
──の掃流砂関数	108, 127
──の掃流砂方程式	124
悪地地形	29
圧力水頭	78
安定河道	185
安定流路	176

イ

位相数学的	
──に相似な水系パターン	26
──に相似な水系網	41
──に別（非相似）な水系網	40
──にランダムな水系網	46, 47
位相数学的モデル	39
位置水頭	78
イボーション	93
岩垣の特性曲線法	196, 201
岩垣の限界掃流力理論	103

ウ

wash load	118
Woldenburg の方式	26
迂曲河道	224
内側枝路	25, 47, 57, 58, 63
運動学的波の理論	247
運搬作用	117

エ

HRT ダイアグラム	14, 15
SHG (sedihydrogram)	144, 145
エネルギー勾配	79, 84, 128
エネルギー・フェンス	161, 163
エントロピー	254
──の概念	178, 258
円磨度	166, 169

カ

Kármán 常数	83, 135
開放系	254, 256
河岸侵食説	222
河 系	22
河系模様	23
河 床	
──の縦断面	176
──の縦断面の酔歩モデル	263
過剰エネルギー説	223
河床形態	
──の区分基準	251
──の形成領域区分	250
──の分類	239
──の発達系列	241
河床構成物質	87
河床物質	133
河床物質荷重	118
河床変動	193
──の基礎方程式	195, 196, 245
──の理論	194
粒径分布を考慮した──理論	199
滑 動	118, 128
河道形状示数	252

キ

幾何平均分岐比	45, 46
基準濃度	140, 148

起伏量	13
——の法則	33
起伏量比	33
基本的水理量	75
キャビテーション	93
球形率	166
吸　収	6
境界摩擦	79
局所擾乱説	223
均等係数	98, 104

ク

Gravelius の方式	23
空洞現象	93
屈曲示数	218, 238
屈曲度	66, 218, 219
屈曲流路	210, 219, 225

ケ

形状比（流域）	8
限界侵食流速	94, 95
——の実験公式	95
——の理論	94
限界掃流力	94, 98, 105
——の実験公式	98
限界掃流力公式	97
限界掃流力理論	99
限界揚力	94, 107
限界レイノルズ数	76, 100, 113

コ

交互砂礫堆	224, 226, 243
後退係数	267, 270
高度水頭	78
高度マトリックス	12
勾配比	32, 60
合流角度	28
抗　力	94, 98
谷　線	218
孤立系	254

古流向	175
混合距離	80
混合効果	103, 105, 106

サ

最小エネルギー消費率の法則	226
最小分散理論	232
削　磨	93
砂　堆	154, 239
砂　波	239, 246
——の基礎式	244
砂礫堆	224, 239, 240, 242
——の形成限界	243
砂礫堆説	224
砂　漣	154, 239, 240, 242, 246
——の発生開始曲線	245
砂　浪	239, 244

シ

Chézy 公式	82
Scheidegger の堆積方程式	160
Scheidegger の方式	24
Shields 関数(曲線)	99, 100, 110, 114, 116
Shreve の方式	25
遮蔽係数	103, 125
斜面形の数学的モデル	266
斜面発達の基礎方程式	268
斜面方位	19
射　流	76
周期的モデル	34
従順化係数	267, 270
集水域	4
充填係数	101, 121
重力理論	138
常　流	76
除　去	6
枝　路	25, 26, 54, 69, 212
枝路等級	26, 46, 48, 69
侵食可能量図	146, 147, 155

侵食限界	92, 94	静的平衡勾配	189
侵食作用の種類	92	静的平衡理論	184, 189
侵食量分布（世界の）	156	絶対次数	26
		接合点	207

ス

Sternberg の公式（法則）	186	舌状砂礫堆	225, 243
Stokes の公式	91	節　点	26, 212
Strahler の方式	24	瀬と淀	241, 242
水　系	22, 23	漸移形	242
推計学的モデル	34, 37	遷移領域	154
水系図	22	洗掘限界基準	94
水系特性	64, 72	剪断応力	80, 82, 98
水系頻度	67, 68, 70	剪断速度	83
水系分布	22	尖　度	163
水系密度	67, 70, 258	全流送土砂量（全流砂量）	120, 148, 190
水系網	22	全流送土砂量公式	149
水系模様	22		
水　頭	78	**ソ**	
酔歩モデル	37, 54, 56	相対粗度	81
水理学的に滑らかな面	81, 83	相当粗度	83, 116
水理学的に粗な面	81, 83	総浮流量	146
水理幾何学的関係式	179, 180	掃流運搬の強度	125, 127
水　流		層　流	76
——の勾配の法則	32	掃　流	118
——の数の法則	30	掃流限界	105
——の長さの法則	31	掃流土砂量	118, 130, 148, 190
——の頻度比	60	——の連続式	192, 196, 199
——の分類	75	掃流土砂量公式	119, 120
——の平均落差の法則	60	掃流力	82
——の平均起伏量の法則	61	掃流力係数	100
——の面積の法則	32	速度水頭	78
——の落差比	60	遡上砂堆	240
水流次数	23	外側枝路	25, 56, 58, 63
水流保持定数	62, 257		
数値地図	12	**タ**	

セ

sedihydrogram (SHG)	144, 145	堆砂分布（貯水池内の）	206
セイシュ説	223	堆砂量（貯水池の）	202, 203
		堆積過程の理論	157
		堆積物	156
		——の粒度分布特性	163

301

対比成長モデル	35
代表粒径	116
蛇曲河道	224
蛇行強度	238
蛇行成因論	222
蛇行波長の統計解析	237
蛇行流路	210, 215, 216
——の形態的特徴	217
——のシミュレーション	231, 237

チ

地形進化の熱力学的モデル	258
地表面の年平均侵食量	155
中央粒径	90, 116, 163, 165
直線流路	210
沈降速度	90

テ

texture ratio	70
TDCN	40
定向配列	172, 174
抵抗法則	79
ディジタル法	16, 17
定　流	77
転向点	218
転向力説	222
転　動	113, 118, 128

ト

等価直径	88
動的平衡勾配	191
動的平衡理論	184, 190, 191
等　流	77
——の運動方程式	84
——の連続方程式	84

ナ

内部摩擦	79
流　れ	
——の強度	127
——の不安定説	225
——の領域	240, 241

ネ

粘　性	79
年堆砂率	202

ハ

Hack の法則	65
背砂（ダムの）	208
ハイドローリッキング	93
反砂堆	154, 240, 242, 244

ヒ

非 Horton 網	35
比積分	10, 12, 20
比堆砂量	204, 205
ヒプソメトリック曲線	10
比浮流量	146
百分率面積-高度曲線	10

フ

ϕ 尺度	89
Prandtl の運動量輸送の理論式	81
ファブリック	172
不定流	77, 78
——の運動方程式	86
——の連続式	87
フィボナッチの樹	36
不均等斜面の法則	5
覆瓦構造	172, 174
複　合	6, 29
不等流	77
——の運動方程式	85, 86
——の連続式	86
浮　流	118
浮流運搬	133
浮流土砂の濃度分布	134, 138
——の基礎式	135
浮流土砂量	118, 141, 147, 148, 190
浮流土砂量公式	138
浮流と掃流の境界粒径	131

浮流濃度	134, 144
篩分作用	160
フルード数	69, 76
分岐比	30, 60, 69
分級係数	160, 163, 164
分級作用	156
分岐流路	211
分水界	4
──の移動	5, 6

ヘ

petrofabric diagram	174, 175
平均傾斜	16, 17
平均傾斜曲線	18
平均的斜面形	20
平均粒径	90, 163, 165
平均流速公式	81
平衡河川	184, 185
──の縦断形状	185
閉鎖系	254
扁平率	166, 168
Bernoulli ベルヌイの定理	78

ホ

Horton	
──の交点法	17
──の第1法則	30, 34
──の第2法則	31, 50
──の第3法則	32, 59
──・Schumm の第4法則	32, 61
──の方式	23
Horton 網	35
White の限界掃流力理論	101
捕捉効率	204

マ

Manning 公式	82, 192
摩擦速度	83
摩擦力	94

ミ

乱れ係数	102

密度流	206

メ

名目直径	88, 92, 166
面積-高度曲線	9
面積-高度比曲線	10, 17
面積比	32, 54, 63

モ

網状流示数	212
網状流路	210, 211, 215, 216
──のトポロジー	213
Morisawa の追加した第5法則	33, 60
モンテ・カルロ型電算モデル	38, 39

ヤ

Yalin	
──の揚力モデル	109
躍動	113, 118, 128

ユ

Hjulström の限界侵食流速曲線	96
有効起伏	13
有効粒径	108

ヨ

溶食	93
溶流	117
溶流物質量	154
揚力	103, 125
揚力係数	108
揚力理論	107, 132
余剰水流	49

ラ

ラセン流説	223
ランダムグラフモデル (RGM)	50, 53
乱流	76, 79
乱流理論	80

リ

流域	4
──のベクトル軸	27
流域界	4

流域形状係数	8	粒度分布曲線	90
流域形状比	8	流　路	
流域平均起伏比	14	——の横断形状	176
流域平均高度	12	——の自己調整機能	231, 257
流域平均幅	8	——の縦断形状	176, 184
流域面積	6〜8	——の水理幾何学	177, 257
粒　径	88	——の対称性	219
——の区分基準	88	——の長さの分布形	55
粒径頻度曲線	89	——の平面形状	176, 210
粒径別限界掃流力公式	106, 200	流路パターン	210
粒径別掃流土砂量公式	129, 200	鱗片状構造	172
粒径変化の不連続性	188	**レ**	
粒子の形状特性	165		
流送土砂量	154	レイノルズ数	69, 76, 81
——の連続式	196, 199, 201	レジーム公式（理論）	176, 180, 185
流速の対数分布公式	126, 192	**ロ**	
流長比	31, 52, 54, 60, 63	論理的次数区分	24
粒度積算曲線	89	**ワ**	
粒度分布	89	歪　度	163, 164

―― 著者紹介 ――

高山 茂美
　　　1963 年　東京教育大学理学研究科卒業
　　　　　　　前 筑波大学教授・理学博士
　　　専　攻　自然地理学

復刊　河川地形

検印廃止

© 1974, 2013

1974 年 6 月 10 日　初　版 1 刷発行	著　者　高　山　茂　美
1980 年 9 月 15 日　初　版 3 刷発行	発行者　南　條　光　章
2013 年 8 月 10 日　復　刊 1 刷発行	東京都文京区小日向 4 丁目 6 番 19 号

NDC 452.94

発行所　東京都文京区小日向 4 丁目 6 番 19 号
　　　　電話　東京 (03)3947-2511 番 (代表)
　　　　郵便番号 112-8700
　　　　振替口座 00110-2-57035 番
　　　　URL　http://www.kyoritsu-pub.co.jp/

共立出版株式会社

印刷・藤原印刷株式会社　　製本・中條製本

Printed in Japan

一般社団法人
自然科学書協会
会員

ISBN 978-4-320-04725-9

|JCOPY| ＜(社)出版者著作権管理機構委託出版物＞
本書の無断複写は著作権法上での例外を除き禁じられています。複写される場合は、そのつど事前に、(社)出版者著作権管理機構 (電話 03-3513-6969、FAX 03-3513-6979、e-mail: info@jcopy.or.jp) の許諾を得てください。